W0262512

Die Nerven des Herzens.

Physiologische Hauptwerke des Verfassers.

De choreae indole, sede etc. Dissert. Inaug. Berlin 1864. (Deutsch in den Wiener med. Jahrbüchern. 1865).

Die Lehre von der Tabes dorsalis. Berlin 1867, S. Liebrecht. (Fortsetzung in Virchows Archiv. 1867.

Principes d'Électrothérapie. (Von der Pariser Akademie der Wissenschaften gekrönte Preisschrift.) Paris 1873, J. B. Baillière et fils.

Lehrbuch der Physiologie. (Russisch.) 2 Bde. Petersburg 1873—74, Karl Ricker.

Arbeiten aus dem Physiologischen Laboratorium zu St. Petersburg. (Russisch.) St. Petersburg 1874, Karl Ricker.

Methodik der physiologischen Experimente und Vivisektionen. Mit Atlas. Petersburg und Gießen 1876. Karl Ricker.

Recherches expérimentales sur la fonction des canaux semi-circulaires et sur leur rôle dans la formation de la notion de l'espace. Thèse. Paris 1878.

Wissenschaftliche Unterhaltungen. (Russisch.) I. Bd. Petersburg 1880. Karl Ricker.

Gesammelte Physiologische Arbeiten. Berlin 1888, August Hirschwald.

Beiträge zur Physiologie der Schilddrüse und des Herzens. Bonn 1898, Emil Strauß.

Le nerfs du coeur. Avec une préface sur les rapports de la médecine avec la physiologie et la bactériologie. Paris 1905, Félix Alcan.

Die
Nerven des Herzens.

Ihre Anatomie und Physiologie.

Von

E. von Cyon.

Übersetzt von H. L. Heusner.

Neue vom Verfasser umgearbeitete und vervollständigte Ausgabe
mit einer Vorrede für Kliniker und Ärzte.

Mit 47 in den Text gedruckten Figuren.

Springer-Verlag Berlin Heidelberg GmbH 1907

ISBN 978-3-662-32341-0   ISBN 978-3-662-33168-2 (eBook)
DOI 10.1007/978-3-662-33168-2

Vorrede.

____

Für Kliniker und Ärzte.

Als ich vor sechs Monaten in Pflügers Archiv ein Schlußwort
für die „Myogene Irrungen" schrieb, glaubte ich auf diese unglückliche Episode der modernen Physiologie nicht mehr zurückkommen
zu brauchen. Für den Physiologen ist die myogene Lehre jetzt nur
noch eine peinliche Erinnerung; ihre eifrigsten Vertreter, wie noch
vor einigen Monaten H. E. Hering[1]), suchen nur nach Wegen, um
möglichst unbemerkt sich von ihr loszusagen. Die psychologische Erklärung, welche ich für das Entstehen und das Fortdauern einer so
ungeheuerlichen wissenschaftlichen Verirrung, wie die myogene Lehre
es war, gegeben, hat nicht wenig zu dieser allgemeinen Flucht beigetragen. „Ein Ergebnis derartiger (psychologischer) Studien, —
schrieb ich, — ließe sich schon jetzt formulieren: die menschlichen
Geister müssen in zwei große Kategorien eingeteilt werden: Geister,
die fast immer die Wahrheit unmittelbar erkennen und
solche, die stets dem Irrtume verfallen. Erkenntnis und Irrtum
sind also qualitative Eigentümlichkeiten verschiedener Geister und
nicht Funktionen desselben Geistes, abhängig von seiner mehr oder
minder sorgfältigen und fleißigen Arbeit. Auch die größte Gelehr-
samkeit, die sorgfältigste und allseitigste Prüfung einer Frage wird
einen zum Irrtum angelegten Geist nicht zur wahren Erkenntnis führen.
Die Zahl der richtig denkenden Forscher ist aber auf allen
Gebieten nur sehr gering" (94).

Die Angst, zu der zweiten Kategorie der Geister gezählt zu werden,
hat den Schwankungen auch der letzten Jünger Engelmanns ein
Ende gemacht und sie zur Fahnenflucht bewogen.

____

[1]) Siehe Kap. 5 § 1 und A. g. P. Bd. 116, S. 607.

Wenn ich mich dennoch entschlossen habe, eine deutsche Auflage meiner „Nerfs du coeur" zu gestatten, trotzdem mein Gesundheitszustand mir jede geistige Beschäftigung, besonders mit der Physiologie des Herzens, untersagt[1]), so hat dies einen ganz besonderen Grund. Wenn die myogene Lehre für den Physiologen nicht mehr existiert, so ist dem nicht so bei den Klinikern und Ärzten, die, besonders in Deutschland, mit beklagenswertem Enthusiasmus in das myogene Lager eingetreten sind. Die Gründe und Folgen dieses Enthusiasmus müssen mit derselben Aufrichtigkeit, ja Schonungslosigkeit hier dargelegt werden, mit der ich seit zehn Jahren den Kampf gegen die myogene Lehre geführt habe. Als Zeugnis dieser Aufrichtigkeit will ich sofort bekennen, wenn ich diese neue Bearbeitung meiner „Herznerven", trotz der mir hierdurch drohenden Lebensgefahr, unternommen habe, so tue ich dies nicht nur als Herzphysiologe zur Belehrung von Ärzten, sondern auch als Herzkranker zum Wohle aller Herzleidenden, die in den letzten Jahrzehnten Opfer des myogenen Wahnwitzes waren und werden.

Die myogene Lehre übte notwendiger Weise auf den Arzt einen doppelten Reiz aus; zuerst den der Neuheit, denn die Mode spielt in der praktischen Medizin noch immer eine große Rolle. Sodann wirkte die neue Lehre auch sehr verlockend durch ihre scheinbare Einfachheit. Wenn sämtliche Äußerungen der Herztätigkeit nur von dem Herzfleisch allein abhängen, so müssen so ziemlich alle Herzkrankheiten, soweit sie nicht auf Klappenfehlern aus anderen Ursachen beruhen, nur Myokarditen sein. Das Studium der so verwickelten Verrichtungen der nichtsnutzigen Herz- und Gefäßnerven wurde daher überflüssig. Die Behandlung der funktionellen Erkrankungen des Herzens, das bloß ein einfacher Muskel sein sollte, mußte natürlich bedeutend vereinfacht werden. Wie bei Behandlung gewöhnlicher quergestreifter Muskeln durften Gymnastik, Massagen und andere mechanische Eingriffe die vorzüglichsten Bekämpfungsmittel solcher Erkrankungen abgeben. Daß das Herz auch als Muskel sich schon dadurch auszeichnet, daß es das ganze Leben ununterbrochen arbeiten muß, daß es daher kaum vernünftig, und auch oft höchst

---

[1]) Siehe unten S. 222.

gefährlich, sein könne, es durch Aufbürdung gymnastischer Leistungen noch mehr zu überanstrengen und zu erschöpfen, — solche Überlegungen haben sich nur wenige, und auch meistens nur ältere Ärzte gemacht, die nicht auf der Höhe der Modelehre standen.

Trotz der zahlreichen Schwierigkeiten, welchen die Kliniker bei der Deutung der meisten Krankheitssymptome begegnen, hielten die Spezialisten für Herzkrankheiten, besonders in Deutschland, an der myogenen Lehre fest. Waren es doch Kliniker wie His jun., Romberg, Krehl und ein Pathologe wie H. E. Hering, die die letzten Waffen geliefert hatten, damit die hart bedrängte myogene Lehre den Kampf gegen die wissenschaftliche Wahrheit noch ein paar Jahre fortsetzen könne. Schon das bloße Ableugnen der wichtigsten Errungenschaften, welche von den Meistern der Physiologie gerade auf diesem Gebiete gewonnen waren, mußte das Vertrauen der Ärzte zur Anwendbarkeit der exakten Methoden beim Studium der Lebensvorgänge erschüttern. Die Verwendung pathologischer Methoden bei der Entscheidung so wichtiger physiologischer Probleme war jedenfalls nicht dazu angetan, um das erschütterte Vertrauen wieder herzustellen. „Aufgabe der experimentellen Pathologie ist es, durch Anwendung von präzisen physiologischen Untersuchungsmethoden, über die Entstehung und die Symptomatologie krankhafter Prozesse Aufklärung zu erhalten. Wenn die experimentierenden Pathologen aber umgekehrt es versuchen, rein physiologische Probleme mit Hilfe der viel weniger exakten pathologischen Methoden zu lösen, so verlassen sie das spezielle Feld ihrer Forschungen, meistens ohne damit der physiologischen Wissenschaft ernstliche Dienste zu erweisen. Im Gegenteil: nur zu häufig werden dadurch die Probleme noch mehr verwirrt und die auch ohnedies nicht leichte Aufgabe des Physiologen nur nutzlos erschwert", — schrieb ich in meiner letzten Mitteilung „Zur Physiologie der Hypophyse" (92).

Es ist bei der jetzigen Ausdehnung der Physiologie für den Fachmann nicht mehr möglich ihre sämtlichen Gebiete genügend zu beherrschen um fruchtbar auf denselben arbeiten zu können. Unser Altmeister Pflüger ist wohl der letzte jetzt lebende und noch schaffende Physiologe, der während seiner mehr als 50jährigen wissenschaftlichen Tätigkeit Großartiges in der physikalischen und chemischen Physiologie, in der Histologie und Embryologie zu leisten vermochte.

Schon vor 40 Jahren schrieb Helmholtz an Ludwig, als er seinen
Lehrstuhl der Physiologie aufgeben wollte: „ . . . Ich ging anfangs
gern auf den Plan ein künftig Physik zu lesen, weil ich voraussetzte,
daß ich die Physik in allen Teilen mit vollständig selbständigem
Urteil hätte vortragen können, während unsere Physiologie in
den Handgriffen und Methoden so auseinanderzugehen anfängt, daß niemand mehr in allen Einzelheiten sattelfest
sein kann. Freilich habe ich mir oft auch dagegen sagen müssen,
daß eben deshalb die Physiologie das ruhmwürdigere Feld sei, und
daß es der Menschheit vielleicht nützlicher, wenn auch für uns weniger bequem ist, wenn wir unsere Kräfte in dieser Beziehung verwenden . . .“ [1]).

Und da wollen Kliniker, Pathologen und Pharmakologen in ihren
Laboratorien die schwierigsten Aufgaben der Physiologie mit Kompetenz
entscheiden! Es ist schon für den Physiologen keine leichte Aufgabe
über den Wert von experimentellen Methoden und Ergebnissen sich
ein ganz richtiges Urteil zu bilden, wenn er selbst nicht die Methoden
erprobt und die Versuche wiederholt hatte. So darf man dem viel-
beschäftigten Kliniker nicht einmal zumuten, daß er genügend Zeit
und Kompetenz besitze, um in physiologischen Kontrovers-Fragen das
Richtige zu erkennen. Er muß sich meistens mit Referaten über
physiologische Arbeiten begnügen und bei der Art, wie diese Referate
in den letzten Jahren, besonders in den dicken Jahresberichten, geschrieben werden, können sie sich nur falsche und verworrene Begriffe über das in der Physiologie Geschehende bilden [2]).

In der Physiologie des Herzens ist seit dem Aufkommen der
myogenen Hypothese in dieser Beziehung Außerordentliches geleistet
worden. Strebsame Jünger der Physiologie glaubten da ein reiches
Feld gefunden zu haben, um ihre eigene Sterilität durch Verunstaltung,

---

[1]) „Hermann von Helmholtz“ von Leo Koenigsberger, Bd. II, S. 119.
Braunschweig 1903.

[2]) Nicht einmal die Titel der Werke, besonders wenn sie aus dem neurogenen Lager stammen, werden richtig wiedergegeben; so z. B. wurde der Titel
meiner Monographie „Les nerfs du coeur“ folgendermaßen entstellt: „Les nerves
du coeur. Arch. f. (An. u.) Physiol. Paris, 255 pp.“ (Jahresbericht über die
Leistungen usw. Berlin, 1906, S. 256). Ärzte, welche meine Monographie kennen
lernen wollten, wurden also angewiesen, dieselbe in Engelmanns Archiv zu

Verneinung oder geradezu Verheimlichung alles dessen, was die Vertreter der neurogenen Lehre Fruchtbares leisteten, entschuldigen zu können. Gestützt auf die Autorität des Nachfolgers für den Lehrstuhl von du Bois-Reymond und Johannes Müller glaubten sie fremde, durch lange mühsame Arbeit gewonnene Errungenschaften nur umtaufen zu brauchen, um das Alte wieder neu entdecken zu können. „Wenn gar längst bekannte Dinge, — sagte mit Recht Hensen, — immer wieder entdeckt werden, oder wenn gar längst Gefundenes völlig verloren geht und Schwierigkeiten erhoben werden, die schon völlig beseitigt sind, so ist dies keine solide Forschung und die Wissenschaft kommt nicht vorwärts"[1].

Ein notwendiges Erfordernis, um die Wissenschaft mit neuen Entdeckungen bereichern zu können, ist, daß der Forscher ohne jede vorgefaßte Meinung und mit der ausschließlichen Bestrebung, die wissenschaftliche Wahrheit zu finden, an die Arbeit tritt. Die Wissenschaft kann zwar nicht voraussetzungslos sein, — trotz der entgegengesetzten Behauptung, die ein berühmter Historiker vor einigen Jahren in einem Aufsehen erregenden Briefe aufgestellt hat[2], — und die Naturwissenschaft weniger als jede andere. Es ist eine Forderung der Logik, daß „die Wissenschaft, deren Zweck es ist, die Natur zu begreifen, von der Voraussetzung ihrer Begreiflichkeit ausgehen müsse und dieser Voraussetzung gemäß schließen und untersuchen", erklärte einst Helmholtz[3]. Ein Forschen ohne derartige Voraussetzungen wird dann meistens zu einem „Herumtappen", um mich eines Kantschen Ausdruckes zu bedienen. Aber Voraussetzung und vorgefaßte Meinung sind zwei verschiedene Dinge. Die Wahrheit offenbart sich nur demjenigen, der sie leidenschaftlich, ihrer selbst wegen und ohne jede Nebenabsichten sucht . . .

Die Kliniker und Ärzte, welche sich der myogenen Lehre angeschlossen haben, sind umsomehr zu entschuldigen, als manche ihrer

---

suchen! Da muß man einigen rein medizinischen Zeitschriften, wie die „Münchener medizinische Wochenschrift" und die „Medizinische Klinik" in Berlin, die Gerechtigkeit widerfahren lassen, daß ihre Referate über die Fortschritte der Physiologie des Herzens von einem ganz andern Geiste beseelt sind.

[1] Pflügers Archiv, B. 75, 1899.
[2] Theodor Mommsen.
[3] Helmholtz. Über die Erhaltung der Kraft.

Verteidiger es mit der wissenschaftlichen Wahrheit nicht zu streng nahmen und, um die ärztliche Welt über die Dürftigkeit ihrer wissenschaftlichen Beweise zu täuschen, immer wieder mit der Behauptung prahlten, fast sämtliche Physiologen hätten sich ihrer Lehre angeschlossen. Die Argumentation war schwach: die Wissenschaft hat glücklicherweise nichts mit dem allgemeinen Wahlrecht zu tun und ihre Entscheidung hängt nicht von der Majorität ab. Die Behauptung der Myogenisten stand aber außerdem auch in vollem Widerspruche mit der Wahrheit[1]). Von Beginn an haben alle bedeutenden Physiologen, die in der Glanzperiode der Lebenswissenschaft an ihrem Aufbau teilgenommen haben, diesem neuen Sport mit Achselzucken zugesehen. In ihren Vorlesungen und Schriften blieben sie sämtlich der neurogenen Lehre treu. Von den letztens Verschiedenen soll hier nur an Heidenhain, Kühne, Goltz, Rollett, Eckhard erinnert werden. Eckhard sandte mir im Jahre 1902 einen herzlichen Glückwunsch zum Erscheinen meines „Myogen oder Neurogen?". Rollett arbeitete noch bis zu seinem Tode an einer Untersuchung, welche die histologischen Fehler der Myogenisten zu widerlegen bestimmt war. Pflüger, Hensen, Herm. Munk, Hermann, Rosenthal und andere noch lebende Physiologen, deren Schaffen auf Gebieten, die von der Herzphysiologie weit entfernt sind, liegt, haben keinen Augenblick aufgehört an der neurogenen Lehre festzuhalten. Kronecker, der seit mehr als dreißig Jahren sein Hauptwirken der Herzphysiologie gewidmet, hat sich stets der myogenen Verirrung gegenüber ablehnend verhalten. Als ich vor zehn Jahren, erschreckt über die Verheerungen, welche die myogene Lehre, sowohl in der Physiologie, als besonders in der Klinik der Herzkrankheiten erzeugt hat, den Feldzug gegen

---

[1]) Ende Juli 1906, als die myogene Lehre schon in den letzten Zügen lag, und ich von jüngeren und älteren Physiologen aller Länder, sogar aus England und Amerika, zahlreiche Danksagungen erhielt, dafür daß ich in den soeben in Pflügers Archiv erschienenen „Myogenen Irrungen" „das erlösende Wort" gesagt, „und mutig dem Terrorismus der Myogenisten entgegengetreten bin", veröffentlichte Leon Frédericq einen Bericht über die Ergebnisse der Physiologie für das verflossene Jahr, wo u. a. folgendes zu lesen ist: „Cette théorie neurogène n'est plus guère défendue aujourd'hui que par de Cyon, Kronecker et ses élèves, par Bethe et par Carlson. La vogue est actuellement à la théorie myogène, telle qu'elle a été formulée par Gaskell und Engelmann". Also die vermeintliche Mode (vogue) entscheidet!

dieselbe begonnen habe, hatte es wirklich den Anschein, als ob die Mehrzahl der jüngeren Physiologen sich dieser Lehre angeschlossen hätten. Dies geschah einige Zeit nach dem Erscheinen der Arbeiten aus der Leipziger Klinik von Curschmann, in welchen His jun., Krehl und Romberg ihre kühnen, ganz in die Luft gebauten Hypothesen über die vollständige Funktionslosigkeit des intrakardialen Nervensystems dekretiert hatten. Diese Nerven sollten nicht nur keinerlei Anteil an der Automatie und den motorischen Leistungen des Herzens haben, sondern nur Parasiten sein, die sich während des embryonalen Lebens zufällig in das Herz verirrt hätten, um dort „eine funktions- und sorgenlose Existenz zu führen" (87). Die genannten Kliniker wollten den Herznerven zwar eine gewisse Sensibilität zugestehen, nur dürften dieselben diskret genug sein, um ihre Erregungen nicht zum Bewußtsein gelangen zu lassen und keinerlei Empfindungen zu erzeugen.

Engelmann, der mit seinen, anderen Forschern entlehnten Argugumenten etwas zu kurz gekommen war[1]), griff schleunigst zu der unerwarteten Hilfsquelle von bodenlosen und auf vieldeutige Versuche gestützten Hypothesen, um die totgeborene myogene Lehre noch einige Zeit aufrecht zu erhalten. Mehrere jüngere Forscher, die sich dem Studium des Herzens gewidmet hatten, hielten sich daher ebenfalls für verpflichtet, als Myogenisten aufzutreten. In diesem Augenblicke ist F. B. Hoffmann, der auf Grund seiner vieldeutigen und nicht immer zutreffenden Versuche an der Scheidewand, sich zum Myogenismus bekehrt hat, jetzt noch der einzige in Betracht kommende Physiologe, der die myogene Lehre noch nicht öffentlich abgeschworen hat.

Wenn man einige neuere Handbücher über Herzkrankheiten liest, und mit Bedauern ihre vergeblichen Bemühungen, ohne Beihilfe des Gefäß- und Herznervensystems, die komplizierten und oft dem Anscheine nach sich widersprechenden Tatsachen zu erklären, verfolgt, so muß man wirklich über die tiefen Wurzeln, die der myogene Aberglaube im Bewußtsein der Kliniker geschlagen hat, erstaunen. Es wird nie einem Arzt einfallen, wenn sein Chronometer der Reparatur bedarf, dasselbe einem Schlosser oder Klempner anzuvertrauen; er wird sich an einen gewandten Uhrmacher wenden, der den Mecha-

---

[1]) Siehe unten Kap. V, § 2, 3 u. 4.

nismus des Chronometers ganz genau verstehen und verbessern kann. Das Verhältnis eines Arztes, der von der Existenz des Herznerven weder weiß noch wissen will, den Herzkranken gegenüber ist genau dasselbe, wie das eines Klempners zu dem ihm anvertrauten Chronometer. Es wird ihm ganz unmöglich sein, die meisten am Herzleidenden beobachteten Symptome zu deuten, wenn sein Wissen sich nur auf die vermeintlichen Eigenschaften der Herzmuskelfasern beschränkt, mit denen Gaskell, Engelmann u. a. so freigebig waren.

Mehr als 90 % der Herzkrankheiten beruhen auf funktionellen oder organischen Störungen ihres intra- oder extrakardialen Nervensystems. Aber auch die Erscheinungen bei einem an einer Myokarditis, ohne oder mit Klappenfehlern Leidenden, sind entweder eng mit seinem Nervensystem verknüpft oder äußern sich wenigstens durch rein nervöse Phänomene. Es ist daher dem denkenden Arzt ganz unmöglich ohne weitgehende Kenntnisse der Physiologie des Herznervensystems sich bei seiner Untersuchung zurechtzufinden. Das weite Gebiet der Kompensationen, für die Pathologie der Herzkrankheiten von so entscheidender Bedeutung, bleibt dem Verständnis eines Myogenisten völlig verschlossen, wenn er ausschließlich nur auf der myogenen Basis verbleibt. Um sich hiervon zu überzeugen, genügt es, einen Blick auf die neuesten Werke myogener Kliniker zu werfen. Sie können aus den Widersprüchen und unüberwindbaren Schwierigkeiten gar nicht herauskommen, wenn sie z. B. sich darüber Rechenschaft geben wollen, warum bei gewissen Klappenfehlern die Hypertrophie des Herzens so wohltuend wirken kann, trotzdem die Zahl der neugebildeten Muskelzellen kaum vergrößert worden ist.

Die Lösung dieses scheinbaren Rätsels wird ihnen leicht gegeben werden, wenn sie vom Banne der myogenen Lehre befreit, erkennen, daß die meisten Kompensationen bei Herzkranken rein nervöse Phänomene seien. Die Leistungsfähigkeit des Herzmuskels, wie übrigens auch die der Skelettmuskeln, beruht nur in zweiter Linie auf der Anzahl der Muskelfasern: die Stärke der Nervenerregung, die individuelle Nervenkraft und die Anspruchsfähigkeit der Muskelfasern für die nervöse Erregung sind für den Erfolg der Muskelzusammenziehung fast allein entscheidend. Wie soll ein Kliniker eine rationelle Behandlung für derartige Kompensationsstörungen finden, wenn er diese wichtigsten Faktoren außer acht läßt?

Von der Richtigkeit des eben Gesagten könnte er sich leicht überzeugen, wenn er ohne vorgefaßte Meinung die häufigsten Ursachen der Kompensationsstörungen beobachten wollte. Wenn diese Störungen nicht rein psychischer Natur sind, werden sie meistens auf reflektorischem Wege von dem Magen, den Eingeweiden, der Harnblase usw. aus hervorgerufen. Wenn die Pathologen und Kliniker, anstatt so schwierige physiologische Probleme anzugreifen, wie den Ursprung des Automatismus des Herzens, die weder zum Bereiche ihrer Kompetenz noch ihrer Obliegenheiten gehören, die Einflüsse sensibler Erregungen der Unterleibsorgane auf das Herz oder die vom Herzen ausgehenden reflektorischen Erregungen auf die Atmungs- und Verdauungsorgane untersuchen wollten, so würden sie in kürzester Zeit in der Pathologie und Therapie der Herzkrankheiten vieles nachholen, was sie während der letzten Dezennien, dank der myogenen Verirrung, versäumt hatten.

Während der zwanzig Jahre, wo ich an rein nervösen Herzanfällen der verschiedensten Art gelitten habe, die nur zu oft von hervorragenden Klinikern für organische Leiden des Herzmuskels und der Herzklappen gehalten wurden[1]), und seit dem Jahre 1902, wo ich an einer wirklichen infektiösen Myokarditis erkrankt war, habe ich eine Unzahl interessanter Selbstbeobachtungen in der eben angezeigten Richtung gemacht, die ich hier mitzuteilen hoffte. Aus Gründen, die ich in Kapitel IV, § 4 angebe, ist es mir bis jetzt leider noch unmöglich gewesen, dieselben systematisch zu ordnen und zum Nutzen der Ärzte und dem Wohle meiner Leidensgenossen zu veröffentlichen. Es soll hier nur gesagt werden, daß sowohl die Pathologie als die Therapie der Herzkrankheiten seit den neuesten Errungenschaften der Physiologie des Herzens einer vollständigen Umgestaltung bedürfen.

---

[1]) Im Jahre 1882 war ich infolge geistiger und körperlicher Überanstrengung, und auch vieler heftiger Gemütsbewegungen an so schweren Herzsymptomen erkrankt, daß, von den Ärzten fast aufgegeben, ich zu völliger Unbeweglichkeit und Ruhe, sowie Enthaltung von geistiger Arbeit verurteilt wurde. Eine vorübergehende Besserung benutzend, reiste ich im Januar 1883 nach Berlin, um meinen alten Lehrer Frerichs und Prof. Senator zu konsultieren. Nach sorgfältiger Untersuchung erklärte mir letzterer mit Bestimmtheit, daß er keine Spur von organischem Leiden bei mir entdecken könnte. Ich zweifelte zwar keinen Augenblick daran, daß Senator mein Leiden richtig erkannt hatte; da es aber seine ärzt-

Schon die Umwandlung unserer bisherigen Vorstellungen von der Automatie des Herzens, wie ich sie, nach meinen neuesten Untersuchungen, im letzten Paragraphen des fünften Kapitels auseinandersetze, muß notwendigerweise auch die pathologischen Beziehungen zwischen Gehirn und Herz wesentlich beeinflussen. Die neuen Entdeckungen über die physiologischen Verrichtungen der Schilddrüsen, der Hypophyse, der Zirbeldrüse, der Nebennieren u. a., die ihnen einen so eingreifenden Einfluß auf das Herz- und Gefäßnervensystem gestatten, bringen es mit sich, daß der Physiologe und der Kliniker jetzt, beim Studium der Zirkulations-, und auch der Ernährungsvorgänge die größte Aufmerksamkeit den Wirkungen dieser Gefäßdrüsen und ihrer Produkte schenken muß. Dienten doch als Ausgangspukt vieler nach dieser Richtung hin unternommenen Untersuchungen, Beobachtungen, die ich vor mehreren Dezennien als Nervenarzt an der Basedowschen Krankheit zu machen Gelegenheit hatte. Und wenn meine ausgedehnten Untersuchungen über diese Drüsen, die ich als Schutz und Regulierungsdrüsen des Zentral-Nervensystems bezeichnen mußte, von einem fast unerwarteten Erfolg gekrönt wurden, so verdanke ich es hauptsächlich dem Umstande, daß meine Versuche in Bern angestellt worden sind, wo der Kropf und seine Folgen, sowohl bei Menschen, als bei sämtlichen Tieren ein ausgiebiges und lehrreiches Material für das Studium der mannigfaltigsten Veränderungen dieser Schutzdrüsen bietet (s. Kap. IV, § 3).

Entsprechend dieser weitgreifenden Umgestaltung der Physiologie der Herz- und Gefäßnerven, muß auch die Pathologie der Herzkrankheiten auf neuen Grundlagen umgebaut werden. Am meisten aber verlangt die Therapie dieser Krankheiten eine völlige Umgestaltung. Solange der Wahn herrschte, der Muskel allein sei die Urquelle aller Herzleiden, mußten auch alle therapeutischen Angriffe gegen

---

liche Pflicht war, mir in jedem Falle dieselbe Antwort zu geben, war ich nicht völlig beruhigt. Frerichs, der mich vor Jahren behandelt hatte, verhielt sich von Anfang an meinem Leiden gegenüber skeptisch. Nach einer zehn Minuten langen Untersuchung: „Sie herzkrank? — sagte er mit seinem herzlichen Lachen, gar nichts haben Sie am Herzen! Es sind die Herznerven, welche Sie entdeckt haben, die sich an Ihnen rächen, weil Sie daran schuld sind, daß man sie in den Laboratorien so sehr mißhandelt. Gehen Sie zu Hiller, trinken Sie eine Flasche Champagner und denken Sie nicht mehr an Ihr Herz". Gesagt — getan, und während mehrerer Jahre befand ich mich ganz leidlich.

diesen Missetäter gerichtet werden. Seitdem die Macht dieses Wahns zerstreut, wird der Kliniker in erster Linie in Betracht ziehen müssen, daß die Behandlungsweise einer Herznervenkrankheit eine ganz andere, ja eine entgegengesetzte sein muß von der bis jetzt bei Myokarditen und Klappenfehlern üblichen. Ermüdende Bergtouren, Badereisen, Aufenthalt an Seeküsten, gymnastische Übungen, Massage und überhaupt jedes gewaltsame Eingreifen müssen von der Therapie des an Myokarditis Leidenden verbannt werden. Und seitdem die Influenza-Epidemien in Europa herrschen, gehört die Myokarditis gerade nicht mehr zu den seltenen Erkrankungen. Die genannten Heilmethoden, mit Umsicht angewandt, können dagegen bei reinen Herznerven-Krankheiten vielfach mit Vorteil verwendet werden . . .

Ganz spezielle Aufmerksamkeit verdienen von seiten der Therapeuten und Pharmakologen auch die in so hohem Grade interessanten Untersuchungen der letzten Jahre über die Bedeutung von anorganischen Salzlösungen für die Herztätigkeit, wie sie von Ringer, Porter, Abderhalden, Locke, Howell, Jacques Loeb, Kronecker und deren Schülern angestellt wurden (s. Kap. V, § 3 u. 8).

Das schwerste Vergehen, das die Initiatoren der myogenen Irrlehre stets belasten wird, ist, daß sie das Vertrauen der Ärzte an die Anwendbarkeit exakter Methoden beim Studium von Lebensvorgängen erschüttert haben. Dadurch wurden dem Empirismus in der praktischen Medizin wieder die Tore weit geöffnet und, wie zu erwarten, konnten am Ende dabei doch nur die Naturärzte ihre Rechnung finden. Wie viele Herzkranke hat der Glaube der Ärzte an die Unfehlbarkeit der myogenen Lehre für immer, wenn auch etwas vorzeitig, von ihren Leiden befreit!

Es ist die höchste Zeit, daß auch die Kliniker sich von der myogenen Verirrung lossagen!

Es erübrigt noch einige Worte über die materielle Ausführung dieser deutschen Auflage hinzuzufügen. An der allgemeinen Anordnung des Werkes habe ich sehr wenig geändert; viele Abschnitte wurden gänzlich umgearbeitet; fast alle übrigen durch viele Zusätze vervollständigt. Seit 1903, wo das französische Manuskript fertiggestellt wurde, hat sich die Zahl der physiologischen, besonders aber

der vergleichend physiologischen Untersuchungen, die für die myogenen Irrungen geradezu vernichtend waren, ansehnlich vermehrt. Sie
haben hier überall die verdiente Berücksichtigung gefunden. Mehrere
Lücken der französischen Ausgabe, dadurch entstanden, daß ich,
schwer leidend, die Feder nicht führen konnte und, von meinem
Krankenlager aus, das Manuskript in die Maschine zu diktieren gezwungen war, hoffe ich überall ausgefüllt zu haben.

Noch weniger als in früheren physiologischen Schriften, habe
ich hier gezögert, mit Entschiedenheit meine volle Überzeugung
über die Streitfragen auszusprechen. Nichts wirkt verwirrender auf
den Leser, als wenn ein Autor, der es durchaus allen recht machen
will oder, was noch häufiger, der selbst zu keinem definitiven Schlusse
gelangen kann, sich damit begnügt, eine Unzahl einander wider-
sprechender Versuchsergebnisse, von denen doch die meisten ganz
minderwertig sind, in einen Haufen zusammenzuwerfen und es dem
Leser zu überlassen, sich in diesem Wirrwarr zurechtzufinden. Wer
andere überzeugen will, muß selbst feste Überzeugungen haben:

> „Wer zweifeln will, der muß nicht lehren;
> Wer lehren will, der gebe was!“

sagte Goethe. Dies hindert keineswegs eine richtige Wahl zwischen
dem Wichtigen und Nebensächlichen zu treffen und das noch Zwei-
felhafte und weiterer Nachforschung Bedürfende genau hervorzuheben.

Für mich persönlich hatte diese Notwendigkeit, gerade in diesem
Werke entscheidend in den Streitfragen aufzutreten, manche Unbe-
quemlichkeiten. Seit vierzig Jahren hatte ich Gelegenheit, so ziemlich sämtliche die Physiologie des Herzens betreffenden Fragen experimentell zu studieren. Zur Begründung meiner Ansichten war ich
daher gezwungen, fortwährend auf diese Untersuchungen zurückzu-
greifen. Um das „moi haïssable“ zu vermeiden, habe ich in der
französischen Auflage von meinen Untersuchungen stets in dritter
Person gesprochen. Ich hielt es für passender, diese Schreibweise auch
in der deutschen Auflage beizubehalten. Die häufige Wiederholung
meines Namens wird bei manchem reuigen Myogenisten Anstoß finden,
da sie, um meine Bescheidenheit zu schonen, es sorgfältig zu vermeiden pflegten, meine Schriften zu zitieren, obwohl sie nie zögerten,
meine Ergebnisse anonym zu benutzen. Wenn man eine Mitte zwischen den Erwähnungen des Namens „Cyon“ in diesem Werke und

dessen Fortlassung in den Produktionen der Myogenisten zieht, werde ich dabei immer noch zu kurz kommen. Als Kompensation habe ich auch in dieser Schrift mit peinlicher Sorgfalt sämtliche, auch die winzigsten Arbeiten der Gegner ausführlich zitiert.

Die Leidenschaftlichkeit, mit der ich die wissenschaftliche Wahrheit hier verteidigte, sowie die Unerbittlichkeit in der Verurteilung mehr oder minder aufrichtiger Verirrungen, werden weder die Physiologen noch die Ärzte verwundern. Schon vor vierzig Jahren, als ich noch bescheidener Anfänger, mir erst eine Stellung in der wissenschaftlichen Welt zu erobern hatte, zögerte ich nie, wie z. B. in meinen Schriften über die Chorea und die Tabes dorsalis, zu einer derartigen Kampfesweise zu greifen. Der letztgenannten Monographie habe ich damals nachstehende Worte meines berühmten Lehrers du Bois-Reymond als Motto vorausgeschickt: „ . . . wenn es die glänzenden Namen des Tages sind, welche ihr Ansehen auf diese Weise mißbrauchen . . . dann tritt für die Wissenschaft der Fall der Notwehr ein, Duldung wird zur Zaghaftigkeit, schonungslose Strenge zur Pflicht, die Kritik ist in ihrem Recht, an ihrem Ort . . . In dieser Überzeugung unterziehe ich mich getrost dem mühseligen und undankbaren Geschäft ihrer verneinenden Tätigkeit.“

Diesem Motto bin ich mein ganzes Leben, sowohl in meinen physiologischen, als auch in meinen philosophischen und historischen Schriften treu geblieben.

Paris, den 22. Dezember 1906.

E. C.

Inhaltsverzeichnis.

Die Nerven des Herzens.

Einleitung.

Unter allen lebenswichtigen Organen liegt dem Herzen die verwickelteste und mühsamste mechanische Arbeit ob. Von den ersten Tagen des embryonalen Wachstums an, während der Dauer des ganzen weiteren Lebens, darf das Herz auch nicht für einen Augenblick seine Tätigkeit unterbrechen, ohne daß dies den augenblicklichen Tod zur unmittelbaren Folge hat. Damit betraut, das Blut den entlegensten und winzigsten Geweben und Organen zuzuführen, muß das Herz bei seiner Arbeit sich den verschiedenen Phasen ihrer Tätigkeit anpassen und den verschiedensten Bedürfnissen ihrer Funktionen sofort Genüge leisten. Unerwartete Widerstände muß es überwinden, welche Funktionsstörungen des einen Organs unvermutet dem freien Durchgang des Blutes entgegenstellen; in einem anderen Organe muß es plötzlich die Menge dieser Flüssigkeit vermehren, weil dasselbe, infolge zufälliger Abweichungen von der Norm, einer größeren Masse zur Beseitigung irgendwelcher, seine Lebenstätigkeit schädigender Einflüsse bedarf; in einem dritten Organe muß es die Blutzufuhr einschränken, da irgend ein Krankheitsprozeß es diesem für den Augenblick unmöglich macht, seine physiologische Aufgabe in nutzbringender Weise zu erfüllen. Außerdem muß das Herz noch die Verteilung seiner Arbeit regeln, indem es sich einerseits nach dem gegebenen Ernährungszustande seines eigenen Muskelapparates richtet, dann aber auch nach den Schwierigkeiten und Hindernissen, denen gerade im Augenblick das fern von den Herzkammern strömende Blut begegnet. Entsteht irgend eine ernstliche Störung in seinem so komplizierten, einer Saug- und Druckpumpe vergleichbaren Mechanismus, so ist das Herz gezwungen, der dem Individuum unvermeidlich drohenden Lebensgefahr sofort abzuhelfen, und dieses ohne dabei seine eigene Tätigkeit auch nur auf einen Augenblick zu unterbrechen. Beim Erwachsenen muß es sich annähernd 115- bis 120 000 mal binnen 24 Stunden füllen und entleeren; d. h. 42 000 000 mal im Verlaufe eines Jahres, und mehr als vier Milliarden während der Dauer eines Lebens von hundert Jahren! Die von dem menschlichen Herzen, dieser so winzig kleinen, dünn- und zartwandigen Pumpe, geleistete mechanische Arbeit beträgt etwa 200 Grammeter bei jeder Kontraktion, d. h. fast 24 000 Kilogrammeter binnen 24 Stunden.

Weniger begünstigt als andere lebenswichtige Organe, z. B. als der Respirations- oder der Verdauungsapparat, vermag das Herz in keiner Weise durch irgendwelche Willensäußerung einen Beistand zu erhalten. Vermöge der willkürlichen Muskeln sind wir imstande, Rhythmus und Tiefe der Atmung zu wechseln, und auf diese Weise die Ventilationsarbeit unserer Lungen zu vermindern oder zu verstärken. Durch quali- und quantitative Änderungen oder durch zeitweilige völlige Enthaltung von jeglicher Nahrung können wir in wirksamer Weise in die Tätigkeit unseres Verdauungsapparates eingreifen. Dagegen ist der Einfluß, den unser Wille auf den wunderbaren Mechanismus auszuüben vermag, welcher ohne Ruh und Rast über die Erhaltung der Blutzirkulation wacht, fast gleich Null. Mit Hilfe seiner eigenen Mittel muß er sich aus der Not zu helfen wissen in allen den Fällen, wo unsere Unwissenheit oder unser Unverstand ihm ein Übermaß von Arbeit aufbürden, oder die Harmonie seiner Tätigkeit stören.

Derartig komplizierte Funktionen können in so außergewöhnlicher Vollendung nur mit Hilfe gewisser selbsttätig wirkender Vorrichtungen geleistet werden, welche die Herzbewegungen regulieren, indem sie einerseits ihren Rhythmus, je nach dem augenblicklichen Bedarf, beeinflussen und abändern, und anderseits die Arbeit des Herzens in der günstigsten Weise, sowohl für die Schonung seiner eigenen Kräfte, als auch für die sparsamste und wirksamste Verteilung des Blutes in die verschiedenen Organe, besorgen. Aus diesem Grunde muß das Herz in schneller und ununterbrochener Verbindung mit sämtlichen Teilen des Körpers stehen. Dazu kommt noch, daß nicht allein der Rhythmus, d. h. die Frequenz der Herzschläge, sondern auch deren

Stärke einer fortdauernden Regulierung bedarf. Unser Willensorgan vermag in keiner Weise in diese Regulierung direkt einzugreifen; dieselbe muß also mit Hilfe spezieller automatischer Apparate zustande gebracht werden. Und da das Herz ununterbrochen eine bedeutende Arbeit leistet, so muß auch sein Vorrat an dem, zur Erzeugung der motorischen Kräfte notwendigen Material, durch regulierende Vorrichtungen von vollkommenster Genauigkeit aufrecht erhalten werden. Die Unterhaltung all dieser selbsttätig wirkenden, besonders feinen Vorrichtungen erfordert seinerseits eine beständige und zweckmäßige Fürsorge und Überwachung ihrer Leistungsfähigkeit.

Ganglienzellen sind in die verschiedenen Herzabschnitte verteilt und unter sich durch zahlreiche Netze von Nervenfasern verbunden. Diese letzteren setzen das Herz einerseits mit dem Rückenmark und Gehirn, und durch deren Verbindungsbahnen mit dem sensiblen Nervensystem des ganzen Körpers, anderseits mit dem Sympathikus und dessen zahlreichen Ganglienknoten in Verbindung, welche in dieser Weise für dasselbe ergänzende Nervenzentren darstellen. Auch die Koronar-Arterien und -Venen sind wiederum mit einem besonderen Nervensystem versehen, welches die Aufgabe hat, die Zirkulation des Blutes im Herzmuskel selbst in wirksamster Weise zu regulieren. Endlich dient ein System von die Zirkulation und die Ernährung regulierenden Drüsen (Schilddrüsen, Hypophyse, Nebennieren und Zirbeldrüse), abgesehen von der kräftigen Beihilfe bei der mechanischen Verteilung des Blutes in die besonders zarten Partien des Organismus, noch zur Bildung von chemischen Substanzen, die dazu bestimmt sind, dieses so komplizierte Nerven-Ganglien-Konglomerat in gutem Funktionszustande zu erhalten.

Die genannten Schutzdrüsen (Cyon) regulieren, den augenblicklichen Bedürfnissen entsprechend, die Erregbarkeit und den Grad der Erregung und Leistungsfähigkeit des Herz- und Gefäßnervensystems.

Bei den höheren Wirbeltieren ist das die Funktionen des Herzens regulierende Nervensystem verschiedenen Ursprungs: Ein Teil desselben befindet sich in der Herzwand selbst; ein anderer entstammt dem Zentralnervensystem: Gehirn und Rückenmark; ein dritter dem Gangliensystem des Sympathikus. In seiner Gesamtheit besteht jeder Teil dieses Systems aus Ganglienzellen und Netzen von sich verzweigenden Nervenfasern. Das harmonische Zusammenwirken dieser

drei Teile verbürgt allein ein normales Arbeiten des Herzens bei
dem erwachsenen höheren Wirbeltier. Das Außerfunktiontreten eines
unter ihnen unterdrückt zwar nicht die Herzkontraktionen; diese
hören jedoch auf, sich unter den Bedingungen zu vollziehen, welche
erforderlich sind, damit das Herz seine physiologischen Aufgaben mit
der Präzision zu erfüllen vermag, die der bewunderungswürdigen Voll-
kommenheit seiner Anlagen entspricht.

I. Kapitel.

Das intrakardiale Nervensystem.

— — —

§ 1. Die intrakardialen Ganglienkugeln und Nerven.

Anatomische Übersicht:

Das Nervensystem des Herzens befindet sich in den verschiedenen Abschnitten desselben, in Gruppen verteilt, in Ganglienhaufen. Die ersten Ganglienhaufen im Jahre 1844, von Remak (334) im Kalbsherzen entdeckt, befinden sich im Venensinus. Besonders zahlreich sind sie an der Grenze dieses Sinus, wo derselbe an die Vorhöfe stößt. Eine zweite Gruppe von Ganglienzellen, von Ludwig (274) 1848 beim Frosch entdeckt, hat ihren Platz in der Scheidewand der Vorhöfe; eine dritte, die Atrio-ventrikular-Ganglienhaufen Bidders (36), an der Basis dieser Wand und in der Wand des Ostium atrioventriculare, sowie dem oberen Teil des Ventrikels. Durch spätere Untersuchungen von L. Gerlach (161), Cloetta, Schweigger-Seidel (363), A. Dogiel (107), Dogiel und Tumanzow (110), Löwit (266), Demour und Heymans (181), Jacques (212), Berkley (26) u. a. ist festgestellt worden, daß Ganglienzellen in allen Teilen des Herzens vorhanden sind, bis zur Grenze des zweiten Drittels des Ventrikels. Sie sind sehr zahlreich im oberen Teil desselben und werden in seinem zweiten Drittel seltener. Im letzten Drittel hat ihr Vorhandensein noch bis in die letzte Zeit zu Kontroversen Veranlassung gegeben.

Schon Friedländer (149) hat behauptet, man finde sie in jedem Abschnitt des Herzmuskels, eine Behauptung, die jedoch durch erneuerte Untersuchungen anderer Autoren nicht bestätigt werden konnte. Nur in den letzten Jahren sind von neuem ernste Untersuchungen mitgeteilt worden, welche die Anwesenheit von Ganglienzellen auch in der Herzspitze demonstrieren. So hat Bethe (²⁸) ausführliche Untersuchungen über das Vorhandensein von Nervenzellen mit vielen Ausläufern in der Herzspitze des Frosches veröffentlicht. Diese Zellen sind mit feinen Fortsätzen versehen, welche zahlreiche Nervennetze im Herzmuskel bilden. Bethes Ansicht nach, ist die Natur dieser Nervenzellen identisch mit denjenigen Ganglienzellen, welche, nur in viel größerer Menge und Dichte, sich in den oberen Teilen des Ventrikels befinden. Die von Bethe beschriebenen Nervennetze, welche mit Hilfe der Methylenfärbung erhalten worden sind, zeigen große Analogien mit den Nervennetzen, welche vor vielen Jahren von Schweigger-Seidel am Herzmuskel der Säugetiere gefunden und beschrieben wurden. Auch diese Netze sind durch zahlreiche zellenähnliche Gebilde unterbrochen, die dieser Forscher als „Kern-Anschwellungen" bezeichnete. Schweigger-Seidel fand solche Netze in sämtlichen Abschnitten des Herzventrikels.

Beiläufig gesagt, haben mehrere Vertreter der neurogenen Lehre (Kronecker, Cyon, Basch u. a.) die Anwesenheit dieser Nervennetze dazu benutzt, um das Auftreten rhythmischer Kontraktionen der isolierten Herzspitze zu erklären. Cyon behauptete sogar, die Schweiggerschen Kern-Anschwellungen könnten bei der Übertragung reflektorischer Erregungen die Rolle wirklicher Ganglienzellen spielen.

Die Anwesenheit von Ganglienzellen in der Herzspitze und in dem Bulbus Aortae hat neuerdings Carlson (⁵³), ebenfalls mit Hilfe der Methylenmethode, demonstriert, und zwar bei dem Salamander. Er hat auch mehrere Unterbindungsversuche an dem Bulbus Aortae ausgeführt und, durch die Fortdauer seiner rhythmischen Kontraktionen die nervöse Natur dieser Ganglienzellen bewiesen. Die Existenz unabhängiger Nervenzellen im Bulbus Aortae hat auch Löwit schon im Jahre 1881 beim Frosche genau beschrieben (²⁷⁰). Engelmann leugnete damals die Existenz eines solchen unabhängigen Ganglienhaufens im Bulbus, weil dieselbe in Widerspruch mit dem myogenen Ursprung der Herz-Kontraktionen stand. Gleich darauf hat aber schon damals Tumanzow die bestimmten Angaben Löwits durch neue Untersuchungen bestätigt.

Die Anwesenheit von Ganglienzellen in dem Bulbus Aortae hat übrigens Hermann Munk schon im Jahre 1876 auf physiolologischem Wege nachgewiesen. (Siehe S. 15.)

Die innere Struktur der Herz-Ganglienzellen ist seinerzeit von Remak, Ludwig, Bidder und später von Ranvier (333) studiert worden; bei letzterem findet man eine umfassende Darstellung der histologischen und physiologischen Fragen, betreffend die Natur der Herzganglienknoten. Nach Ranvier besitzen alle Zellen des Sinus Spiralfasern. Diese zeigen ebenso wie die geraden Fasern Nervenstruktur. In den Ganglien Bidders findet Ranvier „außer den mit Spiralfasern versehenen Nervenzellen, welche an ihrer Peripherie angehängt sind", im Innern, d. h. inmitten der Nervenfasern selbst, noch andere, von den ersteren verschiedene Zellen. Er vermutet, daß letzteren der Spiralfaden fehlt.

Die sich zum Herzen begebenden Nerven haben zwei Ursprungsstellen: den Vagus und Sympathikus. Man hat bis ins einzelne ihre Verteilung in der Herzwand, sowie ihre Beziehungen zu den Ganglienzellen studiert und hat dabei auch vielfach versucht, den Charakter der Herznervenfasern ihrer Herkunft nach festzustellen.

Bei den vielen extrakardialen Anastomosen zwischen den betreffenden Nervenstämmen, die nicht nur bei verschiedenen Tierarten, sondern auch bei verschiedenen Individuen derselben Tierart, viele Variationen zeigen, bietet die genaue Unterscheidung der intrakardialen Nervenfasern ihrem Ursprunge nach erhebliche Schwierigkeiten.

Die Endigungsweise der Nervenfasern im Herzmuskel wurde von Schweigger-Seidel (362), Langerhans (244), Gerlach und Ranvier auf das Genaueste untersucht. Wegen der betreffenden Einzelheiten müssen wir auf die Arbeiten der Genannten verweisen. Wir begnügen uns, hier die Verteilung der Herznerven beim Menschen, nach den sorgfältigen Studien von Vignal (403) kurz anzuführen:

„Die Äste der Koronar-Plexus entsenden selbst in ihren oberen Abschnitten eine große Zahl von Seitenzweigen, welche unmittelbar oberhalb des visceralen Perikards eindringen; diese bilden nun, indem sie sich von neuem teilen und mit den Nachbarzweigen anastomosieren, unterhalb desselben einen weitmaschigen Plexus, welcher in die Muskelmassen eine beträchtliche Zahl kleiner Ästchen entsendet. In dem oberen Drittel dieses Plexus, und zwar hauptsächlich in den kleinen Verästelungen, begegnet man, außer den bereits von Remak beschriebenen oberflächlichen Ganglienknoten, noch einer großen Menge anderer, viel kleinerer, welche langsam an Zahl zunehmen, je mehr

man sich der Herzspitze nähert, die jedoch, etwa am Beginn des
zweiten Drittels des Ventrikels, fast völlig verschwinden. Ich betone,
fast vollständig, denn die in der Nähe der großen Gefäße gelegenen
Nerven tragen Ganglienhaufen auf der ganzen oberen Hälfte des Ventrikels (a. a. O. 926).

Bevor wir uns der Darstellung der zahlreichen, über die Herz-
Ganglien gemachten experimentellen Untersuchungen zuwenden, erscheint es zweckmäßig, an dieser Stelle die anatomische Anordnung
der drei Ganglienhaufen, der von Remak, Ludwig und Bidder
wiederzugeben. Diese Angaben sind den neueren Untersuchungen
F. B. Hofmanns (198) über das intrakardiale Nervensystem entnommen (Fig. 1, S. 9).

Zu dieser anatomischen Darstellung der Herznerven und ihrer
Ganglienknoten fügen wir noch eine zweite Figur hinzu, welche die
intramuskulären Nervenfasern in einem Muskelbündel des linken
Herzohres darstellt. Es ist eines der Endnetze der letzten Verzweigungen des Plexus cardiacus. Hofmann stimmt mit Ranvier
überein, daß diese Verzweigungen zwischen den Muskelfasern in
Netze und nicht frei enden. Dieses schließt übrigens in keiner
Weise die Möglichkeit für gewisse Nervenfasern aus, sich von diesen
abzutrennen und auf direktem Wege in die Muskelzellen einzudringen.
Auf Grund gewisser histologischer Untersuchungen muß man sogar
annehmen, daß jede Muskelzelle von mehreren Verästelungen Fasern
empfängt. Auf diese Weise könnte jede Faser mehrere Muskelzellen
innervieren (Fig. 2, S. 10).

Man darf indessen nicht verkennen, daß trotz der Vorzüglichkeit
der jetzt bei solchen histologischen Untersuchungen angewandten
Färbemethoden viele Punkte, welche die Beziehungen zwischen den
Nervenfäden und Muskelzellen betreffen, noch in Dunkel gehüllt
bleiben. Es wäre also verfrüht, wollte man aus deren Ergebnissen
genaue und endgültige physiologische Schlüsse ziehen.

§ 2. Die Untersuchungen von Stannius, Bidder und anderen über die intrakardialen Nerven und Ganglienzellen.

Die Entdeckung von Ganglienzellen im Herzen durch Remak,
Ludwig und Bidder gab alsbald zu Untersuchungen Anlaß, welche
bestimmt waren, deren physiologische Bedeutung aufzuklären. Im

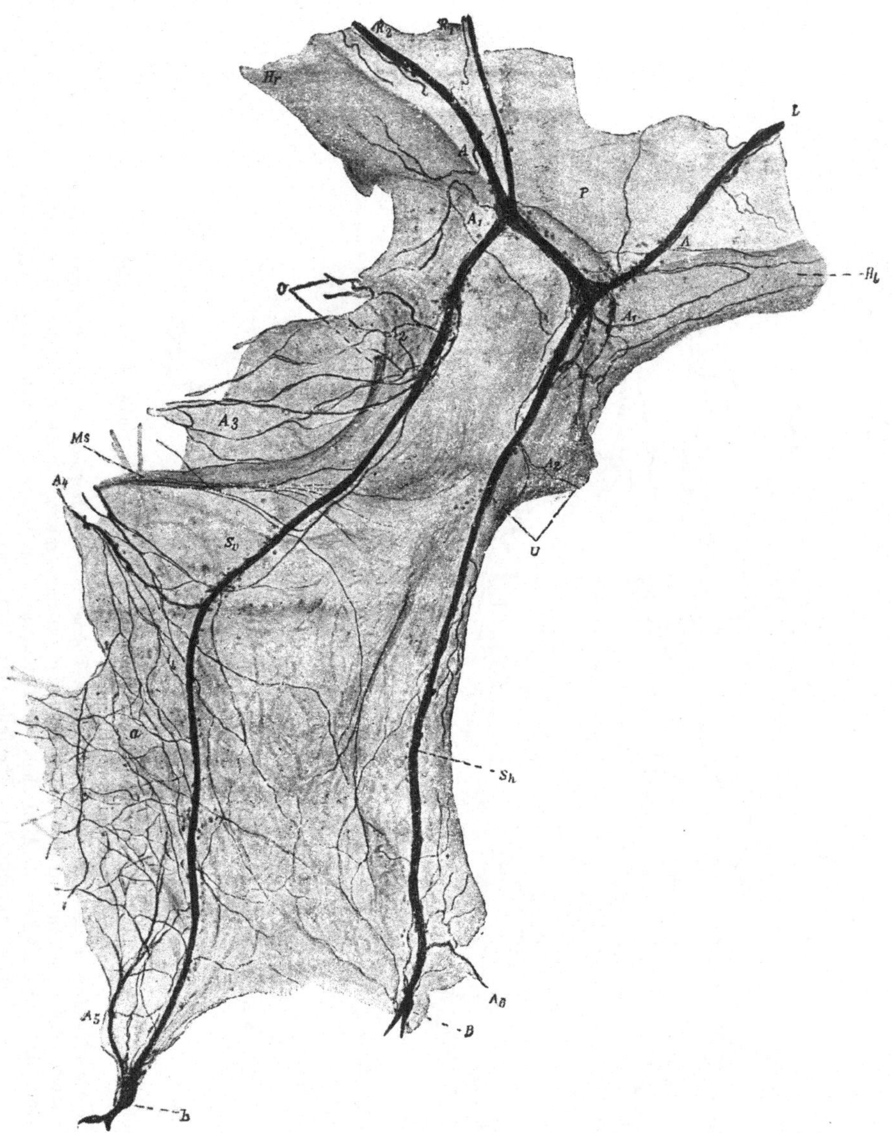

Fig. 1. Das Nervensystem eines Froschherzens von vorne gesehen nach der Darstellung von Hofmann, hergestellt aus einem Spannpräparat nach Behandlung mit Methylenblau und Fixation mit Ammoniummolybdat-Osmiumsäure nach Bethe:
Hl linke, Hr rechte obere Hohlvene, P Pulmonalvene, von vorne her aufgeschnitten. O abgeschnittener Übergang zur kranialen (oberen) Sinusklappe. U abgeschnittener Übergang zur kaudalen (unteren) Sinusklappe. Ms Fasciculus sagittalis septi. L linker Herzast des Vagus. R_1, R_2 rechter Herzast des Vagus, hier in zwei Teile zerfallen. Sv vorderer, Sh hinterer Scheidewandnerv. B Biddersches Ganglion. A Äste vom Vagus außerhalb des Herzens zu den oberen Hohlvenen. A_1 Vagusäste zum Sinus und den Hohlvenen, die schon innerhalb des Herzens abgehen. A_2 Vagusäste zur Muskulatur des Sinusostiums. A_3 oberer Ast vom vorderen Scheidewandnerven zur Vorhofswand. A_4 mittlerer Ast vom vorderen Scheidewandnerven zur Vorhofswand. A_5 unterer (vom Bidderschen Ganglion rückläufiger) Ast vom vorderen Scheidewandnerven zur Vorhofswand. A_8 vom hinteren Scheidewandnerven zur Vorhofswand. a Stelle mit gut gefärbtem Grundplexus und vereinzelten Ganglienzellen an seinen marklosen Nervenbündeln.

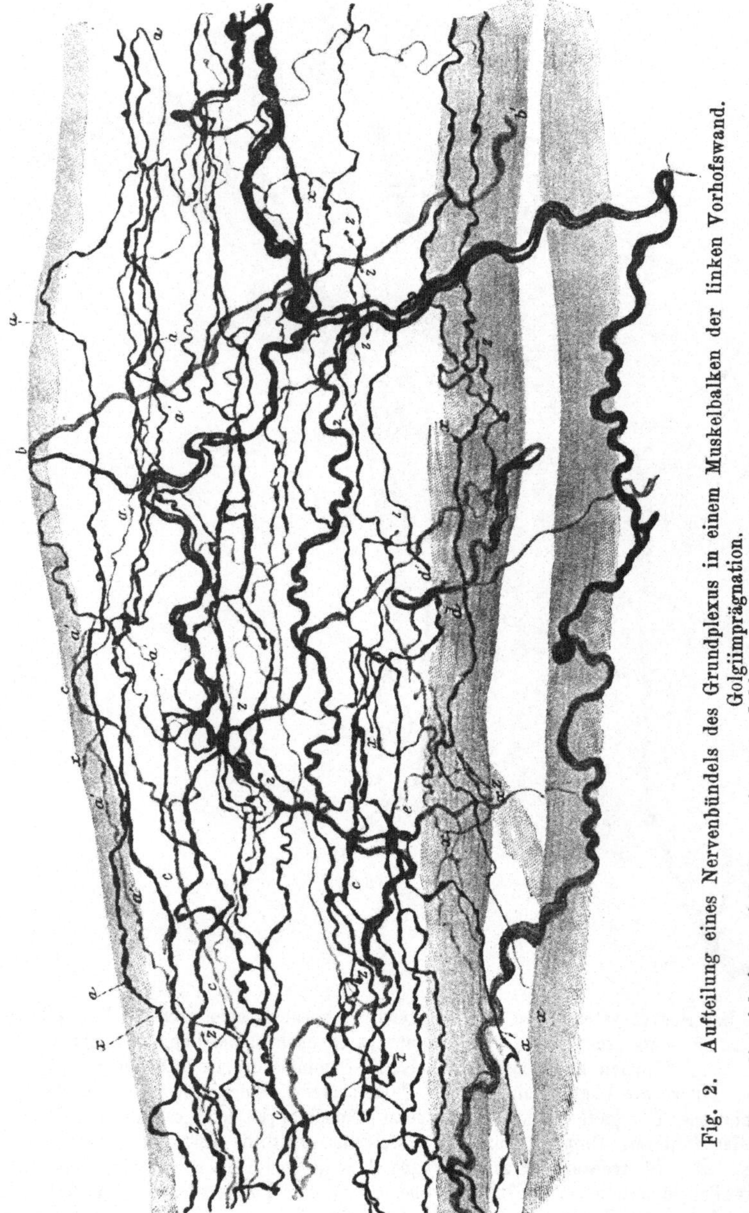

Fig. 2. Aufteilung eines Nervenbündels des Grundplexus in einem Muskelbalken der linken Vorhofswand. Golgiimprägnation.

a Nervenfaser, die sich in zwei Teiläste *a'* teilt. *b b'* umschlingende Doppelfaser. *c* Doppelfasern. *d d'* unterbrochene Imprägnation. *e* unvollkommene Imprägnation, nur die Varikositäten sind gut imprägniert. *x* Abbrechen der Imprägnation hinter einer Varikosität oder ohne eine solche. *z* Abbrechen der Imprägnation an einer Varikosität (sog. „knöpfchen-förmige Endigung"). Ebenfalls nach Hofmann.

Beginne äußerte Volkmann (404) klar und entschieden die Meinung, daß die Automatie des Herzens direkt von seinem Gangliensystem abhänge. Er gab gleichzeitig eine ziemlich vollständige Theorie der Funktionen des intrakardialen Nervensystems. Seine Meinung begründete er durch eine Reihe sinnreicher Versuche, die am ausgeschnittenen, noch lebhaft schlagenden Froschherzen angestellt wurden. So war Volkmann der erste, welcher beobachtet hatte, daß die Durchschneidung der Atrio-Ventrikulargrenze die Kammer zum Stillstand bringt, während der Vorhof weiter pulsiert. Durch leise, mechanische Reizung der Kammeroberfläche vermochte er einzelne Kontraktionen derselben, aber keine rhythmischen Schläge zu erhalten. Volkmanns Beobachtungen wurden bald darauf von Bidder bestätigt und noch erweitert. Die bemerkenswertesten Untersuchungen am Froschherzen, Untersuchungen, welche klassisch geblieben sind, wegen der außerordentlichen Sorgfalt in ihrer Ausführung, wie auch der Wichtigkeit ihrer Ergebnisse, rühren von Stannius her. Er führte sie in der Weise aus, daß verschiedene Herzabschnitte durch Seidenfäden abgebunden wurden. Unter den zahlreichen Ligaturen von Stannius sind folgende die wichtigsten:

1. Eine Ligatur, genau an der Stelle angelegt, an welcher der Sinus venosus in den Vorhof einmündet, bringt das Herz augenblicklich in verlängerter Diastole zum Stillstand. Die beiden Venae cavae, sowie der Sinus venosus selbst fahren fort sich im gleichen Rhythmus zu kontrahieren, wie vor der Ligatur.

2. Legt man, während dieses Herzstillstandes, an der Grenze des Ventrikels und der Vorhöfe eine gleichzeitig den Bulbus arteriosus umgebende Ligatur an, so beginnt der Ventrikel sich zu kontrahieren, während die Vorhöfe in Ruhe verbleiben.

Oft beginnt der Bulbus arteriosus gleichfalls zu schlagen; seine Schläge sind aber häufiger als die des Ventrikels.

Währenddem das Herz, infolge der an der Grenze des Sinus venosus und der Vorhöfe angelegten Ligatur zum Stillstand gebracht ist, vermag eine elektrische oder mechanische Reizung verschiedener Teile des Herzens einige Kontraktionen hervorzurufen und zwar bald der Vorhöfe, bald des Ventrikels. Die Kontraktionen sind indessen unregelmäßig und selten isochron. Eine Ligatur des Sinus venosus unterhalb der genannten Grenze bringt den Herzschlag nicht zum Stillstand; aber die Anzahl der Schläge der Venae cavae stimmt nicht mehr mit denen des Herzens überein. Letztere sind weniger häufig (378).

Stannius' Untersuchungen wurden kurze Zeit nach Entdeckung der Ganglienknoten Remaks und Ludwigs angestellt. Es war also selbstverständlich, daß man die beobachteten Wirkungen der Erregung und Abtrennung dieser Ganglien durch die Ligatur zuschrieb. In folgender Weise versuchte man die oben angeführten Tatsachen zu erklären: Die Remakschen Ganglien bilden ein Erregungszentrum, welches die automatischen Bewegungen des Herzens hervorruft. Die Ligatur des Sinus muß also, da sie dieselben von dem übrigen Herzen abtrennt, dessen Bewegungen aufheben. Die Ganglienknoten des Ventrikels besitzen nun zwar gleichfalls reizauslösende Eigenschaften, allein sollen sie aber doch nicht imstande sein, die hemmende Wirkung der in der Vorhof-Scheidewand gelegenen hemmenden Ganglienknoten zu überwinden. Aus diesem Grunde also, soll sobald die zweite Ligatur den Ventrikel von den Vorhöfen abtrennt, dieser seine Tätigkeit wieder beginnen.

Stannius ließ die Frage unentschieden, welcher Natur die Wirkung der Ligatur auf die hemmenden Ganglienknoten sei; ob sie einen besonderen Reiz auf diese Ganglienknoten ausübe, oder ob deren normale Erregung an sich schon genüge, um den Einfluß der Ganglienknoten des Ventrikels zu lähmen. Ein Versuch mit Ligaturen des Vagus, an verschiedenen Stellen seines intra- und extra-kardialen Verlaufs, haben ihn indessen überzeugt, daß eine solche nicht imstande ist eine länger dauernde Erregung hervorzurufen.

Fast zu gleicher Zeit wie die Untersuchungen von Stannius wurden die schon erwähnten von Bidder über den gleichen Gegenstand veröffentlicht (37). Dieser Forscher schrieb den von ihm an der Basis des Ventrikels entdeckten Ganglienhaufen die Fähigkeit zu, Herzkontraktionen auf reflektorischem Wege erzeugen zu können. Er hatte festgestellt, daß jede mechanische Reizung des Ventrikels, während des, durch vorherige Vagusreizung erzeugten Herzstillstandes, eine Pulsation hervorruft: Sie besaßen also selbst keinerlei automatische Wirksamkeit. Eine solche käme nur den Ganglienzellen der Vorhöfe und des Sinus venosus zu. Diese letzteren besitzen infolgedessen auch allein die Fähigkeit durch Reizungen des Vagus beeinflußt zu werden. Wie wir weiter unten sehen werden, hat schon Stannius

beobachtet, daß der durch die erste Ligatur hervorgerufene Herzstillstand kein endgültiger ist; früher oder später erhält der vom Sinus
venosus abgetrennte Herzteil die Fähigkeit, rhythmische Bewegungen
auszuführen, wieder.

Von dieser Beobachtung ausgehend, suchte Heidenhain den
Stillstand allein durch die Reizung der hemmenden Zellen mittelst
der Ligatur und keinesfalls durch eine Abtrennung der, die rhythmischen Bewegung veranlassenden, Reizzentren zu erklären. Man könnte
auch annehmen, daß der Mechanismus der Hemmungszentren durch
die Durchschneidung oder Ligatur in einen Reizzustand versetzt wird,
da ja schon 1849 Ludwig und Hoffa (276) die Möglichkeit gezeigt
hatten, die Nerven der Scheidewand der Vorhöfe auf direktem Wege
zu reizen und auf diese Weise Herzstillstand herbeizuführen. Diese
Möglichkeit wurde zuerst von Eckhard (116) bestritten, der ebenso
wie v. Bezold nicht zugeben wollte, daß die Ligatur eine lange anhaltende Reizung veranlassen könne; dieselbe sollte nur als
Schnitt wirken. Erst viel später, im Jahre 1876, erkannte Eckhard, daß eine Erregung der hemmenden Ganglienzellen auch fortbestehen könne, nachdem die Reizung aufgehört hat. Ranvier (332,
S. 151 ff.) hat dies durch Anwendung elektrischer und mechanischer
Reize später bestätigt. Wenn man bei Anwendung elektrischer Reize
des öfteren Stillstand erhält erst nachdem die Reizeinwirkung bereits
aufgehört hat, so rührt das daher, daß die direkte Reizung durch
starke elektrische Ströme die Hemmungsnerven verhindert ihre Wirkung zu äußern. Heidenhain konnte also mit scheinbarer Berechtigung den Stillstand des Herzens während der ersten Ligatur von
Stannius einer Reizung der verlangsamenden Nerven zuschreiben.
Dieser Schluß hatte nur den Fehler, zu einseitig zu sein und nicht
der entscheidenden Wirkung Rechnung zu tragen, welche die Abtrennung des Remakschen Ganglions vom übrigen Herzen notwendigerweise auf dessen Stillstand ausüben muß. Daher war auch die von
Ludwig (275) im Beginne gegebene Erklärung wahrscheinlicher: die
Ligatur von Stannius hebe die Kontraktionen des Herzens auf, sowohl durch Reizung der Vagi, als durch die Abtrennung des Herzens
vom Sinus venosus.

Unter den Versuchen von Heidenhain findet sich übrigens
einer, der in unzweideutiger Weise die Angabe bestätigt, daß die Aus-

schaltung des Sinus venosus, als des Hauptreizzentrums, an dem Stillstand des Ventrikels einen hervorragenden Anteil nimmt. In der Tat hat auch er beobachtet, daß eine Ligatur des Sulcus auriculoventricularis eine Reizwirkung auf das Biddersche Ganglion ausüben und eine Reihe rhythmischer Pulsationen des Ventrikels veranlassen kann. Goltz (161) hat dann diese Tatsache bestätigt, indem er zeigte, daß es genügt die Ligatur zu lösen, um die Pulse augenblicklich zum Stillstand zu bringen. Es ist also klar ersichtlich, daß die zweite Ligatur von Stannius die Herzkontraktionen nicht allein· darum wieder herstellt, weil sie die Wirkung der verlangsamenden und hemmenden Zentren des Herzens ausschaltet, sondern auch, weil sie an sich eine Reizursache für das Biddersche Ganglion abgiebt. Sie ersetzt also zum Teil die, normalerweise vom Remakschen Ganglion ausgehende, durch die erste Ligatur von Stannius ausgeschaltete automatische Erregung. Goltz endlich führte, um sicher zu sein, daß das Wiederbeginnen der Herzkontraktionen nicht durch die reizende Wirkung der umgebenden Luft veranlaßt sei, seine Versuche unter Öl aus. Unter solchen Verhältnissen verhinderte das Lösen der zweiten Ligatur von Stannius tatsächlich das Wiederauftreten der Kontraktionen. Aber da das Entfernen der ersten Ligatur nicht genügte, um die Herzkontraktionen wieder auftreten zu lassen, so schloß Goltz daraus, daß ihr Aufhören nicht eine Reizung der Hemmungsnerven, sondern bloß die Abtrennung des übrigen Herzteiles vom Sinus venosus zur alleinigen Ursache habe. Diese letzte Schlußfolgerung war ebenso einseitig, wie die von Heidenhain in entgegengesetztem Sinne vertretene. Soviel erschien außer Zweifel gestellt, daß der vom Sinus getrennte Auriculo-ventrikular-Teil des Herzens durch die Ausschaltung der Remakschen Ganglienzellen, welche die Herzkontraktionen auslösen, der automatischen Hauptreize beraubt wird. Dies hindert jedoch in keiner Weise, daß die Reizung der hemmenden Ganglien oder Nerven bei diesem Stillstand gleichfalls einen Anteil haben könne. Auch ist es durchaus nicht unbedingt notwendig, daß die letztere Erregung durch die erste Ligatur von Stannius selbst erzeugt wird. Es ist auch kaum anzunehmen, daß die einfache Ligatur einen so anhaltenden Stillstand (dreiviertel Stunden oder mehr) hervorriefe. Dagegen erscheint es ganz natürlich, daß, wenn die normale Erregung dieser hemmenden Zentren noch fortdauert ihre Wirkung auszuüben, es dem Bidderschen Ganglion, dem ja die Unterstützung von Seiten des Remakschen fehlt, nicht gelingt, die von diesen Zentren ausgehenden Reize zu überwinden: Daher also der Stillstand. Die zweite Ligatur von Stannius befreit das Biddersche Ganglion von den Fesseln, welche ihm die Hemmungszentren auferlegen, und der Ventrikel beginnt wieder sich zu kontrahieren, während die Vorhöfe weiter in ihrer Bewegungslosigkeit infolge der Wirkung der in ihren Wänden gelegenen hemmenden Zentren Ludwigs beharren. (Siehe S. 13.)

Nur auf diese Weise vermag man die zahlreichen von den genannten Forschern beobachteten und scheinbar sich widersprechenden Tatsachen zu versöhnen.

Eine derartige Erklärung wäre auch leicht mit der von Klug gemachten Beobachturg (220) vereinbar, daß nach Durchschneidung der beiden Vagi und deren Degeneration, erkenntlich an der Unwirksamkeit elektrischer Reize, die erste Ligatur von Stannius noch imstande ist, Herzstillstand herbeizuführen. Abgesehen davon, daß die Degeneration der Hemmungsfasern der Vagi in keiner Weise die Außerfunktionssetzung der hemmenden Herznervenzentren nach sich ziehen muß, bleibt es selbstverständlich, daß die Abtrennung des Sinus venosus dem übrigen Herzen den Ursprungsreiz für seine Bewegungen, deren Ausgangspunkt das Remaksche Ganglion darstellt, entzieht.

Am Ende des vorhergehenden Paragraphen wurden die Versuche Hermann Munks erwähnt, die ihm gestatteten die Anwesenheit von Ganglienzellen in dem Bulbus Aortae zu behaupten. Diese Versuche bestanden in folgendem: in die Atrio-Ventrikulargrenze eines durch die Ligatur von Stannius zum Stillstand gebrachten Herzens führte Munk eine Nadel ein, mittels welcher er verschiedene Stellen des Bulbus und der Scheidewand zu reizen vermochte. Er erhielt dabei eine Anzahl von Pulsationen, deren Reihenfolge er je nach der gereizten Stelle beliebig variieren konnte. Reizte die Nadel die Ventrikelganglien, so kontrahierte sich zuerst der Ventrikel, dann die Vorhöfe und der Bulbus. Reizung der Vorhofsganglien erzeugte folgende Reihenfolge der Kontraktionen: Vorhöfe, Ventrikel, Bulbus. Wurde der Bulbus allein getroffen, so war die Reihenfolge: Bulbus, Ventrikel, Vorhöfe. Munk schloß daraus, daß im Bulbus sich ebenfalls Ganglienzellen befinden müssen, welche die Kontraktionen des ganzen Herzens auszulösen vermögen. Trotzdem die Beobachtungen Munks, was die Reizung des Bulbus betrifft, von Marchand bestätigt wurden, haben diese Versuche dennoch wenig Beachtung gefunden, weil damals der anatomische Nachweis von Ganglienzellen im Bulbus noch fehlte.

Auch nach anderer Seite hin bieten die Munkschen Versuche gerade jetzt ein größeres Interesse. Schon Stannius hat gelegentlich beobachtet, daß bei Reizung des Ventrikels die Reihenfolge der Kontraktionen einzelner Herzabschnitte sich in der Weise ändert: Ventrikel, Bulbus, Vorhof. Die Munkschen Versuche erweiterten also diese Beobachtungen (298).

So mannigfaltig und erschöpfend die zahlreichen Untersuchungen auch waren, zu denen die Ligaturen von Stannius Veranlassung gegeben haben, zu einer übereinstimmenden Deutung der funktionellen Rolle der verschiedenen Herzganglien-Gruppen vermochten sie nicht zu gelangen. Dies lag hauptsächlich daran, daß sämtliche Versuche an ausgeschnittenen Herzen ausgeführt wurden, die, ihres normalen Stoffwechsels beraubt, sich im Zustande allmählichen Absterbens befanden. Erst nachdem im Jahre 1866 in der physiologischen Anstalt zu Leipzig unter Ludwigs Leitung Cyon die Methode ausgearbeitet hatte, um das ausgeschnittene Herz, durch Herstellung einer künstlichen Zirkulation von Blutserum, stunden-, ja tagelang funktionsfähig zu erhalten, begann eine neue Ära für das Studium der Physiologie des Herzens.

§ 3. Die Cyon-Ludwigsche Methode zum Studium des vom Körper isolierten Froschherzens, dessen vitale Eigenschaften durch eine künstliche Zirkulation erhalten werden.

In der ersten Mitteilung Cyons über die Methode zum Studium des vom Körper isolierten Froschherzens, welche Ludwig der Sächsischen Gesellschaft für Wissenschaft im Jahre 1866 vorgelegt hat, liest man: „Zu dem Ende brachte ich, nach dem Rat des Herrn Prof. Ludwig, mit den Gefäßen des ausgeschnittenen Froschherzens einen gläsernen Kreislauf in Verbindung, in welchem ein kleines Quecksilbermanometer eingeschaltet war, und füllte, um die Bewegungen des Herzens auf das Manometer zu übertragen, die Höhlen des Herzens und der Glasröhre mit Serum von Kaninchenblut;

Herz und Kreislauf wurden alsdann in einen Raum gesetzt, der mit Leichtigkeit auf den gewünschten Temperaturgrad gebracht und beliebig lange darauf erhalten werden konnte." (76, S. 3.)

Die hier beiliegende Figur 3 (S. 18) zeigt die ersten Vorrichtungen, welche dazu gedient haben die Anwendung der neuen Methode zu verwirklichen. Wie aus der Erklärung dieser Figur hervorgeht, bestand Cyons Apparat aus zwei verschiedenen Teilen; der eine war dazu bestimmt die künstliche Zirkulation im ausgeschnittenen Herzen zu erhalten und gleichzeitig die Herzschläge mittels eines Quecksilber-Manometers auf einer rotierenden Trommel zu verzeichnen. Der zweite Teil, das Gehäuse aus Glas und Metall, hatte einen speziellen Zweck, nämlich das isolierte und gespeiste Herz verschieden hohen Temperaturen aussetzen zu können, um den Einfluß der Temperaturänderungen auf Zahl, Dauer und Stärke der Herzschläge zu beobachten. Diese Beobachtungen werden im nächsten Paragraphen ausführlich behandelt; hier sollen nur die Hauptzüge angegeben werden, welche den ersten Teil der Einrichtung Cyons betreffen, da deren genaue Kenntnis unbedingt erforderlich ist, um die Bedeutung der vielen Modifikationen, die diese Methode seit 40 Jahren erlitten hatte, sowie die aus denselben entsprungenen Vor- und Nachteile würdigen zu können.

Wie aus der Figur 3 ersichtlich, wurde zu den Versuchen das ganze Herz benutzt; sowohl in der Aorta als in der Hohlvene waren die Kanülen sehr hoch eingebunden; dies damit der Sinus venosus und der Bulbus Aortae ganz, intakt bleiben. Mit Rücksicht auf die Versuche mit den Ligaturen von Stannius war es erforderlich sämtliche Herzganglien zu schonen. „Will man die Wirkung des Ventrikels allein beobachten, schrieb Cyon, so ist es notwendig die Kanüle durch den Bulbus Aortae hindurch bis zu der Ventrikel-Mündung zu schieben; ohne dies sieht man in der gezeichneten Kurve auch noch die Folgen der Zusammenziehung der Aorta-Zwiebel" (S. 10).

Als Nährflüssigkeit hat Cyon das frische Kaninchenserum gewählt; obwohl eine verdünnte Kochsalzlösung sich in einzelnen Fällen brauchbar erwies, verzichtete Cyon auf deren Anwendung, weil viele Herzen dabei rascher absterben, als es sonst der Fall ist. Hundeserum hat sich als absolut giftig erwiesen.

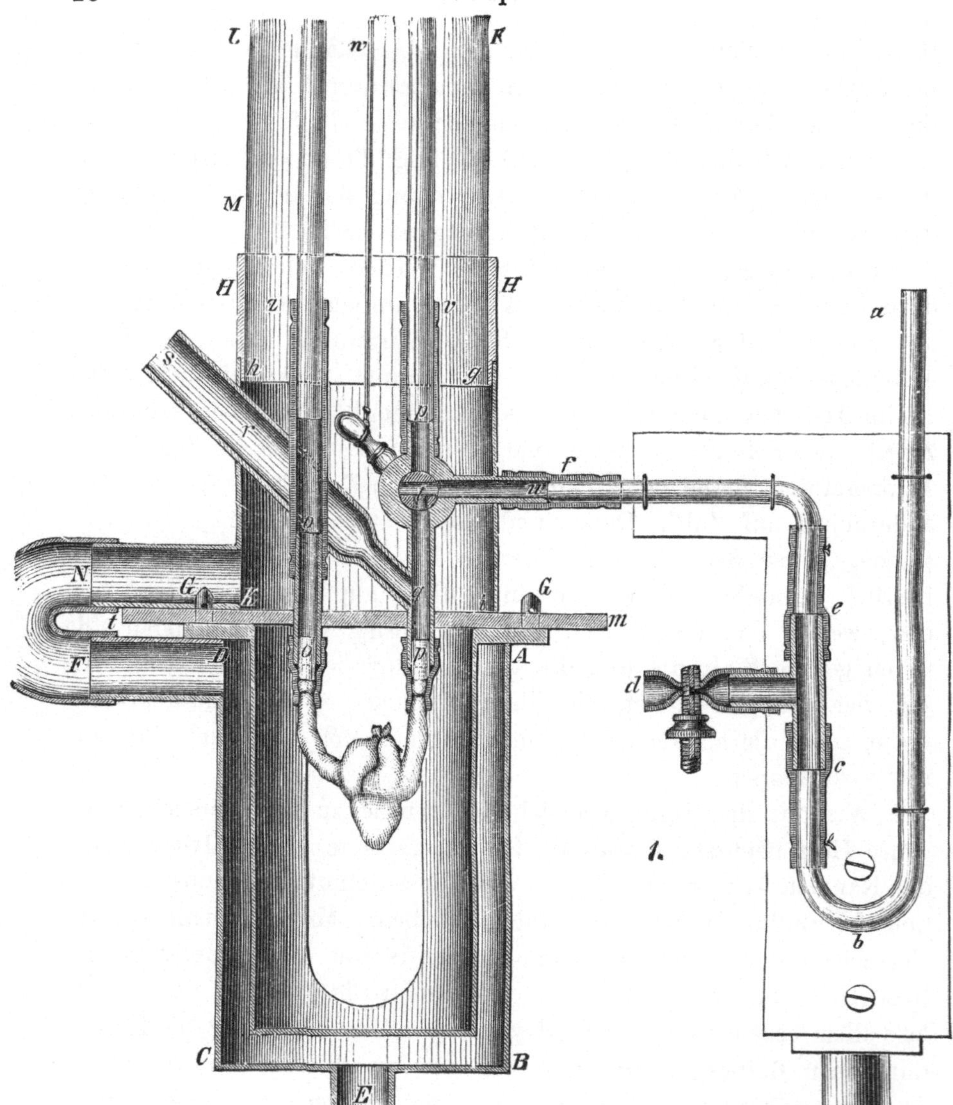

Fig. 3. Cyons Vorrichtung für die Unterhaltung der Blutzirkulation
in dem isolierten Froschherzen.

oo und pp in die Vena cava und die Aorta eingebundene Kanülen, welche einerseits das
Herz mit Glasröhren verbinden, die die Zirkulation zwischen beiden Gefäßen vermitteln,
andererseits durch einen T-förmigen Hahn beliebig durch das Rohr lu das Herz mit dem
Quecksilbermanometer a, b, c, e, f in Verbindung setzen. C, B, L, K, N, F stellen ein
doppelwandiges Gehäuse aus Kupfer und Glas dar, dazu bestimmt, das Herz verschiedenen
Temperaturen auszusetzen. Die Röhren G, N, F, D dienen zur Zuleitung verschieden
temperierter Flüssigkeit in das Innere des Gehäuses. w gestattet dem T-förmigen Hahne
beliebige Stellungen zu geben (die nähere Beschreibung findet sich in den Gesammelten
physiologischen Arbeiten Cyons, Berlin, 1888 und in seiner Methodik physiologischer
Experimente usw., St. Petersburg und Giessen, 1876).

Die Anfüllung des Herzens mit dem Blutserum wurde soweit getrieben, daß die Herzwände auch bei der Diastole unter dem Drucke von mehreren Millimeter Quecksilber blieben. Bei jeder neuen Füllung des Herzens zur Erneuerung des Serums wurde immer derselbe Druck im Inneren des Herzens behalten, wenn nicht die Versuchsbedingungen das Gegenteil verlangten. Abgesehen von der ersten Minute nach der Füllung, wo das frische Serum das Herz zu besonders kräftigen Schlägen anzuregen pflegt, vermochte das Herz während mehrerer Stunden nach Zahl und Umfang gleich stark zu schlagen.

Die überraschend wichtigen Ergebnisse, welche Cyon bei der ersten Anwendung dieser Methode erhalten hat, brachten es mit sich, daß dieselbe eine große Verbreitung gefunden hat und seitdem viele wichtige Änderungen erfuhr. Diese Änderungen bezogen sich teils auf die Registriermethoden und auf die Wahl der zu Versuchszwecken benutzten Tiere, teils auf die Präparationsweise des Herzens selbst mit Beibehaltung der Cyonschen Vorrichtungen. Von den letzteren, die im Leipziger Laboratorium von den anderen Schülern Ludwigs erprobt wurden, wird im Paragraph 5 die Rede sein. Es sollen hier nur kurz die Änderungen der ersten Art angedeutet werden.

Unter dieser Art Abänderungen der Cyonschen Methode waren die von Fick und Blasius vorgenommen die ersten, indem diese das Herz in einen mit einer Salzlösung gefüllten Zylinder brachten, und die durch die Kontraktionen des Herzens veranlaßten Volumveränderungen dieser Flüssigkeit aufzeichneten. Marey hat 1874 in diesem Apparat die Salzlösung durch Luft ersetzt. Zu den Versuchen benutzte er ausschließlich Herzen von Schildkröten. Die Aufzeichnung der Pulsationen geschah bei Marey mit Hilfe seiner Luftkapsel. Die gleichzeitige Anwendung von Cyons Manometer mit einer ähnlichen Vorrichtung wie die von Fick und Blasius (z. B. dem Piston-recorder von Mc-William) gestattet es am leichtesten, zu gleicher Zeit die Schwankungen der Stärke der Herzschläge, sowie die Veränderungen seines Volumens aufzuzeichnen.

Newell-Martin, Langendorff und ihren Schülern gelang es, diese Methode der künstlichen Zirkulation auch bei Untersuchungen des vom übrigen Körper isolierten Säugetierherzens in Anwendung zu bringen; meistenteils bedient man sich jetzt bei solchen Versuchen mehrerer, zu gleicher Zeit angebrachter Registriervorrichtungen.

Die Methode der künstlichen Zirkulation im vom übrigen Körper isolierten Herzen hat in den nunmehr 40 Jahren, seitdem sie in die Physiologie eingeführt ist, eine ganz außerordentliche Bedeutung bei den modernen experimentellen Untersuchungen erlangt. Man hat sie in gleicher Weise auch bei anderen Organen zur Anwendung gebracht, wie auf die Lunge (Ludwig und Schmidt), auf die Nieren (Müller), auf die Leber zum Nachweis der Harnstoffbildung (Cyon, Schröder) und auf die Wiederherstellung der Gehirnfunktionen (Cyon) usw.

Neuerdings hat Cyon diese Methode auch mit Erfolg dazu angewandt, zu gleicher Zeit künstliche Zirkulationen in dem, noch mit den Lungen in Verbindung stehenden Herzen und gleichzeitig im Gehirn zu unterhalten (siehe unten Kap. V). Wegen der Unabhängigkeit dieser Zirkulationsbahnen voneinander gestattete eine solche Anordnung Cyon zu gleicher Zeit die Wirkung verschiedener Herzgifte zu studieren, von denen die einen auf die Gehirnzentren der Herznerven und die anderen auf die peripheren Zentren einwirkten.

Wir kommen weiterhin auf die mit Hilfe letzterer Methode erhaltenen wichtigen Ergebnisse, die eine große Bedeutung für die Erklärung der Funktionsweise des Herzens erlangt haben, zurück. Hier sollen zunächst die Hauptergebnisse der Versuche zusammengefaßt werden, welche sich auf den Einfluß von Temperaturveränderungen auf das intrakardiale Nervensystem beziehen, soweit sie von Cyon durch die erste Anwendung seiner Methode erhalten wurden.

§ 4. Der Einfluß von Temperaturänderungen auf das intrakardiale Nervensystem. Cyons Gesetze der Herzarbeit.

Die Folgen solcher Temperaturwechsel sind verschiedener Art, je nachdem es sich um Zu- oder Abnahme, um plötzliche oder allmähliche Temperaturänderungen handelt. Diese Änderungen wirken in verschiedener Weise, jedoch mit vollkommener Gesetzmäßigkeit auf die einzelnen Teile des intrakardialen Nervensystems ein. So sind in den Grenzen von 4^0 bis $+ 37^0$ gewisse Temperaturschwankungen ganz besonders günstig für die Entwicklung der auf das Herznervensystem einwirkenden Reize, und zwar in verschiedenem Sinne. In ähnlichen Grenzen scheinen sich auch die Einflüsse der Temperaturänderungen auf die Muskelfasern des Herzens zu bewegen.

Schon bei den vorhergehenden Versuchen über den Einfluß verschiedener Temperaturen auf Nerven und Muskel, wie z. B. bei den von Eckhard, Rosenthal u. a. angestellten, war es klar geworden, daß bei derartigen Studien das Hauptgewicht auf die Wirkungen der Temperaturänderungen und nicht auf die Einflüsse konstanter Temperaturen verschiedener Grade gelegt werden muß. Dasselbe gilt auch für das Herz, wie dies schon aus den Versuchen von Calliburcès und Schelske ersichtlich war. Wie die elektrischen Ströme, so wirken auch thermische Reize auf Nerv und Muskel hauptsächlich durch die Schwankungen ihrer Intensität und durch die Schnelligkeit dieser Schwankungen. Auf diese beiden letzteren Faktoren hatte E. Cyon bei seinen Untersuchungen daher das Hauptgewicht gelegt. Auch seine erfolgreichen Nachfolger auf diesem Gebiete, wie Newell-Martin, Langendorff, G. N. Stewart, Hatschek, von Vintschgau u. a., denen es gelungen ist, bei verschiedenen Tieren mit den Cyonschen übereinstimmende Ergebnisse zu erhalten, haben in richtiger Erkenntnis des Wesens der anzuwendenden Methoden, ebenfalls ihre Aufmerksamkeit in erster Linie den Wirkungen der Temperaturänderungen gewidmet[1]).

Die Wirkungen, die die Temperaturänderungen auf Zahl, Dauer und Stärke der Herzschläge ausüben, bieten nach vielen Richtungen hin ein großes Interesse, hauptsächlich, weil sie uns gestatten, das Wesen der erregenden und hemmenden Vorgänge in den Ganglienzellen des Herzens zu erfassen. Es sollen daher hier die wichtigsten Cyonschen Ergebnisse, wo möglich, mit seinen eigenen Worten angeführt werden:

„Aus den Beobachtungen über den Umfang der Herzschläge, die ich diesem Verfahren unterworfen habe, leuchtet ein und dasselbe Gesetz hervor. Beschreibt man wiederum über die Abszisse der Temperaturen die Kurve der Exkursion, so zeigt diese ein Maximum und zwei Minima. Die letzteren liegen bei der oberen und unteren Grenztemperatur, also bei denjenigen, bei welchen das Herz zu

---

[1]) Untersuchungen über den Einfluß der Temperatur auf das Herz, welche keine Rücksicht nahmen auf die Bedeutung der auf- und absteigenden Temperaturänderungen, sind daher meistens fruchtlos geblieben, oder haben nur konfuse und widersprechende Ergebnisse geliefert, wie dies noch mit mehreren der neuesten Arbeiten der Fall ist.

schlagen aufhört. Von der unteren Grenztemperatur steigt die Kurve rasch aufwärts, so daß sie schon wenige Grade über Null das Maximum oder nahezu den Wert desselben erreicht; dann hält sie sich auf dieser Höhe nahezu gleichmäßig bis gegen 15⁰ oder 19⁰ C., nur in seltenen Fällen pflegt sie schon früher etwa bei 10⁰ C. abzusinken. Von 20⁰ C. weiter aufwärts sinkt sie dann ununterbrochen bis zum Nullpunkt der höheren Temperatur (37⁰ bis 40⁰) auf die Abszisse herunter."

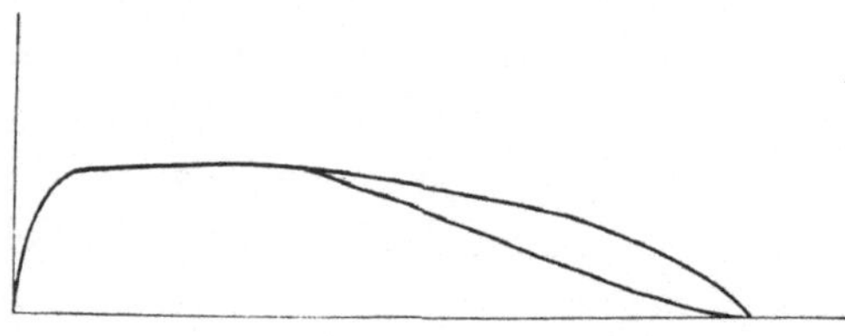

Fig. 4. Die Kurve der Exkursionshöhen.
Die zwei Minima der Ordinate entsprechen den zwei Temperaturgraden, bei welchen das Herz zu schlagen aufhört. Die Abszisse wie in Fig. 5.

Eine weitere hierher gehörige Erscheinung verdient hervorgehoben zu werden. Sobald sich die Temperatur des Herzens dieser äußersten Grenzwärme ($+ 37⁰$) nähert, fährt dasselbe zwar noch fort Kontraktionen auszuführen, aber es ist nicht mehr imstande, das Blut in das Manometer zu treiben. Diese Herzkontraktionen zeigen peristaltische Form und schreiten in der Richtung von der Vorhofsgrenze gegen die Herzspitze fort.

Was die Wirkung der Temperatur-Änderungen auf die Zahl der Herzschläge betrifft, so resumiert sie Cyon in folgenden Worten: „Das Herz bewahrt seine Fähigkeit automatisch zu schlagen nur so lange, als es innerhalb gewisser Temperaturgrenzen verweilt. Es kommt zur Ruhe, wie dieses Schelske zuerst angegeben hat, wenn diese Grenzen nach unten oder oben überschritten worden sind. Die genaueren Gradzahlen, in welchen die automatische Schlagfähigkeit bewahrt wird, lassen sich jedoch allgemein nicht angeben. Einige Herzen hören bei 0⁰, andere bei 4⁰ C. auf; noch unbestimmter ist die obere Grenze, sie variiert zwischen 30 und 40⁰ C. Durchläuft das Herz das Temperaturintervall, welches zwischen den Grenzen der Ruhe liegt, so geht die Schlagzahl durch ein Maximum hindurch. Die Art, wie es dieses Maximum erreicht, und wieder von ihm absinkt, zeigt in allen Fällen, die ich beobachtete, eine unverkennbare Gesetzmäßigkeit. Eine schematische Darstellung von dem Gang der Erscheinungen habe ich in der folgenden Kurve zu geben versucht; die Abszisse derselben hat man sich nach Graden der thermometrischen

Skala geteilt zu denken. Und zwar liegen die niederen Temperaturgrade nach links hin. — Die Ordinaten zählen die Herzschläge in der
Zeiteinheit."

„Diese Kurve sagt aus, daß von der unteren Grenztemperatur an die Schlagzahl erst sehr langsam, dann aber um so rascher für gleiche Temperaturintervalle wächst, je näher das Herz der Temperatur kommt, bei welcher die Schlagzahl ihr Maximum erreicht. Ist sie auf dem

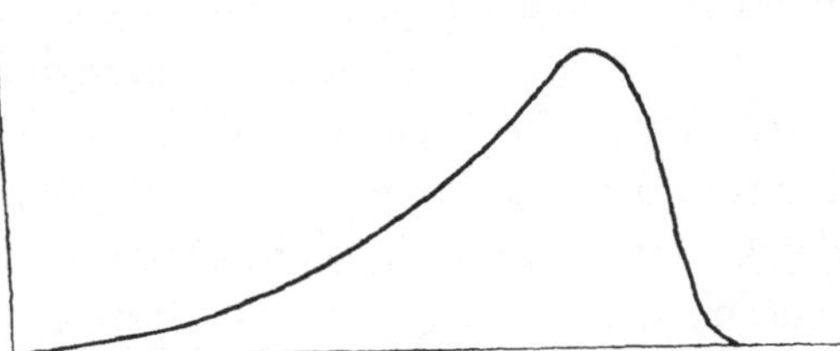

Fig. 5. Die Ordinaten dieser Kurve zählen die Herzschläge in der Zeiteinheit. Die Abszisse derselben hat man sich nach Graden der thermometrischen Skala geteilt zu denken, die von links nach rechts steigen.

letzteren angelangt, so sinkt bei noch weiterem Steigen der Temperatur die Schlagzahl einige Grade hindurch erst allmählich, dann aber so rasch, daß das Herz, wenn es nur noch um wenige Grade weiter erwärmt wird, schon vollkommen still steht. In den zwei bis drei Graden, die dem Stillstand vorausgehen, schlägt das Herz aber nicht allein langsam, sondern auch unregelmäßig, so daß kaum eine Herzpause der andern an Dauer gleichkommt. Um das Bild der Erscheinungen zu vervollständigen, ist in Worten noch hinzuzufügen, daß ganz unmittelbar vor dem Stillstand sich die gesamte Ventrikelfaserung nicht mehr auf einmal zusammenzieht, sondern daß die Bewegung peristaltisch abläuft."

Wie schon gesagt, geht im allgemeinen aus den Beobachtungen Cyons hervor, daß die Zahl der Herzschläge mit dem Steigen der Temperatur wächst, während ihr Umfang abnimmt. Vergleicht man jedoch die Kurve der proportionalen Schlagstärken mit der der proportionalen Schlagzahlen (zu derselben Zeit bei ein und demselben Herzen), so bemerkt man sofort, daß von 0° bis zu einer gewissen Temperaturgrenze ein Anwachsen der Schlagzahl stattfindet, während der Umfang der Zusammenziehung unverändert bleibt. Innerhalb dieser Grenzen besteht also völlige Unabhängigkeit dieser beiden Größen voneinander.

Steigt jedoch die Temperatur weiter, so nimmt die Schlagzahl zwar auch noch zu, aber eine Verminderung des Umfanges der Zusammenziehungen beginnt sich bemerkbar zu machen, bis das Maximum der Pulszahlen erreicht ist. Ist die Temperatur, bei welcher die Herzschläge dieses Maximum ihrer Schlagzahl erreichen, überschritten, so sieht man, daß die letztere gleichzeitig mit dem Umfang abnimmt, bis beide gleich Null werden.

Was den Verlauf der Zusammenziehungen des Herzens angeht, so hat Cyon beobachtet, daß sie bei dem gleichen Herzen mit dem Temperaturwechsel Veränderungen erleidet. Die beiden Kurven in Fig. 6 zeigen, daß, in Übereinstimmung mit dem Sinken der Temperatur, der aufsteigende und absteigende Teil der Kurve sich mehr und mehr in die Länge ziehen. Die Beobachtungen Cyons über die Dauer der einfachen Systolen zeigten, daß in den Grenzen von 0⁰ bis 18⁰ die Summe der Systolendauern in der Zeiteinheit sich annähernd unverändert erhält, während die Dauer einer jeden einzelnen Systole in dem Maße zunimmt, in welchem ihre Zahl, in der gleichen Zeiteinheit, abnimmt, und zwar in einem ganz bestimmten Verhältnis. (Fig. 6.)

Steigt die Temperatur von 18 auf 34⁰, so nimmt die Summe der Systolendauern meistenteils mit der Steigerung der Temperatur ab, in der Weise, daß der Anteil, welcher allen Systolen insgesamt in der Zeiteinheit zukommt, bei 34⁰ nur noch die Hälfte beträgt von dem, welchen sie vor 18 gehabt haben. In diesem Falle war also die Dauer einer jeden Systole auf die Hälfte vermindert, während die Zahl der Schläge sich, in dem gleichen Zeitraum, verdoppelt hatte.

Über die Arbeit, welche das Herz in der Zeiteinheit für den Blutstrom bei verschiedenen Temperaturen leisten kann, kommt Cyon zu folgendem Schluß:

„. . . Aus den Tatsachen, die schon über die Änderungen der Schläge nach Zahl und Umfang in verschiedenen Temperaturen mitgeteilt worden, geht ohne weiteres hervor, daß jedes Herz nur bei einem ganz bestimmten Temperaturgrad dem Blutstrom die größten Dienste zu leisten vermag, denn der Wert desselben muß bei niederen Temperaturen geringer sein, als bei den mittleren, da sich durch die Abkühlung die Zahl der Schläge vermindert, ohne daß ihr Umfang zunimmt. Ebensowenig kann jenseits des Maximums der Schlagzahlen der Nutzeffekt größer sein, als in den Mittelgraden der Wärme, weil hier die Frequenz und die Exkursion der Pulse beträchtlich abge-

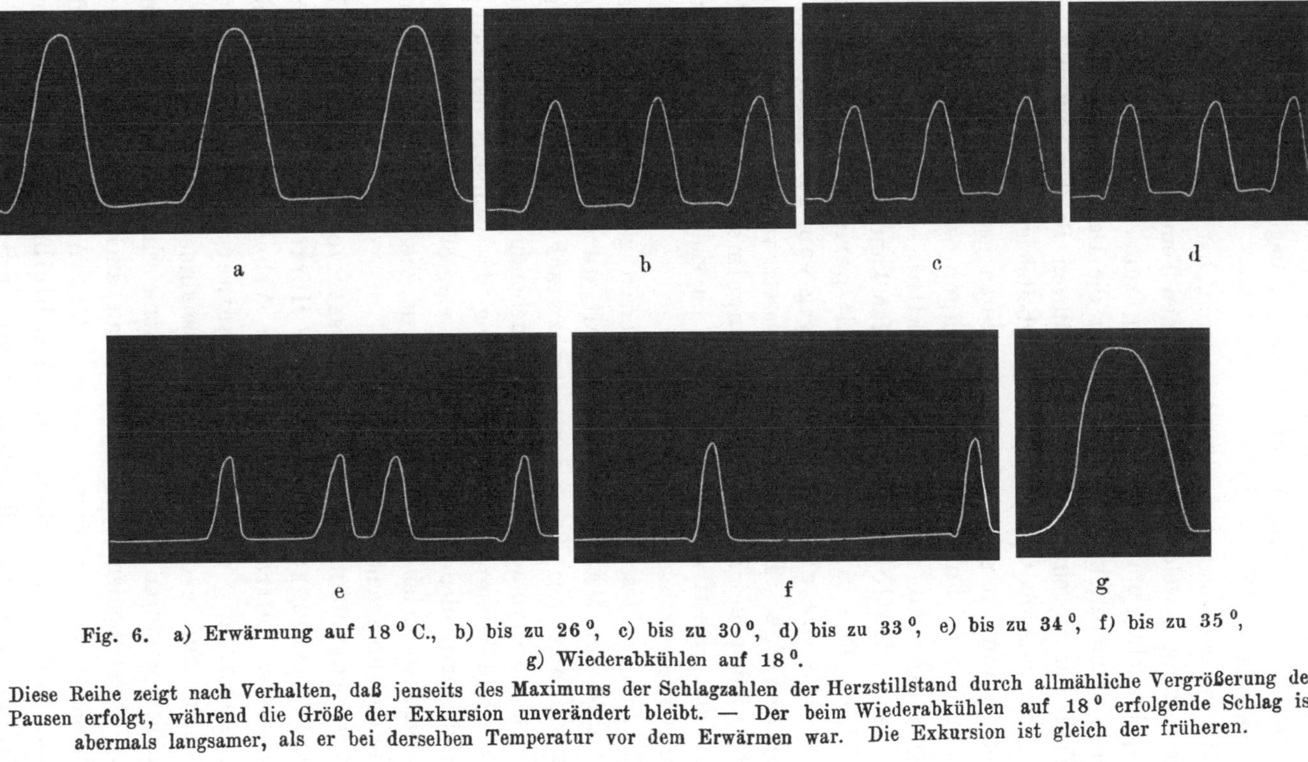

Fig. 6. a) Erwärmung auf 18 ° C., b) bis zu 26 °, c) bis zu 30 °, d) bis zu 33 °, e) bis zu 34 °, f) bis zu 35 °, g) Wiederabkühlen auf 18 °.

Diese Reihe zeigt nach Verhalten, daß jenseits des Maximums der Schlagzahlen der Herzstillstand durch allmähliche Vergrößerung der Pausen erfolgt, während die Größe der Exkursion unverändert bleibt. — Der beim Wiederabkühlen auf 18 ° erfolgende Schlag ist abermals langsamer, als er bei derselben Temperatur vor dem Erwärmen war. Die Exkursion ist gleich der früheren.

nommen haben. Nach den Auswertungen, welche ich auf Grundlage meiner Beobachtungen vorgenommen, liegt der maximale Nutzeffekt zwischen 18^0 und 26^0 C." (76, S. 26.)

Wie soeben auseinander gesetzt wurde, hat Cyon auch die Zeiträume bestimmt, welche das, verschiedenen Temperaturen ausgesetzte, Herz gebraucht, um durch die Systole zum Maximum seiner Zusammenziehung zu kommen. Indem er die Dauer der Systolen mit der Zahl der in einer Minute ausgeführten Schläge multiplizierte, hatte er auch Anhaltspunkte für die Arbeitsleistung des Herzens unter dem Einfluß verschiedener Temperaturen gewonnen. Das überraschende Ergebnis dieser Messungen war, daß die Dauer der Systolen in demselben Verhältnis zunimmt, wie die Zahl der Pulsationen abnimmt. Man kann dasselbe noch anders ausdrücken: Die Summe der Arbeitsperioden des Herzens bleibt stets die gleiche, unabhängig von der Schnelligkeit seiner Schläge. Dieses Cyonsche Gesetz von der Konstanz der Arbeitsperioden des Herzens glaubte Engelmann etwa 15 Jahre später als „Gesetz der Erhaltung der physiologischen Reizperiode" formulieren zu müssen.

Bei seinen Messungen der vom Herzen geleisteten Arbeit fand Cyon, daß das Maximum der Arbeit durch das Froschherz durchgehends bei Temperaturen zwischen 18 und 26^0 geleistet wurde (vorausgesetzt eine ausreichende Ernährung durch das durchgeleitete Serum). Die Vergrößerung des Umfangs der Schläge bei bestimmten niederen Temperaturen vergrößert dagegen diese in der Zeiteinheit geleistete Arbeit nicht, da die Zahl der Pulsationen gleichzeitig entsprechend sinkt.

Dieses erlaubte ihm ein zweites Gesetz von der Konstanz der Herzarbeit aufzustellen: Die vom Herzen innerhalb eines bestimmten Zeitraumes geleistete Arbeit bleibt unverändert, unabhängig von der Anzahl seiner Schläge. Dieses Gesetz erleidet nur in dem Falle eine Ausnahme, wenn das Herz extremen Temperaturen ausgesetzt ist, welche seinem Stillstand vorhergehen. Diese beiden Gesetze kann man auch noch in einem allgemeineren Gesetz zusammenfassen: Die Arbeitsleistung des Herzens und seine Arbeitsperioden bleiben unveränderlich, unabhängig von dem Rhythmus seiner Schläge.

Nicht weniger belehrend sind die Änderungen, welche die Elastizität des Herzmuskels während der durch Hitze oder Kälte veranlaßten beiden Stillstände erfährt. Die hierüber gemachten Versuche Cyons haben nämlich gezeigt, daß das Herz, wenn es während mehrerer Minuten infolge allzuhoher Temperatur im Stillstand verharrt, sich sichtlich ausdehnt; man erkennt diese Herzausdehnung am Sinken des Quecksilbers im Manometer. Diese Abnahme ist schärfer ausgeprägt als während des Herzstillstandes infolge von Abkühlung. Der Einfluß hoher Temperaturen auf die Elastizität des Herzens ist also größer, als der niederer Temperaturen. Ein entsprechender Einfluß hoher Temperaturen auf den Herztonus ist dann auch von Biedermann im Verlauf seiner Untersuchungen am Herzen der Weinbergschnecke (Helix pomatia) beobachtet worden (40).

Ganz anders stellen sich die beobachteten Erscheinungen, wenn man das Herz, statt langsamen und stufenweisen Temperaturveränderungen, plötzlichen Temperaturwechseln aussetzt. Nachstehend Cyons Versuchsergebnisse:

1. „Kommt das Herz, welches bisher bei einer Temperatur von 20 bis 22° schlug, plötzlich mit Serum und Luft von 0° in Berührung, so sinken die Exkursionen, die Bewegungen werden wurmförmig und das Herz dehnt sich allmählich bedeutender aus, als dieses beim allmählichen Übergang in die niedere Temperatur zu geschehen pflegt. Verweilt nun das Herz einige Minuten in der niederen Temperatur, so wird der Umfang der Herzbewegungen wieder größer, so daß sich das Herz so verhält, als ob es allmählich abgekühlt wird. — 2. Wenn ein Herz, das längere Zeit nahe von 0° gehalten wurde, plötzlich mit Serum und Luft von 40° berührt wird, so führt es eine Reihe von so rasch aufeinander folgenden Schlägen aus, daß es schließlich in einen Tetanus verfällt; dieser Tetanus kommt dadurch zustande, daß der jedes Mal folgende Reiz früher erscheint, bevor die dem Vorhergehenden entsprechende Zuckung wieder abgelaufen ist. Die aufeinander folgenden Zuckungen bringen ganz dasselbe Bild hervor, welches ein Muskel bietet, der in Tetanus versetzt wurde durch momentane Reize, die in kürzeren Zeiträumen aufeinander folgten. Dieser Tetanus hält am Herzen höchstens 15 bis 30 Sekunden an. Bleibt von nun an das Herz noch der höheren Temperatur ausgesetzt, so durchläuft dasselbe in 1½ bis 2 Minuten alle diejenigen Schlag-

arten, welche es bei allmählicher Erwärmung darzubieten pflegt. — 3. Wieder anders ist die Erscheinung, welche sich darbietet, wenn das Herz von der Normaltemperatur aus plötzlich mit Serum und Luft von 40° umspült wird. Statt daß die Schläge, wie es bei allmählicher Erwärmung der Fall, sogleich häufiger und kürzer ausfallen, werden sie nun groß und selten. Die Form der Kurven, welche das Manometer anschreibt, gleicht ganz derjenigen, die man durch Reizung des Vagus bei der Normaltemperatur erhält. Die einzelnen Schläge laufen nämlich viel rascher ab, als diejenigen, welche das abgekühlte Herz ausführt, und sie sind durch große Pausen voneinander getrennt. Diese Art zu schlagen erhält sich 1 bis 2 Minuten hin. Ist diese Zeit verflossen, und bleibt das Herz alsdann noch in der hohen Temperatur, so durchläuft es wiederum die Bewegungsarten, welche uns von der allmählichen Erwärmung her bekannt sind. — 4. Von der bisher gegebenen weicht das Verhalten eines Herzens ab, dessen Höhle mit einem Serum gefüllt war, welches auf einen Kubikzentimeter 1½ bis 2 mg Curare enthält. Ein auf diese Weise vergiftetes Herz verhält sich bei allmählicher Erwärmung gerade so wie das unvergiftete; bei plötzlicher Erwärmung von 20 auf 40° aber benimmt es sich insofern anders als ein unvergiftetes, als es die großen und seltenen Schläge desselben unterläßt. Gleich vom ersten Beginn der Erwärmung an werden die Schläge allmählich kleiner und häufiger, wie dieses beim unvergifteten Herzen erst nach dem Ablauf der großen Schläge geschah."

Wie man sieht, unterscheiden sich die Einwirkungen plötzlich veränderter Temperaturen auf das Herz ganz bedeutend von denen allmählicher Veränderungen. Für die letzteren läßt sich das tatsächliche Ergebnis der Cyonschen Versuche folgendermaßen formulieren: von der mittleren Zimmertemperatur ausgehend, wirken allmählich aufsteigende Temperaturen erregend auf die Reiz auslösenden Nerven-Apparate des Herzens; je höher diese Temperaturen steigen, umsomehr nimmt bis zu einer gewissen Grenze die Erregbarkeit der hemmenden Nervenapparate ab, um während des Wärmestillstandes ganz aufgehoben zu werden. Bei der damals gangbaren Annahme, daß die Hemmung der Nervenapparate mit der Erhöhung der Widerstände zu vergleichen ist, nahm Cyon an, daß der Stillstand des Herzens trotz der fortdauernden Auslösung der Reize daher rührt, daß die Aus-

schaltung des Widerstandes den sich ansammelnden Reizen nicht erlaubt, die notwendige Spannung zu erreichen, um die Kontraktionen
des Herzens zu erzeugen. Cyons Arbeit erschien im Druck mehrere
Monate vor seiner Entdeckung der beschleunigenden Herznerven. Wären
dieselben schon damals bekannt, so würde der Schluß Cyons folgendermaßen lauten müssen: die Erwärmung über die mittlere Temperatur
erregt die beschleunigenden Nervenpartien des Herzens und vermindert
die Erregbarkeit der hemmenden Apparate bis zur Lähmung.

Dagegen wirken die absteigenden Veränderungen unterhalb der
mittleren Temperatur in entgegengesetztem Sinne. Die hemmenden
Einflüsse werden meistenteils langsam erhöht, die Reizauslösung ver-
mindert. Mit andern Worten, die Abkühlung erregt die hemmenden
Nervenfasern und Zellen und lähmt allmählich die beschleunigenden
Nervenfasern.

Eines der wichtigsten Ergebnisse der Cyonschen Versuche mit
den Einflüssen der Wärme-Veränderungen ist folgendes: in der Periode
des Wärmestillstandes, wenn die hemmenden Einflüsse vollständig ausgeschaltet sind, vermag die elektrische Reizung einer Stelle am Sinus
venosus, welche am mäßig temperierten Herzen einen Stillstand hervorruft, einen vollkommenen Tetanus der Ventrikel auszulösen, der
solange anhält, als die Reizung überhaupt dauert. Diese Tatsache
bietet ein doppeltes Interesse; zuerst demonstrierte sie, daß das Herz
in tetanischen Zustand versetzt werden kann; bekanntlich haben Ludwig
und Hoffa, sowie Eckhard auf Grund zahlreicher Versuche früher
dargetan, daß es im normalen Herzen unmöglich ist, den Tetanus zu
erzeugen. Die Beobachtungen Cyons überzeugten aber Ludwig, daß,
wenn die hemmenden Apparate ausgeschaltet sind, das Herz tatsächlich tetanusfähig wird. Die Tatsache ist umso bemerkenswerter, als beim
Kältestillstand des Herzens die Sachlage eine ganz verschiedene ist:
Reizung derselben Stelle am Sinus venosus erzeugt nur eine Zuckung,
aber keinen Tetanus. Dieser Unterschied des Verhaltens des Herzens
bei den beiden Stillständen liefert einen neuen Beweis, daß die Eigenschaften der antagonistischen nervösen Apparate im Herzen sowohl
bei auf-, als bei absteigenden Temperaturänderungen ganz entgegengesetzte Wirkungen erleiden (siehe unten).

Schon Schelske hat während des Wärmestillstandes des Herzens
analoge Beobachtungen am Herzen gemacht. Reizte er den Vagus

während dieses Stillstandes, so sah er den Ventrikel in wogenden Zusammenziehungen begriffen, die einem Tetanus mit Intermissionen
entsprachen. Cyon hat mehrmals das Schelskesche Experiment
mit Vagusreizungen mit gleichem Erfolge wiederholt; da bei solchen
Reizungen ziemlich starke Ströme erforderlich sind, so könnte der
Verdacht entstehen, daß der erhaltene Tetanus die Folge des Über-
ganges von Stromschleifen auf das Herz selbst sei. Dieser Verdacht
wird aber dadurch entkräftet, das im normalen Herzen auch die stärksten
elektrischen Ströme außer stande sind, tetanische Kontraktionen desselben zu erzeugen. Da „die beschränkte Reizung am Sinus venosus,
welche am mäßig temperierten Herzen unfehlbar einen Stillstand hervorruft, dagegen in der Periode des Wärmestillstandes einen vollkommenen Tetanus auslöste der solange anhält, als die Reizung dauert"
(Cyon S. 36), so war eigentlich die Wirkung von Stromschleifen schon
damals ausgeschlossen. Würde es sich aber wirklich beim Tetanus
des von Schelske und Cyon beobachteten Herzens auch um direkte
Wirkungen der Stromschleifen auf das Herz handeln, so bliebe dennoch
die wichtige Tatsache vollauf bestehen, daß es der Ausschaltung der
hemmenden Zentren genügt, um das Herz tetanusfähig zu machen.

Bei Gelegenheit polemischer Auseinandersetzungen mit Heidenhain, u. a. teilte Cyon mit, (76, S. 147) daß er seitdem sich überzeugt
hat durch direkte Versuche, daß die Stromschleifen bei der betreffenden Beobachtung keinerlei Rolle spielten. Er konnte also mit Recht
darauf beharren, daß beim Wärmestillstand in den Zentralganglien
des Herzens Zustände erzeugt werden, welche eine wahre Umkehr der Funktionen des Vagus ermöglichen, wie er dies
auf Seite 36 seiner ersten Arbeit schon ausgesprochen hat. Auf diese
für die Physiologie der Ganglienzellen folgenreiche Tatsache wird weiter
unten noch ausführlich zurückgekommen werden.

Ganz anders gestalten sich die Wirkungen plötzlich veränderter
Temperaturen in den Cyonschen Beobachtungen. Im allgemeinen
läßt sich sagen, daß solche plötzliche Veränderungen meistens sehr
stark reizend wirken. Bei plötzlich aufsteigenden Temperaturen von
0^0 auf 40^0 äußert sich diese Reizung hauptsächlich auf die motorischen
resp. acceleratorischen Nervenapparate und ruft einen heftigen Tetanus
hervor. Beim plötzlichen Aufsteigen von der Normaltemperatur auf
40^0 dagegen werden die hemmenden Zentra stark erregt. Die Pul-

sationen werden langsam und stark und tragen ganz den bekannten Charakter von Vaguspulsen.

Es soll hier erwähnt werden, daß Cyon im Jahre 1873 mit Hilfe künstlicher Durchleitung des Gehirns beim Hunde mit verschieden temperiertem Blute gezeigt hat, daß plötzliche Temperatursteigerungen von 20^0 auf 40^0 ganz in derselben Weise auf die Zentralenden des Herzvagus wirken, wie auf die peripheren (171. 76). Bei Gelegenheit seiner neueren Versuche über die Herzgifte vermochte Cyon bei der alleinigen Durchströmung des Gehirns zu zeigen, daß allmähliche Abkühlungen ganz in derselben Weise auf die Hirnzentren der Vagi wirken, wie in den hier beschriebenen Versuchen an Fröschen (s. Kap. IV, § 8). Auf die Wirkungen der Temperaturänderungen auf das Herz der warmblütigen Tiere, die von anderen Forschern studiert wurden, wird unten zurückgekommen werden.

Jedesmal, wenn derartige Versuche mit den notwendigen Vorsichtsmaßregeln an isolierten Herzen dieser Tiere mit Unterhaltung künstlicher Blutzirkulation angestellt waren, stimmten dieselben im allgemeinen mit denen an Kaltblutherzen vorgenommenen überein.

§ 5. Die Wirkung der Blutgase auf das intrakardiale Nervensystem.

Die nächste Untersuchung, welche am isolierten Froschherzen mit Hilfe der in dem vorigen Paragraphen beschriebenen Methode ausgeführt wurden, hatten zum Zweck, die Wirkungen der Blutgase auf die nervösen Zentra des Herzens zu studieren. Sie wurden von Cyon im Jahre 1867 im Laboratorium von Claude Bernhard in Paris angestellt. Er benutzte für diese Versuche denselben Apparat, der in Fig. 3 abgebildet ist. Infolge mehrerer Unzulänglichkeiten des Pariser Laboratoriums, besonders des Mangels an Registrierapparaten, mußte sich Cyon damit begnügen, den Einfluß der Blutgase, namentlich der Kohlensäure und des Sauerstoffes, nur während verhältnismäßig kurzer Zeiträume zu beobachten. Er sättigte dabei die im Herzen kreisende Nährflüssigkeit einmal mit Kohlensäure, dann mit Sauerstoff, endlich mit einem indifferenten Gase. Ferner umgab Cyon, um die Wirkung dieser Gase zu erhöhen, das Herz außerdem noch mit einer Atmosphäre des Gases, um dessen Untersuchung es sich handelte. Seine Experimente haben bewiesen, daß das Vorhandensein von Sauerstoff im Blute unumgänglich notwendig ist, damit die Schläge des Herzes sich mit normalem Rhythmus vollziehen können, und damit seine Arbeit eine nutzbringende sei. Ist die Nährflüssigkeit des Herzens mit einem indifferenten Gase gesättigt und ist dasselbe außerdem mit dem gleichen Gase umgeben, so bleibt es nach einigen schwachen Zusammenziehungen stehen.

Es genügte jedoch das indifferente Gas durch Sauerstoff oder auch nur gewöhnliche Luft zu ersetzen, um wieder einen gleichmäßigen Herzschlag zu erhalten. Nach Cyon ist für ein regelmäßiges Arbeiten des Herzmuskels nicht unbedingt freier Sauerstoff notwendig, aber dieser scheint ein Reizmittel für die motorischen Herznervenzentren abzugeben.

Die Kohlensäure, mit der man das Serum sättigt, bringt gleichfalls das Herz zum Stillstand. Der Stillstand erfolgt augenblicklich, wenn man das Herz dazu noch mit einer Kohlensäureatmosphäre umgibt. Cyon schreibt diesen Stillstand der Erregung der Nervenenden des Vagus im Herzen zu. Er stützt diese Schlußfolgerung auf einen Versuch, bei welchem diese Enden vorher durch Zuführen starker Dosen von Curare gelähmt waren (man kannte damals noch nicht die Wirkung des Atropins auf die Vagi!). In letzterem Falle kam das Herz nicht in Diastole zum Stillstand. Seine Schläge wurden sehr schwach und nahmen oft peristaltische Form an. Der Ventrikel entleerte sich nur mit Mühe und unvollständig. Ein Strom von Sauerstoff oder atmosphärischer Luft stellte sofort wieder eine vollkommen gleichmäßige Pulsation her. Das Einbringen von Kohlensäure in größeren Quantitäten reizt also in hohem Grade die Regulationsnerven des Herzens und vermehrt auf diese Weise die Widerstände, welche sich im Herzen selbst dem Übergang automatischer Reize auf die Muskelfasern entgegenstellen.

Während der durch den plötzlichen Stillstand infolge von Kohlensäureeinwirkung hervorgerufenen Diastole des Herzens vermag, nach Cyon, eine Reizung des Herzmuskels vereinzelte Zusammenziehungen hervorzurufen. Der Muskel ist also durch die Einwirkung des Gases keineswegs gelähmt. Dennoch beweisen spätere Versuche von Kronecker (233) und seinen Schülern, sowie die Versuche von Oehrwall, daß die Kohlensäure gleichwohl die Stärke der Herzzusammenziehungen auf die Dauer zu vermindern vermag.

Mit Hilfe der so gewonnenen Ergebnisse, welche seitdem von Klug (221) in der Hauptsache bestätigt worden sind, wurde es möglich zu erklären, durch welchen Mechanismus die Asphyxie bei den Versuchen Lucianis, Roßbachs u. a. die als Perioden bezeichneten Unregelmäßigkeiten des Herzrhythmus veranlaßte, wie auch die schließlich mit Stillstand des Herzens infolge von Erschöpfung endende Krisis.

Die Abwesenheit des Sauerstoffs muß dabei eine vorwiegende Rolle spielen und zwar in folgender Weise:

Die Abwesenheit freien Sauerstoffs, welcher für den Ablauf des die Pulsationen des Herzens hervorrufenden chemischen Prozesses unumgänglich zu sein scheint, macht die den automatischen Nervenapparat treffenden Erregungen seltener.

Weit mehr Schwierigkeiten machte es, den wirklichen Anteil festzustellen, welcher der Kohlensäureanhäufung bei der Verlängerung der diastolischen Pausen zukommt, da die Gasmengen, welche sich während der Dauer eines Versuchs in der Blutflüssigkeit anhäufen, zu unbedeutend sind, um für sich allein Stillstand in Diastole hervorrufen zu können.

Zahlreiche im Verlaufe von drei Jahren durch Hjalmar Oehrwall (307) angestellte Untersuchungen bestätigen großen Teils diese Ansicht. Mit der Absicht begonnen, den intimen Mechanismus zu studieren, durch welchen die Asphyxie die Perioden Lucianis verursacht, wurden diese Versuche 1893 in Ludwigs Laboratorium begonnen und dann bei Tigerstedt in Upsala vollendet. Der schwedische Gelehrte hatte den glücklichen Gedanken die Methoden aufzugeben, bei welchen das Herz auf zwei Drittel des Ventrikels reduziert und zu der ersten, durch Cyon 1866 ausgearbeiteten Methode zurückzukehren, welche darin bestand, das ganze Herz mit all seinen wesentlichen Teilen mit Hilfe eines Röhrensystems zu untersuchen, das dem Organ ermöglichte, die Nahrungsflüssigkeit durch die Vena cava aufzunehmen und durch seine eigenen Kontraktionen in die Aorta zu befördern. Dank einer besonderen Anordnung gelang es Oehrwall außerdem mit seinem Apparate nicht nur die Kontraktionen des Ventrikels, sondern auch die der Vorkammern aufzuzeichnen. Die Ergebnisse der genannten Untersuchungen stimmen vollkommen mit denen Cyons überein. So betrachtet Hjalmar

Oehrwall die konstante Verminderung der Pulse während der Asphyxie als eine ausnahmslos auftretende Erscheinung.

Die durch den Ersatz des Sauerstoffs oder der Luft durch ein indifferentes Gas (Wasserstoff, an Stelle von Stickstoff, bei den Versuchen Cyons) von Oehrwall erzielten Wirkungen auf das Herz sind die nämlichen, wie die von dem genannten Forscher beobachteten; desgleichen stimmen diese Forscher auch darin überein, daß das stillstehende Herz nach Einbringen von Sauerstoff oder atmosphärischer Luft in die Ernährungsflüssigkeit oder auch nur in die umgebende Atmosphäre, wieder zu arbeiten beginnt. Infolge des Umstandes, daß Oehrwall mit dem ganzen Herzen gearbeitet hat, traten die Perioden Lucianis nicht regelmäßig auf. Ja, er hat sogar beobachtet, daß das Herz unter dem Einfluß der Asphyxie zu schlagen aufhörte, ohne jede vorhergehende Änderung des Rhythmus oder des Umfanges der Pulsationen (a. a. O. S. 238). Der Abwesenheit des Sauerstoffs schreibt Hjalmar Oehrwall die Hauptrolle zu bei dem Entstehen der durch die Asphyxie im Herzen hervorgerufenen Änderungen, da dieser eine für das normale Arbeiten der Ganglien und des Herzmuskels unentbehrliche Substanz sei.

Ist nun der Sauerstoff der normale Erreger der Herzganglien, oder beschränkt sich seine Rolle bei der Funktion letzterer darauf, ihre Erregbarkeit aufrecht zu erhalten? Es ist schwierig, sich positiv für die eine oder andere dieser Hypothesen zu entscheiden. Nach Pflüger ist die Reizung meistenteils nur eine Verstärkung des gleichen Prozesses, welche die Nerven-Elemente in Reizzustand erhält.

Letzthin stellte dann W. T. Porter in einer Mitteilung auf dem physiologischen Kongreß in Cambridge (August 1898) die Behauptung auf, daß die Herzen der Säugetiere, ja selbst nur bestimmte Teile von ihnen, fortfahren können Kontraktionsbewegungen auszuführen, falls man ihnen die Ernährungsflüssigkeit unter vermindertem Druck zuführt, unter der Bedingung, daß sie von unter höherem Druck stehenden Sauerstoff umgeben sind (vergl. Kap. V eine entsprechende Beobachtung Cyons). Die Schlußfolgerungen aus den Versuchen Cyons am Herzen der kaltblütigen Wirbeltiere waren also in entsprechender Weise auch auf das Herz der Säugetiere anwendbar. Oehrwall wie Porter unterscheiden sich jedoch dadurch von Cyon, daß sie mit Unrecht den Sauerstoff gleichfalls für ein Zustandekommen der Arbeit des Herzmuskels für notwendig erachten. Auf diese wichtige Frage kommen wir später noch zurück (Kap. V, § 8).

Es wurde hervorgehoben, daß Oehrwall von neuem zu der Cyonschen Methode zurückgekehrt ist, am ganzen Herzen zu operieren, anstatt an Teilstücken des Ventrikels zu arbeiten. In der Tat wurden im Ludwigschen Laboratorium an der von Cyon erprobten Vorrichtung von seinen Nachfolgern wichtige Veränderungen vorgenommen.

Eine der wichtigsten wurde von Bowditch an der im Paragraph 4 beschriebenen Cyonschen Vorrichtung angebracht; sie bestand darin, daß er seine Versuche nicht am ganzen Herzen, sondern an der Herzspitze anstellte. (Sie war übrigens nicht die erste Veränderung, welche die Nachfolger Cyons in Ludwigs Laboratorium eingeführt haben. Schon Coats (59) hatte im Jahre 1869 zum Zwecke der Vagusreizung beim isolierten Herzen die Cyonsche Operationsmethode insofern verändert, als er mehrere anliegende Organe mit dem Herzen ausgeschnitten hatte, um den Vagus in möglichst normalen Verhältnissen behalten zu können. Er operierte aber noch, wie Cyon, am ganzen Herzen.) Die später von Bowditch, Luciani, Roßbach, Kronecker, Merunowicz u. a. ausgeführten Versuche am ausgeschnittenen Herzen sind ausschließlich nur am Ventrikel oder an der Herzspitze vorgenommen worden. Anstatt zwei besondere Kanülen in die Aorta und die Vena cava einzuführen, um dem Herzen zu gestatten in normaler Weise seine eigene Zirkulation zu unterhalten, zogen die genannten Schüler Ludwigs vor, den Bulbus Aortae, den Sinus venosus und einen Teil der Vorhöfe zu opfern und eine einzige Kanüle in den Ventrikel direkt einzuführen. Man hat mit Unrecht behauptet, daß diese Vereinfachung der Operationsweise Cyons nur der Bequemlichkeit wegen vorgenommen wurde, um gewissen Schwierigkeiten bei der Einführung der Kanülen zu entgehen. Diese Schwierigkeiten waren nicht der Art, um geübte Experimentatoren abzuhalten oder um ihretwegen auf die Vorteile des Operierens am ganzen Herzen zu verzichten. Die Gründe, die Ludwig zu den genannten Modifikationen veranlaßt hatten, waren viel gewichtiger.

Aus den in § 4 angeführten Ergebnissen der Cyonschen Untersuchung über den Einfluß der Temperaturänderungen aufs Herz konnte man ersehen, mit welchen Schwierigkeiten dieser Forscher zu kämpfen hatte, um die Folgen solcher Veränderungen gesondert den verschiedenen

Teilen des Herzens zuschreiben zu können. Um derartigen Schwierigkeiten bei den folgenden Untersuchungen zu entgehen, erschien es als das einfachste die verschiedenen Teile des Herzens auch gesondert zu untersuchen. Da es damals allgemein als sicher galt, daß sich in der Herzspitze keine Ganglienzellen befinden, so erschien es ganz natürlich, daß man, um die Eigenschaften des Herzmuskels zu studieren, diese Spitze als Versuchsobjekt wählte. Die reichhaltigen Ergebnisse, welche von Bowditch, Roßbach, Luciani, Kronecker u. a. bei diesen Versuchen erhalten wurden, haben diese Modifikationen vollkommen gerechtfertigt. Sie hatten aber auch eine Kehrseite. Von der Voraussetzung ausgehend, daß sie an einem bloßen Herzmuskel arbeiten, haben diese Forscher die wichtigen Ergebnisse, wie z. B. das Alles- oder Nichtsgesetz, die Unerregbarkeit des Herzens während einer gewissen Phase der Systole usw., ohne weiteres, den Eigentümlichkeiten der Herzmuskelfasern zugeschrieben. Die entscheidende Rolle, welche die Herzganglien bei der Automatie der Herzkontraktionen spielen, war schon damals so sicher festgestellt, daß es keinem dieser Forscher einfallen konnte, daß diese vermeintlichen Eigentümlichkeiten des Herzmuskels je als Vorwand dienen könnten, um den Nerven diese Bedeutung abzusprechen und sie auf den Muskel zu übertragen!

Um Mißverständnisse zu vermeiden, erschien es notwendig, an diesen Ursprung der Modifikationen der Cyonschen Methode hier zu erinnern. (Siehe Kap. IV, § 6).

§ 6. Die Versuche von Luciani, Bowditch, Kronecker u. a. am isolierten Herzen.

Unter den mit Hilfe dieser Methoden an dem vom Körper getrennten Herzen angestellten Untersuchungen bieten die von Luciani (264) ein gewisses Interesse durch ihre unmittelbaren Beziehungen zu den Versuchen von Stannius über das Gangliensystem des Herzens. Luciani hat sich im ganzen der Ludwigschen Vorrichtungen bedient mit den Veränderungen, welche Bowditch bei seinen Studien an der Herzspitze verwandt hatte. Bei dieser Anordnung war eine einzige Kanüle zur Anwendung gebracht, welche das Herz einerseits mit dem Registriermanometer, andrerseits mit der Mariotteschen Flasche in Verbindung setzte, welche das zur Ernährung dienende Serum zuführte. Diese Kanüle führte Bowditch durch die Herzkammer bis auf den Grund des Ventrikels und legte die zu ihrer Fixierung dienende Ligatur an der Grenze des ersten und zweiten Drittels dieses Herzabschnittes an. Das Biddersche Ganglion war auf diese Weise von dem übrigen Ventrikel getrennt. Luciani dagegen fixierte die Kanüle, nachdem er sie in der gleichen Weise wie Bowditch eingeführt hatte, in verschiedenen Höhen in den Vorkammern. Das Biddersche Ganglion, wie auch ein Teil der in der Trennungswand der Vorhöfe gelegenen Nervenfasern und Ganglienzellen Ludwigs, blieben infolgedessen mit dem Ventrikel in Verbindung.

Luciani beobachtete nun, ganz gleichgültig in welcher Höhe er die Ligatur anlegte, eine stets wiederkehrende Erscheinung: Ein zeitweises Auftreten von Herzpulsen in Gruppen, die er Perioden nennt, welche voneinander durch mehr oder weniger große Zwischenräume getrennt waren, d. h. also durch diastolische Ruhepausen. Diese Perioden des Herzens endeten gewöhnlich mit dem Wiedererscheinen mehr oder weniger vereinzelter, seltener und schwacher Pulse, welche erst mit dem vollständigen Stillstand des Herzens infolge Erschöpfung aufhörten.

Nach eingehender Erörterung der Versuche von Stannius, Heidenhain, Goltz und anderen stellte Luciani auffällige Abweichungen zwischen den Resultaten gewisser Ligaturen bei seinen eigenen Versuchen und den von Stannius beobachteten fest. So erhielt letzterer, wie wir gesehen haben, bei Anlegung einer Ligatur im Sulcus atrio-ventricularis eine Reihe von Pulsationen des Ventrikels, welche langsamer waren, als die der Vorhöfe. Luciani dagegen sah nach Anlegung einer Ligatur an der gleichen Stelle heftige tetanische Zuckungen des Herzens auftreten, die sogar bis zu einem Stillstand in der Systole führen konnten. Er schreibt wohl mit Recht diese Abweichung dem Unterschiede in der Ausführung des Versuches zu: Während Stannius durch seine Ligatur das Blut verhinderte aus dem Ventrikel auszuströmen, also nur schwache Pulse wahrnehmen konnte, ermöglichte es Luciani dem Herzen, durch die Einführung der Kanüle in die Herzhöhle, seine Kontraktionen in vollständig normaler Weise auszuführen; deren Aufzeichnung durch das Kymographion erlaubte es dann, ihre wahre Natur genauer festzustellen.

In seiner ersten Arbeit war Luciani geneigt, die Perioden der Ligatur und den durch sie hervorgerufenen Störungen in der Funktion der automatischen Zentren zuzuschreiben. Diese Ansicht schienen auch seine Versuche mit Atropin, Nikotin und Muskarin zu bestätigen.

Jedoch haben spätere Untersuchungen über diese Frage, ausgeführt von Roßbach (344) unter der Leitung Kroneckers alsbald gezeigt, daß man nicht in der Ligatur, sondern vor allen Dingen in den durch das Serum veranlaßten Veränderungen, eine der Ursachen für die Perioden Lucianis zu sehen habe. In der Tat genügte es schon, das Serum durch defibrinirtes Blut oder ein bluthaltiges Serum zu ersetzen, und das nach der Methode Lucianis präparierte Herz kontrahierte sich wieder in seinem gewöhnlichen Rhythmus ohne Perioden zu zeigen. Ja, es genügte sogar, an Stelle des Serums eine Kochsalzlösung von 0,6% einzuführen, um das Verschwinden der Perioden, trotz Bestehenbleibens der Ligatur, herbeizuführen und so den normalen Rhythmus wieder zu erhalten, wenn auch unter Verringerung der Schlagzahl. Roßbach scheint die Perioden Lucianis dem Verschwinden des Sauerstoffes im Serum zuzuschreiben. Sokolow und Luchsinger (372) kommen in einer Arbeit über das Cheyne-Stokessche Phänomen gleichfalls zu dem Schluß, daß die von Luciani beobachteten Perioden von der Asphyxie herrühren.

Zu dem gleichen Schlusse gelangte Langendorff (240), als er die von Stannius beobachteten Erscheinungen mit Hilfe eines etwas abweichenden Verfahrens studierte. Statt den Ventrikel durch eine Ligatur oder Schnitt von dem übrigen Herzen abzutrennen, bediente er sich einer Pinzette, welche er auf das in situ gelassene Froschherz aufsetzte. Diese Pinzette konnte leicht entfernt werden. Im Verlaufe seiner Versuche beobachtete er neben einer beträchtlichen Abnahme der Pulsschläge, verursacht durch die mit Hilfe der Pinzette erreichte Trennung, eine Neigung derselben Periodengruppen zu bilden. Diese Erscheinung schreibt Langendorff gleichfalls der Asphyxie des Herzens zu.

Sind auch alle Forscher über die Ursache dieser Perioden einig, so ist doch die Art und Weise ihres Eingreifens in die Tätigkeit des Herzens weniger zuverlässig festgestellt. In einer derartigen Feststellung liegt aber gerade das Hauptinteresse der Perioden Lucianis; denn nur die genauere Kenntnis des Mechanismus, durch welchen die Asphyxie die verschiedenen Teile des Herzens beeinflußt, könnte zu sicheren Schlüssen über die wirklichen Ursachen des normalen

Rhythmus berechtigen. Die Asphyxie kann durch Mangel an Sauerstoff oder Anhäufung von Kohlensäure entstehen. Der Sauerstoffmangel kann einerseits wieder den normalen Herzrhythmus entweder dadurch verhindern, daß er diesem eine Substanz vorenthält, welche dazu bestimmt ist, die Erregbarkeit und die Funktionsfähigkeit der nervösen oder muskulösen Teile des Herzens zu erhalten, oder durch Anhäufung von Giftstoffen im Blute, welche im normalen Zustande durch die Oxydationen zerstört werden, etwa im Sinne der Anschauungen von Charles Richet.

§ 7. Die funktionellen Beziehungen zwischen den verschiedenen Gruppen von Herzganglien bei den Kaltblütern.

Vor der Besprechung der funktionellen Beziehungen zwischen den verschiedenen Gangliengruppen des Herzens erscheint es angezeigt, einige Worte der Kontroverse über die allgemeine Rolle der Ganglienzellen im tierischen Organismus zu widmen. Diese Kontroverse entstand bekanntlich vor einigen Jahren infolge des Carcinus-Versuches von Bethe. Entgegen der bis jetzt in der Physiologie herrschenden Lehre von der funktionellen Bedeutung der Ganglienzellen bei reflektorischen, automatischen, tonischen und psychischen Vorgängen, glaubte Bethe aus dem Ergebnis dieses Versuches den schwerwiegenden Schluß ziehen zu dürfen, diesen Ganglien komme höchstens die Rolle trophischer Zentren zu. Dank der eigentümlichen Lagerung der Ganglienzellen beim Carcinus Maenas vermochte Bethe bei ihm diese Ganglienzellen gesondert von dem Neuropilem zu entfernen.

Bei den vielen Auseinandersetzungen, zu denen dieser Versuch Anlaß gegeben hat, sollen die Betrachtungen Bethes mit seinen eigenen Worten hier wiedergegeben werden: „Direkt nach der Operation ist nicht nur die Antenne selber, sondern auch jedes andere vom Gehirn aus innervierte Organ reflexlos. Es ist dies eine Folge der Freilegung. Am Tage nach der Operation stellen sich die Reflexe wieder ein. Abgesehen von vielen mißglückten Fällen, bei denen das am Nerven hängende Neuropilstück in der nach der Sektion angefertigten Schnittserie noch eine größere oder kleinere Zahl von Ganglienzellen enthielt, gelang es mir in drei Fällen alle Ganglienzellen zu entfernen. In diesen drei Fällen konnten nach der Erholung von der Operation folgende Erscheinungen an der von einem ganglienzellosen

Stück Zentralsubstanz innervierten Antenne beobachtet werden: Die Antenne hängt nicht schlaff herab, wie nach Durchschneidung des Nerven, sondern wird in der normalen Lage gehalten. Der Tonus ist also vorhanden. Beim Berühren wird die Antenne flektiert und dann wie bei einem normalen Tier wieder vorgestreckt. Die Reflexerregbarkeit ist also ebenfalls erhalten. Setzt man hintereinander mehrere schwache an sich unwirksame Reize an, so tritt ein Reflex ein. Das ganglienzellose Neuropilstück ist also noch der Reizsummation fähig. Als einziger Unterschied gegen ein normales Tier zeigte sich eine wesentliche Erhöhung der Reflexerregbarkeit."

„In den nächsten Tagen nach der Operation nimmt die Reflexerregbarkeit immer mehr ab und ist am vierten Tage ganz erloschen. Die Ganglienzellen . . . . . sind also zu den wesentlichsten Erscheinungen des Zentralorgans nicht notwendig; Tonus, Reflexvermittlung und Reizsummation sind auch ohne Ganglienzellen möglich. — Ein dauerndes Bestehen von Reflexen ohne Ganglienzellen ist, wie das Experiment lehrte, unmöglich." (27. 330).

Aus diesen drei gelungenen Versuchen am Carcinus hat Bethe den Schluß gezogen, daß sowohl der kerntragende Teil der Ganglienzelle, als die Protoplasma-Fortsätze im ganzen Tierreiche gar keine Rolle oder höchstens eine trophische Rolle spielen! Diese überraschende Schlußfolgerung Bethes wurde fast allgemein zurückgewiesen, und zwar in erster Linie von den kompetentesten Histologen auf diesem Gebiete Edinger, (121) Lenhossék u. a. Es sollen hier nur noch vom physiologischen Standpunkte einige Einwände gegen die übertriebene Bedeutung des Carcinus-Versuches gemacht werden. In den drei gelungenen Fällen versichert Bethe sämtliche unipolare Ganglienzellen entfernt zu haben. Wenn man, ohne die fremden Versuche zu wiederholen, deren Schlüse bestreiten will, ist man verpflichtet, wenigstens die tatsächlichen Angaben des Experimentators als sicher gestellt anzunehmen. Zugegeben also, daß die Entfernung der unipolaren Ganglienzellen beim Carcinus eine vollständige war, wie steht es nun mit den Folgerungen? Bethe behauptet, der Tonus sei erhalten geblieben, weil die Antenne nach dem Versuche nicht schlaff herabhing; dieser Schluß ist nicht ganz begründet. Nach einer so eingreifenden Operation, wie das Abschneiden oder Abkratzen sämtlicher Ganglienzellen, werden in den übrig gebliebenen Nervenvorrichtungen genügend Erregungen erzeugt, um das Fortbestehen der leichten Anziehung der Antenne zu erklären. Am ersten Tage nach der Operation war die Reflexerregbarkeit vollständig verschwunden, um am nächsten Tage wieder zurückzukehren und dann, immer schwächer werdend, am vierten Tage ganz zu erlöschen. Gegen die Beweisfähigkeit dieser Beobachtungen ließe sich manches einwenden. Aber auch zugegeben, daß die beobachteten Bewegungen wirklich Reflexbewegungen waren, dann wäre der einzig daraus zulässige Schluß der, daß beim Carcinus die Erregungen der sensiblen Nerven durch die Vermittlung von Nerven-netzen und eventuell durch das Neuropilstück auf die motorischen Fasern übertragen werden. Hierbei mußte noch berücksichtigt werden, daß das übriggebliebene Nervenstück sich höchst wahrscheinlich in entzündetem Zustand befand, seine Erregbarkeit mithin bedeutend erhöht war. Gibt es etwas Unerwartetes in diesem Ergebnis? Daß Erregungen' durch Nervennetze sich verbreiten können, ist sowohl den Physiologen, als den Pathologen eine geläufige Tatsache. Seitdem an der ausgeschnittenen Herzspitze von Merunowicz rhythmische Kon-traktionen beobachtet wurden, haben sämtliche Vertreter der neurogenen Lehre notwendig annehmen müssen, daß die Erregungen den Muskel-bündeln durch die im Ventrikel lagernden Nervennetze zugeführt wer-den. Noch in den letzten Jahren haben Kronecker, Cyon, v. Basch u. a. eine derartige Reizleitung weitläufig verteidigt. Seit 1897 ent-wickelte Cyon mehrmals die Ansicht, daß die kernigen Anschwellungen Schweigger-Seidels, die in diesen Nervennetzen des Herzens sehr verbreitet sind, bei der Übertragung reflektorischer Erregungen sehr gut die Rolle der Ganglienzellen spielen können (siehe oben S. 6).

Die Anwesenheit des Neuropilems, in welchem außer den Nerven-fibrillen von Pflüger und anderen noch die Existenz einer beson-deren Zellsubstanz vermutet wird, vermochte selbstverständlich die Verbreitung der Erregungen im Nervennetze nur zu fördern. Dagegen beweist aber das Verschwinden jeder Reflexerregbarkeit am vierten Tage mit Gewißheit, daß beim Carcinus die normale Reflexion den Ganglienzellen zukommt. A. Bethe war also keineswegs berechtigt, mit solcher Entschiedenheit aus seinem Carcinus-Versuch den ungeheuerlichen Schluß zu ziehen, daß die Ganglienzellen-, eventuell ihre Kern- und Protoplasma-Fortsätze, auf die bedeutende funktionelle Rolle im Nervensystem keinen Anspruch machen können.

„Irrlehren haben den großen Vorteil vor Wahrheiten, daß sie viel leichter von der urteilslosen Menge aufgefaßt werden", schrieb unlängst Cyon, „und einmal adoptiert, auch viel zäher allem Anstürmen der Wahrheitskämpfer widerstehen" (94). Auch die myogene Irrung wurde im Beginne ihres Auftretens von den meisten kompetenten Physiologen mit Achselzucken abgewiesen. Eben in Anbetracht der verheerenden Wirkungen, welche diese Lehre in der Physiologie und der Medizin während mehrerer Jahrzehnte ausgeübt hat, erschien es angezeigt, trotz der vielen Widerlegungen, welche die Bethesche Hypothese schon erfahren hat, an der Spitze dieses Paragraphen den Carcinusversuch auf seine wahre Bedeutung zurückzuführen. Der neueste Versuch Bethes, seine Hypothese gegen die Angriffe von Edinger, v. Lenhossék, Verworn u. a. zu verteidigen, muß umsomehr als verfehlt angesehen werden, als seine Argumentation nur zu sehr an die Sophistereien der Myogenisten erinnert (30).

Es sollen hier zuerst die wechselseitigen Beziehungen der verschiedenen Gangliengruppen des Herzens festgestellt werden. Die zahlreichen über diesen Gegenstand gemachten Untersuchungen, deren wichtigste in den vorhergegangenen Abschnitten auseinandergesetzt worden sind, gestatten schon jetzt gewisse unumstößliche Tatsachen in festen Sätzen zusammenzufassen. Der Ausgangspunkt der rhythmischen Erregungen des Herzens befindet sich im Sinus venosus. Hierüber sind sich alle Forscher, welche die Frage ohne vorgefaßte Meinung geprüft haben, einig. Unter den intrakardialen nervösen Elementen muß also das Remaksche Ganglion als Ausgangspunkt für die rhythmischen Bewegungen des Herzens betrachtet werden. Wie Lovèn (261), dann Tigerstedt und Strömberg (385) gezeigt haben, genügt sogar eine einzige Reizung dieses Ganglions, um eine Reihe von Pulsen hervorzurufen, oder eventuell um, unter Umständen, die normale Schlagfolge in erheblichem Maße zu beschleunigen.

Hierher muß auch Gaskells (153) Beobachtung eingereiht werden, daß eine Erhöhung der Temperatur des Sinus venosus schon allein genügt, um die Pulse des gesamten Herzens zu beschleunigen; während die alleinige Erwärmung des Ventrikels auf diejenigen des übrigen Herzens keinen Einfluß ausüben soll.

Wir haben soeben die Untersuchungen von Cyon, Oehrwall u. a. angeführt, welche sich auf die Bedeutung des Sauerstoffs, als des normalen Reizmittels der motorischen Ganglien, beziehen. Lange vor diesen Forschern hatte v. Bezold (31) schon die Aufmerksamkeit auf die Tatsache gelenkt, daß in Froschherzen nur die Abschnitte mit Blutgefäßen ausgestattet sind, in welchen sich das Remaksche Ganglion befindet, und daß jede Behinderung des Gasaustausches im Sinus den Pulsschlag verlangsamt. Die Ganglienzellen bedürfen in der Tat zur Ausübung ihrer Funktionen großer Mengen Sauerstoffs; darauf beruht ja auch der Gefäßreichtum der grauen Substanz.

Seit kurzem haben nun verschiedene Forscher den Pulsschlägen der Mündungen der Venae cavae besondere Aufmerksamkeit geschenkt. Engelmann (130) hat sehr eingehende Versuche am Frosch gemacht, über die spontanen Kontraktionen der vom Sinus venosus getrennten Venae cavae, und ist zu dem Schlusse gelangt, daß von diesen der Ursprungsreiz für den Sinus venosus und damit für das übrige Herz ausgeht. Von jedem Punkte der Venae cavae soll man, nach Engelmann, einen vollständigen Ablauf der Bewegungen im Herzen hervorrufen und den Rhythmus seiner Bewegungen beeinflussen können. Im Augenblick, wo Engelmann diese Behauptung aufstellte, wußte man noch nichts von dem Vorhandensein von Ganglienzellen in den Wänden dieses Teiles der Hohlvenen. Daher glaubte auch Engelmann in dieser Tatsache einen ernstlichen Beweis für den myogenen Ursprung der Herzkontraktionen zu finden. Die Muskelfasern der Venen wären, nach ihm, die einzigen Ausgangspunkte dieser Bewegungen, während die Zellen des Remakschen Ganglions nur das Entstehen der Reize im Herzen durch trophische Wirkungen beeinflussen sollten.

Seit der Entdeckung der Ganglienzellen in den Hohlvenen durch A. Dogiel (107) fällt diese, der Tätigkeit der Remakschen Ganglien auferlegte Beschränkung von selbst weg.

Die an den Venae cavae gemachten Beobachtungen haben Engelmann zu demselben verfrühten Schlusse verleitet, wie er ihn schon aus den spontanen Bewegungen des Ureter gezogen hatte. Auch hier glaubte Engelmann einen Beweis dafür zu finden, daß automatische Zusammenziehungen in den Muskelfasern ohne Mitwirkung von Nervenzellen zustande kommen. Noch neuestens hat er mit Genugtuung erinnert (134), daß er in der Abwesenheit von Nervenganglien im Ureter den ersten Anstoß zu seiner myogenen Hypothese gefunden habe. Und doch haben A. Dogiel, Rude, Maier und besonders Protopopow (329) schon längst das Vorhandensein von Nerven, von Ganglienzellen und Ganglienknoten in dem Ureter auf seiner ganzen Länge nachgewiesen.

Jedenfalls steht jetzt fest, daß das Remaksche Ganglion, welches auch die Quelle seiner Erregung sein mag, allein das ganze Herz in rhythmische Bewegungen versetzt. Von seiner Erregung hängt in erster Linie die Häufigkeit der Herzschläge ab. Wir werden im nächsten Paragraph sehen, daß auch am Herzen der Warmblüter der nämliche Beweis in unzweideutiger Weise von Mc. William und vielen anderen Forschern geliefert worden ist. Das Biddersche Ganglion (unter dieser Bezeichnung fassen wir nicht nur die von diesem Physiologen beschriebenen Ganglienzellen-Gruppen an der Atrioventrikulargrenze zusammen, sondern auch alle anderen Ganglienzellen, welche durch andere Forscher in den Wänden des Ventrikels, insbesondere in seinem oberen Drittel, entdeckt worden sind), vermag sicherlich gleichfalls als Ausgangspunkt für die Kontraktionen des Herzens zu dienen, besonders beim Wegfall der Reize, die ihm vom Remakschen Ganglion zugehen, mögen nun diese Reize ausschließlich reflektorischen Ursprungs (Goltz u. a.) sein oder nicht.

Unter normalen Verhältnissen haben die Bidderschen Ganglien vorzugsweise die Aufgabe, die Stärke der Muskel-Zusammenziehungen zu bestimmen (Cyon u. a.). Wir werden weiter unten noch die Hauptgründe kennen lernen, welche zugunsten einer derartigen Auffassung ihrer Rolle sprechen.

Was ferner die Ganglienzellen betrifft, welche zerstreut auf dem, von den Vagi oder Sympathici herstammenden Nervenfasern durchlaufenen Wege liegen, — deren Vorhandensein in der Scheidewand der Vorhöfe Ludwig zuerst festgestellt hat, — so geben sowohl ihre anatomische Anordnung als die Versuche an den Nerven der Scheidewand zu der Vermutung Anlaß, sie seien dazu bestimmt, den Ganglienzentren des Herzens selbst, den größeren Teil der von den Nervenzentren, d. h. vom Gehirn und Rückenmark, ausgehenden hemmenden Impulse zu übermitteln. Sie spielen mithin die Rolle inhibitorischer Apparate hauptsächlich für die Frequenz der Herzschläge, als der Funktion der von Remak entdeckten Ganglien. Ein anderer Teil der hemmenden Fasern des Vagus tritt nach Cyon in die Bidderschen Ganglien ein, zusammen mit den Fasern der NN. accelerantes. Durch das harmonische Zusammenwirken der beiden Fasernarten wird hauptsächlich die Stärke der normalen Herzschläge bestimmt. Auf diese Rolle des Ludwigschen Ganglions werden wir noch zurückkommen nach der Besprechung des extrakardialen Nervensystems. Aber schon jetzt können wir die Arbeit der Ganglienzellen des Herzens in der Hauptsache in der genannten Weise zwischen diesen drei Ganglienknoten geteilt denken, ohne indessen behaupten zu wollen, daß ihre anatomische Abgrenzung schon jetzt ebenso sicher festgestellt worden ist, wie die ihrer physiologischen Funktionen.

Hier wurde nur ein kurzer Überblick über die Rolle der Ganglienzellen des Herzens gegeben. Im fünften Kapitel werden wir ausführlich die verschiedenen sich gegenüberstehenden Theorien, welche die Herzganglien betreffen, erörtern.

§ 8. Untersuchungen über das intrakardiale Nervensystem der Warmblüter.

Die bisher dargestellten Erfahrungen wurden fast auschließlich durch Versuche am Froschherzen und zum kleineren Teil an den der Schildkröte erworben. Sind dieselben nun auch auf die Herzen der warmblütigen Tiere anwendbar? Haller hatte bereits auf experimentellem Wege festgestellt, daß auch bei ihnen das vom Körper isolierte Herz imstande ist, eine gewisse Zeit zu schlagen, weit kürzer jedoch, als das Herz kaltblütiger Tiere. Aus gewissen Beobachtungen ergibt sich nichtsdestoweniger, daß diese Zeit gelegentlich sehr verlängert werden kann. So hat Vulpian [406] bei einem Hunde Zuckungen (freilich nur fibrilläre) des rechten Vorhofes 83 Stunden nach dem Tode fortdauern sehen; die rhythmischen Zusammenziehungen aber dauern selten länger als eine Stunde. Waller und Reid [412] haben solche im günstigsten Falle innerhalb 42 Minuten beobachten können. Cyon [75] hat festgestellt, daß Herzen von Hunden, welche zuvor einem Druck von 2 bis $2^{1}/_{2}$ Atmosphären ausgesetzt wurden und bei diesem Druck nur reinen Sauerstoff eingeatmet haben, viel länger als eine Stunde fortfahren können zu schlagen, selbst nach völliger Verblutung.

Um jedoch Herzen warmblütiger Tiere ausgedehnteren Versuchen unterwerfen zu können, ist es unumgänglich notwendig, auch bei ihnen eine künstliche Blutzirkulation herzustellen, nach den von Cyon [76] und den anderen Schülern Ludwigs am Froschherzen angewandten Methoden. Erfolgreiche Versuche sind in dieser Richtung an erster

Stelle von Nevell-Martin (305) und seinen Schülern Donaldson, Howell u. a., sodann durch Langendorff und seine Schüler und in letzter Zeit von Karl Hedbom (179) und vielen anderen gemacht worden. Unter den zahlreichen von Nevell-Martin und Langendorff an Kaninchen- und Katzenherzen gemachten Versuchen sind diejenigen von besonderem Interesse, welche angestellt wurden, um die Art und Weise festzustellen, in der das ganze Herz durch Temperaturwechsel beeinflußt wird. In einem der vorhergehenden Paragraphen (4) sind bereits die von Cyon am Froschherzen in der gleichen Absicht ausgeführten Untersuchungen ausführlich dargelegt. Diese Versuche haben die Genauigkeit gezeigt, mit der man die Gesetze der Wirkungen solcher Veränderungen abzuleiten vermocht hat. Von besonderer Bedeutung aber war es zu untersuchen, ob diese Gesetze auch für die Einwirkungen der Temperatur auf das Herz der Warmblüter ihre volle Geltung bewahren.

Beide Forscher konnten feststellen, daß, soweit der Einfluß in Betracht kommt, welchen langsame Temperatursteigerungen, sowie langsame Temperaturveränderungen überhaupt auf die Häufigkeit der Schläge ausüben, zwischen dem Herzen der Warmblüter und dem des Frosches vollkommene Übereinstimmung herrscht. Langendorff stützt sich mit Recht auf die vollständige Identität derjenigen Kurve, welche das Verhältnis der Temperatur und das der Schlagzahl des Katzenherzens darstellt (siehe seine Fig. 29 in 241) und die entsprechende Figur 5 S. 23 von Cyon beim Frosch erhalten.

Doch gelang es Langendorff nicht, für die Wirkung der verschiedenen Temperaturen auf die Stärke der Zusammenziehungen entsprechend genaue Angaben zu gewinnen, wie sie Cyon beim Frosch erhalten hat. Die Geschwindigkeit der Blutzirkulation in den Herzhöhlen übte auf diese Stärke einen zu großen Einfluß aus, um zu gestatten, die beobachteten Abweichungen einzig und allein den Änderungen der Temperaturen zuzuschreiben.

In anderweitigen Beziehungen erscheint die Analogie zwischen dem Herzen der Warmblüter und dem der Kaltblüter weniger vollkommen. Die in dem Laboratorium Ludwigs zuerst von Wooldridge (425) angestellten Versuche, die später von Tigerstedt mit Hilfe vervollkommneter Methoden weiter verfolgt wurden, haben gezeigt, daß trotz der Sinusligatur, trotz der vollkommenen Ausschaltung der an der Auriculoventrikulargrenze gelegenen nervösen Partien, die Ventrikel nach vorhergehendem kurzdauernden Stillstand fortfahren sich zusammenzuziehen. Dieses wäre ein Anzeichen dafür, daß die Bidderschen Nervenzentren bei den Warmblütern weit weniger von dem Remakschen Ganglion abhängig sind, als beim Frosch. Eine größere Unabhängigkeit dieser Zentren bei den Säugetieren hätte an sich nichts Überraschendes. In keinem Falle würde es sich um irgend einen prinzipiellen Unterschied handeln, und dies umsoweniger, als Tigerstedt selbst festgestellt hat, daß die automatischen Schläge des Ventrikels nach der Abtrennung weniger häufig werden. Es darf übrigens dabei nicht vergessen werden, daß zwischen dem experimentellen Verfahren dieser beiden Forscher und dem, bei den Ligaturen von Stannius zur Anwendung gekommenen, bemerkenswerte Unterschiede bestanden.

In letzter Zeit haben Krehl und Romberg (228) versucht, die Versuche von Stannius bei den Warmblütern in größerem Maßstabe zu wiederholen. Könnte man ihrer Arbeit in den Hauptpunkten volles Zutrauen schenken, so wäre es ihnen gelungen, zu beweisen, daß die nervösen Elemente des Herzens weder bei dem rhythmischen Automatismus, noch sogar auch bei der Regulierung der Herzschläge irgend eine Rolle spielen. Indessen genügt es, das Operationsverfahren dieser Forscher bei ihren Versuchen und die von ihnen veröffentlichten Berichte über ihre Untersuchungen aufmerksam zu prüfen, um zu der Überzeugung zu gelangen, daß die Fehlerhaftigkeit ihrer Methoden ebensowenig zu ernsthaften Schlüssen berechtigt, wie die von ihnen verkündeten Folgerungen mit den wirklichen Ergebnissen der von ihnen mitgeteilten Versuche in Einklang zu bringen sind. Auf einige dieser Versuche kommen wir noch zu sprechen (s. Kap. V).

Wollte man, ohne irgend welche vorgefaßte Meinung, mit wirklich präzisen Methoden die von Stannius bei den Kaltblütern erhaltenen Ergebnisse bei Warmblütern prüfen, so müßte man mit vollständig vom Körper isolierten Herzen arbeiten, welche mit Hilfe einer künstlichen Zirkulation unter physiologische, dem normalen Zustande möglichst nahe kommende Bedingungen gestellt wären. Dies haben in letzter Zeit Langendorff und Lehmann zu tun versucht. Wie zu erwarten war, waren die Ergebnisse ihrer Versuche in vollem Einklange mit den schon von Stannius am Froschherzen erhaltenen,

Auch bei den warmblütigen Tieren befindet sich der Ausgangspunkt der Herzautomatie in dem Venensinus, oder wie H. Adam in Langendorffs Laboratorium unlängst gezeigt haben will, an der Einmündungsstelle der großen Venen in den Vorhof. Aus den Versuchen von Langendorff und Lehmann (243) ist hervorzuheben, daß sie zur Speisung des Herzens abwechselnd Blut oder die Ringer-Lockesche Lösung gebraucht haben. Dabei bemerkten sie, daß in ersterem Falle d. h. beim blutdurchströmten Herzen, meistens der Kammerstillstand nach Abbinden des Sinus venosus auszubleiben pflegt; dies bestätigt, wie sehr der Vorwurf berechtigt war, den Cyon in seiner letzten Schrift (94) gegen die von E. H. Hering gebrauchte Methode der Herzspeisung mit der Lockeschen Flüssigkeit und die Bedeutung der Übergangsbrücke gemacht hat. In der Tat hat sich Langendorff überzeugt, daß in den Versuchen, wo die Lockesche Flüssigkeit gebraucht worden ist, der Herzstillstand sofort nach dem Abschneiden des Sinus einzutreten pflegt, was doch klar beweist, daß der Gebrauch dieser Flüssigkeit allein schon genügt, um Störungen in der Herzautomatie des Ventrikels herbeizuführen. Die Rolle des Übergangsbündels zwischen Vorhof und Ventrikel wird also durch den Gebrauch der Lockeschen Flüssigkeit allein schon bedeutend herabgesetzt. So sah sich auch Langendorff gezwungen zu schließen, daß „bei der Durchströmung des Herzens mit Ringer-Lockescher Lösung das reziproke Leitungsvermögen verloren geht;" die Kontraktionen des Ventrikels werden auf die Vorhöfe nicht übertragen. (S. 360).

Bei Gelegenheit dieser Untersuchung hat Langendorff beobachtet, daß das sinuslose Herz dem Einfluß erhöhter oder herabgesetzter Temperatur in gleicher Weise unterliegt, wie ein unversehrtes Herz. Dies scheint im Widerspruche zu stehen mit den Ergebnissen von Mac Williams Versuchen. Letzterer hat im Jahre 1888 mehrere Versuche über den Einfluß der Temperaturänderungen auf das Herz der Warmblüter gemacht und beobachtete dabei, in Übereinstimmung mit Gaskell und Engelmann, daß die Wärme erregend auf den Sinus venosus wirkt, aber ohne Einfluß auf den abgetrennten Ventrikel oder die Herzspitze ist. Übrigens haben in letzter Zeit noch mehrere Versuche am Ventrikel des Froschherzens gezeigt, daß aufsteigende Temperatur auch auf die im Ventrikel liegenden Ganglien erregend wirkt. Der Irrtum Engelmanns rührte daher, daß er am nichtgespeisten, also am absterbenden Herzen gearbeitet hat.

Bei der so außerordentlichen Empfindlichkeit des Herznervensystems auch für die leisesten Temperaturänderungen war es von hohem Interesse zu prüfen, ob auch die extrakardialen Nerven und die Gehirnzentra die gleiche Empfindlichkeit für die Temperatureinflüsse zeigen. Die Prüfung dieser Frage wurde zuerst im Jahre 1873 von Cyon versucht. Durch Herstellung eines isolierten Hirnkreislaufs vermochte er verschieden temperiertes Blut auf die Hirnzentra einwirken zu lassen. Das Ergebnis dieser Versuche war, daß plötzliche Temperatursteigerungen bei Warmblütern denselben Effekt hervorriefen, wie Cyon ihn bei den intrakardialen Zentren des Frosches beobachtet, d. h. eine starke Verlangsamung der Herzschläge, die auf einer Reizung der Vagi beruhte. Die Durchschneidung dieser Nerven genügte, um momentan diese Verlangsamung aufzuheben. Dieses Ergebnis war von doppeltem Interesse: es machte im höchsten Grade wahrscheinlich, daß die Nervenzentra bei warmblütigen Tieren sich der Temperaturänderung gegenüber ganz analog wie bei kaltblütigen Tieren verhalten. Sodann lieferte dieser Versuch einen Beweis, daß die Hirnenden der Herznerven in demselben Sinne von den Temperaturänderungen beeinflußt werden, wie deren Herzenden. In Anbetracht dieses Interesses sind von vielen Forschern zahlreiche Versuche an den Nerven kalt und warmblütiger Tiere angestellt worden; von ersteren verdienen besonders erwähnt zu werden, die zahlreichen Versuche, welche ein Schüler Gaskells, Stewart, an Frosch, Kröte und Schildkröte ausgeführt hat. Die Temperaturänderungen wirkten bei ihm hauptsächlich auf die Oberfläche des Herzens. Die Veränderung der Nervenerregbarkeit wurde von ihm durch direkte Reizung des Sympathicus oder des Vago-sympathicus geprüft. Für den Sympathicus, also für die beschleunigenden Herznerven, waren seine Ergebnisse mit denen Cyons vollständig übereinstimmend; die Reizung des Vago-sympathicus konnte dagegen keine klaren Ergebnisse liefern, weil dieser Forscher dieselbe Verwechselung der beschleunigenden Nerven mit den Augmentatores machte, wie Gaskell und Heidenhain. Er konnte daher keine richtige Deutung für die beobachteten Veränderungen am Herzschlage finden. Schiff war in dieser Hinsicht bei seinen Versuchen an den Kaninchen glücklicher; er konnte sich überzeugen, daß Erwärmung auf die hemmenden Fasern lähmend, Abkühlung dagegen erregend wirkt. Zu demselben, mit Cyons Angaben übereinstimmenden Resultate ist auch Stephani gelangt.

Von den neuesten Forschungen auf diesem Gebiete verdienen eine besondere Erwähnung die Versuche von Hatscheck (177), die im Laboratorium von Basch angestellt worden sind. Er benutzte zu seinen Versuchen ein von Prof. Basch ersonnenes Verfahren, bei geöffnetem Thorax und in situ gelassenem Herzen, dasselbe verschiedenen Temperaturänderungen auszusetzen, mit Hilfe von in die Perikardhöhle eingeführten, verschieden temperierten Flüssigkeiten. Für die Nervi accelerantes erhielt Hatscheck ganz gleichlautende Resultate: Erwärmung erhöht ihre Erregbarkeit, Abkühlung dagegen setzt die Erregbarkeit bedeutend herab. Die Erregbarkeit des Vagus nimmt dagegen bei der Erhöhung der Temperatur bedeutend ab. Er mußte bei Erwärmung mit viel stärkeren Strömen den Vagus reizen, um hemmende Wirkungen zu erhalten. Abkühlung wirkt auf die beiden Nerven in völlig umgekehrtem Sinne: die Erregbarkeit der ersteren wird vermindert, die der letzteren dagegen erhöht, also ganz übereinstimmend mit den von Cyon beim Studium des Froschherzens gemachten Beobachtungen. Es soll noch hinzugefügt werden, daß Lepine und Tridon auch bei Schildkröten die hemmende Wirkung des Vagus bei Erwärmung verschwinden und bei Abkühlung zurückkehren sahen.

Was die Hirnzentra der Herznerven anbetrifft, so gelang es Cyon bei seinen Versuchen über die physiologischen Herzgifte (85), mit Hilfe der künstlichen Blutdurchleitung des Gehirns, zu zeigen, daß dieselben, was auch die hemmenden Ganglienzellen anbetrifft, sich bei der Abkühlung ebenso verhalten wie die entsprechenden Herzganglien.

Solange die Beweise des Gegenteils nicht durch einwandsfreie Versuche geliefert sind, hat man also allen Grund anzunehmen, daß das Nervensystem des Herzens der Warmblüter sich von dem der Kaltblüter hauptsächlich nur durch eine vollkommenere Differenzierung seiner Funktionen unterscheidet, — einer Differenzierung, die in erster Linie erforderlich wird durch die Vielfältigkeit und Varietät der Nerven, welche jenes von Rückenmark und Gehirn empfängt, dann aber auch, durch eine weit vollkommenere Ernährung des Herzens, dank einem viel komplizierterem Gefäßsystem, welches, seinerseits, wiederum unter der Leitung vasomotorischer Nerven steht. Was aber die allgemeinen funktionellen Eigenschaften des Herzens betrifft, so müssen die zwischen ihnen beobachteten Unterschiede als nur quantitativer und nicht als qualitativer Natur betrachtet werden.

II. Kapitel.

Das extrakardiale Nervensystem. Die Zentrifugalnerven des Herzens.

§ 1. Die anatomische Anordnung der Nerven.

Die Nerven, welche das Herz mit dem Gehirn in Verbindung setzen, verlaufen auf zwei Bahnen: dem Nervus vagus und dem Sympathicus. Die anatomische Verteilung wechselt im einzelnen bei den verschiedenen Tieren. Wir wollen hier zunächst die Verteilung der beschleunigenden Herznerven bei den Tieren angeben, bei welchen sie besonders eingehend untersucht sind. Die Anatomie des Nervus depressor folgt gesondert in dem nächsten Kapitel.

Wir können nur diejenigen als beschleunigende Nerven betrachten, deren Wirkungsweise mit Hilfe des physiologischen Versuchs festgestellt worden ist. Aus diesem Grunde geben wir hier die Anatomie dieser Nerven bei dem Kaninchen, dem Hunde, der Katze und dem Pferde, als Vertreter der Säugetierreihe, und von den Kaltblütern beim Frosch und bei der Schildkröte.

Wie man weiterhin sehen wird, wurden die Nervi accelerantes des Herzens von E. u. M. Cyon 1866 entdeckt, und zwar beim Kaninchen und Hunde. Unserer Darstellung legen wir die von den Genannten gegebene Beschreibung des anatomischen Verlaufes dieser Nerven zugrunde, sowie die später von E. Cyon (65) veröffentlichten, deren Verteilung zeigenden Abbildungen (Fig. 7).

Nach seinem Verlauf neben dem Depressor geht der Nervus sympathicus des Halses beim Kaninchen in das untere Halsganglion über. Die Form und die Verzweigungen dieses Ganglions sind nicht genau gleich auf jeder Seite: rechts ist es für gewöhnlich weniger entwickelt, als auf der linken Seite. Das umgekehrte ist der Fall bei den ersten oberen Brustganglien, welche weit mehr auf der linken als auf der rechten Seite entwickelt sind. Zwischen den Dimensionen dieser Ganglien beobachtet man sowohl beim Hunde, wie beim Pferde die gleichen Verhältnisse.

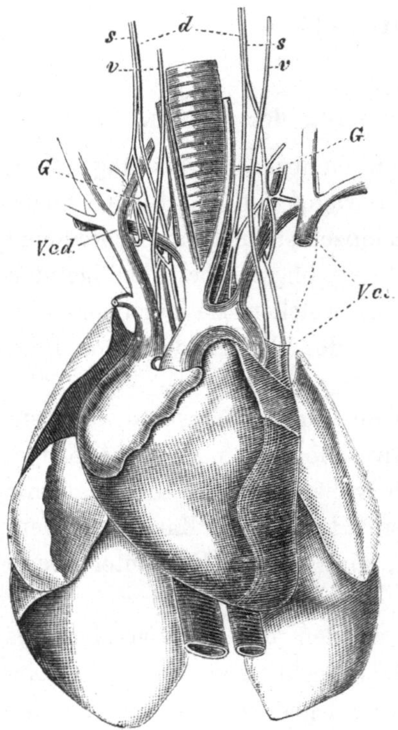

Fig. 7. Die Herznerven beim Kaninchen. s Halssympathicus, G letztes Halsganglion, d der Nervus depressor, V...cs die obere Hohlvene, v Nervus vagus.

Unter den Ästen, welche sich vom unteren Halsganglion abzweigen, besitzen einige einen sehr regelmäßigen Verlauf. Andere dagegen variieren ziemlich auffällig bei den einzelnen Individuen, was wohl an der Verschiedenheit der Rassen liegen muß. An erster Stelle sind unter den konstanten Ästen die beiden Nerven zu nennen, welche die Ansa Vieussenii bilden, indem sie die Arteria subclavia umschlingen. Auf der linken Seite setzt sich diese Schleife aus zwei sehr feinen Zweigen zusammen, welche sich unmittelbar unterhalb der Arterie, oder ein wenig tiefer, vereinigen, und schließlich in das obere Brustganglion übergehen (vergl. Fig, 8, 9, 10, 11, 12). Rechts bilden die beiden Zweige oft einen vollkommenen Ring, ohne Verbindung mit dem letzterwähnten Ganglion. Von den Zweigen, deren Zahl und Verlauf einige Abweichungen zeigen, gehen die einen zum Herzen, die andern treten mit dem Plexus cervicalis in Verbindung. Ein Zweig bildet gewöhnlich eine Anastomose mit dem Laryngeus inferior. Oft zweigt sich sogar ein Herznerv von diesem letzteren Nerven ab, sobald sich derselbe vom Vagus getrennt hat, bevor er die Trachea umschlingt. Unter den Zweigen, von denen wir gesprochen haben, bilden die beiden ersten, gerechnet von innen nach außen, die Verlängerung des Nervus depressor, der dritte ist der Nervus accelerans. Dieser letztere geht noch oft

eine Anastomose mit dem Nervus laryngeus inferior ein.   Ein anderer
Nervus accelerans trennt sich vom oberen Brustganglion ab.

Beim Hunde weicht die Verteilung der Nervi accelerantes ein wenig
von der beim Kaninchen ab.   Die Fig. 8 stellt diese Anordnung auf

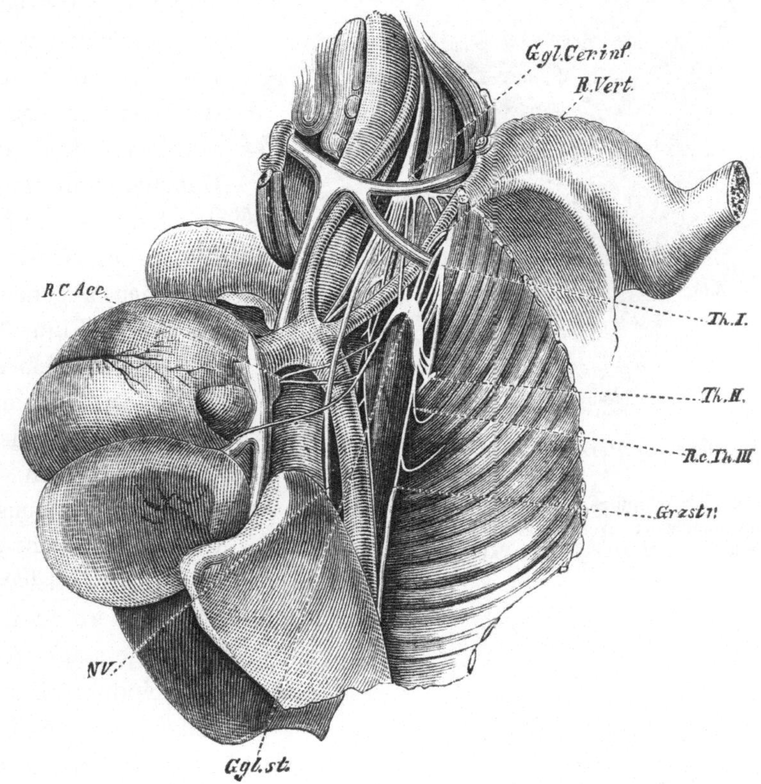

Fig. 8.   Herznerven beim Hunde.   Linke Seite.
r, c Nervi accelerantes,   *Ggl. Cer. inf.* unteres Halsganglion,   *R. Vert.* Ramus vertebralis,
Grzstr. Grenzstrang,   *Th. I, Th. II, Th. III* Thoraxnerven,   *NV* Nervus Vagus.
Man sieht noch das erste Brustganglion mit den zwei zum Herzen verlaufenden Accelerantes
(nach Cyon).

der linken Seite dar.   Man sieht eine Anzahl sehr feiner Zweige, welche
die Arteria subclavia außerhalb der Ansa Vieussenii umgeben.   Meistenteils zweigen sich zwei Nervi accelerantes vom unteren Halsganglion
ab.   Zur Rechten zweigt sich, wie es Schmiedeberg festgestellt hatte,
ein Accelerans von dem hinteren Zweige der Ansa ab.   Ein anderer
Zweig geht oft von dem Laryngeus inferior oder vom Vagus unmittel-

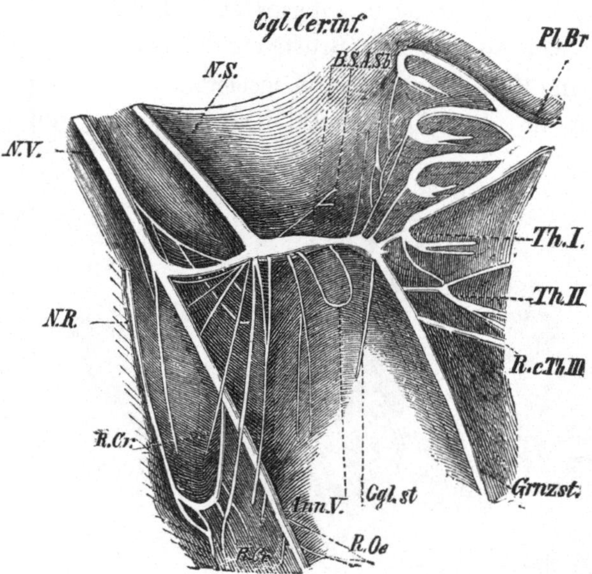

Fig. 9. Dieselben Herznerven beim Hunde an der linken
Seite isoliert.

Dieselben Bezeichnungen wie in der vorigen Figur. Sind
noch hinzuzufügen: *N.R.* Nervus recurens, *Ann.V.* Annulus
Vieussenii, *Gl.st.* Ganglion stellatum. (Cyons Methodik.)

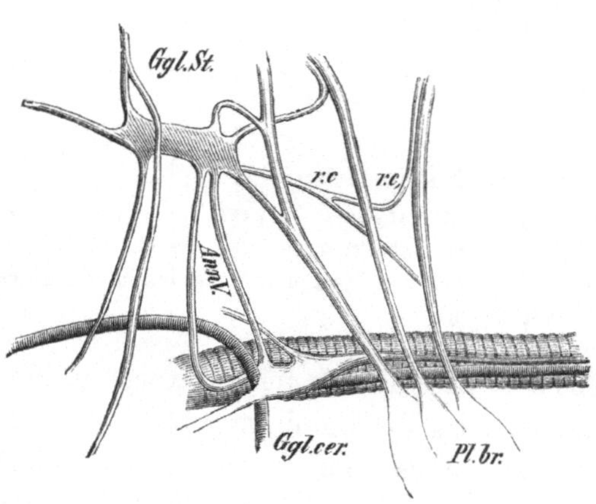

Fig. 10. Die sympathischen Ganglien des Hundes
auf der rechten Seite.

Die Bezeichnungen wie in Fig. 9.

bar unterhalb dieses Nerven ab. Auf der Fig. 8 sieht man zwei Acceleratores sich vom Ganglion stellatum abzweigen.

Man sieht auch auf den Figuren 9 und 10 die Verbindungszweige zwischen den beiden Ganglien, von denen die Accelerantes und der Plexus cervicalis und thoracicus abgehen (Fig. 9). In der Figur 9, welche ebenfalls den Arbeiten Cyons entnommen ist, geht der Vagus, welcher schon am Halse vom Sympathicus getrennt war, nicht durch das untere Halsganglion hindurch, sondern steht mit ihm durch eine starke Anastomose in Verbindung. Das erste, sehr kleine Brustganglion ist mit dem letzten Halsganglion nicht durch die Ansa Vieussenii verbunden, sondern durch einen starken und kurzen Ast.

Die Figuren 12, 13 und 14 geben die Anordnung der Nervi accelerantes beim Pferde, und zwar Figur 13 u. 14 die auf der linken, Figur 12 die auf der rechten Seite, wieder. Man sieht, daß die Größenverhältnisse zwischen den beiden unteren Halsganglien und den oberen Brustganglien den beim Kaninchen festgestellten entsprechen (Fig. 11). Die Figuren lassen leicht die Verteilung der Nervi accelerantes erkennen. Auf eine Besonderheit wollen wir noch hinweisen: Der zum Herzen gehende Zweig des

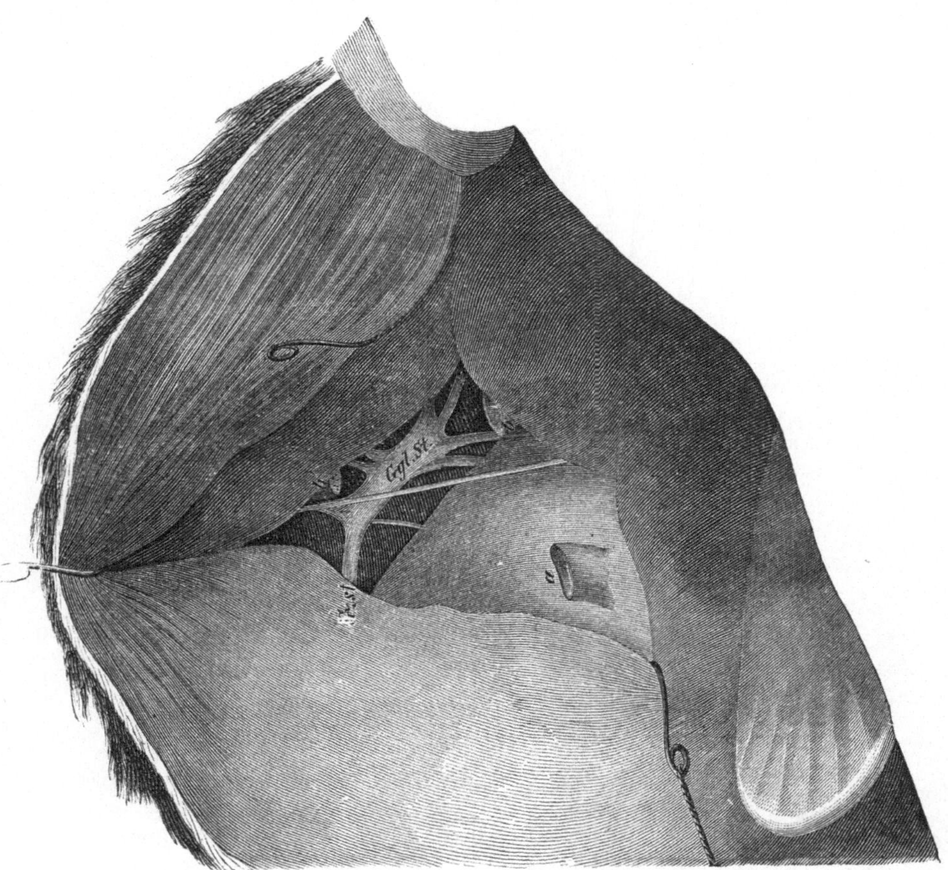

Fig. 11. Das erste Brustganglion beim Hunde der rechten Seite, von hinten gesehen. *a, b* die beiden ersten Rippen. *Grst.* der Grenzstrang. (Cyon, ebendaselbst.)

Laryngeus inferior trennt sich auf der rechten Seite nicht vom unteren, sondern von dem mittleren Halsganglion ab.

Unter den Zweigen, welche sich vom Herzen zu diesen beiden Ganglien begeben, sind sicherlich mehrere für die Herzgefäße bestimmt. Cyon glaubte unter ihnen einen der Äste, welche vom ersten Brustganglion ausgehen, als Vasomotoren erkannt zu haben (Fig. 9). Aber

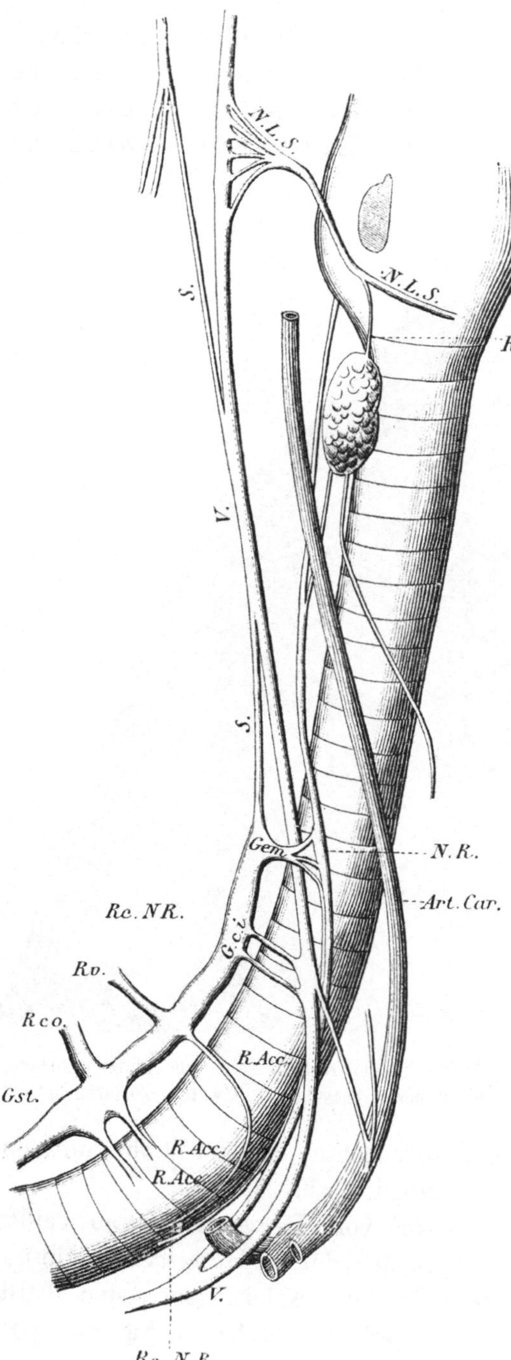

Fig. 12.
Die Hals- und Herznerven
beim Pferde, rechte Seite.
N.L.S. Nervus laryngeus su-
perior.   *N.V.* Nervus vagus.
S. Halssympathicus.
Gcm. Mittleres Halsganglion.
R.Acc. Die acceleratorischen
Nerven.
Gst. Erstes Brustganglion.
G.c.i. Letztes Halsganglion.
N.R. Nervus recurrens.
(Nach Cyon, „Beiträge zur
Physiologie der Schilddrüse“,
Bonn 1898.)

es ist wahrscheinlich, daß unter den Nervenfäden, welche sich vom letzten Halsganglion abzweigen, sich auch noch Gefäßnerven für das Herz befinden. Bei der Katze verlaufen die Herznerven fast ebenso genau gesondert, wie beim Kaninchen (Fig. 14). In dieser Figur,

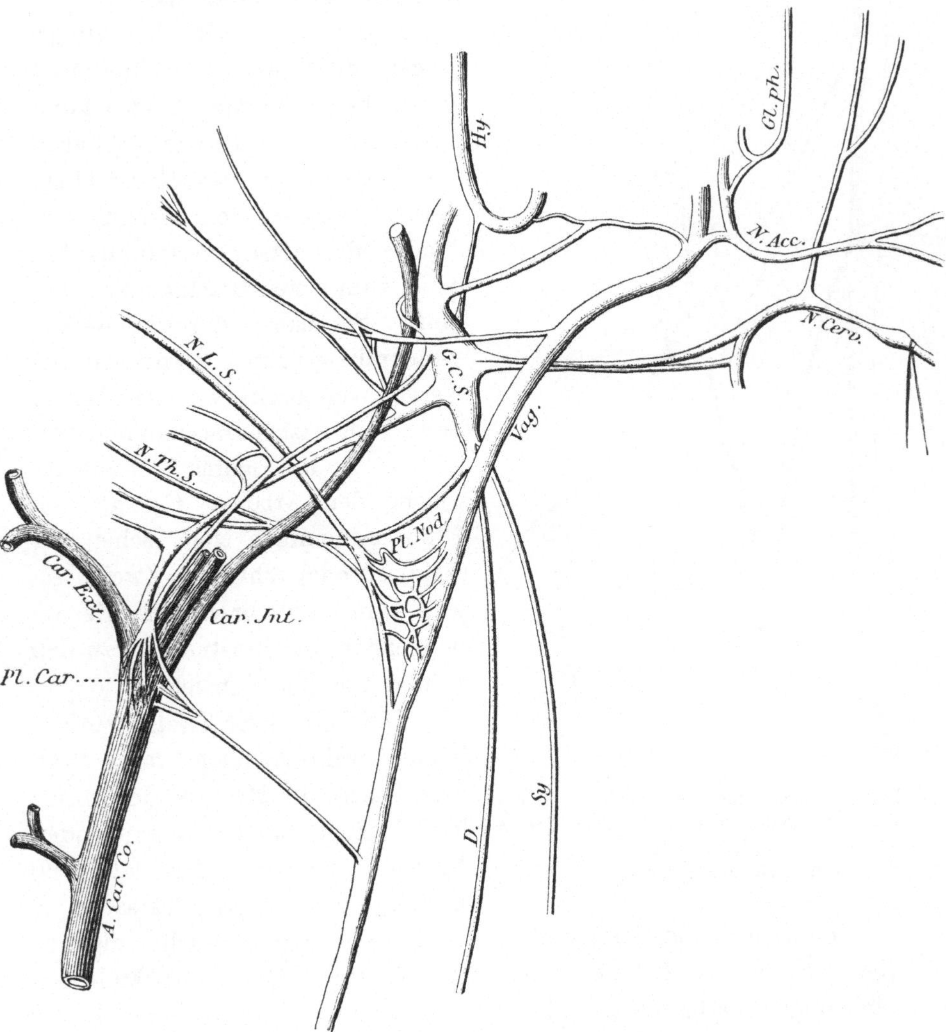

Fig. 13. Die Hals- und Herznerven beim Pferde linke Seite.
Dieselben Bezeichnungen wie auf der andern Seite und außerdem: *Hy.* Hypoglossus. *Gl.ph.* Glosso-pharyngeus. *N.Acc.* Nervus accessorius. *Pl.Nod.* Plexus nodosus. *N.Th.S.* Oberster Schilddrüsennerv. *D.* Nervus depressor. *N.L.S.* Nervus laryngeus superior.

entlehnt bei Böhm, entspricht der Halsgrenzstrang dem Halssympathicus, der doppelte Grenzstrang der Ansa Vieussenii. Die Rami cardiaci sind die Acceleratores.

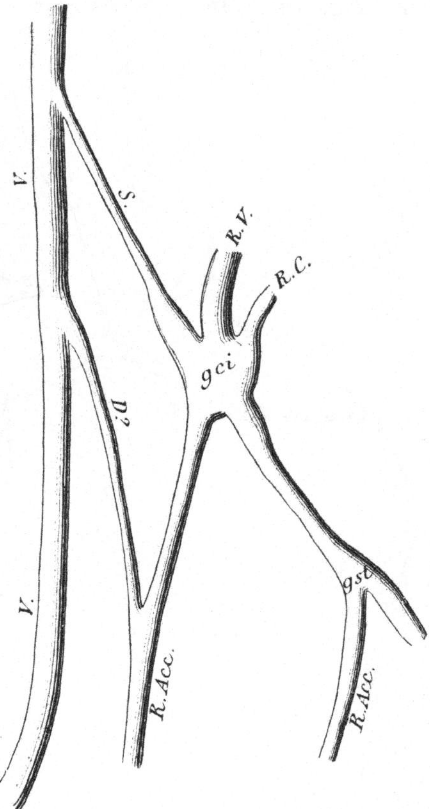

Fig. 14. Das letzte Halsganglion und das erste Brustganglion bei demselben Pferde linke Seite.
Dieselben Bezeichnungen wie in Fig. 13.

Auf welchen Wegen verlassen nun die Accelerantes das Rückenmark, um zu den Ganglien zu gelangen, durch welche sie hindurchgehen, bevor sie zum Herzen kommen? Bezold u. Bever (33) haben von diesen einen angegeben: einen Nerven, welcher vom Plexus brachialis, der Arteria vertebralis folgend, zum ersten Brustganglion verläuft. Sie haben ihn den Nervus vertebralis genannt. Cyon sah den Nervus vertebralis von der linken Seite zum letzten Halsganglion verlaufen. In den Figuren 8, 9 und 10, welche den Arbeiten Cyons von 1868 entnommen sind, sehen wir (beim Hunde) zahlreiche Zweige sowohl vom Plexus brachialis, wie von den ersten drei Brustnerven zu den beiden Ganglien hinziehen.

Ein Teil dieser Zweige enthält höchst wahrscheinlich vasomotorische Fasern des Herzens, der übrige Teil besteht aus beschleunigenden Nerven. François-Franck (140) bestätigt diese letztere Tatsache.

Führt nun der Sympathicus am Halse gleichfalls beschleunigende Nervenfasern? v. Bezold versicherte mit Schiff, mehrere Male Beschleunigung erhalten zu haben, durch Reizung des peripheren Endes des Sympathicus. Er gibt jedoch zu, daß dieses nur sehr ungleichmäßig auftrat. Ludwig bestritt die Tatsache. M. u. E. Cyon beobachteten gleichfalls, daß Reizungen dieser Nerven ohne Einfluß auf die Häufigkeit der Herzschläge blieben. R. Wagner dagegen erklärte verschiedene Male, eine Verlangsamung als Folge einer Reizung des peripheren Endes des Sympaticus beobachtet zu haben. Allgemein war man der Überzeugung, dieser Nerv sei ohne Einfluß auf das Herz. In allerletzter Zeit ist es Cyon (78) endlich gelungen, die Ursache

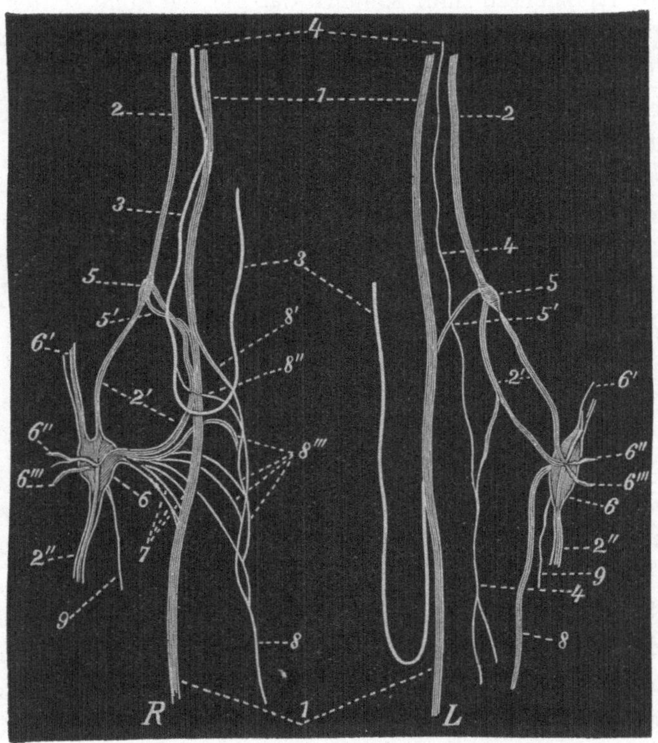

Fig. 15. Plexus cardiacus und Ganglion stellatum der Katze (rechts, links) nach Entfernung der Arterien und Venen. Nach R. Böhm.

1, 1 Nervus vagus. 2 Halsgrenzstrang des Sympathicus. 2′ Doppelter Halsgrenzstrang zwischen Ganglion cerv. med. und Gangl. stell. 2″ Brustgrenzstrang des Sympathicus. 3 N. recurrens vagi. 4 N. depressor, rechts sich im Vagusstamm verlierend, links gesondert zum Herzen verlaufend. 5 Gangl. cerv. med. 5′ Verbindungszweig zwischen Gangl. cerv. med. und N. vagus. 6 Gangl. thorac. prim. u. stellatum. 6′, 6″, 6‴ Rückenmarkswurzeln des Gangl. stellatum. 7 Ram. communic. ggl. stellati cum vago. 8 N. cardiacus e ganglio stellato seu N. accelerans. 8′, 8″, 8‴ Wurzeln des Cardiacus.

dieser widersprechenden Beobachtungen festzustellen: Er fand, daß der Nervus sympathicus des Halses in der Tat eine Beschleunigung der Herzschläge hervorrufen kann und zwar jedesmal, wenn die Erregbarkeit der sympathischen Ganglien, in die er ausläuft, eine wesentlichere Erhöhung erfahren hatte, entweder unter dem Einfluß pathologischer Veränderungen (Kropf, Thyreoidektomie usw.) oder durch Einbringen von Giftstoffen in den Organismus: z. B. Jod, Neben-Nierenextrakte usw. Die Tatsache schließt notwendig die Folgerung in sich, daß „die sympathischen Ganglien nicht bloß einfache Übergangsstationen für die Herznerven sind, sondern daß sie die Rolle echter Zentral-Organe spielen, welche die Erregungen dieser Nerven hervorrufen und zu beeinflussen imstande sind" (78, S. 114), wie dies übrigens von Cyon durch direkte Versuche schon mehrmals in derselben Versuchsreihe festgestellt wurde (siehe Kap. V).

Die sympathischen Nerven der kaltblütigen Wirbeltiere enthalten gleichfalls beschleunigende Fasern. Auf indirektem Wege ist Schmiedeberg (357) zu dem Schlusse gekommen, daß im Vagusstamme des Frosches der Nervus accelerans des Halses (s. weiter unten § 5) verläuft. Darauf haben auch Heidenhain, Gaskell u. a. festgestellt, daß dieser Nerv sympathischen Ursprungs ist, und daß er sich mit dem Vagus alsbald nach dessen Austritt aus dem Schädel verbindet.

Weitere bemerkenswerte Untersuchungen über den Verlauf der beschleunigenden Nerven bei verschiedenen kaltblütigen Wirbeltieren sind sodann von Gaskell und Gadow (159) gemacht worden, von denen die an der Schildkröte zu sehr interessanten Versuchen Veranlassung gegeben haben.

Die beschleunigenden Herzfasern verlaufen bei der Schildkröte meistens im Vagusstamme. Wie Kronecker schon im Jahre 1880 den Herznerv von Thalossochelys corticata unter anderem gefunden hat, wirken die Nervenfäden, welche das Ganglion stellatum mit dem Vagusganglion verbinden „bei verschiedenen Individuen und auf verschiedenen Seiten des gleichen Tieres verschieden: beschleunigend oder verlangsamend" (234).

§ 2. Die physiologische Wirkung der extrakardialen Nerven.
Vorgeschichte.

Die Ausführung einer einfachen Bewegung, die Zusammenziehung eines Muskels und vor allem die Ausführung einer willkürlichen koordinierten Bewegung erfordern das Intätigkeitsetzen eines sehr verwickelten Nervenapparates: Ganglienzellen, Nervenfasern, motorische Nerven, Hemmungsnerven usw. Die Verrichtungen des Herzmuskels sind unvergleichlich verwickelterer Natur. Von Beginn seines embryonalen Lebens bis zum Tode muß das Herz ohne Ruh und Rast tätig sein, und seine einzelnen Abschnitte haben rhythmische und synchrone Kontraktionen auszuführen. Infolge dessen muß natürlich auch das Nervensystem, welches seine Bewegungen auslöst, leitet und koordiniert, von einer unendlich viel größeren Kompliziertheit sein. Andererseits ist es eine zu allen Zeiten bekannte, sogar im Volke verbreitete Tatsache, daß der psychische Zustand, die seelischen Erregungen einen tiefgehenden Einfluß auf das Herz ausüben, eine Tatsache, welche die Mannigfaltigkeit seiner Aufgaben nur noch vermehrt. Nichtsdestoweniger war die Unabhängigkeit des Herzens von dem Zentralnervensystem eine von der Wissenschaft allgemein durch Jahrhunderte als gültig anerkannte Lehre. Es ist kaum ein Jahrhundert her, daß ausgezeichnete Anatomen, wie z. B. Behrends noch das Vorhandensein von Herznerven in Abrede stellten.

Die Theorie von der vollständigen Unabhängigkeit des Herzens vom Nervensystem rührt von Galen her, der zuerst die Beobachtung machte, daß die Ligatur der Vagi, ja selbst die Durchschneidung des Rückenmarkes, das Herz nicht verhindern seine Tätigkeit fortzusetzen. Wie die fortgeschrittensten Anhänger der noch letztens herrschenden Theorie des myogenen Ursprungs derselben, wollte Galen den Herznerven nur die Rolle von „sensiblen Nerven" zuerkennen (152). Erst gegen Ende des 17. Jahrhunderts begannen Thomas Willis (421) und Rich. Lower (263) einen ernstlichen Kampf gegen die Ansicht Galens. Während einer ihrer Vorgänger, Piccolomini (322) — welcher schon 1566 beobachtet hatte, daß die Tiere nach der Durchschneidung der beiden Vagi zugrunde gingen —, den Schluß gezogen hatte, daß dieselben die motorischen Nerven des Herzens seien, stellten Willis und Lower die Gegenbehauptung auf, daß die Herzschläge weit stärker werden nach der Durchschneidung der beiden Vagi. Man kann also wohl diese beiden Forscher als die ersten betrachten, welche die regulatorische Wirkung der genannten Nerven entdeckt haben. Sie betrachteten tatsächlich die beobachtete Beschleunigung als die Folge einer, durch die Durchschneidung dieser Nerven verursachten Störung der Herzschläge.

Valsalva (400) und R. Whytt (418) haben ebenfalls sehr genaue Beobachtungen über den Einfluß der Durchschneidung der Vagi auf das Herz veröffentlicht.

Mit folgenden Worten faßt von Bezold (31), nach der Darstellung von Legallois, den Stand der Frage von dem Ursprung der Herzschläge vor dem Auftreten Hallers zusammen:

Drei verschiedene Meinungen wurden von den Anatomen und Ärzten vertreten: 1. Der Vagus übt überhaupt keinen Einfluß auf die Bewegungen des Herzens aus. Die Quelle dieser Bewegungen befindet sich im Herzen selbst (Galen). 2. Der Vagus bildet eine der Erregungsquellen des Herzens, welche sich im Gehirn, im Rückenmark und zum Teil im Herzen selbst befinden (Willis, Lower, Valsalva). 3. Der Vagus ist der eigentliche motorische Nerv des Herzens (Hippokrates, Piccolomini, Borelli, Whytt und Stahl).

Die schönen Untersuchungen von Haller (178) über die Reizbarkeit des Muskelgewebes und über das Herz schienen endgültig der ersteren dieser verschiedenen Ansichten Recht zu geben. Die Lehre Galens mußte notwendigerweise den Sieg davontragen.

Haller beobachtete, nachdem er das Herz vollständig vom Zentralnervensystem getrennt hatte, oder vielmehr glaubte es getrennt zu haben, indem er den Vagus und den Sympathicus (intercostalis) durchtrennt hatte, daß das Herz fortfuhr gleichmäßig zu schlagen. Er schloß daraus, daß die Fortdauer dieser Bewegungen durch die natürliche Reizbarkeit seines Muskelgewebes veranlaßt werde und daß „das Blut das Reizmittel sei, welches den Muskel in Tätigkeit versetze". Haller konnte auch, da er von dem Vorhandensein von Ganglien und einem entsprechenden Nervensystem im Herzen selbst nichts wußte, zu gar keinem anderen, als zu eben diesem Schlusse gelangen. Indessen war dieser bedeutende Physiologe doch weit davon entfernt, die Muskelfasern für völlig unabhängig von den extrakardialen Nerven zu halten. Er erkannte den letzteren einen Einfluß auf die Sensibilität der reizbaren Muskelfasern des Herzens zu, was nach unseren heutigen Begriffen wohl sagen wollte, daß diese Nerven ihre Erregbarkeit beeinflußten. Damit, daß er dem Blute die Rolle eines Erregers, und den beiden Vagi sowie dem Sympathicus die eines Regulators der Erregbarkeit zuschrieb, näherte sich Haller schon bedeutend unseren heutigen Anschauungen.

Die Entdeckungen von Galvani und von Volta gaben den Untersuchungen über die Nerven des Herzens einen neuen Anstoß. Man beschränkte sich nicht mehr darauf, die Wirkung der Durchschneidung des Rückenmarkes oder der Herznerven zu beobachten, man suchte die letzteren mit Hilfe galvanischer Ströme zu reizen, d. h. sie in normale Tätigkeit zu versetzen. Von den zahlreichen Forschern beobachteten besonders zwei, Fowler und Humboldt (208), daß der Rhythmus und die Kraft des Herzens unter dem Einfluß solcher Reize Änderungen erleiden, und daß folglich „der Herzschlag sich unter nervösem Einfluß verändere" (Humboldt). Aber diesen vereinzelten Beobachtungen von Humboldt, Fowler u. a., welche unvereinbar mit der Lehre von der Selbstreizbarkeit des Herzens erschienen, gelang es nicht, den Glauben an die Lehre von Hallers Schule zu unterdrücken.

Legallois (248) gebührt das unbestreitbare Verdienst, zum ersten Mal mit Hilfe direkter Versuche festgestellt zu haben, daß das Rückenmark einen Einfluß auf das Herz ausübt. Nach der Durchschneidung des Halsmarkes bei dem Hunde und der Katze beobachtete er, daß künstliche Atmung noch das Leben dieser Tiere zu erhalten vermag, und daß ihr Herz zu schlagen fortfährt. Darauf zerstörte er verschiedene Teile des Rückenmarkes und stellte fest, daß eine plötzliche Zerstörung des Rückenmarkes deutlich diese Schläge zum Stillstand bringt.

Er beobachtete außerdem die Veränderungen, welche die Zerstörung des Rückenmarkes hervorruft, sowohl was die Kraft, mit welcher das Blut aus den durchschnittenen Blutgefäßen ausströmt, wie auch die Farbe des Blutes betrifft, und zog daraus interessante Schlüsse über die Arbeit des Herzens. Die Methoden waren, wie man sieht, noch sehr mangelhaft, aber zu jener Zeit stellten sie schon einen bedeutenden Fortschritt dar, und die Schlußfolgerung von Legallois, daß das Rückenmark die Quelle der Kräfte sei, welche den Herzschlag aufrecht erhalten, fand damals wenig Widerspruch. Flourens näherte sich noch mehr der Wahrheit, indem er auf Grund sinnreicher Versuche die Behauptung aufstellte, daß das Rückenmark auf die Zirkulation einen doppelten Einfluß ausübe: einmal auf das Herz und dann auf die Blutgefäße, eine Behauptung, der sich Legallois ohne Zögern anschloß.

Wilson Philipp (422) griff als erster diese Experimente von Legallois an, indem er behauptete, daß die Zerstörung verschiedener Teile des Gehirns und Rückenmarks, weder das Herz weiter zu schlagen, noch das Blut, zu zirkulieren verhindere. Ja, er stellte dann sogar die Behauptung auf, eine solche Zerstörung übe nicht den allergeringsten Einfluß auf die Zirkulationsorgane aus. Aber, als er einige Zeit später durch chemische Reizung des Rückenmarkes selbst bald eine Verlangsamung, bald eine Beschleunigung des Herzschlags erzielte, mußte er sich notwendigerweise zu denselben Schlußfolgerungen bekennen wie Legallois.

Kurz: die Lehre Galen-Hallers wurde stark durch die Versuche Legallois erschüttert. Außer den genannten Gelehrten ließen auch andere Meister der Physiologie Magendie, Longet, Johannes Müller die Lehre nicht mehr gelten, daß das Herz vom Gehirn und vom verlängerten Mark unabhängig sei. Magendie (282) sah in den vom 10 Paar herkommenden Nerven und in den Fasern der Halsganglien die Bahnen, auf denen diese Organe die Kontraktionen des Herzens beeinflussen. Er versuchte sogar, wenn auch ohne Erfolg, an den Halsganglien und an dem ersten Brustganglion zu experimentieren, um diesen Einfluß direkt zu beweisen. Johannes Müller betrachtet in seinem berühmten Lehrbuch der Physiologie den Sympathicus als die Quelle der treibenden Kräfte des Herzens. In dem Gehirn und dem Rückenmark würde sich also nur „die erhaltende und reizende Ursache dieser Kraft" befinden.

Remak (334) brachte uns durch seine Entdeckung der Ganglienzellen in den Wänden des Herzens (1838) und durch die eingehende Beschreibung, welche er 1844 davon gab, einen großen Schritt in der Kenntnis des Mechanismus des Herzschlags vorwärts. Wie man oben gesehen hat, war Volkmann (405) der erste, welcher verschiedene Teile des Herzens experimentellen Studien unterwarf in der Absicht, seine Theorie von der Rolle der Herzganglien zu begründen. Mit den Arbeiten von Stannius, Bidder, Ludwig u. a. erhielt diese Theorie alsbald eine Grundlage, welche als unerschütterlich gelten muß.

§ 3. Die Entdeckung der hemmenden Wirkung der Vagi von den Gebr. Weber.

Um an den extrakardialen Nerven eingehendere Versuche anstellen zu können, bedurfte es Zusammentreffens ganz besonders günstiger Umstände; an erster Stelle der Entdeckung der Induktions-Ströme durch Faraday und der Konstruktion der elektromagnetischen

Induktions-Maschinen, dann der Einführung der graphischen Methode in die Physiologie von Ludwig (273, 275) und der Konstruktion seines Kymographions.

Dank der Entdeckung Faradays konnten die Gebrüder Weber (415), indem sie mit Hilfe der neuen Ströme die direkte Reizung des Rückenmarkes und der Nervi vagi einführten, die Lehre von den hemmenden Wirkungen dieser Nerven auf das Herz begründen. Der gelungene Nachweis, daß im Organismus Nerven vorhanden sind, deren Wirkungsweise darin besteht, die Muskelbewegungen zu hemmen, und sogar aufzuheben, kennzeichnet einen wichtigen Umschwung in dem Studium der Funktionen des Herzens. Es ist von hohem Interesse an dieser Stelle die eigenen Worte anzuführen, mit denen Eduard Weber die Wirkungsweise dieser Hemmungsnerven erläutert hat.

„Die Tatsache, daß ein unwillkürlich in Tätigkeit befindliches Muskelorgan durch den Einfluß zu ihm gehender Nerven in seiner Tätigkeit gehemmt werde, ist neu und würde ganz ohne Beispiel dastehen, wenn wir die Nn. vagi als die eigentlichen zu den Muskelfasern gehenden Herznerven und die Hemmung als die Folge ihrer unmittelbaren Einwirkung auf dieselben betrachten wollten. Wir haben zwar Beispiele von ähnlichen Hemmungen der unwillkürlichen Tätigkeit animalischer Muskeln; aber diese entstehen vielmehr dadurch, daß die Nerven nicht in, sondern außer Tätigkeit versetzt werden, nämlich durch die Einwirkung auf das Rückenmark, welches ihre Tätigkeit unterhält. Hierher gehört das Beispiel der Sphinkteren des Afters und der Blase, welche durch ihre Tätigkeit die Öffnungen derselben verschlossen halten und dadurch, daß ihre Tätigkeit suspendiert wird, den Durchgang der Auswurfstoffe gestatten. Auch die Erfahrung, daß der Wille krampfhafte Zusammenziehungen, wenn sie nicht zu heftig eintreten, beschränken und die Entstehung mancher Reflexbewegungen hemmen könne, welche daher viel leichter entstehen, wenn das Gehirn weggenommen oder betäubt worden ist, als bei gesunden und unverletzten Tieren, beweist, daß vom Gehirn aus hemmend auf die Bewegungen eingewirkt werden könne. Sowie aber auf diese animalischen Muskeln der hemmende Einfluß nicht unmittelbar durch ihre motorischen Nerven, sondern zunächst auf das Rückenmark ausgeübt wird, von dem aus ihre Tätigkeit unterhalten wird: so scheint auch der hemmende Einfluß der Nervi vagi auf die Herzbewegungen nicht unmittelbar auf die Muskelfasern, sondern zunächst auf die-jenigen Nerveneinrichtungen einzuwirken, von denen die Herzbewe-gungen ausgehen, welche aber hier in der Substanz des Herzens selber befindlich sind; die durch Reizung der Nn.vagi unterbrochene Herz-tätigkeit kehrt daher von selbst zurück und trotz der Fortsetzung der Reizung dieser Nerven, wenn nämlich durch Erschöpfung derselben die motorischen Nerven des Herzens, von ihrem hemmenden Ein-fluß befreit, wieder frei zu wirken beginnen." (415)

Kurze Zeit vor den Gebr. Weber war es Volkmann (404) bereits gelungen, Stillstand des Herzens, durch Reizung der Vagi mit kontinuierlichen Strömen, herbeizuführen. Budge (46) hatte den gleichen Erfolg wie die beiden Weber, ja fast zu gleicher Zeit wie diese, als er sich auch eines elektromagnetischen Induktionsapparates bediente. Wenn trotz alledem die Ehre der großen Entdeckung mit dem Namen der Gebr. Weber eng verbunden bleibt, so kommt das daher, daß diese die Wirkungsweise auf die Nerven in genauer Weise formuliert und deren ganze funktionelle Bedeutung voll erkannt haben. Für Budge war der Stillstand des Herzens nach Reizung der beiden Vagi die Folge eines Herztetanus; er glaubte also, daß dieser Still-stand in Systole stattfinde. Erst nachdem er von den Arbeiten der Gebr. Weber Kenntnis erlangt hatte, näherte er sich ihren Ansichten über die Natur des Herzstillstandes, ohne indessen vollständig ihre Erklärung der Rolle des Vagus anzunehmen. Während die Gebr. Weber, im Einklang mit der Lehre Remaks und Volkmanns, in den Herzganglien die Ursprungsquelle der Herzbewegungen sahen und die Vagi nur als die Wirksamkeit dieser Ganglien hemmende Nerven betrachteten, blieb Budge dem Gedanken Legallois' treu. Er schrieb den Ursprung der treibenden Kräfte des Herzens dem verlängerten Marke zu. Der Stillstand des Herzens infolge elektrischer Reizung durfte, nach seiner Ansicht, nur als eine Erschöpfung derjenigen Kräfte betrachtet werden, welche normalerweise dem Herzen durch diese Nerven zugeführt werden.

Diese Theorie, welche den Stillstand des Herzens der Erschöp-fung der Vagi zuschrieb, wurde von Schiff (352), dann von Mole-schott (259) wieder aufgenommen und von ihnen mit einer seltenen Ausdauer, während mehrerer Jahre aufrecht erhalten. Zwischen den genannten Physiologen einerseits, und Pflüger (319) und Bezold (31) andererseits, erhob sich darauf ein längerer wissenschaftlicher Kampf, der, dank vielen neuen von den Letzteren angehäuften experimentellen Belegen mit der völligen Niederlage der Erschöpfungstheorie endete. Nach dieser Theorie soll der Vagus sich durch eine ganz ausnehmend leichte Erregbarkeit auszeichnen. Elektrische Ströme, welche kaum zur Erregung der anderen motorischen Nerven genügen, seien schon stark genug, nicht nur um die Vagi in Wirksamkeit zu versetzen, sondern sogar um sie schnell zu ermüden und bis zu einem solchen Grade zu erschöpfen, daß es der geringsten Vergrößerung der Stromstärke genügt, um ihre normale Funktion zum Stillstand zu bringen. Pflüger und v. Bezold, beide Schüler von du Bois-Reymond, gelang es ohne Mühe zu zeigen, daß die von Schiff und Moleschott beobachteten Erscheinungen durch die offenbaren Fehler ihrer Versuchsanordnung veranlaßt worden waren, und, besonders, durch die fehlerhafte Art und Weise, mit der sie die elektrischen Apparate handhaben, der sie sich zur Reizung der Nerven bedienten. Pflüger erbrachte in unumstößlicher Weise den Beweis, daß die Anwendung äußerst schwacher Reize mit Sicherheit den einen Erfolg erzielt, daß sie die Diastolen des Herzens etwas verlängert. Während des Anwachsens der Stärke der reizenden Ströme gelingt es auch keinen Augenblick eine Beschleunigung des Herzschlages zu beobachten. Die Anwendung der, von Ludwig in das Studium der Herzfunktion eingeführten graphischen Methoden, ermöglichte es, diesen Beobachtungen die gewünschte Genauigkeit zu verleihen.

Die Theorie von der Erschöpfung der Vagi besaß übrigens in ihrer Begründung einen Grundfehler. Um diese Nerven zu verhindern, dem Herzen die vom verlängerten Mark ausgehenden treibenden Kräfte zuzuführen, gab es ja ein weit sichereres Mittel als das, sie durch allzustarke Reize zu erschöpfen, nämlich die beiden Vagi einfach zu durchschneiden. Nun weiß man bereits seit Galen, daß eine solche Durchschneidung den Herzschlag nicht zum Stillstand bringt. Warum sollte also ihre Erschöpfung diesen Stillstand herbeiführen?

Die von den Gebr. Weber aufgestellte Theorie von der Hemmung fand noch andere Gegner außer den Anhängern der Erschöpfungstheorie. So betrachteten Brown-Séquard (45) und, eine Zeitlang, auch Goltz (168) die Vagi als die vasomotorischen Nerven des Herzens. Ihre Reizung sollte eine Verengerung der Arterien herbeiführen und auf solche Weise diesem Organ das Blut, seinen normalen Erreger nach Hallers Ansicht, entziehen. Die Durchschneidung der Vagi dagegen sollte, eben indem sie diese Gefäße erweiterte, plötzlich die Erregung des Herzens vermehren: daher sollte die beobachtete Beschleunigung kommen! Die Behauptung Brown-Séquards wurde von Panum erfolgreich widerlegt (³¹⁵); er beobachtete, daß der vollständige Verschluß der Coronar-Arterien durch eine Mischung von Talg, Wachs, Öl und Kienruß das Herz nicht verhindert seine rhythmischen Kontraktionen weiter fortzusetzen. Herzkontrationen werden übrigens bei entbluteten, ja selbst bei gefäßlosen Herzen beobachtet, z. B. beim Frosch und anderen Batrachiern. Der Vagus vermag, nichtsdestoweniger, auf das Herz dieser Tiere eine hemmende Wirkung auszuüben.

Mit einem Worte, die Einwände, denen die schöne Entdeckung der Gebr. Weber begegnete, waren nie ernst zu nehmen; sie überstiegen nicht das Maß des Widerspruchs, welche für gewöhnlich jede Entdeckung von hervorragender Bedeutung erregt, welche auf irgend einem Gebiet Epoche macht. Das fast allgemeine Vertrauen, dessen sich die Theorie von der hemmenden Wirkung der Vagi alsbald erfreute, hatte sogar eine gewisse, wenn auch nur geringe, nachteilige Folge für die Erforschung der Herz-Innervation: denn damit zufriedengestellt, daß es gelungen war, mit aller Genauigkeit die Natur der Einwirkung zu zeigen, die das Gehirn auf das Herz durch Vermittelung dieser Nerven ausübt, verabsäumten es die Physiologen, ihre Forschungen weiter zu verfolgen und nunmehr zu untersuchen, ob nicht auch noch andere Nervenbahnen vorhanden seien, vermittels deren das Rückenmark eine excitomotorische Wirkung auf das Herz auszuüben vermöchte, in dem Sinne, den Legallois dieser Bezeichnung beilegte. Die fruchtlosen Anstrengungen, welche Schiff und Moleschott gemacht hatten, um, trotz der sprechenden Tatsachen, die motorische Funktion der Nervi vagi zu verteidigen, trugen ihrerseits dazu bei, bei den Physiologen die Überzeugung zu befestigen, daß man ausschließlich in dem intrakardialen Nervensytem die Quelle der auflösenden Reize und der treibenden Kräfte des Herzens zu sehen habe, in die das Rückenmark nur eingreife, um diese Kräfte zu mäßigen und zu regulieren.

§ 4. Die Entdeckung der beschleunigenden Herznerven von den Gebr. Cyon. Geschichte.

Das Verdienst, von neuem die Aufmerksamkeit auf das mögliche Vorhandensein anderer physiologischer Verbindungswege zwischen Gehirn und Herz, außer der Vagi, gelenkt zu haben, gebührt von Bezold (31). Der genannte Physiologe wählte die Versuche von Legallois zum Ausgangspunkt seiner Untersuchungen, jedoch unter Anwendung der neuen Methoden zur Erregung der Nerven und des Rückenmarkes durch Induktionsströme, sowie auch neuer Registrierapparate zur Beobachtung der Herzschläge und des Blutdruckes. Man muß das Urteil ganz ungerecht finden, das Bezold über die Versuche Legallois' und über die Kommission der Akademie der Wissenschaften fällte, welche die Arbeit dieses Physiologen „für eine der schönsten und sicherlich eine der wichtigsten erklärt hatte, welche seit den, für die physiologische Wissenschaft so bedeutungsvollen Untersuchungen Hallers gemacht worden war". Wenn Legallois schrieb: Von dem Sympathicus empfängt das Herz seine Haupt-Nerven-Fasern und einzig und allein durch die Vermittelung dieses Nerven vermag es allen Punkten des Rückenmarkes Kräfte zu entnehmen (248), so war er vollkommen berechtigt, diesen Schluß aus seinen Versuchen zu ziehen. Ihm den Vorwurf zu machen, er habe die, erst 40 Jahre später entdeckten, hemmenden Funktionen des Vagus unberücksichtigt gelassen und vor allem, er habe sich wenig genauer Methoden bedient, während doch zu seiner Zeit der Stand der Physiologie die Anwendung mehr zuverlässiger Methoden unmöglich machte, war umso ungerechtfertigter, als im Grunde die Endergebnisse, mit denen die Untersuchungen von Bezolds abgeschlossen waren, sich kaum von denen von Legallois unterschieden und, offen gestanden, mit Fehlern derselben Art behaftet waren, welche schon den Wert der Untersuchungen seines Vorgängers vermindert hatten.

Durchschneidungen, also Lähmungen des Rückenmarkes, veranlaßen eine Abnahme der Zahl und noch mehr der Stärke der Herzschläge. Die Reizung des Halsteiles des Rückenmarkes, sowie des verlängerten Markes, ruft dagegen bei ihrer Fortdauer eine entsprechende Beschleunigung und eine Erhöhung der Herzkraft hervor. Das waren die wesentlichsten Ergebnisse der sehr eingehenden Untersuchungen Bezolds.

Ihre Hauptschlußfolgerung faßte er selbst in nachstehender Weise zusammen: Die motorischen Fasern des Herzens, welche ihren Ursprung von dem Halsteil des Rückenmarkes nehmen, gehen bis zum Lendenmark herunter: Sie verlassen in großer Zahl das Rückenmark, die oberen bei dem letzten Halswirbel und dem ersten Rückenwirbel, die unteren durch den unteren Teil des Lendenwirbels, und gehen dann durch die Ganglien des Sympathicus hindurch, um sich schließlich zum Plexus cardiacus zu begeben (31).

Man sieht, daß die Ergebnisse und Schlußfolgerungen fast dieselben waren, wie die oben angeführten von Legallois. Die Versicherung Bezolds: ein reizendes Nervensystem für das Herz, welches bisher unbekannt war, ist entdeckt worden! (31) war gegenüber dem Andenken Legallois' ebenso ungerechtfertigt, wie es seine Angriffe auf die Untersuchungen dieses großen Physiologen waren, den der Tod in jugendlichem Alter dahin gerafft hatte, ehe es ihm vergönnt war, die ganze Größe seines Genies zu offenbaren.

Bei seinen Untersuchungen zog Bezold aus der Erhöhung des Blutdruckes während der Reizung des Rückenmarkes und seiner Verminderung nach dessen Durchschneidung, Schlüsse über die Vermehrung oder Verminderung der treibenden Kräfte des Herzens. Er ging also in gleicher Weise wie Legallois vor, indessen mit dem Unterschiede, daß er in mehr exakter Weise die Veränderungen des Blutdruckes, mit Hilfe eines Quecksilbermanometers maß, während Legallois sich damit begnügen mußte, sie annähernd abzuschätzen, je nach der mehr oder minder großen Gewalt, mit der das Blut den durchschnittenen Gefäßen entströmte. Sicherlich waren die Methoden von Bezolds viel genauer, aber wie E. und M. Cyon (96b, 76) mit Recht in ihrer Arbeit bei der Verteidigung Legallois' betonen, diese Überlegenheit der Methoden bei Bezold machte weit weniger als bei seinem Vorgänger den Hauptmangel seiner Schlußfolgerung entschuldbar, den nämlich, daß er aus den Veränderungen des Blutdruckes, oder aus der Schnelligkeit des Hervorströmens des Blutes, auf die Veränderungen der motorischen Kräfte des Herzens Schlüsse zog. Da von Bezold schon das Vorhandensein der Gefäß-Nerven, ihren Verlauf im Rückenmark und ihren mächtigen Einfluß auf den Blutdruck kannte, so hätte, als er die starke Erhöhung dieses Blutdruckes unter dem Einfluß der Reizung des Rückenmarkes, sowie seines Sinkens in dem Augenblick der Durchschneidung des letzteren beobachtete, begreifen müssen, daß diese Erscheinungen nur von der Erregung der Gefäßnerven oder von deren Lähmung abhängig sein konnten. Die Änderungen in der Triebkraft des Herzens wären nicht imstande gewesen, so starke Veränderungen in dem Blutdruck hervorzurufen, während diese letzteren sehr wohl in dem einen oder anderen Sinne die Zahl der Herzschläge beeinflussen konnten.

Diese so einfache Erklärung entging von Bezold. Ludwig und Thiry (277) war es vorbehalten, durch eine Reihe entscheidender Untersuchungen festzustellen, wo die Fehler bei den Versuchen des letztgenannten Physiologen herrührten. So beobachteten z. B. Ludwig und Thiry, daß die von Bezold beschriebene Beschleunigung des Herzschlages infolge elektrischer Reizung des Halsmarkes selbst dann hervorgerufen wurde, wenn auf galvanokaustischem Wege alle Nervenfasern, die das Herz mit dem Rückenmark verbinden, zerstört waren. Diese Beschleunigung des Pulsschlages infolge der Erhöhung des Blutdruckes konnte also nur eine Reaktion des Herzens auf die Vergrößerung der Widerstände in der Blutbahn sein. Wenn die beiden Forscher eine solche Steigerung des Blutdruckes durch Verschluß der Aorta abdominalis erzeugten, so antwortete das Herz meistenteils mit der gleichen Beschleunigung seiner Schläge, wie in dem erwähnten Falle bei Reizung des Rückenmarkes.

Diese überzeugenden Einwände Ludwigs und Thirys ließen sich natürlich mit der gleichen erdrückenden Wahrheit auch auf die Versuche Legallois' anwenden. Die Frage eines motorischen Einflusses des Rückenmarkes auf das Herz, durch Vermittelung des Sympathicus, schien also im Jahre 1864 wiederum in negativem Sinne beantwortet zu sein.

Gleichwohl hatten sich Ludwig und Thiry einer direkten Verneinung der Möglichkeit eines solchen Einflusses enthalten. Ihre Schlußfolgerung hielt sich ganz genau an die Ergebnisse ihrer Untersuchungen selbst, welche im Grunde nur darauf hinausgingen, die Beweise zugunsten des Vorhandenseins eines unmittelbaren Einflusses des Rückenmarkes auf dem Wege des Sympathicus, die bis dahin von Legallois und von Bezold gegeben waren, zu entkräften. Die Frage selbst blieb also vollständig offen. Um sie zu beantworten, gab es nur zwei Mittel: entweder mußte man unmittelbar an den vom Sympathicus zum Herzen ziehenden Nervenfasern Versuche anstellen — was wegen der Feinheit dieser Nerven und ihrer anatomischen Lage große Schwierigkeiten bot — oder es zu erreichen suchen, das Rückenmark zu reizen, ohne zu gleicher Zeit das Gefäßnervensystem in Tätigkeit zu versetzen.

Auf die beiden genannten Untersuchungsmöglichkeiten richteten E. und M. Cyon (1866) ihr Augenmerk, um die endgültige Lösung dieser Frage herbeizuführen, welche seit Jahrhunderten die Physiologen in zwei Lager teilte. Sie versuchten vorher, das Vorhandensein eines mächtigen unmittelbaren Einflusses des Gehirns auf das Herz, außer der Vagi und dem Gefäßnervensystem, festzustellen und, nachdem dies ihnen in überzeugender Weise gelungen, vermochten sie durch direkte Versuche die Existenz besonderer herzbeschleunigender Nerven aufzufinden. Auf diese Weise entdeckten sie die Nervi acceleratorii des Herzens, welche sich unter Vermittelung des unteren Hals- und des oberen Brustganglions zum Plexus cardiacus begeben. Einige Monate zuvor (Juni 1866) hatten Cyon und Ludwig (97, 76) schon das Vorhandensein eines sensiblen Nerven des Herzens festgestellt, den sie den Nervus depressor genannt hatten. Dieser, sich vom Vagus abzweigende Nerv setzt das Herz instand, auf reflektorischem Wege die von ihm zu leistende Arbeit zu regeln, indem es die Widerstände verringert, die das aus der Kammer ausgetriebene Blut im Kreislauf zu überwinden hat. Wir kommen weiterhin auf den Mechanismus dieses Nerven zurück. Hier wollen wir nur erwähnen, daß im Verlaufe ihrer Untersuchungen die beiden Forscher auch entdeckt hatten, daß die Nervi splanchnici die mächtigsten, gefäßverengernden Nerven des Organismus sind. Ihre Durchschneidung lähmt das Gefäßnervenzentrum im Gehirn, die Gefäße der in der Bauchhöhle gelegenen Organe erweitern sich und, infolgedessen, sinkt der Blutdruck in einem fast ebenso bedeutenden Maße, wie nach Durchschneidung des Rückenmarkes unterhalb des verlängerten Markes. Andererseits erhöht die Reizung des peripheren Stumpfes dieser Nerven den Blutdruck in entsprechendem Verhältnis. Unter Benutzung dieser physiologischen Wirkung der Nervi splanchnici stellten nun E. und M. Cyon in dem Laboratorium von du Bois-Reymond in Berlin eine Reihe von Untersuchungen an, die darauf hinausgingen, den Einfluß des verlängerten Markes auf das Herz festzustellen. Sie besaßen in der vorherigen Durchschneidung der Nervi splanchnici ein sicheres Mittel, während der elektrischen Reizung des Rückenmarks, den Einfluß des Gefäßnervensystems auszuschalten. Bei kurarisierten Tieren durchschnitten sie die Vagi, die Depressoren und den Sympathicus am Halse, dann die beiden Splanchnici. Die elektrische Reizung des zuvor in der Höhe des Atlas durchtrennten Rückenmarkes rief eine ansehnliche Beschleunigung des Herzschlags hervor, ohne irgendwelche Veränderung des Blutdruckes. Es handelte sich also um eine unmittelbare Einwirkung des Rückenmarkes auf das Herz, eine Wirkung, welche nur durch Vermittelung der Ganglien des Sympathicus, der unverletzt gebliebenen einzigen Verbindungsbahn, zustande kommen konnte, insbesondere durch das letzte Hals- und das erste Brustganglion. In der Tat machte die Entfernung dieser Ganglien bei den folgenden Versuchen jede spätere Erregung von seiten des Rückenmarkes unwirksam und die Zahl der Herzschläge blieb nunmehr unverändert.

Nachdem sie in so unwiderlegbarer Weise das Vorhandensein von Nerven, durch deren Vermittelung das Gehirn unmittelbar die Schlagzahl des Herzens beschleunigen kann, sowie den Weg, auf dem sich diese Nerven vom Rückenmark zum Herzmuskel begeben, gezeigt hatten, schritten E. und M. Cyon dazu, diese Nerven selbst aufzufinden, um an ihnen direkt experimentieren zu können. Es gelang ihnen dieses beim Kaninchen und Hunde und zwar in den letzten zwei Monaten des Jahres 1866 (96b, 76).

Seitdem die Niederlage der myogenen Lehre auch für deren eifrigste Verteidiger ganz unvermeidlich erschien, haben sich mehrere reuige Myogenisten darauf gelegt, die vor 40 Jahren entdeckten Herznerven von neuem zu entdecken und umzutaufen, indem sie ihnen neue Namen beilegten. Es ist daher angezeigt, hier mehr bestimmte Data der Veröffentlichungen anzuführen, die unzweifelhaft dartun, wie, von wem und wann der Nervus depressor und die Nervi accelerantes[1] entdeckt worden sind.

Gegen Ende Juni 1866, als Cyon seine oben in § 3 und 4 angegebenen Versuche über das Froschherz beendet hatte, schlug ihm Ludwig vor, noch vor Ende des Semesters die Anatomie der Herz-

---

[1] Die von Tigerstedt gegebene Geschichte der Entdeckung der beschleunigenden Nerven entspricht nicht den tatsächlichen Verhältnissen.

nerven am Halse und am Eingang der Brusthöhle am Kaninchen zu
studieren, um vielleicht dabei Anhaltspunkte für die Wiederaufnahme
der experimentellen Untersuchung der Frage zu gewinnen, wie sie von
ihm und Thiry nach ihrer Kontroverse mit Bezold offen geblieben war.

Schon bei der ersten Präparation der Halsnerven beim Kaninchen
stieß Cyon auf eine Anastomose zwischen dem Halssympathicus und
dem Vagus, die bisher ganz unbekannt war. Nach genauer Untersuchung der Natur dieser Anastomose mußten auch Ludwig und
Schweigger-Seidl ihre nervöse Natur anerkennen. Diese höchst
seltene Abweichung in dem Verlaufe des Depressors war der glückliche
Fund, der Cyon zur Entdeckung dieses Nerven geführt hat, denn schon
bei der nächsten Präparation der Halsnerven, auf der Suche nach dieser
Anastomose, gelang es ihm, diesen Nerven von dem letzten Halsganglion bis zum Nervus Laryngeus isoliert herauszupräparieren und seine
beiden Wurzeln festzustellen. Erst 30 Jahre später gelang es Cyon, die
genannte Abweichung ein paar Mal bei Berner Kaninchen wieder aufzufinden (78). Der Verlauf der experimentellen Feststellung des Depressors ist in der bekannten Arbeit von Cyon und Ludwig genau wiedergegeben und wird darauf im dritten Kapitel zurückgekommen. Die
ganze Untersuchung wurde noch vor Ende des Sommer-Semesters 1866
beendet. Die gleichzeitige Feststellung der bedeutenden vasomotorischen
Rolle der Nervi splanchnici flößte sofort E. Cyon den Gedanken ein,
die Versuche von Ludwig und Thiry wiederaufzunehmen und zwar
in der schon angegebenen Weise. Um selbständiger bei dieser neuen
Untersuchung vorgehen zu können, entschloß sich Cyon aus leicht
verständlichen Gründen, diese neuen Studien nicht bei Ludwig,
sondern im Berliner physiologischen Institut von du Bois-Reymond
auszuführen, trotzdem dieses Laboratorium für Blutdruck-Versuche nicht
die geeigneten Vorrichtungen besaß. Er fand zwar darin das alte Kymographion, welches Traube ehemals benutzt hatte, mußte aber ein
Quecksilber—Manometer nach einem neuen Modell von Sauerwald
konstruieren lassen, das er auch mit einer viel bequemeren Schreib-
Vorrichtung, als dies bisher der Fall war, versah[1] (76, S. 63).

---

[1] Dieses Manometer, später für Ludwigs Laboratorium von Baltzer konstruiert, wird jetzt allgemein angewendet.

Die Ergebnisse der im Oktober 1866 begonnenen Versuche haben die Gebr. Cyon schon am 17. November 1866 im Zentralblatt für Medizinische Wissenschaften Nr. 51 vorläufig veröffentlichen können (76). Sie stellten fest, daß man durch Reizung des Rückenmarks die Herzschläge beschleunigen kann ganz unabhängig von jeder Blutdrucksteigerung, wie dies soeben auseinandergesetzt wurde. Sie vermochten gleichzeitig auch über die wahrscheinliche Natur der noch zu findenden beschleunigenden Herznerven ganz bestimmte Angaben zu machen. Erst nach dieser Veröffentlichung erhielt Prof. Hermann[1]), der damalige Herausgeber des Zentralblattes, von Prof. Bezold eine denselben Gegenstand betreffende Untersuchung, die in Nr. 52 erschien. Den weiteren Verlauf wollen wir mit den eigenen Worten der Gebr. Cyon wiedergeben (96b, S. 13; 76, S. 70): „Dieselbe enthielt eine Reihe höchst unklarer und vieldeutiger Versuche, die den Zweck hatten, das Vorhandensein motorischer Herznerven im Rückenmarke auf indirekte Weise verständlich zu machen. Da diese Frage aber durch unsere direkten Versuche einer positiven Entscheidung entgegengeführt wurde, halten wir es für überflüssig, auf eine Auseinandersetzung der höchst mangelhaften Wahrscheinlichkeitsversuche des Prof. v. Bezold einzugehen und wollen nur eine spätere Abhandlung desselben Autors über den gleichen Gegenstand einer kurzen Besprechung unterwerfen. Diese Arbeit erschien in Nr. 53 derselben Zeitschrift. In der Einleitung dazu sagt v. Bezold: »Da in Nr. 51 des med. Zentralblatts den unsrigen ähnliche Versuche der Herren DDr. M. und E. Cyon mitgeteilt sind, so lasse ich hier die nachstehenden, im Laufe des Monats Oktober erhaltenen Resultate unverweilt folgen. Dieselben sind gänzlich unabhängig und ohne daß wir von den gleichzeitig in Ludwigs und du Bois-Reymonds Laboratorium angestellten Versuchen eine Ahnung hatten, gewonnen worden.« Es ist schwer begreiflich, wie wir zwei Wochen vor dem Bekanntwerden der v. Bezoldschen Versuche den seinigen ähnliche veröffentlichen konnten; wahrscheinlich wollte v. Bezold damit nur sagen, daß seine Versuche den unsrigen ähnlich sind, obgleich eine Vergleichung unserer Versuche mit den seinigen auch unstatthaft ist. Unsere Versuche wurden vollständig richtig

---

1) Das Schreiben von Bezolds verhehlte nicht seine lebhafte Mißstimmung darüber, daß Hermann ihn nicht vorher über die von Cyon verfolgten Untersuchungen in Kenntnis gesetzt hatte!

angestellt und gaben positive und klare Resultate, während die von Bezoldschen fehlerhaft angestellt, zu unrichtigen Schlüssen führten und die Frage, deren Lösung er sich vorgenommen hatte, ebenso unentschieden ließen, wie seine früheren Untersuchungen über denselben Gegenstand. Bekanntlich haben wir die Erhöhung des Blutdruckes bei Reizung des Rückenmarkes durch vorherige Durchschneidungen der Nervi splanchnici ausgeschlossen. Bezold wollte diese Druckerhöhung dadurch ausschalten, daß er das Brustmark und die Nervi sympathici am Halse durchschnitt. Es ist leicht einzusehen, worin die Ursache des Mißlingens seiner Versuche lag."

Aus den darauffolgenden Erläuterungen Cyons geht unzweifelhaft hervor, daß noch zwei Wochen nach der Veröffentlichung der Cyonschen Arbeit Bezold nicht nur keine ernstlichen Beweise für den beschleunigenden Einfluß der Rückenmarksnerven auf das Herz zu liefern vermochte, sondern er hat auch den eigentlichen Sinn der Cyonschen Methode und das Wesen der von ihm entdeckten Nervenwirkungen ganz mißverstanden. Von einer Entdeckung der beschleunigenden Herznerven selbst war in der Bezoldschen Mitteilung selbstverständlich gar keine Rede. Zu dieser Zeit hatten aber E. u. M. Cyon schon nicht nur die beschleunigenden Nerven entdeckt und herauspräpariert, sondern auch ihre Funktionen experimentell geprüft! Dies wird mit Evidenz bewiesen durch die Tatsache, daß die ausführliche Arbeit der Gebr. Cyon, die im Archiv von du Bois-Reymond erschien das Datum vom 6. Januar 1867 trägt.

Nach der Veröffentlichung der ersten Mitteilung vom 14. November hat Ludwig in einem Schreiben an Cyon noch Zweifel über die Möglichkeit ausgedrückt, direkt die Existenz von beschleunigenden Nerven nachzuweisen. Gegen Ende Dezember reiste daher Cyon nach Leipzig, um Ludwig die Versuche an den beschleunigenden Herznerven des Kaninchens zu demonstrieren. Eine Beschreibung des anatomischen Verlaufs der beschleunigenden Nerven und deren Wirkungen wurde im Beginne des Jahres 1867 von E. u. M. Cyon der Pariser Akademie der Wissenschaften unterbreitet. Bei Gelegenheit der im Sommer desselben Jahres in Ludwigs Laboratorium ausgeführten Untersuchungen über den Ursprung der Gefäßnerven der Vorderpfote (76) hat Cyon den anatomischen Verlauf der beschleunigenden Nerven beim Hunde bildlich dargestellt und die Figuren der Arbeit hinzugefügt[1]). (Siehe die Arbeiten aus dem physiologischen Laboratorium zu Leipzig, Jahrgang 1868.)

Nach Cyon hat Schmiedeberg in Ludwigs Laboratorium zum ersten Mal an den Cyonschen Nerven beim Hunde gearbeitet.

Die Gebr. Cyon haben die von ihnen entdeckten Nerven in ihrer ersten deutschen Arbeit als acceleratores bezeichnet. In der Erklärung der eben erwähnten Figuren hat Cyon diese Nerven als Rami cardiaci acceleratorii bezeichnet. Auch in seinen französischen Schriften bezeichnete er diese Nerven als nerfs accélérateurs.

Die weniger gelungene Bezeichnung Nervus accelerans anstatt Accelerator ist erst mehrere Jahre später in Deutschland eingeführt worden. Wir haben im § 1 den anatomischen Verlauf der acceleratores nach Cyons Darstellungen mitgeteilt. Deren Anordnung ist von den Gebr. Cyon in folgender Weise beschrieben worden:

1. Die elektrische Reizung des dritten Astes des untern Halsganglions ruft bei Kaninchen eine Beschleunigung der Herzschläge und eine Verminderung ihrer Exkursionshöhe hervor (Accelerator).

2. Die beiden ersten nach innen gelegenen Äste dieses Ganglions bilden die Fortsetzung des Nervus depressor.

3. Die Reizung des vierten Astes dieses Ganglions, welcher mit dem fünften Ast den Vieussenischen Ring bildet, erzeugt eine leichte Steigerung des Blutdrucks, ohne die Zahl der Herzschläge wesentlich zu verändern.

4. Bei Hunden spielt der zweite Ast des untern Halsganglions von innen gerechnet die Rolle des accelerators; seine Reizung erzeugt dieselben Veränderungen, d. h. Beschleunigung mit Verminderung der Exkursionshöhe, wie die des dritten Astes beim Kaninchen.

Die Äste des Vieussenischen Ringes verhalten sich wie beim Kaninchen (96b, c, 76).

---

[1]) Nähere Angaben über die Geschichte der Entdeckung der Herznerven finden sich auch in dem Bericht, den Claude Bernard der Pariser Akademie der Wissenschaften bei der Gelegenheit vorgelegt hatte, als diese Akademie einstimmig Cyon den Monthyonschen Preis für diese Entdeckung zuerkannt hatte (18). In den „Arbeiten aus dem physiologischen Institut" der St. Petersburger Medizinischen Akademie (russisch, 1874) hat Cyon ausführlich die Geschichte dieser Entdeckung auseinandergesetzt. Siehe auch die Arbeit von Lomakina (260) ausgeführt im Berner Institut.

Wir gehen nun an die ausführliche Beschreibung der Wirkungsweise der beschleunigenden Herznerven.

§ 5. Die Wirkungsweise der Acceleratores.

In folgenden Worten fassen E. & M. Cyon ihre Ergebnisse über die Wirkungsweise der Acceleratores zusammen:

a) Sie sind nicht gewöhnliche, im Herzmuskel endende motorische Nerven:

1. Weil ihre Reizung keinen Herztetanus hervorruft;

2. dieselbe steigert nicht einmal die Herzarbeit, denn, wie wir gesehen haben, nimmt die Exkursionshöhe der Quecksilbersäule im Manometer ab, während die Zahl der Herzschläge zunimmt;

3. das Herz besitzt in sich selbst exzitierende Ganglien;

4. Curare lähmt diese beschleunigenden Nerven nicht.

b) Sie sind ebenso wenig auf die Herzgefäße wirkende Nerven, da ein vollständiger Verschluß der Herzgefäße die Zahl der Pulsationen nicht ändert.

c) Es können dieselben nur in die Herzganglien endigende Nerven sein. Ihre Wirkung besteht in einer Änderung der Arbeitsverteilung des Herzens in der Zeit. Somit sind sie nur Antagonisten der Vagi, in dem Sinne nämlich, daß die Reizung dieses letztern Nerven die Herzpulsation verlangsamt und gleichzeitig deren Größe steigert, während die beschleunigenden Nerven die Herzschläge vermehren und zugleich deren Größe vermindern (78).

Nach der ersten Auffassung der Gebr. Cyon unterschied sich also die Rolle der sympathischen Nerven wesentlich von der, welche Legallois, Bezold u. a. nach ihren Versuchen am Rückenmarke vermutet haben. Sie betrachteten nämlich diese Nerven als dazu bestimmt, dem Herzen die motorischen Impulse des Gehirns und Rückenmarks zuzuleiten und so als Übertragungsbahnen für die Kräfte zu dienen, welche der Herzmuskel den Zentren des Nervensystems entnimmt. Nach Cyon dagegen besitzt das Herz die Quelle seiner treibenden Kräfte in seinen eigenen Ganglien. Das Eingreifen des Gehirns und des Rückenmarks durch Vermittelung des Vagus und der Accelerantes hat nur den Zweck, die Verwendung dieser Kräfte zu regulieren, indem sie sie bald in weniger häufige, dafür aber stärkere

Zusammenziehungen, bald in häufigere, aber dafür weniger starke umsetzt. Die Theorie der Gebr. Weber setzte fest, daß die Fasern der Vagi in den Ganglienkugeln und nicht in den Muskelfasern des Herzens endeten. Die Gebr. Cyon nehmen ein Endigen in entsprechender Weise für die beschleunigenden Nerven an, welche sie als reine Antagonisten der ersteren Art von Herznerven betrachteten.

Dieser Ansicht hat sich etwas später auch Bezold in seinen letzten Mitteilungen über die Herznerven, wenigstens in den Hauptzügen, angeschlossen. Auch Schmiedeberg (358), der wie eben erwähnt, zuerst die Cyonschen Versuche an den Herznerven des Hundes wiederholt, hat ganz übereinstimmende Resultate, was die Veränderungen der Schlagzahl und der Exkursionshöhe betrifft, erhalten. „Bei der Beschleunigung der Schlagzahl", schreibt er, „wird der Unterschied zwischen dem systolischen und diastolischen Stand des Quecksilbers im Manometer geringer." Er zog daraus den folgenden Schluß: „Es hat daher auch hier der von Cyon und Bezold am Kaninchen festgestellte Satz Geltung, daß die Wirkung der spinalen Herznerven wesentlich in einer Beschleunigung der Herzschlagfolge bestehe, ohne daß notwendig die Arbeitsleistung des Herzens hierdurch vermehrt wird" (358 S. 44).

Soweit also die Höhe des arteriellen Druckes zu Schlüssen über die vom Herzen geleistete Arbeit berechtigt, hatte sich also Schmiedeberg einer Meinung mit Cyon erklärt: Die Accelerantes verändern nur die Verteilung der Arbeit in einer bestimmten Zeit.

Bei seinen Versuchen an den Acceleratores des Frosches kam Schmiedeberg schon zu dem gleichen Schlusse. Böhm, welcher zuerst die Anordnung der beschleunigenden Nerven bei der Katze angegeben hat, beobachtete bei seinen zahlreichen und lehrreichen Versuchen ebenfalls, daß die Stärke der Herzkontraktionen mit der Zunahme ihrer Zahl abnahm. Böhm konstatierte auch, daß diese Nerven für mechanische Einzelreize unerregbar sind. Auch Bowditch (47) hat in seiner Arbeit über die Interferenz zwischen den Accelerantes und den Vagi konstatiert, daß die Stärke der Herzschläge abnimmt. Er konnte verschiedene Male eine Erhöhung des Blutdruckes zu der gleichen Zeit, wie die Beschleunigung des Herzschlages beobachten. Jedoch unterläßt er es nicht, selbst darauf hinzuweisen, daß nicht die geringste Übereinstimmung zwischen diesen beiden Erscheinungen besteht und daß sie, wie auch Schmiedeberg versicherte, völlig klar das Vorhandensein von zwei Arten von Nervenfasern in den der Reizung unterworfenen Nerven anzeigen. Die eine Art dieser Fasern wirkt auf den Blutdruck, ohne die Frequenz zu beeinflussen, während die andere im Gegenteil die Zahl der Pulse abändert, jedoch ohne Einfluß auf den Blutdruck bleibt. In der Tat sahen wir, daß nach den Angaben der Gebr. Cyon sogar ganz verschiedene Nervenzweige vorhanden sind, von denen der eine (beim Kaninchen der dritte) nur beschleunigt, der andere (vierte vom Vieussenischen Ring abgehende), nur den Druck erhöht, ohne die Schlagzahl wesentlich zu verändern.

Der Nerv, welchen Schmiedeberg beim Hunde auf seiner Tafel der Herznerven als denjenigen wiedergiebt, der, wenn der Reizung unterworfen, nur Drucksteigerung ohne Beschleunigung erzeugt, ist, wie Cyon angab, gerade ein Zweig dieser Ansa. Wir wollen hinzusetzen, daß bei einem Hunde dieser Zweig infolge einer sehr ausnahmsweisen Anordnung sich unmittelbar von der Ansa abtrennt. Meistenteils entspringt er jedoch unmittelbar vom Vagus selbst, nach dessen Durchgang durch das untere Halsganglion (s. unten). Die Kurven von Bowditch veranschaulichen die Varianten der Wirkungsweise.

Ein anderer Schüler Ludwigs, Baxt (9), hat die von Bowditch begonnenen Studien weiter verfolgt und ist einer Ansicht mit seinen Vorgängern, was die Abnahme der Herzstärke betrifft.

Es ist nun allerdings Tatsache, daß andere Beobachter, Heidenhain (184), Gaskell (153), Mills (417), Roy und Adami (347), Bayliss und Starling (14) und andere sich in entgegengesetztem Sinne äußern. Die Untersuchungen der drei ersteren Autoren, deren Behauptungen sich auf Kaltblüter beziehen, sollen gesondert besprochen werden.

Roy und Adami haben in der größten Zahl ihrer Fälle beobachtet, daß die Herzkontraktionen — sowohl die der Vorkammern, wie die der Kammern — während der Reizung der beschleunigenden Nerven an Umfang zunehmen. Die letztgenannten Forscher erkennen selbst an, daß keine Beziehung zwischen dieser Zunahme des Schlagvolumens und den Änderungen in der Schlagfolge des Herzens besteht. Oft kam sogar die erstere zustande, ohne irgend welche Beschleunigung. Die gleichen Beobachtungen finden wir bei Bayliss und Starling. Die Ergebnisse dieser Untersuchungen widersprechen also nur scheinbar denen der vorhergehenden Versuche. Es handelt sich ganz offenbar um die Folgeerscheinungen von Reizungen ganz verschiedener Arten von Nervenfasern, wie sie Cyon, Schmiedeberg und Bowditch beobachtet haben. Die Verschiedenheiten der anatomischen Anordnung der von dem letzten Halsganglion und vom ersten Brustganglion ausgehenden Nerven sind so zahlreich und die Funktionen dieser Nerven so verschieden, — beschleunigende und hemmende Nerven, Depressoren und Vasokonstriktoren für die Leber (siehe unten 99), Gefäßnerven für das Herz selbst usw. — daß man von der Reizung eines beschleunigenden Nerven nur in dem Falle reden kann, wo man als einzige Wirkung eine Steigerung der Frequenz erhält, ohne eine wesentliche Veränderung des Druckes. Aus diesem Grunde eignet sich auch das Kaninchen, bei welchem die Accelerantes zu allererst von Cyon entdeckt worden sind, besser wie jedes andere Tier zu solchen Versuchen. Die Anordnung der Nerven zeigt bei ihm eine weit größere Differenzierung als bei anderen Tieren, aber auch eine größere Regelmäßigkeit. Nur zu häufig begegnen wir Verwechselungen zwischen den wirklichen Accelerantes Cyons und anderen Zweigen des letzten Halsganglions. Noch in neuester Zeit hat Theodoro Mumm in einer im Berliner physiologischen Laboratorium ausgeführten Arbeit geglaubt, an den Accelerantes zu experimentieren, während er in Wirklichkeit nur Fasern des soeben beschriebenen Vagusastes vor sich hatte. Auch erhielt er meistens Vermehrung und Verlangsamung der Herzschläge anstatt Beschleunigung. (Siehe Cyon, Myogen oder Neurogen? S. 274). Sogar ein so geübter Experimentator wie H. E. Hering hat, trotz Cyons Warnungen, bei seinen neuesten Versuchen, wie aus seiner Beschreibung und seinen Kurven mit Evidenz hervorgeht, den Accelerator mit den verstärkenden Nerven (Aktionsnerven Cyons) verwechselt (siehe „Myogene Irrungen“, Pflügers Archiv Bd. 113, S. 127).

Es ergibt sich auch noch aus anderen Beobachtungen von Roy und Adami, wie aus denen von Bayliss und Starling, daß sie bei ihren Versuchen oft gar nicht an reinen Acceleratoren experimentiert haben. So behaupten sie, daß nach Durchschneidung der Vagi die Reizung der Accelerantes nicht imstande sei, die Häufigkeit der Herzschläge zu vermehren. Nun, bei allen Versuchen Cyons, welche zur Feststellung des Vorhandenseins dieser Nerven angestellt wurden, finden wir die Angabe, daß die Vagi von Anfang an durchschnitten waren.

Bezold, Ludwig und Thiry verfuhren übrigens bei ihren früheren Versuchen über den Einfluß des Rückenmarks auf das Herz ganz in der gleichen Weise. Tschirief und Hunt, denen die Physiologie der Acceleratoren eine Anzahl schöner Untersuchungen verdankt, haben genau nachgewiesen, daß beim Kaninchen, bei Katzen und beim Hunde die Acceleratores sich in tonischer Erregung befinden. Die Durchschneidung dieser Nerven erzeugt manchmal eine Verlangsamung der Herzschläge. Diese Verlangsamung ist vollständig unabhängig von dem Erregungszustande der Vagi; sie tritt auch dann auf, wenn diese letztern Nerven vorher durchschnitten worden sind. Die Beschleunigung der Herzschläge nach der Vagusdurchtrennung ist geringer, wenn vorher die Accelerantes durchschnitten werden (Tschirief [395].) Systole und Diastole werden nach Aufhebung des Accelerans-Tonus verlängert (Reid Hunt [338]).

Reid Hunt fand in Übereinstimmung mit früheren Autoren, daß die Acceleratoren zu ihrer Erregung stärkerer Ströme bedürfen, als die Herzvagi. Die Latenz ist bei den Acceleratoren bedeutend länger, als bei den hemmenden Fasern. Dagegen überdauert die Wirkung ihrer Erregung noch bei weitem die Unterbrechung der Reizung. Eine zu lange Dauer der Reizung der Acceleratores soll das Herz stark erschöpfen. Während der Ermüdung der Acceleratores äußert sich die hemmende Wirkung der Vagi bei viel geringeren Reizen und auch ausgiebiger. Auf die Behauptung Hunts, daß die Acceleratores den reflektorischen Erregungen von den sensiblen Nerven aus unzugänglich seien, kommen wir im nächsten Kapitel zurück ([338]).

Alles Vorhergehende bezieht sich ausschließlich auf die beschleunigenden Nerven der Säugetiere. Rei den kaltblütigen Wirbeltieren wurde das Vorhandensein dieser Nerven zum erstenmal durch Schmiedeberg ([357]) behauptet. Nachdem er mit Hilfe von Atropin bei Fröschen die hemmenden Fasern des Vagus gelähmt hatte, konnte er feststellen, daß die Reizung dieses letzteren nur eine Beschleunigung der Herzschläge veranlaßte. Schon zuvor hatte Wundt ([428]) eine entsprechende Beobachtung gemacht: wenn starke Dosen von Curare die hemmende Wirkung der Vagi unterdrückt haben, so erhält man bei deren Reizung eine Beschleunigung der Herzschläge. Bald danach veröffentlichte Schelske ([351]) eine andere Beobachtung, welche sich auf die gleiche Erscheinung zu beziehen schien: Wenn das Froschherz durch eine Temperatursteigerung auf 35° oder darüber zum Stillstand gebracht ist, erzeugt die elektrische Reizung des Vagus Herzzusammenziehungen. Diese, durch mehrere andere Beobachter angezweifelte Tatsache wurde von Cyon (53) vollkommen bestätigt, dem es unter gleichen Bedingungen gelang, durch Reizung dieses Nerven tetanische oder klonische Zuckungen zu erhalten (siehe § 4, Kap. I).

Die Tatsache an sich stand also unleugbar fest; wenn den hemmenden Fasern des Vagus entweder durch Curare (Wundt, Cyon) durch Temperatursteigerung (Schelske, Cyon) oder durch Atropin (Schmiedeberg) die Möglichkeit genommen ist, ihren Einfluß zu äußern, so ruft ihre elektrische Reizung tetanische oder einfach beschleunigte Kontraktionen hervor. Wir haben gesehen, daß Schmiedeberg daraus den Schluß zog, diese Nerven enthielten, unabhängig von ihren hemmenden Fasern, noch beschleunigende Fasern. Cyon[1] (76) wies auf eine andere Möglichkeit hin, um diese scheinbare Funktionsumkehr zu erklären: ausgehend von der Hypothese, daß die Hemmung eine Interferenz- oder eine Widerstandserscheinung sei, — schloß Cyon, daß, wenn die hemmende Wirkung durch irgend welche Ursache ausgeschaltet wird, ein neuer Reiz, der die Ganglienzellen trifft, dieselben in Tätigkeit versetzen muß. Seitdem ist übrigens bewiesen worden, daß die von Schmiedeberg gegebene Erklärung den Tatsachen entspricht, und daß die Vagi der kaltblütigen Wirbeltiere tatsächlich beschleunigende Nervenfasern enthalten; Heidenhain (184) und nach ihm Gaskell (155) haben gezeigt, daß die beschleunigenden Fasern des Vagus bei den Fröschen vom Sympathicus ausgehen und sich bei ihrem Austritt aus dem Gehirn wieder mit ihm vereinigen. Kurze Zeit nachher untersuchten Gaskell und Gadow (159) die beschleunigenden Nerven bei Schildkröten, Krokodilen, Alligatoren und anderen kaltblütigen Wirbeltieren: „diese Herznerven, welche offenbar den Rhythmus der Schläge beschleunigen und die Stärke der

---

[1] Der Schmiedebergsche Nachweis des gemeinschaftlichen Verlaufs des Accelerators mit den hemmenden Nerven vermindert nicht im geringsten die große Bedeutung der Schelske-Cyonschen Beobachtungen. Diese liegt darin, daß sie beweist, die Ausschaltung der Hemmungsapparate genüge, um das Herz in tetanische Kontraktionen zu versetzen, woraus Cyon später mit Recht folgerte (90), die refraktäre Phase sei keine Eigentümlichkeit des Herzmuskels, sondern des Herznervensystems (siehe Kap. IV).

Zusammenziehungen erhöhen, haben bei allen bis zu diesem Augenblick untersuchten kaltblütigen Tieren den gleichen Verlauf", behaupten diese Forscher. Jedoch weder über die näheren Umstände, unter denen diese Beobachtungen gemacht worden sind, noch über die Methoden, mit deren Hilfe die Zunahme der Stärke der Zusammenziehungen festgestellt werden, fehlt jede genauere Angabe. Einige unangreifbare Beweise wären indessen nicht zwecklos gewesen, um den Schluß zu rechtfertigen, daß bei den betreffenden Wirbeltieren die Acceleratores sich wirklich in so auffälliger Weise von den gleichen Nerven bei den Säugetieren unterscheiden. Dieser Vorbehalt vermindert natürlich in keiner Weise den anatomischen Wert der von Gaskell und Gadow gemachten Untersuchungen[1]).

Ihr Irrtum rührt daher, daß sie die wahre Bedeutung der gleichzeitigen Reizungen der hemmenden und beschleunigenden Nerven noch nicht kannten. Seit der Feststellung der durch dergleichen Reizungen entstehenden verstärkenden Wirkungen ist es klar, daß die Augmentors Gaskells nichts anderes sind, als die sogenannten Aktionsnerven Cyons. Die vollständige Bedeutung dieser Aktionsnerven kann erst nach der Auseinandersetzung der Funktion der Vagi gegeben werden.

§ 6. Die Wirkung der Vagi auf die Zahl der Herzschläge.

Auf dem Wege welcher Wurzeln verlassen die den Herzschlag hemmenden Fasern des Vagus das Rückenmark? Waller (411), welcher zuerst diese Frage aufwarf, beantwortete sie scheinbar in entscheidender Weise. Nachdem er einerseits den Nervus spinalis oder Accessorius Willissii bei seinem Austritt aus dem Schädel herausriß, konnte er feststellen, daß 10 oder 12 Tage später eine Reizung des Vagus nicht mehr imstande war, eine Verlangsamung der Herzschläge hervorzurufen; während der Vagus der anderen Seite noch dauernd, in normaler Weise funktionierte. Da der genannte Physiologe durch frühere Versuche schon gezeigt hatte, daß ein Nerv, welcher durch einen Schnitt von seinem Ernährungszentrum abgetrennt ist, degeneriert und atrophiert, so schloß er, daß die hemmenden Fasern des Vagus von dem Nervus Accessorius stammen müssen. Diese Schluß-

---

[1]) Es wird noch einmal auf die Rolle der beschleunigenden Nerven im Kap. V § 9 zurückgekommen.

folgerung wurde später von Schiff (353) im Jahre 1858 und von Heidenhain (182) 1865 bestätigt. Allein Giannuzzi (162) versichert, selbst 14 Tage nach der Exstirpation des N. accessorius noch Verlangsamungen des Herzschlags durch Reizung des Vagus derselben Seite erhalten zu haben. Er glaubte infolgedessen, daß die den Herzschlag hemmenden Fasern aus dem Rückenmark, sowohl durch das 10., wie durch das 11. Nervenpaar austreten. Van Gehuchten hat den histologischen Beweis geliefert, daß der Ursprung der Hemmungsfasern, der Vagus, sich im Vaguskern befindet. Dies scheint im Widerspruche zu stehen mit den früher gemachten physiologischen Beobachtungen über die Zentren der Vagi. In der Tat wurden die Zentren der den Herzschlag hemmenden Fasern des Vagus annäherend von Weber (415), Eckhard (118), Laborde (237) u. a. festgesetzt. Beim Frosch erstrecken sich die Gehirnteile, deren Reizung die Verlangsamung der Herzschläge hervorruft, von dem Lobus opticus bis zum untern Ende des Calamus scriptorius. Wie Eckhard festgestellt hat, erreicht die Reizwirkung ihr Maximum, wenn die den Strom zuleitenden Nadelspitzen in dem Calamus fixiert sind. An dieser Stelle sollte man also das wirkliche Zentrum suchen. Die Erregung der Lobi optici, der verschiedenen Teile des dritten Ventrikels und anderer Teile des Gehirns ruft auf reflektorischem Wege Verlangsamung der Herzschläge hervor, wie es in gleicher Weise die Erregung der sensiblen Nerven der verschiedenen Teile des Körpers tut. Cyon hat Vaguseffekte auch durch elektrische und mechanische Reizungen des Hirnanhangs erhalten. Wir werden weiterhin noch auf diese reflektorischen Erregungen zurückkommen. Jedenfalls vermag man mit deren Hilfe den obigen Widerspruch zu erklären und Gehuchten kann am Ende Recht behalten. Die Untersuchungen von Großmann, Friedenthal, Cadmann u. a. scheinen Giannuzzis Ansicht ebenfalls zu bekräftigen. Jedenfalls wird die Wallersche Ansicht nicht mehr vollgültig erhalten werden können.

Die regulierende oder hemmende Wirkung der Vagi auf das Herz ist genau untersucht und, durchgehend, bei vielen Wirbeltieren, sowie bei verschiedenen wirbellosen, festgestellt worden. Bei den Vögeln beobachtete Claude Bernard (16) eine wesentliche Verlangsamung der Herzschläge, aber es gelang ihm nicht einen wirklichen Stillstand zu erreichen. Dagegen gelang es Einbrodt (119) und R. Wagner (410), wenn sie diese Nerven durch äußerst kräftige Ströme tetanisierten,

das Herz während einer, wenn auch nur sehr kurzen Zeit, zum Stillstande zu bringen. Bei den Säugetieren, bei denen der Einfluß der
Vagi mit größerer Sorgfalt studiert worden ist, geht die hemmende
Wirkung sogar bis zum vollkommenen Stillstand des Herzens, selbst
wenn die Reize nicht allzustark sind. Aber die Dauer dieses Stillstandes übersteigt selten eine Minute. Bei der Fortdauer der Reizung
wird der Stillstand durch eine Verlangsamung der Herzschläge ersetzt.
Das Aufhören des Stillstandes beruht nicht immer auf Erschöpfung
der Vagi, resp. ihrer Endorgane im Herzen, denn die Reizung des
anderseitigen Vagus vermag die Hemmung wieder zu verstärken, sogar bis zum Stillstand.

Bei kaltblütigen Tieren kann die Dauer des Stillstandes durch
Reizung der Vagi von weit längerer Dauer sein, bis zu zwölf Minuten
und selbst darüber hinaus. Wir haben oben gesehen, daß Abkühlung
des Herzens die Erregung der hemmenden Fasern erhöht, wie im
Gegenteil die Erwärmung der hemmenden Fasern ihre Erregbarkeit
vermindert. Darüber sind alle Forscher, die seit Cyon an dem Einfluß der Temperaturänderungen auf das Herz gearbeitet haben, bis
zu den letzten Versuchen von Hatcheck, so ziemlich einig. Es darf
daher kein Wunder nehmen, wenn bei kaltblütigen Tieren die Vagus-
Wirkungen viel heftiger und andauernder sind, als bei warmblütigen
Tieren. Damit stimmt auch überein, daß bei Vögeln, welche die
höchste Körpertemperatur besitzen, es nach Claude Bernards Beobachtungen, die seitdem allseitig bestätigt wurden schwer, häufig sogar
unmöglich ist, einen wahren Herzstillstand zu erhalten. Dies stimmt
auch damit überein, daß im Hochsommer die Vaguswirkung gewöhnlich viel weniger ausgesprochen ist. Im allgemeinen läßt sich das
Verhalten der Vagi bei verschiedenen Wirbeltieren, was die Temperatur
anbetrifft, folgenderweise formulieren: diese Wirkung ist um so stärker,
je niedriger die Temperatur des Blutes ist.

Bei den wirbellosen Tieren hat u. a. Frédéricq (an den Cephalopoden, insbesondere am Tintenfisch, Octopus vulgaris) über die hemmende Wirkung auf das Herz experimentiert. Er hat festgestellt,
daß der Eingeweide-Nerv dieser Tiere auf das Herz eine hemmende
Wirkung ausübt, ganz entsprechend der der Vagi bei den Wirbeltieren.
Die Versuchs-Ergebnisse Frédéricqs sind von Ransom (331) und
neuerdings von S. Fuchs (151) bestätigt worden, welch letzterer sie

noch vervollständigt hat. Man konnte annehmen, daß die von Foster (139) bei gewissen Gasteropoden durch direkte Reizung des Herzens erhaltene Hemmung auch durch Vermittelung von Nervenfasern oder hemmenden Ganglienzellen verursacht war, obgleich es dem genannten Physiologen nicht gelang, das Vorhandensein von Nerven- oder Herz-Ganglienzellen nachzuweisen. Ransom (331) entdeckte später, daß diese Tiere ebenfalls einen Hemmungsnerv besitzen.

Bei den Krustaceen erhält man durch Reizung der dorsalen Ganglien-Kette Verlangsamung der Herzschläge, wie Dogiel (109) und später Plateau (324) gezeigt haben. Neuestens hat Carlson experimentell am Limulus nachgewiesen, daß der Vagus seine hemmende Wirkung direkt auf die Ganglienzellen und nicht auf die Muskelfasern ausübt.

Wir wollen hier noch zunächst einige Beobachtungen über den Stillstand des Herzens nach Vagus-Reizung beim Menschen erwähnen. Henle (155) hat durch solche Reizungen Kontraktionen des rechten Vorhofs bei einem Hingerichteten herbeigeführt. Czermak (102) gelang es, die Schläge seines eigenen Herzens zu verlangsamen, indem er einen Druck auf den Nerven an der rechten Seite der Carotis ausübte. Thanhoffer (389) hat gleichfalls vollständigen Stillstand des Herzens bei einem Menschen dadurch erreicht, daß er zu gleicher Zeit die beiden Vagi des Halses komprimierte. Dieser Stillstand hat eine gefährliche Ohnmacht hervorgerufen. Noch andere Forscher haben versucht, die Herzschläge beim Menschen durch mechanischen Druck auf die Vagi zu verlangsamen. Diese Versuche sind nicht ohne Gefahr und können am Ende doch nur ungenügende Aufschlüsse über die Nerven liefern.

Pflüger (320) war der erste, welcher feststellte, daß die Reizung der Vagi keinen sofortigen Einfluß auf das Herz ausübt; die Latenzphase bei der Reizung dieses Nerven hat eine gewisse Dauer. Die hemmende Wirkung beginnt erst sich zu äußern, nachdem zwei oder mindestens eine Kontraktion des Herzens Zeit gehabt hat, sich völlig zu entwickeln. Schiff u. a. haben Entsprechendes beobachtet. Es ist Donders (112) Verdienst, genauere Messungen der Latenzdauer ausgeführt zu haben. Nach seinen Untersuchungen ist die Dauer dieser Phase kürzer als die Periode der Herzkontraktion. Sie nimmt zu mit der Verlangsamung der Herzschläge und wechselt jedenfalls mit den Änderungen der Erregbarkeit. Nach Donders dauert die gewöhnliche Latenzzeit etwa 0,167 Sekunde für eine Kontraktionsperiode von 0,205 Sekunde, beim Kaninchen; beim Hunde etwa 0,208 Sekunde für eine Periode von 0,343 Sekunde; und beim Pferde 0,309 für eine Periode von 0,857 Sekunde.

Es muß indessen hier erwähnt werden, daß Cyon (86) Latenzzeiten von einer Dauer von 5 bis 10 Sekunden beobachtet hat, und zwar während gewisser Phasen der Einwirkung von Nebennieren-Extrakt. Er schreibt diese außergewöhnlich lange Dauer einer starken Reizung der beschleunigenden Nerven zu, die zu überwinden es den Vagi erst nach einer gewissen Zeit gelingt.

Von den neueren Untersuchungen über die Latenz der Vagusreizung sind noch die von Winterberger am absterbenden Schildkrötenherz (419) vorgenommenen Messungen von Interesse. Sie zeigten nämlich, daß die latente Phase der Vagusreizung auch kürzer sein kann, als das Intervall zwischen Vorhof- und Ventrikel-Kontraktion. Seine Versuche wurden an einer Riesenschildkröte ausgeführt, 24 Stunden nach dem Tode des Tieres. Diese außerordentlich kurze Dauer der Latenz scheint jedenfalls von dem Absterben des Herzens des Tieres abzuhängen. Weder bei Fröschen, noch bei Kaninchen vermochte Winterberger ein ähnliches Phänomen zu beobachten.

Von ganz besonderem Interesse sind die Wirkungen verschiedener Gifte auf die Tätigkeit des Herzvagus. Während es bis jetzt noch nicht gelungen ist Gifte aufzufinden, welche auf die Acceleratores lähmend wirken, besitzen wir dagegen mehrere, welche die Lähmung des Vagus zustande bringen können. So z. B. Curare, Atropin, Nikotin usw. Wir ziehen es vor, diese Wirkungen im vierten Kapitel bei Gelegenheit der Studien von Cyon über die physiologischen Herzgifte auseinanderzusetzen. Die letzteren wirken, wie er fand, meistens als Antagonisten der eben genannten Gifte; vergleiche zwischen den Wirkungen der äußeren und inneren Herzgifte sind daher von höchstem Interesse für die Theorie der Herzwirkungen. Dagegen wollen wir schon hier der Versuche von W. Howell (207) erwähnen, weil sie von sehr großer Bedeutung sind für die Durchströmungsversuche des isolierten Herzens mit der Ringerschen und der Lockeschen Flüssigkeit. Howell zeigte nämlich, daß Vermehrung des Kaligehaltes in dieser Flüssigkeit im Beginne die Reizschwelle auf Vagusreizung herabsetzt, darauf aber imstande ist Hemmungserscheinungen hervorzurufen, ohne gleichzeitige Reizung des Vagus. Wird aus der Ringerschen Flüssigkeit das Kali ganz ausgeschlossen, so wird dadurch die Vaguswirkung fast bis zum Verschwinden vermindert. Annähernd gleichen Einfluß wie der Ausschluß der Kalisalze übt die Vermehrung der Kalksalze in der Durchströmungsflüssigkeit; wenigstens was die Hemmung des Ventrikelschlags anbetrifft. Howell schließt aus seinen Versuchen, daß die Hemmung des Herzens indirekt durch die Vermehrung der Kaliumionen im Herzmuskel erzeugt wird. Wir kommen noch unten auf diese Frage zurück (Kap. V, § 8).

§ 7. Die Wirkung der Vagi auf die Stärke der Herzschläge.

Üben beide Vagi eine gleich kräftige Wirkung auf die Zusammenziehungen des Herzens aus? Selten kommt es vor, daß bei demselben Tiere die Reizung der Vagi der beiden Seiten eine völlig gleiche Verlangsamung hervorruft. Gewöhnlich ist der eine Vagus weniger reizbar als der andere. A. B. Mayer (290), Gaskell u. a. haben diese Erscheinung sehr oft bei gewissen Schildkröten-Arten festgestellt. Es kamen ihnen hierbei sogar Fälle vor, in denen der Vagus der linken Seite ganz ohne Einwirkung auf das Herz war. Bei den Wirbeltieren hat man gleichfalls mehrmals bemerkenswerte Unterschiede zwischen der Wirkung der beiden Nervi vagi beobachtet, von denen der eine häufig eine größere Wirkung erzeugt, als der andere. Es ist also sehr wahrscheinlich, daß die Verteilung der hemmenden Nerven-Fasern bei den Vagi nicht immer die gleiche ist. Übrigens sind die anatomischen Verschiedenheiten der Lageverhältnisse dieser Herznerven sehr zahlreich. Aber ganz mit Unrecht hat man versucht, dem Vagus einer bestimmten Seite ein konstantes Übergewicht zuzuschreiben. Den Beweis dafür findet man in den auseinandergehenden Ansichten der Beobachter, von denen die einen ein solches Übergewicht dem zur rechten liegenden Nerven zuschreiben, während die anderen ganz im Gegenteil versichern, daß der linke der stärker wirkende sei. Diese offenbaren Widersprüche werden zum Teil ihre Erklärung in dem Kapitel über die physiologischen Herzgifte finden, wo wir den Einfluß mehrerer Substanzen auf die Reizbarkeit der Herznerven zeigen werden.

Noch viel schwieriger fällt es in Übereinstimmung zu bringen die zahlreichen entgegengesetzten Ansichten der Forscher über die

Rolle der hemmenden Herznerven selbst und über deren Wirkungsweise. Es ist klar, daß die physiologische Aufgabe der Nervi vagi
nur die sein kann, den Herzschlag zu regulieren, die Harmonie seines
Rhythmus zu erhalten und diesen Rhythmus, je nach den wechselnden
Erfordernissen des Kreislaufes in den verschiedenen Organen, zu verändern. Der vollständige Stillstand des Herzens, welchen man durch
eine starke künstliche Reizung das Vagus erhält, darf nur als eine
übertriebene und abnorme Äußerung seiner physiologischen Aufgabe,
d. h. der Verlangsamung des Herzschlags, betrachtet werden.

Jedoch nicht allein der Rhythmus dieser Schläge muß einer Regulierung von vollkommener Genauigkeit unterstehen: auch die Arbeit
des Herzens selbst muß sich einmal den Änderungen in der Blutmasse,
die fortzubewegen seine Aufgabe ist, dann aber auch den mehr oder
weniger bedeutenden Hindernissen anpassen, welchen der Durchgang
dieser Flüssigkeit in den verschiedenen Abschnitten des Zirkulationsapparates begegnet. Die Herznerven müssen also sowohl die Zahl,
wie die Stärke der Herzschläge regulieren. Wir sahen, daß zur Zeit der
Entdeckung der beschleunigenden Nerven die Gebr. Cyon die Wirkungsweise der Herznerven folgendermaßen präzisiert hatten: Die Vagi verlangsamen die Pulse und vermehren deren Stärke, während
die Acelerantes ihre Zahl vermehren, dagegen ihre Stärke
herabsetzen. Mit einem Wort: diese einander entgegengesetzt wirkenden Nerven bewirken nur eine Änderung in der Verteilung der
Herzarbeit in der Zeiteinheit.

Als es den beiden Forschern gelungen war, die Wirkungsweise
der vom Sympathikus ausgehenden Herznerven zu beobachten —
und zwar ohne jede Einmischung vasomotorischer Nerven
— mußte ihre Aufmerksamkeit durch folgende höchst bedeutsame Tatsache gefesselt werden: In derselben Zeit, wo die Zahl der Herzschläge zunahm, nahm ihr Umfang ab. Das Umgekehrte kann man bekanntlich während der Reizung der Vagi beobachten: Die Höhe der
Exkursionen des Manometers nimmt gleichzeitig zu, währenddem ihre
Zahl sich vermindert. Nach der Auffassung Cyons bleibt bei dem
Eingreifen der Herznerven, die Summe der vom Herzen geleisteten
Arbeit konstant. Eine derartige Konstanz der Herzarbeit folgerte Cyon
schon aus seinen früheren Studien des Einflusses von Temperaturveränderungen (62) auf die Zahl, Dauer und Stärke der Herzschläge.

Wir haben oben gesehen (Kap. I, § 4), daß er von diesen Untersuchungen die allgemeinen Gesetze von der Konstanz der Herzarbeit und der von seinem Rhythmus unabhängigen Arbeitsperioden abzuleiten vermochte; namentlich daß, ceteris paribus die Dauer der Herzpulse sowie deren Intensität, in einer gegebenen Zeit, im umgekehrten Verhältnis zu ihrer Zahl, wechselten.

Cyon glaubte sich infolgedessen berechtigt, aus diesen neuen Beobachtungen zu folgern, daß „die Reizung der Herznerven nur die Verteilung der Arbeit in der gegebenen Zeit verändert". Er sah nämlich, daß bei Wirbeltieren die beschleunigenden Nerven die Zahl der Schläge vermehren und deren Stärke vermindern, während die Reizung der Vagi im entgegengesetzten Sinne wirkte. Diese Schlußfolgerung erschien um so gerechtfertigter, als bei diesen Tieren die Bedingungen des Kreislaufes es auch verlangen, daß jede Verlangsamung der Zusammenziehungen von einer Vergrößerung ihres Umfanges gefolgt wird, und umgekehrt. In der Tat, bei den vom Körper isolierten Froschherzen, wo ein aus Glasröhren bestehendes, also starrwandiges System künstlich den Kreislauf ersetzte, vermochte während der Diastole der Ventrikel sich nur in sehr beschränkten Grenzen zu füllen.

Ganz anderes geschieht unter normalen Zirkulationsverhältnissen, wo die Bedingungen völlig verschieden sind. Hier hängt die Blutmenge, welche der Ventrikel in die Aorta hineintreiben muß, wenn alle anderen Verhältnisse unverändert bleiben, von der Dauer der Diastole ab. Je länger diese ist, umso mehr Blut wird der Ventrikel vor Beginn der Systole enthalten, und da er sich unter normalen Verhältnissen vollständig entleert, wird auch seine durch die Zusammenziehung geleistete Arbeit bedeutender sein, d. h. er wird größere Blutmengen in die Aorta hineinpressen. Die beschleunigten Zusammenziehungen mit verkürzten Diastolen müssen infolgedessen, bei sonst gleichen Verhältnissen, weniger umfangreich sein, und umgekehrt. Die theoretischen Forderungen standen also, in dieser Hinsicht, vollständig in Einklang mit den von Cyon in dem Augenblick der Entdeckung der beschleunigenden Nerven gemachten Beobachtungen und das von ihrer Wirkungsweise aufgestellte Gesetz schien unangreifbar zu sein. Spätere Forscher auf diesem Gebiete gelangten zu meistens identischen Sätzen. Das Gesetz von der Gleichförmigkeit der Arbeit und des Rhythmus des Herzens (Marey), von der Erhaltung der physiologischen

Reizperiode (Engelmann) und von der Erhaltung der Herzarbeit (Langendorff) beziehen sich in Wirklickeit nur auf spezielle Fälle des vorher am Froschherzen festgestellten allgemeinen Gesetzes (§ 4, Kap. I). Auf die extrakardialen Nerven angewandt war das Gesetz von Cyon ein neuer schlagender Beweis dafür, daß die Erscheinungen, welche später Marey, Engelmann und Langendorff dazu brachten, ihre Gesetze aufzustellen, in Wirklichkeit Nervenerscheinungen sind, wie dies Dastre, Gley, Kaiser, und auch Langendorff selbst bei seinen früheren Versuchen, behauptet hatten[1]).

Trotz einer so völligen Bestätigung dieses Gesetzes, trotz seiner vollständigen Übereinstimmung mit den mechanischen Bedingungen der Herzarbeit sind die Physiologen dennoch bei weitem nicht über den Einfluß, welchen die Reizung der Vagi auf die Stärke der Zusammenziehungen ausübt, einig geworden. Der Hauptgrund für diese Uneinigkeit muß zunächst in der Verschiedenheit der Beobachtungsmethoden, deren sich die Forscher bedient haben, gesucht werden.

Mehrere dieser Methoden, wie z. B. die Suspensionsmethode, sind weit davon entfernt, auch nur annähernd die Stärken der Herzschläge anzeigen zu können. Zu diesem Hauptgrunde für die Meinungsverschiedenheiten kommt noch die Verwirrung hinzu, welche die Lehre von dem myogenen Ursprung der Herztätigkeit gerade in das Studium eben genannter Funktionen hineingebracht hatte.

Coats (1869) (59) äußerte zuerst eine der Meinung Cyons entgegengesetzte Ansicht: Er behauptete, daß die Reizung der Vagi den Umfang der Schläge des Herzens vermindere. Seine Versuche wurden in dem Laboratorium Ludwigs an Froschherzen ausgeführt, welche mit einem Cyonschen Manometer in Verbindung gesetzt waren, der genaue Schlüsse über die Stärke der Schläge und die vom Herzen geleistete Arbeit zuließ. Unglücklicherweise arbeitete Coats mit abgestorbenen und nur sehr ungenügend ernährten Herzen (78, S. 206). Um sich davon zu überzeugen genügt es, die Kurven zu vergleichen, welche mit denselben Registrierapparaten von den Forschern erhalten wurden, welche vor und nach Coats gleichfalls in dem Laboratorium Ludwigs mit demselben Manometer gearbeitet haben. Die von Coats

---

[1]) Vgl. hierüber auch A. Dastre: Recherches sur les lois de l'activité du coeur, Paris 1882, S. 61.

festgestellten Verminderungen waren auch ganz gering und dürften in keiner Weise als ernstlicher Beweis dafür angeführt werden, daß der Vagus die Stärke der Herzschläge herabsetzt.

Derselbe Einwand läßt sich mit noch weit größerer Berechtigung gegen alle die Versuche vorbringen, welche am ganzen Herzen oder nur an Bruchteilen desselben angestellt wurden, bei denen nicht ein reichlicher Kreislauf der Ernährungsflüssigkeit sorgfältig unterhalten war.

Die Aufzeichnungen der Herzschläge mit Hilfe kleiner an die Herzoberfläche angelegter Hebel, mit der Suspensionsmethode, oder mit der kardiographischen Pinzette vermögen keinerlei genaue oder auch nur verwertbare Angaben über die Stärke der Herzzusammenziehungen zu liefern. Nur die Versuche verdienen bei dieser Frage in Betracht gezogen zu werden, bei welchen das Quecksilbermanometer, die Volumveränderungen des Herzens messenden Vorrichtungen oder endlich die Apparate, welche die Blutmenge bestimmen, die das Herz bei seiner Kontraktion in die Aorta treibt, angewendet wurden. Ist das Quecksilbermanometer mit dem Herzen eines Wirbeltieres in Verbindung gesetzt, so beobachtet man während der Reizung des Vagus stets eine Vergrößerung der Ausschläge der Quecksilbersäule (Figur 16). Freilich, wenn man Versuche an Herzen, die mit dem Gefäßsystem in Verbindung geblieben sind, anstellt, lassen die Ausschläge der Quecksilbersäule nicht immer so genaue Schlüsse über die Herzpulsationen zu, als wenn es sich um völlig vom Körper getrennte Herzen handelt. Aber, innerhalb gewisser Grenzen der Zahl und des Umfangs, liefern die Schwankungen des Quecksilbers über die Veränderungen in der Stärke der Herzzusammenziehungen Ergebnisse von ausreichender Genauigkeit. Diese Grenzen sind bei der gewöhnlichen Anwendungsweise des Manometers, wo die Quecksilberschwankungen noch die von der Elastizität der Gefäße herrührenden Widerstände zu überwinden haben, sogar sehr weit gesteckt; jedenfalls genügen sie vollauf, die Frage zu entscheiden, welche uns hier beschäftigt. „Diese Grenzen lassen sich aber, schreibt Cyon, meistens ganz genau bestimmen und sind von den meisten Autoren in wichtigen Fällen auch bestimmt worden. Aber auch außerhalb dieser Grenzen können die Vergrößerungen der Schwankungen bei seltenen Pulsen und deren Verkleinerungen bei häufigen nicht derart sein, daß sie über die Natur dieser Schwankungen selbst täuschen können. Wenn man bei der Reizung des Accelerans systolische Schwankungen von 1 mm Höhe erhält und bei Reizung des Vagus solche von 100 oder noch mehr mm, wie man dies an den Blutdruckkurven häufig sehen kann, so kann doch kein Zweifel bestehen, daß die Arbeit im zweiten Falle bedeutend größer ist als im ersten" (78, S. 131).

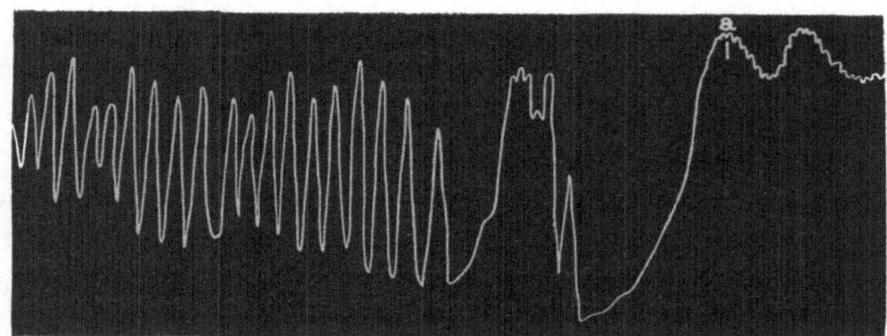

Fig. 16. Reizung des Nervus vagus beim Hunde bei *a* (nach Cyon).
Diese Kurve, wie alle übrigen wird von rechts nach links gelesen. Sämtliche Kurven sind um die Hälfte oder um zwei Drittel reduziert worden.

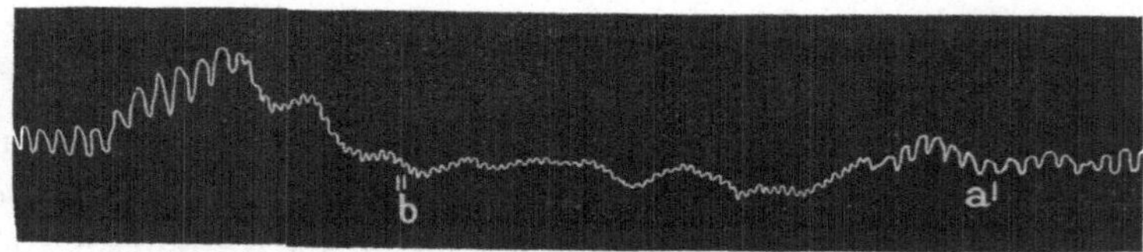

Fig. 17. Reizungbeschleunigender Nerven von *a* bis zu *b*.

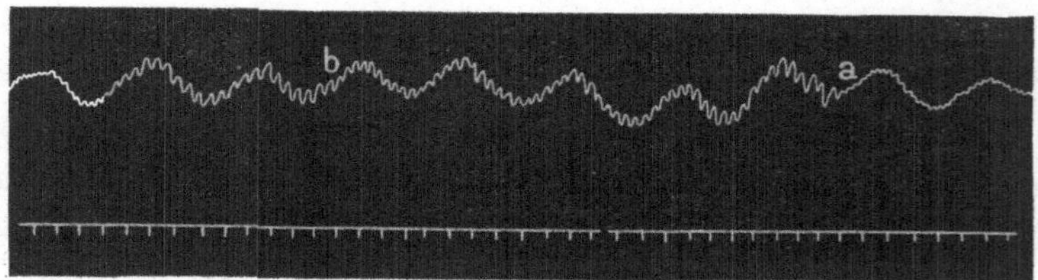

Fig. 18. Verlangsamte und leicht verstärkte Herzschläge von *a* bis *b*, erzeugt durch Reizung des Vagus beim Hunde. Der Blutdruck ist kaum merklich verringert.

Diese den letzten Arbeiten Cyons entnommenen Kurven (Figur 16, 17, 18) lassen keinen Zweifel an der Berechtigung dieser Behauptung aufkommen.

Weit gewichtiger ist ein anderer Einwand gegen die aus den Beobachtungen über die Wirkung der Vagi mit Hilfe des Quecksilbermanometers gezogenen Schlüsse: die Größe der Exkursionen der Quecksilbersäule kann bei derartigen Versuchen nicht nur von der Menge des bei jeder Zusammenziehung in die Aorta getriebenen Blutes abhängen, sondern auch von der Verminderung der Widerstände in der Aorta, infolge der Herabsetzung des Blutdruckes. Auf diesen Einwand erwiderte Cyon (78) 1. daß man eine solche Herabsetzung des Drukkes dadurch verringern kann, daß man in der Brusthöhle alle Äste des Vagus außer denen, welche zum Herzen verlaufen, durchschneidet. (Dadurch werden die gefäßerweiternden Fasern ausgeschlossen.) Er führt außerdem solche Beobachtungen an, bei denen die Reizung der Vagi Vergrößerung dieser Ausschläge hervorruft, obgleich der Blutdruck unverändert bleibt, oder sogar wesentlich erhöht ist, wie z. B. nach Extirpation der Thyreoidea, nach Injektion von Substanzen, welche an sich den Blutdruck erhöhen, oder auch schon einfach dann, wenn der Verschluß der Aorta den Blutdruck erhöht und somit die Vagi in Erregung versetzt (siehe auch Cyons Methodik Kap. 2).

Die Untersuchungen, die mit Hilfe von Vorrichtungen angestellt sind, welche direkt Veränderungen der Volumina des Herzens während seiner Zusammenziehungen messen, zeigen durchgehends, daß deren Stärke unter dem Einfluß der Vagusreizung zunimmt. Derartige Versuche wurden von Roy und Adami (348) ausgeführt; sie beobachteten stets eine Zunahme der Herzschläge, während der Reizung der Hemmungsnerven. Tigerstedt und Johansson (393) dagegen haben bei Anwendung analoger Methoden eine derartige Zunahme nur in den Fällen schwacher Reizungen erhalten. Das Ergebnis schwankte in dem einen oder anderen Sinne, wenn die Stärke der reizenden Ströme zunahm. Die Schwankungen nahmen vor dem vollständigen Stillstand des Herzens ab, wenn die Reize sehr stark wurden. In seiner „Physiologie des Kreislaufes" sagt Tigerstedt, um den Widerspruch zwischen seinen Untersuchungen und denen von Roy und Adami zu erklären, daß die von diesen letzteren zur Anwendung gebrachten Reize verhältnismäßig nur schwach gewesen seien. Die Widersprüche in den Ergebnissen wären also nur scheinbare, denn fast alle stimmen darin überein, daß bei schwacher Reizung der Vagi die Kammerkontraktionen ausgiebiger werden (S. 248).

Es ist klar, daß Reizungen durch schwache Ströme den natürlichen Reizen am ehesten nahe kommen, besonders wenn es sich wie hier um

Nervenapparate von so außerordentlicher Empfindlichkeit handelt. Nun liegt aber das wesentliche Ziel solcher physiologischer Untersuchungen doch gerade darin, die normale Funktionsweise der Organe festzustellen.

Noch ehe Pawlow seine direkten Messungen der Blutmenge angestellt hat, die der Ventrikel in die Aorta treibt, haben die Untersuchungen von Roy und Adami gezeigt, daß man, um die Änderungen der Stärke des Herzens zu beurteilen die durch Messung der Veränderungen seines Durchmessers erhaltenen Ergebnisse berücksichtigen muß. Andererseits behaupteten Bayliss und Starling (14), die eine Abnahme der Herzstärke während der Reizung der Vagi beobachtet hatten, diese hinge von der Asphyxie des Herzens oder einer Dilatation der Herzwände usw., d. h. von zufälligen Nebenumständen ab. Auch diese Forscher waren also der Ansicht, daß in Wirklichkeit die Stärke der Herzschläge unter dem Einfluß der Vagi nicht abnehme.

Mc. William (280) hat für seine Versuche an das Herz angelegte kardiographische Pinzetten und Registrierhebel verwandt, d. h. Methoden, welche wenig geeignet erscheinen, eine entscheidende Lösung der Frage herbeizuführen. Nichts destoweniger konnte auch er feststellen, daß schwache Reize der Vagi die Stärke der Herzzusammenziehungen erhöhen.

Die Untersuchungen Pawlows (316) verfolgten bei dem Studium der Wirkungsweise der Vagi einen neuen Weg. Frühere Versuche (317) hatten bereits diesen Physiologen dazu veranlaßt, zu untersuchen, ob nicht im Vagus zwei Arten von Nervenfasern enthalten sind: solche, welche die Stärke der Herzschläge verminderten, und dann solche, welche sie vermehrten, und zwar beides unabhängig von den Veränderungen ihrer Schlagzahl. Er hat dabei übersehen, daß schon die Gebr. Cyon die Existenz zweier Arten von Nervenfasern beobachtet haben, in den Ästen, die aus dem Ganglion sympathicus inf. austreten (siehe oben) [1]. Vor Pawlow hatten schon Gaskell (156) und Heidenhain (183), unter Zugrundelegung der Versuche von Coats (59), den Versuch gemacht, die Umstände aufzuklären, unter denen eine Verminderung der Herzkraft ohne Veränderung der Pulszahl zustande kommen kann. Heidenhain hatte beobachtet, daß die Stärke der Schläge ohne Veränderung ihrer

---

[1] F. B. Hofmann hat noch unlängst (201) an diese Tatsache erinnert.

Zahl abnimmt, wenn man die Vagi beim Frosch mit doppelten Schlägen des Induktionsapparates reizt, welche im Abstand von 2—5 Sekunden aufeinander folgen. Doch beobachtete er diese Erscheinung nur am erschöpften Herzen. Diese Beobachtung, welche übrigens mit einer analogen Gaskells übereinstimmte, — daß ein Herzstillstand nur zustande kommt bei ausreichend ernährten Herzen — hätte um so mehr die Aufmerksamkeit dieser Forscher auf sich ziehen müssen, als auch die Versuchsergebnisse von Coats, wie oben gesagt, an erschöpften und schlecht ernährten Herzen erhalten waren, und eben deshalb nichts beweisen konnten.

In der Wirklichkeit gingen die Schlüsse der beiden genannten Forscher mehr darauf hinaus, festzustellen, daß der Herzstillstand infolge einer Vagusreizung nicht nur durch eine Verlängerung der Diastole, sondern ebenfalls durch eine anhaltende Verminderung des Schlagumfanges des Herzens veranlaßt sein konnte. Gaskell gelang es sogar, eine dritte Ursache für den Herzstillstand aufzufinden in der Eigenschaft, welche die Vagi besitzen sollen, die Leitungsfähigkeit der Reize im Herzmuskel wesentlich abzuschwächen. Auf diese letztere Ursache wird noch weiter unten zurückgekommen.

Die von Gaskell angewandten Methoden, um die Stärke der Herzschläge zu messen, sind jedoch nicht unanfechtbar. Die Suspensionsmethode auf das ganze Herz angewandt, ist nicht imstande, nur einigermaßen richtige Angaben über die Veränderungen der Stärke der Herzkontraktionen zu machen. Es genügt, sich Rechenschaft von der äußerst verwickelten Art und Weise, in der die Muskelfasern in den verschiedenen Abschnitten des Herzens verteilt sind, zu geben, um einzusehen, wie gewagt es ist, aus der Verlängerung oder Verkürzung des ganzen Herzens genaue Schlüsse über die Stärke des Herzschlages ziehen zu wollen (vergl. auch die Kritik dieser Methode in der Arbeit Cyons: Myogen oder Neurogen?) [90].

Abgesehen von diesen Unmöglichkeiten, die Intensitätsänderungen der Herzschläge aus den, mittels der kardiographischen Pinzette, des Registrierhebels oder der Suspensionsmethode erhaltenen Kurven, zu deuten, sind die Versuche über das Herz und die Blutgefäße, welche mehrere englische Physiologen in den letzten 20 Jahren ausgeführt haben, mit einer Fehlerquelle behaftet, welche nicht unerwähnt bleiben darf.

Seit der Annahme des Gesetzes gegen die Vivisektion sind die englischen Physiologen gezwungen, alle Tiere, an denen physiologische Versuche vorgenommen werden sollen, bis zu völliger Unempfindlichkeit zu narkotisieren. Sie wenden zu diesem Zwecke meistens die A. C. E.-Lösung an. Diese Forderung eines absurden Gesetzes hat nicht im geringsten die Ausbreitung und Verallgemeinerung der experimentellen Vivisektionen verhindert. Im Gegenteil; nirgends wird mehr und mit größerer Geschicklichkeit viviseziert als in England in den letzten Dezennien! Leider aber, wenn es sich um Versuche an dem Herz- oder Gefäßnervensystem handelt, verwirrt die Anwendung der dort gebräuchlichsten Narkotika nur zu häufig das Endergebnis. Schon das Morphium übt, wie man weiß, einen wesentlichen Einfluß auf gewisse Abschnitte dieser Nervensysteme aus. Viel schwerwiegendere Veränderungen rufen Chloroform, Chloral, Äther und andere ähnliche Substanzen in der Funktionsweise der Herz- und Gefäßnervenzentren hervor. Außer der unmittelbar lähmenden Wirkung, welche einige dieser Substanzen auf gewisse Zentren ausüben, verändern oder kehren sie oft vollständig die Art und Weise um, in der diese Zentren reflektorische Reize beantworten. Schon 1873 wies Cyon auf diese wichtigen Veränderungen hin, welche bedeutend dazu beigetragen hatten, das erste Gesetz der Ganglienreizung definitiv festzustellen (siehe später Kap. IV § 7).

Wir sind überzeugt, daß der größte Teil der Widersprüche und der irrtümlichen Angaben über die Wirkungsweise der Herz- und Gefäßnerven, wie sie von den englischen und anderen Physiologen, welche nicht einmal an die Anwendung der A. C. E.-Lösung gebunden waren, gemacht worden sind, gerade von den Veränderungen herrühren, welche die genannten Substanzen in der Wirkungsweise der Nervenzentren hervorrufen. Howell und Cyon hatten auf diese Fehlerquelle schon bei Gelegenheit der Versuche von Oliver und Schäfer über die Wirkung des Hypophysen-Extraktes hingewiesen (88).

Die angeführten widersprechenden Angaben über die Wirkungsweise der Vagi auf das Herz waren nicht derart, daß sie die gewichtigen experimentellen Zeugnisse zugunsten der verstärkenden Wirkungen der Vagi irgendwie entkräften könnten. Sie vermochten nur zu neuen Untersuchungen Veranlassung zu geben, welche die wirklichen Verhältnisse aufgeklärt haben.

§ 8. Die den Herzschlag verstärkenden Nerven: Aktionsnerven (Nerfs dynamiques) von Cyon.

Die Untersuchungen Pawlows über die verstärkende Wirkung der Vaguszweige haben einen wichtigen Beitrag zur Lösung der in Betracht kommenden Frage geliefert. Pawlow suchte zuerst auf pharmakologischem Wege zu entscheiden, ob im Vagus verstärkende oder abschwächende Fasern für das Herz sich nachweisen lassen. Schon früher hat Bogojawlenski festgestellt, daß in gewissen Phasen der Vergiftung durch das Maiglöckchen (Convallaria maialis) die Reizung der Vagi eine Verminderung des Blutdrucks und der Exkursionshöhe der Herzschläge erzeugt, ohne dabei die Zahl der letzteren zu beeinflussen. Diese Beobachtung veranlaßte Pawlow, dieses Gift bei seinen Versuchen zu erproben. Zu gleicher Zeit griff er zur isolierten Reizung der verschiedenen Äste, welche vom unteren Halsganglion, nach dessen Vereinigung mit dem Vagus, entspringen. Der erste innere Ast dieses Ganglions schien ausschließlich die Stärke der Herzschläge zu beeinflussen, während er deren Zahl nur unwesentlich veränderte. Seine Wirkung äußerte sich nur in einem Sinken des Blutdruckes.

Pawlow zögerte indessen, aus dieser Versuchsreihe positive Schlüsse zu ziehen. Ein derartiges Absinken brauchte nicht notwendig von einer Verminderung der Herzkraft herzurühren. Übrigens folgte aus den Angaben Pawlows über die anatomische Anordnung des fraglichen Astes, daß der, welcher dieses Absinken hervorrief, derjenige war, den Cyon (97, 76) als Verlängerung des Nervus depressor bezeichnet hatte.

Die Versuche von Pawlow, dazu bestimmt, das Vorhandensein von verstärkenden Nerven im Herzen nachzuweisen, welche die Zahl der Schläge kaum verändern, haben zuverlässigere Ergebnisse geliefert.

Um die Veränderungen dieser Stärke zu messen, kehrte Pawlow zu dem von Ludwig vervollkommneten Apparate zurück, dessen Stolnikow sich bedient hatte, um die Blutmenge zu messen, welche bei jeder Systole durch das Herz in die Aorta getrieben wird (316). Es ergab sich aus diesen Versuchen, daß diese Blutmenge infolge der Reizung eines gewissen Vagus-Zweiges konstant zunimmt, und zwar war dies der starke vordere Zweig (oder der große vordere Herznerv von Wooldridge) (325), welcher sich unterhalb des Laryngeus inferior oder zusammen mit diesem abzweigt. Die Frequenz der Herzschläge kann während dieser Reizung zunehmen, die Erhöhung der Herzkräfte scheint aber davon unabhängig zu sein, weil sie auch ohne eine derartige Beschleunigung stattfindet.

Da die unmittelbare Reizung des Vagusstammes in einigen Fällen auch eine Vergrößerung der durch jede Herzkontraktion ausgetriebenen Blutmenge herbeigeführt hatte, so wiederholte Pawlow den gleichen Versuch bei einem mit Atropin vergifteten Hunde. Der Erfolg fiel verschieden aus, je nachdem der linke oder der rechte Vagus gereizt wurde. Der letztere schien unwirksam zu sein, während der erstere das Volumen des vorwärts getriebenen Blutes bedeutend vermehrte.

Fast zu derselben Zeit, als die ersten Versuche Pawlows ausgeführt wurden, veröffentlichte Gaskell (156) seine Versuche an dem Nervus coronarius der Schildkröten. Die Reizung dieses Zweiges des Vagus, welcher vom Venensinus zum Ventrikel verläuft, erzeugte bald eine Verminderung, bald eine Verstärkung der Herzpulse. Gaskell scheint übrigens den beschleunigenden Nerven die Fähigkeit zuzuschreiben, die Pulse des Herzens zu verstärken, den Vagi dagegen dieselben zu vermindern. Laut den Ergebnissen dieser Versuche am Nervus coronarius enthielte also dieser Fasern verschiedenen Ursprungs.

In jüngster Zeit hat Cyon die wichtige Frage über den Einfluß der Vagi auf die Stärke der Herzzusammenziehungen wieder aufgenommen. Seine Untersuchungen über das Verhältnis zwischen den Verrichtungen der Schilddrüse und den Nerven des Herzens haben, was die Wirkung der letzteren betrifft, zahlreiche Eigentümlichkeiten enthüllt, welche ein helles Licht auf die in Rede stehende Frage werfen. Die hier in Betracht kommenden Ergebnisse werden später in dem Kapitel über die physiologischen Herzgifte weitläufig dargestellt. Hier soll nur soviel gesagt werden, daß diese Ergebnisse es diesem Experimentator gestatteten, die Erregbarkeit und die Funktionsweise der Vagi und Acceleratores in den weitesten Grenzen zu modifizieren. Cyon hat insbesondere gefunden, daß eine plötzliche Ausschaltung der beiden Schilddrüsen Störungen der verschiedensten Art in den Funktionen der Herznerven herbeiführten, Störungen, deren Äußerungen unter dem Einflusse der Nebenschilddrüsen (Gley) und der Hypophyse (Cyon), welche dem Ausfalle der Schilddrüsen abzuhelfen suchen, noch bedeutend variieren können. Man erhält also in der Wirkungsweise der Herznerven äußerst auffällige Abweichungen, — eine wahrhafte Anarchie unter den Herznerven, wie sich Cyon ausdrückt, und diese Anomalien tragen sehr wesentlich dazu bei, das normale Funktionieren der betreffenden Organe in gesundem Zustande zu begreifen.

Einige dieser Abweichungen in der Funktionsweise der Vagi stehen in unmittelbarem Zusammenhange mit der Frage der Vermehrung der Herzkraft unter dem Einfluß dieser Nerven. Unter den zahlreichen Abänderungen ihrer Erregbarkeit begegnete Cyon auch Fällen, bei denen das einzige Ergebnis der Reizung der Vagi in einer Zunahme der Stärke der Herzschläge, mit oder ohne einer ganz geringen Verlangsamung derselben bestand, jedoch ohne irgend welche Veränderung des Blutdruckes. Diese Vergrößerung der Manometerausschläge kann bis zu dem 15- bis 20-fachen der normalen Größe gehen, und zwar sowohl, wenn die Vagi unmittelbar gereizt sind, als auch wenn sie eine reflektorische Reizung oder eine solche durch Injektion organischer Extrakte, wie z. B. von Hypophysen-Extrakt, erfahren (siehe später das Kap. IV über die physiologischen Herzgifte). Cyon machte den Vorschlag, diese Art Herzschläge als Aktionspulse zu bezeichnen, um sie von den gewöhnlichen Pulsationen der Vagi, die von einer starken Verminderung des Blutdruckes begleitet sind, zu unterscheiden. Diese Aktionspulse (Pulsations dynamiques) unterscheiden sich noch durch die charakteristische Tatsache, daß sie gar keine diastolischen Pausen zeigen: der systolische Anstieg beginnt unmittelbar nachdem die diastolische Kurve ihren Abstieg beendet hat (siehe Figuren 37 und 44).

Sind diese Pulsschläge mit denen identisch, welche Pawlow beobachtete, und die er durch Reizung des starken, inneren Zweiges des unteren Halsganglions erhielt? Es ist auf den ersten Blick schwer, mit absoluter Sicherheit diese Frage zu beantworten. Leider macht Pawlow, selbst in seiner bei Ludwig ausgeführten Arbeit (318), keine genauen Angaben über die Veränderungen des Blutdruckes, welche die Volumvermehrung des, durch die Herzzusammenziehungen in die Aorta getriebenen Blutes begleitet haben können. Die Kurven und Tafeln, welche der genannte Autor bei der Darstellung seiner früheren Versuche wiedergibt, zeigen nur eine Steigerung des Blutdruckes, ohne irgend welche wahrnehmbare Vergrößerung der Herzexkursionen. Die Erhöhung des Blutdruckes könnte aber auch durch Reizung anderer Zweige des unteren Halsganglions erhalten werden, die keineswegs Herznerven zu sein brauchten. So hatte schon Cyon in seinen ersten Arbeiten über die beschleunigenden Nerven (96) festgestellt, daß die Reizung eines der Äste, welche den Anulus Vieussenii bilden, den Blutdruck um etwa 10 mm erhöht, aber die Herzschläge selbst in keiner Weise verändert. Als er später diese Versuche mit Aladoff (99) fortsetzte, fand Cyon, daß durch einen dieser Äste die gefäßverengernden Nerven der Leber hindurchgehen: Seine Reizung erhöht den Blutdruck in der Leberarterie um 50 mm und mehr; seine Durchschneidung ruft Diabetes hervor. Er besitzt also unzweifelhaft auch Nervenfasern, die sich nicht zum Herzen begeben.

Cyon ist aber dennoch geneigt die Analogie der Aktionspulse, welche er bei seinen Versuchen erhalten hat, mit denen, welche sein Schüler Pawlow beobachtet hatte, als er den äußeren Zweig der Ansa Vieussenii reizte, gelten zu lassen. Die Herzschläge sind in der Arbeit Pawlows durch zwei Kurven dargestellt, welche mit Hilfe des Manometers in der von Fick gegebenen Anordnung erhalten wurden. Die Vergrößerung der Herzexkursionen, welche diese Zeichnungen darstellen, wie sie in dem Augenblick der Reizung des in Rede stehenden Nerven erscheinen, ist unverkennbar, und obgleich sie an Intensität nicht mit den Aktionspulsen Cyons verglichen werden können, so muß man sowohl den verschiedenen Umständen Rechnung tragen, unter welchen sie bei den Versuchen der beiden Physiologen zustande kamen, als auch der Verschiedenheit der von dem einen und anderen angewandten Registrierapparate.

Durch Messung der Geschwindigkeit des Blutstromes in den Venen während der Vagusreizung, hatte Cyon sich auch davon überzeugen können, daß diese Geschwindigkeit während der verlangsamten und somit notwendigerweise verstärkten Herzzusammenziehungen bedeutend zunimmt. Diese Zunahme ist besonders stark in den Schilddrüsenvenen (die Geschwindigkeit ist vier- oder sechsmal größer, als vor der Reizung der Vagi), aber sie ist trotzdem in den übrigen Körpervenen noch sehr bedeutend. Der Mechanismus dieser Zunahme ist verwickelter, als in dem von Pawlow beobachteten Falle, aber er beruht, zum größten Teil auf der gleichen Erscheinung (78).

Vor allem berechtigt aber folgende Beobachtung dazu, die Aktionspulse als die Folge einer Reizung der Nerven zu betrachten, welche vom Vagus unterhalb des letzten Halsganglions abgehen: Cyon erhielt mehrere Male die gleichen Pulse auf reflektorischem Wege durch Reizung des zentralen Endes des Halsganglions, wenn die beiden Vagi am Halse durchschnitten, d. h. wenn das letzte Halsganglion und das erste Brustganglion die einzigen Verbindungsbahnen waren, durch welche der Reiz auf das Herz übertragen werden konnte. Sogar eine reflektorische Reizung der Herzzweige dieser Ganglien ist also imstande Aktionspulse hervorzurufen (siehe unten Fig. 48).

Dennoch hält es Cyon, bis auf Weiteres, nicht für unumgänglich notwendig, das Vorhandensein besonderer, nur herzstärkender Fasern im Vagus anzunehmen. Er betrachtet die Aktionspulse als Folgen der gleichzeitigen und harmonischen Reizung der hemmenden Fasern des Vagus und der beschleunigenden Fasern des sympathischen Systems, welche ungleichmäßig unter die Herzzweige des letzten Halsganglions vermischt sind. Cyon behauptet, daß die normalen Zusammenziehungen des Herzens, was deren Stärke und Dauer anbetrifft, das Ergebnis einer harmonischen Erregung dieser beiden Arten von Fasern sind; dieselben tragen infolgedessen stets den Charakter von Aktionspulsen. Eine Vermischung von beschleunigenden und hemmenden Fasern, deren Reizung derartige Herzkontraktionen hervorruft, bezeichnet Cyon als dynamische oder Aktionsnerven. Es wird auf diesen Gegenstand noch bei Besprechung der Theorie der Herzinnervation zurückgekommen.

Im vorhergehenden handelte es sich um die Wirkung der Zweige der Ansa Vieussenii. Es müssen daher hier diejenigen Versuche von Langley erwähnt werden, welche sich auf dieselben Äste beziehen, deren Wirkungen er bei seinen Studien über das erste Brustganglion geprüft hatte. Bekanntlich haben die betreffenden Experimente Langleys zu sehr weitgehenden Schlüssen geführt, namentlich über die Existenz zweier sympathischer Faserarten, der präzellulären und der postzellulären. Die uns hier interessierende Beobachtung bestand in folgendem: die elektrische Reizung des peripheren Stumpfes der Ansa, welche zum Brustganglion verläuft, erzeugte eine Erhöhung des Blutdruckes, und zwar gleichgiltig, ob dieses Ganglion vorher mit einer Nikotinlösung bepinselt wurde oder nicht. Eine derartige Bepinselung des Ganglions soll nach Langley diejenigen Zellen lähmen, welche die Blutgefäße versorgen. Langley schloß aus diesem Versuch, daß die Leitung der zentripetalen Reize von den postzellulären Fasern zu den präzellulären durch Nikotin nicht aufgehoben wird. Dieser Forscher setzt also voraus, daß er in dem Aste der Ansa Vieussenii zentripetale Fasern gereizt habe. Nun haben aber meine mit Aladoff im Jahre 1871 an demselben Aste ausgeführten Versuche, welche Langley scheinbar unbekannt geblieben, gezeigt, daß dessen Reizung eine bedeutende Steigerung des Blutdrucks in der Leberarterie, sowie das Auftreten von Diabetes hervorruft. Dieser Ast enthält also sicherlich zentrifugale Fasern, die vom Halssympathicus herkommen, sich von dem letzten Halsganglion zum ersten Brustganglion und von dort zu den Lebergefäßen begeben. Inwiefern diese Tatsache sich mit den weitgehenden Schlüssen, welche Langley aus seinen Beobachtungen gezogen hatte, besonders mit Bezug auf die beschleunigenden Herzfasern versöhnen läßt, wird dieser Forscher wohl selbst am besten entscheiden können. Über die Nikotinwirkungen siehe Kap. 4, § 7.

Die hier von der Zunahme der Herzkontraktionen unter dem Einfluß der Vagi gegebene Darstellung bezieht sich ausschließlich auf die Zusammenziehungen der Ventrikel[1]). Die Wirkung dieser Nerven auf die Vorkammern war ebenfalls der Gegenstand zahlreicher und sorgfältiger Untersuchungen, welche, ohne auf einen Widerspruch zu stoßen, alle zu demselben einheitlichen Ergebnis kamen: die Reizung der Vagi setzt die Stärke der Kontraktionen der Vorkammern herab. Bayliss und Starling, Franck (141) u. a. behaupteten, daß eine solche Herabsetzung selbst ohne Verlangsamung der Schläge der Vorkammern zustande kommen könne. Franck gebrauchte bei seinen Versuchen die Vorsicht, die Vagi unterhalb der Herznerven abzuschneiden und gleichzeitig das verlängerte Mark zu durchtrennen. Auf solche Weise kam er Störungen zuvor, welche vielleicht von einer Einwirkung auf die Gefäßnerven der anderen Zweige des Vagus herrühren könnten. Unter solchen Umständen konnte ersichtlicherweise die Abnahme des Blutdruckes nur als die Folge einer Reizung der Herz-Zweige dieser

---

[1]) Auf die Frage der vasomotorischen Wirkungen der Vagi auf das Herz, und überhaupt auf die etwaige Rolle der gefäßerweiternden und gefäßverengernden Nerven des Herzens beim Zustandekommen der Verstärkungen der Herzschläge wird weiter unten (Kap. V) zurückgekommen.

Nerven betrachtet werden. Eine entgegengesetzte Wirkung — d. h.
Verlangsamung der Vorhofschläge ohne Verminderung ihrer Zusammen-
ziehungen — haben weder Bayliss und Starling (14), noch Roy und
Adami (348) beobachten können.

Fast sämtliche Forscher sind darüber einig, daß die hemmende
Wirkung der Vagi, was die Zahl der Pulsationen angeht, sich stärker
auf die Vorkammern als auf die Kammer äußert. Das Verhältnis ist
völlig umgekehrt bei den Acceleratoren, die vorzugsweise die Ventrikel
beherrschen. Mehrere, wie z. B. Gaskell, behaupten sogar, daß bei
der Schildkröte der Stillstand der Letztgenannten nur die Folge des
Stillstandes der Ersteren sei. Der Vagus hätte bei diesem Tiere also
keinen unmittelbaren Einfluß auf die Kammern. Franck bestätigt
übrigens die Richtigkeit dieser Behauptung. Unter keinen Umständen
jedoch kann letztere für die Herzen der Säugetiere gelten. Das ist gerade
in allerletzter Zeit noch durch eine Reihe von Versuchen Knolls (234)
gezeigt worden. Letzterer hat den wechselnden Einfluß untersucht,
welchen Reizungen der Vagi auf die vier Herzabteilungen, deren
Veränderungen er mit einem Registrierapparat aufnahm, hervorrufen.
Die Zuverlässigkeit der zur Erlangung dieser Angaben verwendeten
Methoden läßt zwar zu wünschen übrig. Die Untersuchungen Knolls
liefern nichtsdestoweniger ziemlich genaue Angaben über das zeit-
liche Verhältnis der Zusammenziehungen der vier Herzabteilungen.
Es ergiebt sich aus seinen Versuchen, daß die Kammern durch die
Reizung der Vagi, ganz unabhängig davon, in welcher Weise die Vor-
kammern darauf reagieren, beeinflußt werden können. Diese Reaktion
der Ventrikel tritt auch auf, wenn die Reizung der Vagi auf elektrischem
Wege oder durch Erzeugung der Asphyxie geschieht. Die Intensitäts-
änderung der Vorkammerkontraktionen wird von Knoll in Übereinstimmung mit seinen Vorgängern erklärt. Bezüglich der Kammern
hat er jedoch festgestellt, daß, wenn im Beginne der Reizung die
Intervalle zwischen ihren Kontraktionen zunehmen, gleichzeitig die
Intensität dieser Kontraktionen sehr bedeutend wächst. Wir wollen
noch hinzusetzen, daß Knoll ebenfalls geneigt ist anzunehmen, die
Vagi enthielten mehrere Arten von Nervenfasern.

Wir wollen hier noch einige Worte hinzufügen über die soviel
umstrittene Frage der aktiven Dilatation des Herzens, während der
unter nervösem Einfluß zustande gekommenen Diastole.

Ist eine aktive Dilatation des Herzens unter Einwirkung seiner eigenen Muskelfasern überhaupt möglich, oder wird die diastolische Dilatation einzig und allein durch die elastischen Kräfte der Herzkammern bewirkt? Der langdauernde Streit, welcher sich über diesen Gegenstand zwischen Luciani und Mosso erhob, endete schließlich zugunsten der zweiten Lösung dieser Streitfrage. Luciani brachte auch nicht den geringsten Beweis dafür vor, daß die Muskelfasern des Herzens durch ihre Zusammenziehungen eine Dilatation der Kammern herbeizuführen vermögen. Aber, wenn auch die Unmöglichkeit einer solchen Dilatation zugegeben wird, ist damit noch nicht der nervöse Einfluß auf die diastolische Dilatationsgröße ausgeschlossen; ein derartiger Einfluß könnte sich in der gleichen Weise wie bei den gefäßerweiternden Nerven der kleinen Arterien äußern, d. h. indem er die tonische Kontraktionswirkung der Herzmuskelfasern aufhöbe. Eine derartige Wirkung würde natürlich zur Voraussetzung haben, daß der Tonus des Herzens, wenigstens zum Teil, nervösen Ursprungs sei. Auf diese Weise könnte man auch die Tatsache erklären, daß der intraperikardiale Druck, der dazu notwendig ist, die diastolische Dilatation des Herzens zu verhindern, weit größer sein muß, wenn die Vagi unverletzt sind, als nach ihrer Durchschneidung (Stefani [380]). Jedenfalls beweist sie, daß die genannten Nerven an der Dilatation des Herzens während der Diastole beteiligt sind. Bekanntlich versorgen die Vagi mit zahlreichen gefäßerweiternden Fasern auch verschiedene Organe in der Brust- und Bauchhöhle.

Die von Stefani ([380]) gemachte Beobachtung, daß auch die künstliche Reizung des peripheren Endes des Vagus eine Vermehrung des intraperikardialen Druckes erfordert, der notwendig ist, um die diastolische Dilatation des Herzens zu überwinden, spricht noch deutlicher zugunsten einer dilatatorischen Wirkung dieses Nerven.

In neuerer Zeit ist es Cyon gelungen, direkt eine aktive Dilatation des Herzens zu erlangen, während der durch Reizung der Vagi hervorgerufenen Diastole. Diese Beobachtung wurde unter Bedingungen gemacht, die nicht mehr den gegen die Beobachtungen Stefanis erhobenen Vorwurf zulassen, sie könnten durch eine reflektorische Erweiterung der Baucheingeweidegefäße veranlaßt sein. Die Beobachtung Cyons ([87]) fand tatsächlich unter folgenden Verhältnissen statt: Der Gehirnkreislauf wurde, unabhängig von dem des Herzens, künstlich unterhalten mit Hilfe der schon mehrfach erwähnten Methode (siehe auch Kap. V § 9). Andererseits war der Kreislauf in der Brusthöhle vollkommen unabhängig von dem des übrigen Körpers gemacht, und zwar vermittels einer direkten Verbindung, hergestellt zwischen der Aorta descendens und dem peripheren Ende der Vena cava inferior. Ein Teil des aus dem linken Ventrikel austretenden Blutes durchströmte auf diese Weise die oberen Extremitäten; der Rest kehrte auf direktem Wege durch die Aorta und die Vena cava in das rechte Herz zurück. Der Vagus behielt also nur Vasodilatatoren für die Lungen.

Die Reizung des peripheren Endes dieses Nerven konnte also in keiner Weise die diastolische Dilatation des Herzens durch seine vasodilatatorischen Wirkungen auf die Blutgefäße der Baucheingeweide beeinflussen, da ja die Ligatur der Vena cava den Blutzufluß von der Unterleibsgegend abgeschnitten hatte.

Durch Reizung der Vagi bei einem so vorbereiteten Tiere erhielt Cyon folgende Ergebnisse: Die Manometerschwankungen nach beiden Richtungen wurden sehr bedeutend: von 4—5 mm stiegen sie auf 160—170 mm der Quecksilbersäule. Figur 47 (Kap. IV) ist einem derartigen Versuch entnommen. Wie man sieht, war die Intensitätszunahme der Ventrikelkontraktionen während der Reizung des Vagus sehr ansehnlich gewachsen. Aber ganz besonders charakteristisch für die auf diese Weise erhaltenen Druckschwankungen ist, daß während des Maximums der Diastole das Manometer einen negativen Druck von 28 mm Quecksilber anzeigte, d. h. daß letzteres bis tief unter die Nullinie gesunken war.

Da natürlich das Gebiet, dem das Herz bei diesem Versuche das Blut entnehmen konnte, sehr beschränkt war, konnte auch das Exkursionsmaximum der Systole eine gewisse Höhe nicht überschreiten. Man dürfte also erwarten, daß auch der minimale Druck während der Diastole sich in den gleichen Grenzen halten würde. Dem war jedoch nicht so: er sank unter die Nullinie.

Diese Erscheinung kann nicht den Eigenschwingungen des Quecksilbers zugeschrieben werden; vor allem fehlten in den Kurven vollständig die solchen Schwingungen eigentümlichen Einknickungen. Auch ist die Annahme kaum zulässig, daß das Fehlen solcher Einknickungen von einem Zusammenfallen ihrer Phasen mit denen der Herzzusammenziehungen herrührte, d. h. daß die beginnende Systole das Entstehen einer derartigen Einknickung verhindert hätte. Tatsächlich wechselte die Dauer der Kammerkontraktionen während der Vagusreizung in ziemlich weiten Grenzen. Übrigens wurde sonst während der Aufzeichnungen mit diesem Manometer, selbst wenn dessen Druckschwankungen gleich hohe Werte wie in dem betreffenden Falle erreichen, niemals ein Heruntergehen der Quecksilbersäule unter die Nullinie beobachtet. Die eben beschriebene Erscheinung kann also nur den besonderen Versuchsbedingungen zugeschrieben werden, d. h. der Art und Weise, wie die Aorta und die Vena cava mit dem Manometer in Verbindnng gesetzt waren.

Jedenfalls spricht die Beobachtung Cyons zugunsten eines nervösen Einflusses auf den Herztonus, ohne indessen in irgend welcher Weise die Fähigkeit des Vagus, auf direktem Wege diastolische Dilatationen hervorrufen zu können, endgültig zu beweisen.

Der eben beschriebene Versuch Cyons hat außerdem in völlig einwandsfreier Weise gezeigt, daß die Reizung des Vagus die Stärke der Ventrikel-Kontraktionen bedeutend zu vermehren vermag. Die unmittelbare Verbindung zwischen der Aorta und der Vena cava inferior schließt hier jeden Verdacht aus, daß die Zunahme der Herzsystolen von einer Erregung der gefäßerweiternden Nerven der Eingeweide herrühren könnte.

Was die Frage über die nervöse Beeinflussung einer aktiven Diastole betrifft, so wird die definitive Entscheidung derselben erst getroffen werden können, wenn die neueste Diskussion über die Existenz eigentümlicher tonusartiger Kontraktionen des Herzens, die ganz unabhängig von gewöhnlichen Systolen vorkommen sollen, zu einem positiven Resultate gelangt sein wird. Derartige Kontraktionen hat Fano (230) am Schildkrötenherzen beschrieben. Bottazzi (50) hat seinerseits behauptet, daß die Vagusreizung diese tonusartigen Kontraktionen verstärkt, dagegen durch Reizung der Acceleratoren dieselben geschwächt werden. Von andern Autoren, z. B. von Rosenzweig, werden aber diese Behauptungen bestritten.

§ 9. Die funktionellen Beziehungen zwischen den Nn. vagi und den Nn. accelerantes.

Die physiologischen Beziehungen zwischen diesen beiden Arten von Herznerven bieten für die Theorie der Herz-Innervation ein Problem von ganz hervorragender Bedeutung. Wie oben schon angeführt, haben die Gebr. Cyon sofort nach der Entdeckung der Acceleratoren sich mit Entschiedenheit zugunsten eines absoluten Antagonismus zwischen der Wirkung der beschleunigenden und der hemmenden Nerven ausgesprochen. In den Untersuchungen über die Wirkungen der Kohlensäure und des Sauerstoffs auf das Herz gelangte außerdem E. Cyon zu dem Schluß, daß die Fasern dieser antagonistischen Nerven in verschiedenen Ganglienzellen des Herzens endigen.

Viel ausführlicher ist dieser Forscher auf den Antagonismus der Vagi und der Accelerantes zurückgekommen in seiner Schrift vom Jahre 1870 „Hemmungen und Erregungen im Zentralsystem der Gefäßnerven“. Auf Grund von zahlreichen Untersuchungen über die reflektorischen Erregungen der Gefäßnerven-Zentra entwickelte Cyon ausführlich eine Theorie der Hemmungen, die sowohl für die Nervenfasern, die immer hemmend wirken, als für diejenigen, die nur unter gewissen Bedingungen hemmende Wirkungen ausüben können, gelten sollte. Diese Theorie wird im fünften Kapitel ausführlich behandelt. Hier soll nur erwähnt werden, daß bei der Anwendung seiner Hypothese auf die allgemeinen Hemmungen der Reflexbewegungen von Skelettmuskeln, sowie auf die Wirkungen der beschleunigenden und hemmenden Nervenfasern im Herzen, Cyon sich nach längerer Diskussion zur Annahme gezwungen sah, daß die Interferenz-Hypothese sich an die Funktionsweise dieser letzteren leichter anpassen läßt, wenn die beiden Nervenfaserarten einen einzigen Angriffspunkt in denselben Ganglienzellen besitzen, oder wenigstens in denselben Ganglienzellen zusammentreffen.

Bei einer weiteren Analyse der vorhandenen Beobachtungen und Versuchsergebnisse über die Funktionsweise der Herznerven, auf welche Cyon seine Interferenz-Hypothese stützte, sah er sich zu der Schlußfolgerung gezwungen, daß bei einer Interferenz zwischen den antagonistischen Nerven auch ein gewisser Verlust an Reizkräften unvermeidlich sei. Ein solcher Verlust könnte aber leicht durch eine Anhäufung motorischer Kräfte im Herzmuskel ausgeglichen werden, infolge der Verlängerung der Herzdiastolen und der daraus folgenden Verstärkung der Herzschläge. Das Zusammenwirken der beiden Antagonisten soll auf diese Weise die Verteilung der Herzarbeit in der Zeit variieren können, je nach den momentanen Bedürfnissen des Blutkreislaufs.

Durch die bekannte Beobachtung, daß bei den meisten Tieren der

Hals-Sympathikus in derselben Scheide mit dem Vagus verläuft, und daß die künstliche Reizung des Vagusstammes bei normalen Tieren stets eine Verlangsamung der Herzschläge zu erzeugen pflegt, war schon bis zu einem gewissen Grade der Hinweis geliefert, daß die verlangsamenden Nerven die Oberhand über die beschleunigenden gewinnen können. Auch beim Frosche konnte Schmiedeberg beobachten, daß die elektrische Reizung des Vagusstammes, der auch die beschleunigenden Fasern enthält, eine Verlangsamung, ja sogar einen Stillstand erzeugen kann. Aus dem Resultate solcher künstlicher Reizungen war man aber keineswegs berechtigt, den Schluß zu ziehen, daß auch beim normalen Funktionieren des Herzens der Vagus über den Accelerator das Übergewicht besitzt. Eine derartige Annahme ist ganz unzulässig geworden, seitdem festgestellt worden ist, daß auch die Acceleratoren sich in einem tonischen Erregungszustande befinden. Es ist klar, daß, wenn der Vagus fortwährend die Wirkung der Acceleratores überwinden könnte, die normalen Herzschläge anhaltend den Charakter der Vagus-Pulsschläge tragen müßten.

Im Jahre 1872 unternahm es Bowditch (47) durch besonders zu diesem Zweck angestellte Versuche, die Frage nach den möglichen Interferenzen zwischen den beiden Antagonisten aufzuklären. Diese Untersuchungen gelangten aber nicht zu entscheidenden Ergebnissen. Wenn bei gewissen Versuchen der Vagus, selbst bei schwachen Reizen, den, maximalen Reizungen unterworfenen, Nervus accelerans zu überwinden schien, so hatte es dagegen in anderen Fällen den Anschein, als ob der Nervus accelerans der Reizung des Vagus die Wage zu halten vermöchte. Um die Ursachen dieses Widerspruchs zu ergründen, stellte Baxt (9) in Ludwigs Laboratorium eine längere Reihe von Versuchen an, welche ihn zu Schlüssen führten, die den bis dahin herrschenden Ansichten vollkommen entgegengesetzt waren. Nachstehend bringen wir die Ergebnisse dieser Untersuchungen:

1. Während der gleichzeitigen elektrischen Reizung beider Nerven ergiebt sich kein Mittelwert zwischen den Wirkungen des einen oder anderen. Die Wirkung des Vagus unterdrückt stets die des Accelerans, ohne Rücksicht auf die jedesmaligen Stärkeverhältnisse der einzelnen Reize, welche die beiden Nerven treffen.

2. Nach dem Aufhören der Vagusreizung wird die Pulsbeschleunigung nicht durch die beschleunigenden Herznerven veranlaßt, die

von der antagonistischen Wirkung befreit wurden, sondern durch die im Zustande des Herzens bewirkten Veränderungen. Mit einem Worte, die beiden Nerven wären keine Antagonisten, sie besitzen vielmehr zwei verschiedene Angriffspunkte im Herzen [1]). Ungeachtet der eben angedeuteten Unzulässigkeit eines solchen absoluten Übergewichts des Vagus, haben die Schlußfolgerungen Baxts während längerer Zeit in den meisten Lehrbüchern der Physiologie als festgestellt gegolten. Und dies, trotzdem schon im Jahre 1878 Stricker und Wagner (384) darauf hingewiesen hatten, daß bei einer genauen Analyse der Zahlangaben von Baxt seine Versuchsergebnisse eher gegen seine Schluß-folgerung zeugen. Viel später hat Meltzer bei aufmerksamer Prüfung der Versuchstabellen von Baxt gefunden, daß in der Tat jedes Mal, wenn der Accelerans gleichzeitig mit dem Vagus gereizt wurde, die Pulszahlen größer waren, als wenn dieser letztere allein von dem Reiz getroffen wird. Außerdem zeigte sich, daß, je stärker die Reizung des Accelerans war, um so bedeutender der Einfluß auf das Ergebnis der Reizung beider Nerven wurde. Bei einer gründlicheren Analyse seiner tabellarischen Angaben hätte Baxt also zu entgegengesetzten Schlüssen kommen müssen. Meltzer kehrte mit Recht zu der früheren Lehre Cyons zurück, daß die beiden Nerven Antagonisten seien, und der Erfolg ihrer gleichzeitigen Reizung das Ergebnis ihrer wechselseitigen Wirkungen auf das Gangliensystem des Herzens sei; die beiden Nerven-fasern sollten gemeinschaftliche Angriffspunkte besitzen.

Um dieselbe Zeit erschienen auch von Bayliss und Starling (14) gemachte Beobachtungen, die mit den Schlußfolgerungen von Baxt kaum vereinbar waren: nachdem die beiden Forscher einen Stillstand der Vorkammern erhalten hatten, indem sie auf den Vagus Reize von mittlerer Stärke einwirken ließen, vermochten sie durch eine stärkere Reizung der Accelerantes, im Gegenteil, eine Beschleunigung des Herz-schlages herbeizuführen.

---

[1]) Während der Baxtschen Untersuchung, ausgeführt im physiologischen Laboratorium von Ludwig, hielt ich mich in Leipzig wegen der Überwachung des Druckes meiner Methodik auf. Ich hatte daher Gelegenheit, einigen seiner Versuche beizuwohnen und mußte mich sehr skeptisch deren Ergebnissen gegen-über verhalten. Die Enttäuschung Ludwigs durch die Entdeckung der Acce-leratoren im Jahre 1866 hatte unsern Meister zu einer gewissen Unterschätzung der Bedeutung dieser Nerven geführt, was auf den Gedankengang Baxts bei seinen Untersuchungen nicht ohne Einfluß geblieben war.

Aber erst in allerletzter Zeit wurde die Lehre von Baxt durch direkte Versuche angegriffen und ihre Unhaltbarkeit definitiv erwiesen. Solche Versuche verschiedenster Art wurden durch Reid-Hunt (337) in dem Laboratorium der Johns Hopkins Universität ausgeführt. Die Hauptschlußfolgerung, welche der Forscher aus denselben zieht, ist folgende: in welcher Weise auch die gleichzeitige Reizung der Accelerantes und der Vagi ausgeführt werden mag, ob die elektrischen Ströme auf die ersteren während der Reizung der letzteren einwirken und vice versa, oder ob deren Reizwirkung gleichzeitig beginnt und während eines mehr oder weniger ausgedehnten Zeitabschnittes anhält, der Erfolg ist stets der gleiche: Der Einfluß auf die Pulsfrequenz wird stets von dem Verhältnis zwischen der Stärke der auf die beiden Nerven ausgeübten Reize abhängen . . . Insofern als der Erfolg der Reizung dieser beiden Nerven durch Änderungen des Rhythmus der Ventrikelkontraktionen zum Ausdruck kommt, sind diese Nerven also reine Antagonisten.

Wie man sieht, entspricht die Schlußfolgerung Reid-Hunts ganz derjenigen, welche Cyon 1866, zur Zeit der Entdeckung der beschleunigenden Nerven, machte. Zur selben Zeit wie dem amerikanischen Physiologen, jedoch durch völlig abweichendes Verfahren, gelang es Cyon (78) auf experimentellem Wege nachzuweisen, daß die Summation der Wirkungen gleichzeitiger Reizungen der Vagi und der Accelerantes sich sowohl auf den Rhythmus als auf die Stärke der Kontraktionen ausdehnt. Dieser Schluß ergab sich aus Versuchen, welche in der Weise vorgenommen wurden, daß entweder direkt, oder auf reflektorischem Wege, die zu dem unteren Halsganglion sich begebenden beschleunigenden und hemmenden Fasern gereizt wurden. Frühere Versuche haben Cyon überzeugt, daß der Halssympathicus ebenfalls ausgesprochene beschleunigende Wirkungen auf das Herz zu äußern vermag und zwar bei strumösen oder thyreoidektomierten Kaninchen, bei denen die Reizbarkeit der sympathischen Nerven und Ganglien erheblich zuzunehmen pflegt. Auch vermochte Cyon durch Einspritzung verschiedener Substanzen in die Venen der Versuchstiere gleichzeitig die Erregbarkeit der beschleunigenden Herznerven zu erhöhen und die Erregbarkeit des Vagus herabzusetzen, (z. B. Jodnatrium) oder, im Gegenteil, die Erregbarkeit der Vagi zu erhöhen und die der sympathischen Nerven herabzusetzen (Jodothyrin).

Mit Hilfe aller dieser Einwirkungen vermochte Cyon eine lange Reihe mannigfaltiger Versuche mit Reizung der beiden antagonistischen Nerven anzustellen: „Mit einem Worte, schließt er, aus allen angeführten Versuchen geht in ganz unzweifelhafter Weise hervor:

1. daß die Resultanten der gemeinsamen Reizung (mit gleich starken Reizen) der Vagi und Accelerantes in hohem Grade von dem Erregbarkeitszustand ihrer Herzganglien abhängig sind;

2. daß die Nachwirkungen dieser Reizungen direkte Folgen der stattgehabten Erregungen sind und verschieden ausfallen, je nach dem Wert der Komponenten der beiden Nervenerregungen.“

In mehreren Versuchen hat Cyon feststellen können, daß, wenn man die Reizeffekte der antagonistischen Nerven auf die Zahl der Herzschläge und die Höhe des Blutdrucks mit denen vergleicht, welche der Reizung vorhergegangen, oder unmittelbar nach Unterbrechung der Reizung erfolgt sind, so findet man, daß dieselben gleichwertig sind, d. h. daß die Pulszahl und der mittlere Blutdruck während desselben Zeitraumes denen gleich sind, welche vor und nach der Reizung beobachtet wurden: ein schlagender Beweis, daß die beiden Antagonisten nur die Arbeitsweise des Herzens je nach dem augenblicklichen Bedingungen des Kreislaufs verändern. Statt seine Funktion durch eine Reihe von kleinen, aber häufigen Pulsationen zu erfüllen, erzielt das Herz dasselbe durch weniger häufige, dafür aber stärkere Kontraktionen. Die Summe der durch die Ventrikel geleisteten Arbeit bleibt, wenigstens annähernd, die gleiche. Der Irrtum Baxts rührte offenbar auch daher, daß er für seine Versuche nur Hunde verwandt hat, bei denen die anatomische Anordnung der Herznerven zahlreichen Variationen unterworfen ist. Reid-Hunt hat an Hunden, Katzen und Kaninchen experimentiert; Cyon an Kaninchen und Hunden, die häufig in verschiedenen Graden strumös waren. Um die Frage endgültig entscheiden zu können, ob der Vagus tatsächlich das Übergewicht hat, wenn die Stärke des auf beide Nerven ausgeübten Reizes die gleiche ist, wäre es erforderlich gleichzeitig mit diesem Nerven auch sämtliche Acceleratores derselben Seite zu reizen.

Derartige Versuche erfordern durchgehends, daß man auch die Phasen der Latenz beider Nerven in Betracht zieht. Die Latenzdauer der

Accelerantes ist, wie oben erwähnt, weit länger als die der Vagi, und diese Dauer, welche an sich schon in ziemlich weiten Grenzen schwankt, kann bis zu 10—20 Sekunden verlängert werden. Diese lange Dauer zeigt klar, daß die beschleunigenden Nerven in den motorischen Ganglien des Herzens endigen und nicht in den Muskeln. Läge der Angriffspunkt dieses Nerven direkt in den Muskelfasern des Herzens, wie dies Gaskell und andere behauptet haben, so wäre bei allem, was uns über die Einwirkung der Nervenreize auf die Muskeln bekannt ist, eine so anhaltende Latenz ganz unverständlich.

Zum Teil läßt sich dies auch durch die Tatsache erklären, daß die künstliche Reizung der beschleunigenden Nerven, um ihren Einfluß auf die Häufigkeit der Herzschläge zu äußern, gezwungen ist, zuvor den Widerstand der verlangsamenden Nerven zu überwinden. Ist die Phase der Latenz des Vagus kürzer, so kann das an dem Übergewicht der verlangsamenden Nerven liegen, oder, wie schon gesagt wurde, daran, daß der Stumpf dieses Nerven alle auf der gleichen Seite gelegenen hemmenden Fasern enthält. Ganz neuerdings hat Cyon übrigens gefunden, daß unter gewissen Umständen, wie z. B. bei einer starken Reizung aller Accelerantes durch intravenöse Injektion von Nebennierenextrakt die Dauer der Latenzzeit der Vagi ebenfalls bedeutend länger werden, und 5—10″ dauern kann.

Bei Gelegenheit seiner Versuche über die Wirkungen des Nebennieren-Extrakts lieferte Cyon einen anschaulichen Beweis dafür, daß, wenn sämtliche Acceleratoren gleichzeitig mit den Vagi erregt werden, sie sehr schnell die Oberhand über die hemmenden Nerven erringen und dieselbe sehr lange, oft stundenlang, behalten können. Die Extrakte der Nebennieren haben eben die Fähigkeit in hohem Grade das sympathische Nervensystem, also das Gefäßnervenzentrum, sowie die Zentra der beschleunigenden Nerven zu erregen. Dies haben teilweise schon Cybulski und Szymanowicz, soweit es sich um das vasomotorische Gefäßsystem handelte, bewiesen. Dagegen behaupteten Oliver und Schäfer, daß diese Extrakte stark erregend auf die Herzvagi wirken. Diese beiden Forscher wurden durch die Beobachtung irregeführt, daß man im Beginne der Wirkungen des Nebennieren-Extrakts das Auftreten starker Vaguspulse wahrnehmen kann. Wie aber Cyon im Jahre 1898 gezeigt hat, wirken die Nebennieren-Extrakte lähmend auf die hemmenden Nerven des Herzens, und zwar sowohl auf die Vagi als auch die Depressores, oder sie setzen deren Wirkung bedeutend herab. Die im Beginne auftretende Verlangsamung hängt, wie Cyon gezeigt hat, „nicht von der direkten Erregung der Vagusnerven ab. Sie wird erzeugt durch die momentane Erregung der Hypophyse, als Folge der plötzlichen Drucksteigerung in der Schädelhöhle. Die Wirkung auf die Vagi hat also hier denselben Ursprung, wie bei den Versuchen mit plötzlicher Kompression der Aorta".

Hier besitzen wir also einen Fall, wo der Sieg der Acceleratoren über die Vagi nicht nur durch die starke Erregung ihres Zentrums, sondern auch durch die Abnahme der Erregbarkeit ihrer Antagonisten erzeugt wird. Hunt hat aber auch beobachtet, daß bei gleich starker Reizung die Dauer der Systole vorzugsweise durch die Acceleratores, die der Diastole durch die Vagi beeinflußt wird. Man muß daher mit Hunt annehmen, daß auch die tonischen Erregungen der Zentra dieser beiden Antagonisten simultan wirken, so daß der Herzschlag eine Resultante dieser beiden Erregungen darstellt (337).

III. Kapitel.

Die zentripetalen Nerven des Herzens.
Der Nervus depressor.

§ 1. Die Anatomie des Nervus depressor bei Säugetieren und kaltblütigen Wirbeltieren.

Wir haben bisher den Nervenmechanismus beschrieben, mit Hilfe dessen das Herz die Stärke und die Zahl seiner Zusammenziehungen zu regulieren vermag. Die mechanische Arbeit, welche es bei jeder Zusammenziehung leistet, hängt aber nicht allein von der Menge des Blutes, welche es in die Kreisbahn treibt, und von der Schnelligkeit seiner Fortbewegung ab. Das Blut begegnet beim Verlassen der Kammern bedeutenden Widerständen, welche von dem in dem Arteriensystem herschenden Drucke herrühren. Ein großer Teil der lebendigen Kräfte des Herzens ist dazu bestimmt, diese Widerstände zu überwinden, welche an sich durch den mittleren Blutdruck bestimmt sind, der in der Aorta oder in der Lungenschlagader in dem Augenblick der Zusammenziehung der Kammern herrscht. Dieser mittlere Blutdruck erfährt dauernde Schwankungen, die in direktem Verhältnis zu der im Gefäßsystem befindlichen Blutmenge und im umgekehrten Verhältnis zum Durchmesser der kleinen Arterien stehen, durch welche das Blut in die Kapillaren einströmt. Diese beiden Größen, die Blutmenge und der Arteriendurchmesser, sind aber sehr bedeutenden Schwankungen unterworfen. Die einen, welche mit den normalen Funktionen der Organe zusammenhängen, kehren regelmäßig wieder; die anderen sind zufälliger und plötzlicher Art und können für das Herz um so gefährlicher werden. Gegen die einen wie die andern muß sich das Herz durch besondere Vorrichtungen schützen können. Nicht nur muß es imstande sein, die Gefahren zu vermeiden, welche die Unversehrtheit seiner Wände und deren Fähigkeit, das Blut auszutreiben, bedrohen, sondern das Herz soll auch die ihm bevorstehende Arbeit erleichtern können, in den Fällen, wo innere Ursachen es ihm nicht gestatten, mit dem ihm zu Gebote stehenden Kräftevorrat die plötzlich verstärkten Widerstände zu überwinden.

Die wichtigste solcher Schutzvorrichtungen ist in dem von Cyon und Ludwig 1866 entdeckten Nervus depressor gegeben.

Cyon und Ludwig geben von der Lage und dem Verlauf dieses Nerven beim Kaninchen folgende Darstellung:

Fig. 19 läßt erkennen, daß der Nervus depressor mit zwei Wurzeln g und h entspringt, die eine derselben geht aus dem Stamme des Nervus vagus e selbst, die zweite aus einem seiner Äste, dem Nervus laryngeus sup. f hervor.

„Statt eines doppelten Ursprungs hat er öfter auch nur einen einzigen, der dann gewöhnlich aus dem Nervus laryngeus erfolgt. Nachdem der Nerv selbständig geworden, wendet er sich zur Arteria carotis und legt sich dort

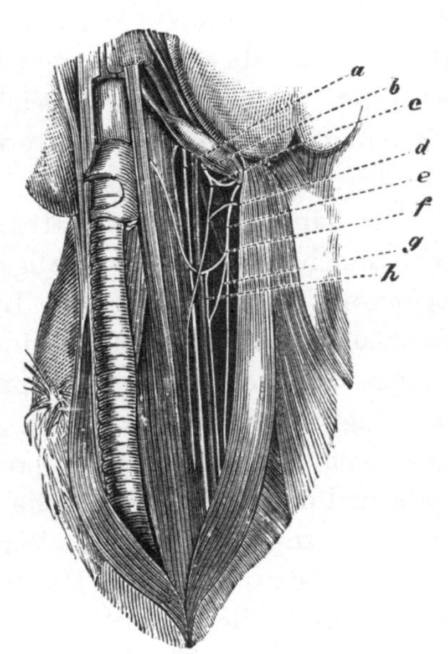

Fig. 19. Der Nervus depressor beim Kaninchen (nach Cyon und Ludwig). g und h die beiden Wurzeln des Depressors. f der Laryngeus superior. e der Nervus vagus. a der Halssympathicus. b der Hypoglossus. c der absteigende Ast des Hypoglossus.

in unmittelbarer Nähe des Nervus sympathicus a, neben dem er, aber fortwährend von ihm getrennt, bis in die Nähe der Öffnung des Brustkastens hingeht. In vielen — mehr als 40 — Kaninchen haben wir nur einmal eine Ausnahme von dem bis dahin beschriebenen Verhalten gesehen. Sie bestand darin, daß der Nerv in der Mitte des Halses noch einmal zum Stamm des Nervus vagus einlenkte und in die Scheide desselben überging. An der Stelle des Nervus vagus, wo dieses geschah, zerklüftete sich dieser letztere in einen kleinen Plexus und aus diesem ging der Nervus depressor von neuem gesondert hervor, um von da ab gewohntermaßen zu verlaufen." (76, S. 39.)

Vor seinem Eintritt in die Brusthöhle bildet der Depressor eine Anastomose mit dem unteren Halsganglion, dessen beide innere Zweige, nach einer späteren Beschreibung von E. und M. Cyon (76), seine Fortsetzung darstellen. Diese beiden Zweige verlaufen zwischen der Aorta und der Arteria pulmonalis zum Herzen. Es kommt zuweilen vor, daß auf der linken Seite eine kleine Nervenfaser sich vom unteren Halsganglion abzweigt und zum Depressor begibt. An der Stelle, wo sie diesen letzteren Nerven erreicht, findet man ein kleines Ganglion. Die der ersten Mitteilung von Cyon und Ludwig entnommene Fig. 7 gibt diese Anordnung wieder.

Im Jahre 1867 hat Stelling (382) durch Versuche am Depressor des Kaninchen und Hasen im allgemeinen die anatomischen und physiologischen Angaben Cyons und Ludwigs bestätigt. Roever (341) hat gleichfalls das Vorhandensein eines kleinen Ganglienknotens am Vereinigungspunkte des Nervus depressor mit einem Zweige des letzten Halsganglions festgestellt. Nach Austritt aus dieser Anschwellung begeben sich zwei Fasern des Depressor in das Fettgewebe zwischen der Aorta und der Arteria pulmonalis, oder dringen in die Wand der Aorta ein. Kazem-Beck (218), der Verfasser eines sehr umfangreichen Aufsatzes über den Verlauf des Nervus depressor bei verschiedenen Tieren, hat mehrmals die Beobachtung gemacht, daß ein Zweig des Sympathicus des Halses sich oberhalb des letzten Halsganglions abtrennte und eine Anastomose mit dem Depressor bildete. Nach dem genannten Forscher begeben sich mehrere Zweige des Plexus cardiacus, indem sie gleichzeitig die Arteria pulmonalis umschlingen, auf die vordere Außenfläche des linken Ventrikels, und breiten sich zwischen seiner Muskulatur und dem viszeralen Blatt des Perikards aus. Andere Verzweigungen verlaufen auf der vorderen Außenfläche des rechten Ventrikels, und können bis zur Herzspitze verfolgt werden, woselbst sie die Coronar-Gefäße umgeben.

Letzthin hat Cyon (78) verschiedene neue Abarten des Verlaufes des Depressor beim Kaninchen beschrieben, Unter anderem eine sehr seltene, schon bei der ersten Präparation dieses Nerven, dessen Entdeckung sie veranlaßte, beobachtete bestand in einer mehrere cm langen Anastomose, welche sich ungefähr in der Mitte des Halses vom Vagus abzweigte und zum Sympathicus verlief. Unter den anderen Varietäten muß man noch eine besonders hervorheben, welche schon von Roever erwähnt worden ist: An der linken Seite findet man zwei Depressores, welche längs des Sympathicus hinaufziehen; erst von der Mitte des Halses an geben sie ihre Gemeinschaft auf und trennen sich. Der eine von ihnen verläuft zum Nervus laryngeus superior und der andere zum Vagus oder Sympathicus. Zwei von Cyon (78. Taf. 1) dargestellte Varietäten bei demselben Tiere verdienen gleichfalls erwähnt zu werden: An der linken Seite fand sich, außer einem Depressor, welcher unmittelbar zum Laryngeus superior verlief, ein anderer, welcher leicht in der Scheide des Vagus selbst auf eine Länge von 2 cm isoliert werden konnte. Weiter oben in der Höhe des Laryngeus superior trennte sich dieser Zweig wiederum vom Vagus ab, um sich schließlich zum oberen Halsganglion zu begeben. Dieser entspricht also dem, was Cyon die dritte Wurzel des Depressor nennt, von der bald die Rede sein wird. An der rechten Seite nahm bei denselben Kaninchen der Depressor zwei Wurzeln des Laryngeus superior und eine dritte des Sympathicus auf. Diese letztere verließ alsbald den Depressor und wandte sich gegen die Glandula thyreoidea. In anderen Fällen sieht man Nervenfasern aus dem kleinen Plexus herauskommen, welchen der Depressor in der Mitte des Halses mit dem Sympathicus bildet, zur Schilddrüse begeben.

Im allgemeinen ist aber der Verlauf des Nervus depressor bei dem Kaninchen sehr regelmäßig und aus diesem Grunde eignet sich auch, wie schon gesagt, dieses Tier besser als alle anderen zu physiologischen Versuchen an diesem Nerven.

Über die Art und Weise der Endigung des Nervus depressor in dem Herzmuskel findet man nur verhältnismäßig wenig Angaben. Smirnow (373) hat an Säugetierherzen gewisse Nervenfäden beobachtet, von denen sich Fasern abtrennen, die ganz besondere Endigungen aufweisen, entsprechend denen, welche Golgi in den Sehnen der gewöhnlichen Muskeln beschrieben hat. Sie haben die Gestalt von Endbäumchen und finden sich vorwiegend in dem Bindegewebe des Endokards der Vorhöfe, besonders aber in deren Scheidewand. Man begegnet ihnen auch, wenn auch in geringerer Anzahl, in dem Endokard des oberen Teils der Kammern. Einige Beobachtungen über die Entartung, welche auf die Durchschneidung des Vagus und der Depressoren beim Kaninchen und der Katze folgen, erlaubten es Smirnow, mit großer Wahrscheinlichkeit den Schluß zu ziehen, diese Bäumchen seien die Endigungen des letztgenannten Nerven.

Bei der Katze hat der Nervus depressor einen weit unregelmäßigeren Verlauf als beim Kaninchen. Die ersten von E. Bernhardt (21) an diesem Nerven gemachten Untersuchungen haben gezeigt, daß er häufig nicht isoliert verläuft. Da wo er frei liegt, zeigte seine Vereinigung mit dem Vagus und dem Sympathicus drei Varietäten: 1. Der Depressor schloß sich einem kleinen, vom unteren Halsganglion herrührenden Zweige an; 2. er ging in dieses Ganglion über; 3. in der Höhe der ersten Rippe teilte er sich in mehrere Äste, welche unmittelbar zum Herzen verliefen. Einer dieser Äste bildete eine Anastomose mit dem unteren Halsganglion. Kowalewsky und Adamück (226) fanden bei 50 operierten Katzen nur 5 mal einen isolierten Depressor. Roever (341) dagegen behauptet, unter 100 operierten Tieren sein Fehlen nur 3 mal auf der linken Seite und 22 mal auf der rechten Seite beobachtet zu haben.

Bernhardt, Roever und Kazem-Beck beschreiben in übereinstimmender Weise bei den Katzen das Vorhandensein zahlreicher Anastomosen zwischen den Zweigen der Nervi accelerantes und denen des Nervus depressor. Böhm (43) erwähnt gleichfalls solche Anastomosen, und zwar sowohl in den Herzkammern, wie in den Vorhöfen. Über die Anatomie des Nervus depressor beim Hunde sind die Forscher weniger einig. Dreschfeld (113) gelang es nicht, bei diesen Tieren einen isolierten Depressor zu finden. Bernhardt (21), Roever (341) und Langenbacher (239) dagegen bestätigen das Vorhandensein eines Depressor beim Hunde. Kreidmann (229) und Finkelstein (138), welche die Anatomie des Nervus depressor bei vielen Hunden studiert haben, geben beide an, daß es möglich sei, diesen Nerven in dem oberen Teile der gemeinsamen Scheide des Vagus und Sympathicus, in der Nähe des Laryngeus superior zu isolieren. Meistens findet man, wenn man den Depressor, der zwischen dem lateral gelegenen Vagus und dem medialwärts zu ihm gelegenen Sympathicus verläuft, isoliert, daß er zwei Wurzeln besitzt, deren eine vom Laryngeus, und die andere vom Vagus stammt.

Kazem-Beck gelang es auf diese Weise viermal, den Depressor bis zu seinem Eintritt in den Herzmuskel freizulegen. Zweimal hat er sogar mit Erfolg versucht, die zentralen Enden dieses Nerven zu reizen, und er erhielt ein Sinken des Blutdruckes. Nach Wooldridge (426) verbreiten sich die Fasern des Nervus depressor beim Hunde besonders über die vordere und hintere Außenfläche des Ventrikels. Die Angaben, welche Ellenberger und Baum (120) über den Verlauf des Depressor beim Hunde machen, stimmen im allgemeinen mit denen von Kreidmann überein. Dagegen findet man nicht die geringste Andeutung dieses Nerven auf der sonst so detailreichen Abbildung, welche sie von den Nerven des Halses geben (Fig. 184, S. 527). Nach Cyon (78, S. 153) ist der in dieser Figur als Nervus pharyngeus inferior bezeichnete Nerv kein anderer, als der Nervus depressor. Wie dieser entspringt er mit zwei Wurzeln, von denen die eine vom Vagus stammt, die andere dagegen vom Nervus laryngeus superior. Chauveau erkennt übrigens in seinem klassischen Werke der vergleichenden Anatomie beim Hunde nur einen einzigen Nervus pharyngeus zu.

Cyon (78) hat in neuerer Zeit an dem aus der gemeinsamen Scheide der

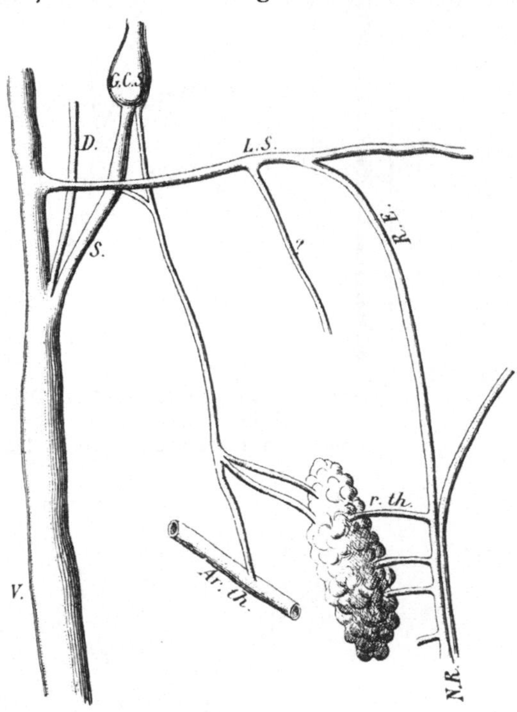

Fig. 20. Der Nervus depressor beim Hunde (nach Cyon).

V Nervus vagus. *D* Nervus depressor. *S* Nervus sympathicus. *G. C. S.* das oberste Halsganglion. *L. S.* Laryngeus superior. *N, R.* Laryngeus inferior. *Ar. th.* Arteria thyreoidea. *r. th.* Ramus thyreoideus, der von *R. E.*, dem Verbindungszweige zwischen den beiden Laryngei, abstammt. Der mit einem Fragezeichen bezeichnete abgeschnittene Nerv scheint der Ramus thyreoideus vom Laryngeus superior zu sein.

drei Nerven isolierten Nervus depressor des Hundes experimentiert. Er hat bei den Tieren, an welchen er diese Versuche anstellte, keine vom Laryngeus superior herrührende Wurzel gefunden, dagegen beschreibt er in einem Falle einen feinen Ast, welcher direkt zum oberen Halsganglion verlief. In einem anderen Falle bildete ein Ast

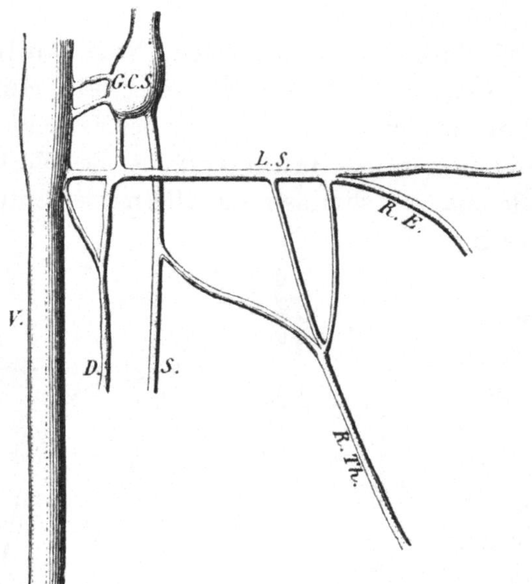

Fig. 21. Der freie Verlauf des Depressors
beim Hunde (nach Cyon).
Dieselben Bezeichnungen wie in Fig. 20.

des Depressor eine Anastomose mit dem Schilddrüsennerven. Wir geben hier die beiden Zeichnungen (Fig. 20 und 21) wieder. Der Verlauf des Depressor in Figur 20 zeigt, wie man sieht, eine vollständige Übereinstimmung mit dem dieses Nerven beim Kaninchen. Cyon glaubt, daß die in der anatomischen Anordnung beim Hunde beobachteten Abweichungen auf der Verschiedenheit der untersuchten Rassen beruhen.

Beim Pferde hat Cyon schon 1870 durch physiologische Versuche das Vorhandensein eines Nervus depressor

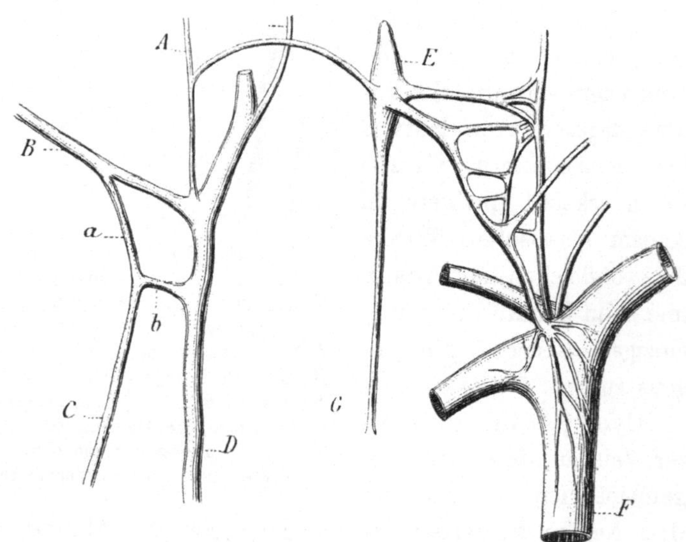

Fig. 22. Der Depressor beim Pferde (nach Cyon).
D Nervus vagus. C Nervus depressor. a, b die beiden Wurzeln des Depressors.
A die dritte Wurzel des Depressors. B Laryngeus superior. E oberstes Halsganglion.
G Nervus sympathicus. F Arteria carotis.

festgestellt, der vom Vagus und Sympathicus des Halses gesondert verläuft. Man findet vorstehend (Fig. 22, S. 122) die von demselben gegebene anatomische Anordnung dieses Nerven. Beim Pferde besitzt, wie die Figur zeigt, der Nervus depressor außer den beiden Wurzeln *a* und *b*, welche denen des Kaninchens entsprechen, eine dritte Wurzel *A*, welche eine starke Anastomose mit dem oberen Halsganglion *E* bildet. Sein weiterer Verlauf hat dann jedoch — bisher wenigstens — noch nicht in einigermaßen zuverlässiger Weise festgestellt werden können. Aus Figur 23 ersieht man die engeren Beziehungen dieser drei Wurzeln zueinander, sowie zum Nervus vagus und Laryngeus superior. Man erkennt, daß die Verhältnisse ziemlich kompliziert sind und vor allem, daß die drei Zweige des Depressor drei verschiedene Ursprungsstellen haben: Zwei Zweige gehen von diesen beiden Nerven aus und die dritte (*c*) stammt von dem dritten Zweig (*b*). Gemeinsam mit dem Laryngeus superior bilden diese Wurzeln zusammen mit

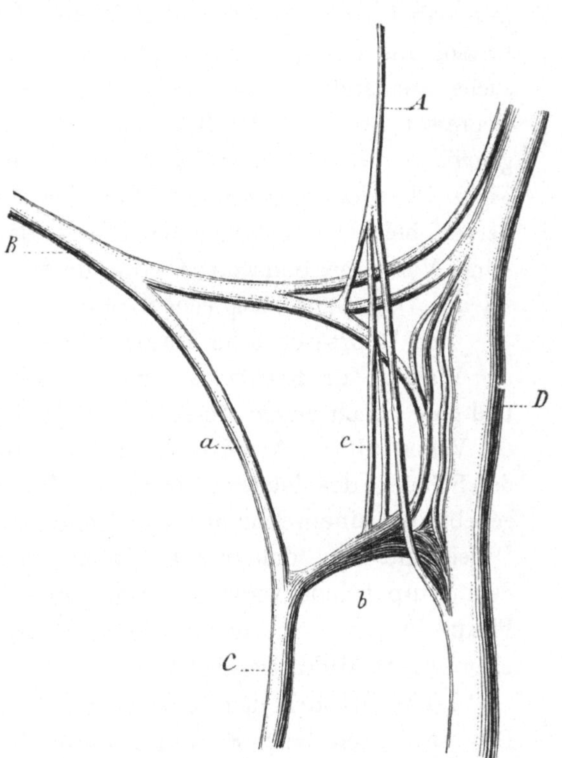

Fig. 23. Die drei Wurzeln des Depressors bei demselben Pferde.
Dieselben Bezeichnungen wie in Fig. 22.

dem Halssympathicus einen Nervenplexus in der Höhe der oberen Anschwellung des Vagus. Im Jahre 1880 hat Finkelstein, vom anatomischen Standpunkte aus, die Verteilung des Depressor beim Pferde studiert. Er gibt zwei Varietäten an, von denen die eine, abgesehen davon, daß die dritte Wurzel der Aufmerksamkeit Finkelsteins entgangen ist, sich nicht von der Cyons unterscheidet. Bei einer zweiten Varietät soll der Depressor seinen Verlauf in einer ihm mit dem Sympathicus und Vagus gemeinsamen Scheide nehmen; aber es ist Finkelstein nicht gelungen, diese drei Nerven einzeln darzustellen. Er vermutet das Vorhandensein des Depressor in dem von ihm wiedergegebenen Plexus des Vagus. Cyon hat neuerdings Gelegenheit gehabt, an einem Pferde zu experimentieren, welches die zweite, diese letztere Anordnung des Depressor darbot. Es gelang ihm dabei sogar am lebenden Tiere, den Sympathicus und den Depressor aus der gemeinsamen Scheide zu isolieren und an ihnen Versuche anzustellen. Bei der Sektion ergab sich, daß der Ast des Depressor, welcher der Reizung unterzogen war, zum oberren Halsganglion verlief. (Wir haben diese Anordnung des Depressor in Figur 16 wiedergegeben, welche den Verlauf der Hals- und Herznerven bei dem betreffenden Pferde darstellt). Nach dem Ergebnis seiner Versuche betrachtet Cyon diesen Ast als den der dritten Wurzel des Depressor entsprechenden.

Den Depressor beim Hammel beschreibt Kreidmann in folgender Weise: Zur Rechten zweigte er sich vom Laryngeus superior ab und ging, nach einem freien Verlauf von 7 oder 8 cm, in die Scheide des Vagus über. Auf der linken Seite mußte man den Depressor aus der Scheide des letzteren loslösen. Ich habe neuerdings Gelegenheit gehabt, bei einem Hammel den Depressor der rechten Seite zu reizen. Dabei fand ich, daß er auf seinem freien Verlauf ziemlich eng mit dem Sympathicus verbunden war, und daß er mit ihm einen kleinen Plexus in der Höhe des mittleren Halsganglions bildete, wo er Ästchen zur Schilddrüse abgab.

Langenbach und Kazem-Beck haben das Vorhandensein des Depressor auch beim Ferkel festgestellt. Er ist an der rechten Seite weit stärker als an der linken entwickelt und besitzt nur wenige Anastomosen mit dem Vagus und Sympathicus.

Kreidmann und Finkelstein haben, wie vor ihnen schon Bernhardt, versucht, festzustellen, welcher Halsnerv beim Menschen dem Depressor der Tiere entspräche. Kreidmann bezeichnet einen kleinen Ast des Laryngeus superior als denjenigen, der dem Depressor entspricht. Er entspringt mit zwei Wurzeln und verläuft eine kurze Strecke frei, worauf er wieder in die Scheide des Vagus eintritt, wo man ihn in der Nähe des Laryngeus superior wieder freilegen kann. Wir geben hier in einer Kreidmann entliehenen Figur (24) den Depressor der

linken Seite. Diese Anordnung vorzuziehen veranlaßte uns vor allem
der Umstand, daß sie genau der Lagerung entspricht, welche wir vor
kurzem bei einem Affen gefunden und elektrisch gereizt haben. Finkelstein versichert, er habe das
Vorhandensein dieses Astes
nur zweimal bei fünf Men-
schenleichen feststellen können. Er möchte als den Nervus depressor des Menschen
einen Nerven betrachten, welcher von dem Herzaste des
Laryngeus superior ausgeht.
Dieser Nerv soll auf seinem
ganzen Verlaufe bald abgetrennt bleiben, bald sich an
den langen Herznerven an-
schließen, welcher von dem
oberen Teil des Halssympathicus herkommt. Welche von
diesen beiden Anschauungen
über den Verlauf des Nervus
depressor beim Menschen ist
nun die richtige? Es wäre
von außerordentlichem Werte,
wenn dies auf experimentellem
Wege festgestellt würde. Eine

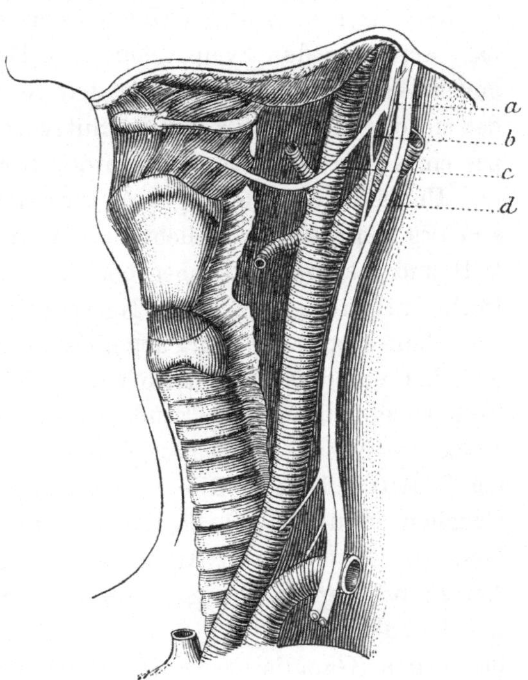

Fig. 24. Der Depressor beim Menschen
(nach Kreidmann).

a, b die beiden Wurzeln des Depressors. *c* Nervus
laryngeus superior; *d* vagus und sympathicus.

solche Feststellung würde jetzt, wo Operationen am Kropfe so häufig
geworden sind, keine besonderen Schwierigkeiten darbieten. Es würde
genügen, in die Arteria thyreoidea eines Kropfes, den man zu entfernen
beabsichtigt, eine Kanüle einzuführen und diese mit einem Manometer
zu verbinden. Eine momentane elektrische Reizung eines der eben genannten Nervenäste des Halses würde kaum einen Nachteil nach sich
ziehen. Selbstverständlich müßte man eine Durchschneidung oder auch
nur Ligatur dieser Nerven vermeiden. Ist einmal das für eine solche
Reizung so charakteristische Abfallen des Blutdruckes erreicht, also die
depressorische Natur eines Astes festgestellt, würde es ein leichtes sein,
dann seinen genaueren Verlauf zu bestimmen. Zu einer Zeit, wo manche

Chirurgen nicht zögern, die Durchschneidung des Halssympathicus und sogar die Exstirpation der Halsganglien vorzunehmen und dies auf Grund mehr als problematischer Funktionen dieser so wichtigen Teile des Nervensystems, ist es durchaus notwendig, sie darüber zu belehren, daß, wenn sie den Sympathicus des Halses durchschneiden, sie mit großer Wahrscheinlichkeit auch den Nervus depressor zerstören, d. h. daß sie das Herz seiner Hauptschutzvorrichtung und den übrigen Körper eines sehr wichtigen Regulators für den Blutkreislauf berauben.

Unter den kaltblütigen Wirbeltieren hat man das Vorhandensein des Depressors vor allem bei den Schildkröten beobachtet. Gaskell und Gadow (159) haben bei der Testudo graeca und der Chelonia imbricata auf einen Nervenzweig aufmerksam gemacht, welcher dem Depressor der Säugetiere ähnlich ist. T. Wesley-Mills (417) hat einen Nerven gleicher Art sich vom Ganglion jugulare der Testudo cephala und der Pseudoemys rugata abzweigen sehen. Kazem-Beck beschreibt den Nervus depressor bei der Emys caspica und der Testudo ibera. Dieser Nerv hat oft zwei Wurzeln, welche vom Ganglion jugulare und von dem Stamm des Laryngo-pharyngeus herkommen. Nach diesem Autor findet man auch einen entsprechenden Nerven bei dem Hecht (Esox lucius). Aber statt vom Ganglion jugulare herzukommen, soll er seinen Ursprung vom unteren Ganglion des Vagus (Ganglion trunci vagi) nehmen.

Wesley-Mills und ebenso Kazem-Beck haben bei den Schildkröten einen Stillstand des Herzens und eine darauf folgende Beschleunigung durch zentrale Reizung dieses Nerven erhalten.

Unlängst haben Kronecker und Spalitta (234) bei der Seeschildkröte die Reflexe studiert, welche durch Reizung der Zweige des Vagus erhalten werden. Sie machen keinerlei Angaben darüber, ob sie von einem dieser zentripetal wirkenden Äste depressorische Wirkungen erhalten haben; sie scheinen freilich keine Blutdruckmessungen vorgenommen zu haben. Die beobachteten Hemmungen — soweit sie sich auf Verlangsamungen der Herzschläge beschränkten, könnten wohl von Depressorreizungen herrühren. Bei diesen Versuchen erhielten sie Reflexe vom Vagusganglion — wie sie Cyon (78) vom obersten Halsganglion und Langlois auch von anderen sympathischen Ganglien schon früher haben nachweisen können.

§ 2. Die physiologische Aufgabe des Nervus depressor, seine Funktionsweise.

Die elektrische Reizung des peripheren Endes des Nervus depressor bleibt ohne sichtbaren Einfluß auf den Blutdruck und auf die Schlagzahl des Herzens. Die seines zentralen Endes dagegen veranlaßt sofort ein merkliches Sinken des Blutdruckes, sowie eine Verlangsamung der Herzkontraktionen. Diese grundlegende Tatsache wurde von Cyon und Ludwig (76, S. 38) schon bei ihren ersten experimentellen Untersuchungen, welche sie nach der Entdeckung dieses Nerven vornahmen, festgestellt. Der Blutdruck sank bei diesen Versuchen um fast ein Drittel, ja oft auch die Hälfte seines normalen Wertes: er hält sich auf dieser minimalen Höhe während der ganzen Dauer des elektrischen Reizes. Erst in dem Augenblicke, wo der Reiz aufhört, steigt der Blutdruck wiederum an und kehrt zur normalen Höhe zurück. Anders verhält es sich jedoch mit der Verlangsamung der Schlagzahl, welche mit dem Abfallen des Blutdruckes eintritt: diese erlangt sehr schnell ihr Maximum, schon bevor der Druck seine geringste Höhe erreicht hat und, statt sich auf dieser zu erhalten, beginnt sie abzunehmen; darauf erhält man an ihrer Stelle eine Rückkehr der Pulsschläge zu ihrer normalen Zahl und, zuweilen sogar eine geringe Beschleunigung.

Diese Verschiedenheit in dem zeitlichen Verlaufe des Absinkens des Druckes und der Verlangsamung der Pulsschläge würde schon allein genügen, um darzutun, daß die beiden Erscheinungen ganz unabhängig von einander sind. Cyon und Ludwig haben jedoch außerdem noch direkt diese Unabhängigkeit nachgewiesen, indem sie durch besonders zu diesem Zweck veranstaltete Versuche festsetzten, daß der **Nervus depresssor eine doppelte reflektorische Wirkung ausübt, die eine auf das Gefäßnervenzentrum, die andere auf die Zentren der Vagi.** Die Durchschneidung der letzteren genügte meistenteils, um zu verhindern, daß die Reizung des Depressor einen unmittelbaren Einfluß auf die Zahl der Pulsschläge auszuübe. Ein paarmal (wie z. B. in dem Versuche VI) haben diese Forscher sogar nach einer solchen Durchschneidung eine Beschleunigung des Herzschlages bei der Reizung des Depressor beobachtet. Cyon und Ludwig glaubten damals diese Erscheinung als eine indirekte Folge des intrakardialen und vielleicht auch des intrakraniellen Blutdruckes betrachten zu können, d. h. als eine besondere Wirkung der allgemeinen Druckverminderung. Wir werden aber alsbald sehen, daß sie im Gegenteil durch eine reflektorische Wirkung auf die Acceleratores veranlaßt war, welche sich während der Reizung des Depressors auf dem Wege der dritten, neuerdings von Cyon entdeckten Wurzel dieses Nerven fortgepflanzt hatte.

Was die Abnahme des Blutdruckes angeht, so hatten Cyon und Ludwig schon gleich von Anbeginn ihrer Untersuchungen an festgestellt, daß dieselbe eine allgemeine war; daß man sie sowohl in dem Gebiet der Carotiden, wie in dem der Crural-Arterien beobachten konnte, daß sie aber besonders bedeutend in den Unterleibsgefässen war. Die Ursache dieser Druckverminderung war schon mit dem bloßen Auge an der Dilatation der kleinen Gefäße, an den Därmen, wie an den Nieren und anderen Unterleibsorganen sichtbar. Es war also klar, daß das durch die Reizung des Nervus depressor hervorgerufene Abfallen des Blutdruckes nicht irgendwie von einer Schwächung der Herzkraft herrührte, sondern von einer Verminderung der Widerstände in den Gefäßgebieten.

Cyon und Ludwig legten noch besonderen Wert darauf, diesen Ursprung der Blutdrucksenkung durch direkte Versuche zu beweisen. Sie haben schon früher mehrmals die Beobachtung gemacht, daß eine Reizung des Depressor fast ohne jeden Einfluß auf den allgemeinen Blutdruck bleibt, wenn man zu gleicher Zeit künstlich die Widerstände in dem peripheren Kreislauf durch einen momentanen Verschluß der Aorta abdominalis unterhalb des Zwerchfells erhöht.

Den schlagendsten Beweis für die Richtigkeit ihrer Vermutung über die Wirkungsweise des Depressor lieferten jedoch ihre Versuche an den Nervi splanchnici. Nachdem sie festgestellt hatten, daß die Abnahme des Blutdruckes zum größten Teil von der Dilatation der Unterleibsgefäße herrührte, was übrigens in Anbetracht der enormen Weite dieser Gefäße ganz natürlich war, suchten die beiden Forscher nunmehr festzustellen, welches die gefäßverengernden Nerven seien, die den Bauchkreislauf beherrschen. Das war die Veranlassung zu ihrer Entdeckung, daß die Nervi splanchnici in dem allgemeinen Kreislauf, wegen der großen Menge der in ihnen enthaltenen gefäßverengernden Nerven eine vorherrschende Rolle spielen.

Durch die Durchschneidung des einen N. splanchnicus gelang es, den Blutdruck in der Carotis um 30 bis 50 mm herabzusetzen (der Blutdruck wurde mit einem Quecksilbermanometer gemessen). Nach der Durchschneidung des zweiten Splanchnicus nahm diese Druckverminderung noch ganz wesentlich zu. Der Blutdruck fällt dabei oft auf 20 mm und darunter. Andererseits erhöht die Reizung des peripheren Endes eines durchschnittenen Nervus splanchnicus den Blutdruck sehr bedeutend über sein ursprüngliches Maaß. Die Steigerung des Blutdruckes entsprach fast derjenigen, welche ein vollständiger Verschluß der Aorta gleich bei ihrem Durchtritt durch das Zwerchfell erzeugt. Nachdem einmal die Rolle der Nervi splanchnici als Haupt-Gefäßnerven des Organismus in dieser Weise festgestellt war, war es für Cyon und Ludwig leicht, sich ein Bild von der Wirkungsweise des eben von ihnen entdeckten Nerven zu machen: die Reizung des Depressor im Anschluß an eine Durchschneidung der beiden Splanchnici mußte ohne Einfluß auf den Blutdruck bleiben, oder vielmehr nur einen sehr beschränkten Einfluß ausüben. Die Versuche bestätigten vollkommen diese Annahme: während vor der Durchschneidung der Druck um ⅓ oder die Hälfte vermindert war, erreichte man jetzt nur eine geringe Abnahme von 10 bis 12 mm d. h. kaum ¹/₁₀ des ursprünglichen Wertes, und zwar, obwohl die Verlangsamung der Herzschläge — die Vagi waren unversehrt geblieben — ebenso ansehnlich blieb, wie vor der Durchschneidung der Splanchnici. Dieses geringe Sinken des Blutdruckes zeigte zu gleicher Zeit, daß, wenn die Wirkung der Depressoren auch besonders stark auf das Gefäßsystem des Unterleibes ausgeübt wird, dieselbe sich dennoch auch auf die anderen Arterien des Körpers erstreckt.

Aus der Gesamtheit ihrer Versuche zogen Cyon und Ludwig den Schluß, daß der Nervus depressor eine doppelte reflektorische Wirkung ausübt: 1. eine reizende auf die Zentren der Vagi, und 2. eine lähmende Wirkung auf die Zentren der Vasokonstriktoren, d. h. seine Reizung setzt den Tonus dieser letzteren Zentren bedeutend herab. In Bezug auf die gefäßverengernden Zentren muß der Nervus depressor als ein auf reflektorischem Wege wirkender Hemmungsnerv betrachtet werden.

In folgenden Worten formulierten diese Forscher die physiologische Bedeutung des von ihnen entdeckten Nerven-Mechanismus:

„Zu den verschiedenen schon bekannten Vorgängen, durch welche die einzelnen Stücke des Zirkulationsapparates sich gegenseitig anpassen, tritt hiermit ein neuer hinzu und gewiß kein unwichtiger, denn durch ihn vermag der wesentliche Motor des Blutlaufs die Widerstände zu regeln, die er selbst überwinden soll. In dieser Beziehung darf man, ohne voreilig zu sein, wohl aussprechen, daß das Herz, wenn es aus Mangel an Propulsivkräften oder aus übermäßigem Zufluß überfüllt und infolge davon gereizt wird, nicht bloß seine Schlagzahlen ändern, sondern auch den seiner Entleerung entgegentretenden Widerstand herabsetzen wird" (76, S. 46).

Der Mechanismus der Depressoren stellt also ein Sicherheitsventil dar, welches das Herz vor übermäßiger und gefährlicher Ausdehnung schützt, wie sie eine allzugroße Blutansammlung in seinen Höhlen erzeugen könnte: Bei drohender Gefahr kann diese selbsttätig wirkende Vorrichtung eine Herabsetzung des Blutdruckes herbeiführen, indem sie auf reflektorischem Wege eine Verlangsamung des Herzschlages und eine Erweiterung der kleinen Arterien im ganzen Körper bewirkt. Dieser sensible Nerv des Herzens benachrichtigt also sozusagen das Gehirn von den Gefahren, die den Herzmuskel bedrohen, und öffnet, indem er eine momentane Lähmung der Gefäßnervenzentren herbeiführt, die Schleusen, welche es dem Herzen ermöglichen, sich unbehindert zu entleeren[1]).

Da ihre physiologische Aufgabe nur ein gelegentliches Eingreifen erfordert, um einem zu großen Blutzufluß zum Herzen vorzubeugen, so folgt daraus, daß die Depressoren sich nicht in dem Zustand tonischer Reizung befinden können. Meistenteils ruft daher ihre Durchschneidung, wie Ludwig und Cyon gezeigt haben, auch keine merkliche Veränderung in dem Blutdruck hervor.

Die zahlreichen experimentellen Untersuchungen, denen seit 1866 die Depressoren allseitig unterzogen wurden, haben nach keiner Richtung

---

[1]) Es sei mir gestattet, an dieser Stelle eine Bemerkung Claude Bernards anzuführen, als ich im Dezember 1866 ihm zum ersten Mal den Mechanismus der Depressoren auseinandersetzte: „Ich möchte wissen, wie die Anhänger Darwins mit Hilfe der Vererbungs- und Selektionstheorie die Entstehung einer so wunderbaren automatischen Vorrichtung erklären wollten." Der tiefste Denker unter den Naturforschern der Mitte des 19. Jahrhunderts, Carl von Baer, drückte sich in derselben Weise aus, als ich ihn 1870 in Dorpat besuchte und ihm auf seinen Wunsch die Funktionen der neuentdeckten Herznerven auseinandersetzte.

hin die Grundlagen, auf denen Cyon und Ludwig deren Wirkungsweise festgelegt hatten, erschüttert. Wie in dem anatomischen Teil
der vorliegenden Darstellung gezeigt, hat man seitdem das Vorhandensein dieser Nerven bei den verschiedensten Tieren festgestellt. In
allen Fällen, wo man die Depressoren experimentell prüfen konnte,
fand es sich, daß ihre Wirkungsweise vollständig der beim Kaninchen
beobachteten entsprach. So konnten Roever und Bernhardt bei
der Katze, Cyon beim Pferde, Kazem-Beck und Cyon beim Hunde
und ebenso andere Forscher feststellen, daß im allgemeinen die Wirkung
dieser Nerven in einem anhaltenden Sinken des Blutdruckes und
einer vorübergehenden Verlangsamung der Herzschläge zum Ausdruck
kommt.

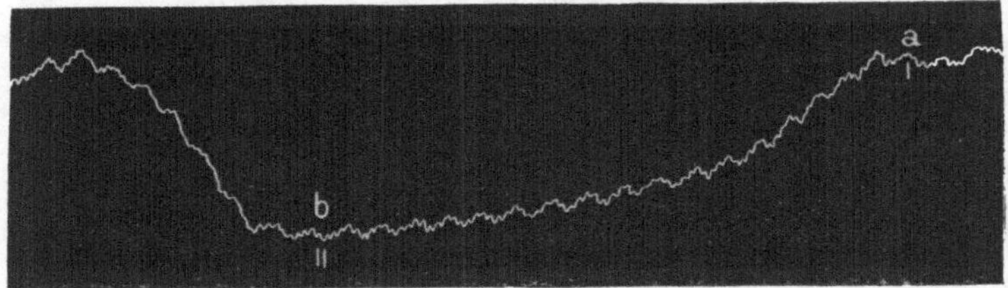

Fig. 25. Reizung des Depressors beim Kaninchen, bei dem die beiden Vagi durch
eine intravenöse Einspritzung von Jod gelähmt wurden.
Man sieht eine beträchtliche Senkung des Blutdrucks ohne die geringste Verlangsamung
der Herzschläge. S. Cyons „Beiträge zur Physiologie der Schilddrüse“, S. 153.

Im Anfang wurde freilich von einigen Physiologen der Versuch
gemacht, die im Augenblick der Erregung der Depressoren beobachtete
Abnahme des Blutdruckes für eine indirekte Folge der Verlangsamung
des Herzschlages zu erklären. Die Unzulässigkeit einer derartigen Erklärung ergab sich schon aus den ersten Untersuchungen von Cyon
und Ludwig, die, wie wir gesehen haben, durch unwiderlegliche
Versuche den Beweis für eine völlige Unabhängigkeit dieser beiden
nebeneinander hergehenden Wirkungen der Reizung des Depressors
erbracht hatten. Wir geben hier zwei graphische Darstellungen (Fig. 25
und 26), deren jede gesondert diese Wirkungen zeigt: Figur 25 die Abnahme des Blutdruckes ohne Verlangsamung des Herzschlags, Figur 26
eine starke Verlangsamung des Herzschlags, jedoch mit sehr geringer
Abnahme des Blutdruckes. In ersterem Falle war die reflektorische
Wirkung auf die Vagi aufgehoben, im zweiten Falle dagegen wurde diese

Wirkung auf das Gefäßnervenzentrum durch die Versuchsbedingungen ausgeschlossen.

In einigen Beziehungen dagegen sind die von Cyon und Ludwig geschaffenen experimentellen Grundlagen über die Verrichtungen der Depressoren erweitert und vervollständigt worden. So z. B. haben in einer besonders diesem Gegenstand gewidmeten Arbeit L. Sewall und D. W. Steiner (363) einige Besonderheiten der normalen Funktion dieser Nerven noch etwas genauer präzisiert. Die genannten Forscher vermochten, indem sie auf künstlichem Wege eine starke Zunahme des Blutdrucks herbeiführten, einmal durch Verschluß der Carotiden, —

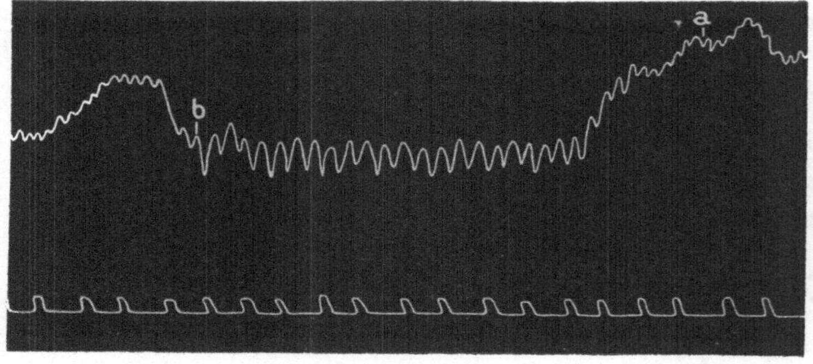

Fig. 26. Reizung des Nervus depressor, die eine bedeutende Verlangsamung der Herzschläge erzeugt, bei sehr geringer Blutdrucksenkung (nach Cyon).

der, nach einer früheren Beobachtung von S. Mayer, ein gleichförmiges Ansteigen veranlaßt, — dann durch Asphyxie, sich zu überzeugen, daß in beiden Fällen die Höhe, bis zu welcher der Blutdruck anstieg, weit weniger bedeutend war, als nach vorhergehender Durchschneidung der beiden Depressoren. Eine ähnliche Beobachtung ist auch schon zuvor durch Nawalichine gemacht worden. Es geht daraus unzweifelhaft hervor, daß das Eingreifen der Depressoren die Wirkungen der Asphyxie oder des Verschlusses der Carotiden auf den Blutdruck ganz bedeutend zu vermindern vermochte. Diese Forscher haben auch mehrere Male Steigerungen des Druckes in dem Augenblick der Durchschneidung der Depressoren beobachtet. In neuester Zeit hat auch Cyon im Verlaufe weiterer Untersuchungen entsprechende Beobachtungen gemacht. Diese Erscheinung weist übrigens durchaus nicht auf das Vorhandensein eines Tonus des Depressor hin, sondern bezeugt nur, —

nach der sehr richtigen Bemerkung von Sewall und Steiner, — die außerordentliche Empfindlichkeit seines Mechanismus. Während der Versuche war zuerst die Steigerung des Druckes im Herzen von dem Depressor bekämpft; aber in dem Augenblick der Durchschneidung konnte die Steigerung des Druckes, da ihr keine Kraft mehr entgegenwirkte, sich unbehindert geltend machen.

Bei ihren Versuchen mit Einspritzungen von Nebennieren-Extrakt haben Oliver und Schäfer schon die Beobachtung gemacht, daß Reizung des Depressors ohne Wirkung auf den erhöhten Blutdruck bleibt. Bei Prüfung dieser Angaben durch Cyon stellte sich heraus, daß die Reizung des Depressors in der Tat häufig ohne Wirkung bleibt; dies ist aber bei weitem nicht immer der Fall. Man sieht nicht selten, daß, bei stärkerer Reizung, der Depressor noch einige Wirkung auf den Blutdruck auszuüben vermag; nur ist diese Wirkung ganz vorübergehend; nach einigen Sekunden kehrt der Blutdruck zu seiner früheren Höhe zurück. Auch unterscheidet sich die Senkungskurve bei einer solchen Depressorwirkung von den normalen Depressorkurven dadurch, daß die Verlangsamung der Herzschläge darin vollständig fehlt. Da das Nebennieren-Extrakt (Adrenalin) stark erregend auf das sympathische Nervensystem wirkt und gleichzeitig die Erregbarkeit der hemmenden Nerven herabzusetzen pflegt, so lassen sich die Beobachtungen von Cyon leicht erklären. Der Depressor, der auf das in starker Erregung befindliche Gefäßnervenzentrum einzuwirken hat, muß viel mächtigere Widerstände überwinden, als bei gewöhnlichen tonischen Erregungen dieses Zentrums. Jedenfalls geht aus diesen Versuchen hervor, daß der mächtigste gefäßerweiternde Nerv sich zum Zentrum der Vaso-Konstriktoren zwar antagonistisch verhält, aber in ganz anderer Weise als der Herzvagus zu den Acceleratoren; denn der Angriffspunkt der beiden Nerven ist verschieden. Die Versuche von v. Frey mit gleichzeitiger Reizung der gefäßerweiternden Chorda tympani und der sympathischen Nerven sollen gezeigt haben, daß die beiden antagonistischen Nervenfasern auf verschiedene Angriffspunkte wirken. Man hat aber mit Unrecht Analogien zwischen dem Antagonismus des Depressors und den gefäßverengernden Nervenfasern und den Beobachtungen von Freys gesucht. Solche Analogien können nicht existieren, da in diesen letzteren die Gefäßerweiterer auf dasselbe Objekt direkt einwirken; die depressorischen Nervenfasern, dagegen, üben ihre hemmende Wirkung nur indirekt durch das Gehirnzentrum aus.

Nur wenn der Depressor sich in tonischer Erregung befinden würde, könnte von einer derartigen Analogie die Rede sein; der Antagonismus würde dann nur zwischen den gefäßerweiternden Fasern des Depressors und den reflektorisch-verengernd wirkenden Fasern der andern sensiblen Nerven auf das Gefäßnervenzentrum sich äußern. Darauf kommen wir in den nächsten Kapiteln noch zurück. Bis jetzt ist aber, wie gesagt, die Existenz einer tonischen Erregung der Depressoren noch nicht nachgewiesen. Die neueren Versuche in dieser Richtung, welche Pawlow angestellt hat, lassen sich leicht in derselben Weise deuten, wie die von Steiner und Sewall. Möglich ist es auch, daß, wenn Cyon und Ludwig bei ihren Versuchen am Depressor keine Steigerung des Blutdrucks im Moment seiner Durchschneidung beobachtet haben, dies auch daran lag, daß sie an curarisierten Tieren experimentiert hatten.

Wir haben bereits auf die Arbeiten hingewiesen, welche unternommen wurden, um die Verteilung der Depressoren im Herzen selbst genauer festzustellen. Unter diesen Untersuchungen verdienen die von Wooldridge gemachten besonders hervorgehoben zu werden, weil sie auf experimentellem Wege die Lösung verfolgten. Ihr Autor besaß also die Möglichkeit, durch Beeinflussung des Blutdruckes und der Frequenz der Herzschläge, festzustellen, ob die untersuchten Nervenfasern wirklich zum Nervus depressor gehörten. Diese, in dem Laboratorium von Ludwig ausgeführten Versuche haben gezeigt, daß vorwiegend die Reizung der auf der hinteren Außenfläche des Herzens gelegenen Nerven zwei Wirkungen hervorruft, die den Verrichtungen der Depressoren entsprechen.

Gibt es außer den Blutgefäßen des Unterleibes, auf welche der Depressor seine gefäßerweiternde Wirkung in besonders ausgesprochener Weise ausübt, noch andere Arterien, welche seinem Einfluß unterstehen? Die Erforschung dieser Frage bietet gewisse Schwierigkeiten, die daher stammen, daß das gegebene Volumen der Unterleibsgefäße für die Füllung der übrigen Gefäße, besonders aber der an der Körperoberfläche gelegenen, entscheidend ist. Dieses Übergewicht der unter dem Einfluß der Splanchnici stehenden Gefäße ist besonders ausgesprochen bei Kaninchen, wie dies die Versuche von Cyon und Steinmann (1870) gezeigt haben. Eine starke Dilatation dieser Gefäße muß auf rein mechanischem Wege eine übermäßige Erweiterung der peripherischen Gefäße verhindern, da ja die Blutmenge, über die der Körper verfügt, nur beschränkt ist. Dieser mechanische Antagonismus zwischen dem Kreislaufe der Eingeweide und dem der Peripherie darf nicht mit einem anderen Antagonismus zwischen den gleichen Gefäßsystemen verwechselt werden, der von der reflektorischen Wirkung der sensiblen Nerven auf die vasomotorischen Nerven herrührt. Diese letztere Wirkung äußert sich nach Cyons Versuchen (76, 110—127 ff.) in doppelter Weise: 1. Sie erzeugt eine Erregung der Vaso-Konstriktorenzentren, infolgedessen eine allgemeine Verengerung der kleinen Arterien und 2. sie hemmt die peripheren Gefäßzentren, die zu dem Gebiet der gereizten sensiblen Nerven gehören, und veranlassen infolgedessen eine Erweiterung der Arterien dieses Gebietes (Eckhard, Schiff, Snellen, Lovèn u. a.). Diese antagonistischen nervösen Wirkungen, von Dastre und Morat (105) später untersucht, mussen unter gewissen Umständen, z. B. wenn die sensibeln Nerven der Haut gereizt werden, gleichzeitig eine Erweiterung der Hautgefäße und eine Verengerung der Eingeweidegefäße hervorrufen. Das Ergebnis ist also, wie die genannten Forscher ganz zutreffend bemerken, ein labiler Gleichgewichtszustand (Balancement) zwischen dem Haut- und dem Eingeweidekreislauf[1]).

Wenn die Erregung der Gefäßnerven vom Depressor stammt, so kommt allein der mechanische Antagonismus zwischen den beiden Kreisläufen in Betracht. Die reflektorische Wirkung dieses Nerven äußert sich ja in der Tat durch eine allgemeine Hemmung der gefäßverengernden Zentren, d. h. durch eine allgemeine Erweiterung aller kleinen Arterien des Körpers. Aber infolge der gewaltigen Blutmenge, die den weiten Unterleibsgefäßen zuströmt (wo die sich einem solchen Zuflusse entgegenstellenden Hindernisse übrigens auch geringer sind, als an der Peripherie), ist es oftmals schwierig, mit Sicherheit die Erschlaffung der peripheren Gefäße experimentell zu konstatieren.

Unter den Untersuchungen, die dem Einfluß des Depressors auf die übrigen Teile des Körpers galten, sollen hier die Arbeit von

---

[1]) Im Kapitel IV § 8 wird ausführlich auf spätere Untersuchungen eingegangen, welche wesentlich die eben angeführten zwei Sätze Cyons über die doppelten Wirkungen der Reizung sensibler Nerven auf die Gefäßnerven bestätigen.

Dastre und Morat (105) über den bucco-lingualen Kreislauf, und besonders die sehr vollständige Versuchsreihe von Bayliss (15) erwähnt
werden.

Dieser letztere unterzog einer genauen Prüfung die Wirkungen der
Depressorreizung auf fast alle Teile des Körpers. Zum größten Teil
wurden die vorliegenden Untersuchungen mit Hilfe der plethysmogra-
phischen Methode gemacht. So vermochte Bayliss festzustellen, daß
das Volumen der Extremitäten unter dem Einfluß solcher Reizungen
merklich zuzunehmen pflegt. Das gleiche ist bei den Eingeweiden der
Fall. Dagegen soll nach Bayliss die Wirkung des Depressors auf die
Zunge gleich Null sein. Bezüglich des Halses und des Kopfes bestätigt er nur die Beobachtungen von Cyon, Ludwig und Stelling.
Das Volumen des Ohres schien während der Reizung des Depressors
ebenfalls nicht zuzunehmen, das der Niere nahm sogar um etwa
4 mm, ab; es handelte sich offenbar in dem letzteren Falle um eine
passive Wirkung auf die Nierengefäße, infolge des gewaltigen Blutzu-
flusses zu den Eingeweiden (siehe unten).

Hürthle (210) hat die Wirkung des Depressors auf den Kreislauf
des Schädels mit Hilfe eines in dem peripheren Ende der Carotis be-
festigten Manometers untersucht. Er konnte auf diese Weise ein leichtes Sinken des Blutdruckes feststellen. Indessen gelang es Bayliss
nicht, diese Beobachtung zu bestätigen.

In neuester Zeit hat Cyon (78, S. 20—24) die Wirkung des Depressors auf die Gefäße der Schilddrüse untersucht und konnte feststellen, daß diese Wirkung sehr mächtig ist; und dies, trotz des mechanischen Antagonismus zwischen dem Kreislauf des Unterleibes und
dem der peripheren Organe. Cyon gelangte zum Schluß, daß besondere Beziehungen des Depressor zur Zirkulation in der Schilddrüse
bestehen. Er nimmt daher einen direkten Übergang verschiedener vaso-
dilatatorischer Fasern desselben auf die Arterien dieses Drüsenkörpers an,
entweder durch Vermittelung des Laryngeus superior oder des Nervenplexus, welchen oft der erstere dieser Nerven mit dem Sympathicus
und dem Vagus bildet. Eine Reihe von Degenerationsversuchen, welche
Katzenstein (219), unter der Leitung von Hermann Munk ausgeführt hatte, haben direkt nachgewiesen, daß die Nerven der Schilddrüsen von dem Vagus und den beiden Laryngei (superior und inferior)
herstammen.

Da, nach Cyon, die Hauptaufgabe der Schilddrüse der Schutz des Gehirns gegen plötzlichen Blutandrang infolge zu starken Anwachsens des Blutdruckes ist, so erscheint es angezeigt, daß der Nervus depressor, der ja dazu bestimmt ist, die Wirkungen eines solchen Anwachsens auf das Herz zu unterdrücken, auch einen unmittelbaren Einfluß auf den Kreislauf der Thyreoidea ausübt.

Letzthin hat F. Winkler (423) eine längere Reihe von Versuchen über die Depressoren in dem Laboratorium des Professors von Basch angestellt. Er bestätigte und erweiterte mehrere Gesichtspunkte, die Funktionsweise dieser Nerven betreffend, die schon von Cyon und Ludwig früher festgestellt wurden. Eine Anzahl dieser Versuche beschäftigt sich mit dem Einfluß, den die Reizung des Depressors auf den Blutdruck im Venensystem auszuüben vermag. Als natürliche Folge des bedeutenden Abfalles des Druckes in den großen Arterien, infolge der Erweiterung der kleinen, muß auch der Blutdruck in den Venen merklich absinken. Entsprechende Beobachtungen wurden auch von Bayliss (13) gemacht, welcher ebenfalls feststellte, daß die Reizung des Depressor ein bedeutendes Sinken des Blutdruckes in der Vena cava inferior zur Folge hat. Die Ergebnisse dieses Forschers stimmen übigens vollkommen mit den von Cyon und Steinmann aus ihren Versuchen abgeleiteten allgemeinen Gesetzen der Geschwindigkeit des Kreislaufs in den Venen überein (76, S. 110—127).

Winkler hat auch experimentell (424) die Veränderungen des Blutdruckes im linken Vorhof während der Reizung des gleichen Nerven untersucht. Wie zu erwarten war, nahm hier der Druck einige Sekunden nach dem Sinken des arteriellen Blutdruckes ebenfalls beträchtlich ab. Im allgemeinen lieferten die Versuche von Winkler neue direkte Beweise, daß die Aufgabe des Nervus depressor darin besteht, das Herz gegen Überfüllungen zu schützen, indem er zunächst den Blutdruck in dem ganzen Arteriensystem reguliert. Durch eine derartige Regulierung besitzt das Herz die Möglichkeit, automatisch in jedem Augenblick die Größe seiner Arbeit zu bestimmen und dieselbe den im Kreislaufe herrschenden Verhältnissen anzupassen.

In neuerer Zeit wollten im physiologischen Laboratorium zu Halle Köster und Tschermak, unter der Leitung, Bernsteins auf histologischem Wege das Vorhandensein von Endigungen des Depressor im

Beginne des Aorten-Bogens beweisen. Einige Versuche mit der künstlichen Erhöhung des Blutdruckes in dem Aortenbogen zeigten ihnen, daß die Dilatation der Wände desselben gleichfalls imstande ist, einen Reiz auf die peripheren Endigungen des Depressors auszuüben und analoge Wirkungen hervorzurufen, wie die peripheren Reizungen seiner Nervenendigungen, die sich im Herzen selbst befinden. In Anbetracht der gänzlich falschen Deutung, welche diese Autoren diesen Versuchen zu geben sich für berechtigt hielten, muß hier erinnert werden, daß Cyon und Ludwig schon in ihrer ersten Mitteilung über die Verrichtungen des Nervus depressor auf das Vorhandensein seiner Verästelungen in den Wänden der Aorta und der Arteria pulmonalis, bei ihrem Austritt aus dem Ventrikel, ausdrücklich angegeben haben (siehe 76, S. 40). Köster und Tschermak glauben also mit Unrecht, etwas Neues entdeckt zu haben. Noch irrtümlicher ist ihre Ansicht, daß das Vorhandensein derartiger Verästelungen in irgend welcher Weise die Rolle des Depressor als eines sensiblen Herznerven einzuschränken vermag. Ganz im Gegenteil: Sie erhöht nur noch mehr die Bedeutung dieses schützenden und regulierenden Nerven.

Das Vorhandensein der Endigungen des Depressors im Herzen war schon auf experimentellem Wege, außer von Cyon und Ludwig, durch die Untersuchungen von Wooldridge (425) bewiesen worden. Der anatomische Nachweis der Verzweigungen und Endigungen dieses Nerven im Herzen geschah u. a. auch von Smirnoff (373).

Was die neueren Untersuchungen von Pagano (314) und Siciliano über die von den Gefäßen aus zu erhaltenden Reflexe anbetrifft, so sind derartige Beobachtungen schon früher viel ausführlicher von Latschenberger und Deahna ausgeführt und auch ganz richtig gedeutet worden. Auch ist es diesen beiden Forschern mit Recht nie eingefallen, die pressorischen und depressorischen Wirkungen von den Gefäßen aus, den Funktionen der Depressoren des Herzens entgegenzustellen. Es wird noch unten auf diese Untersuchungen zurückgekommen.

§ 3. Der zentrale Ursprung der Depressoren.

Auf welchen Wegen verlassen die Depressoren die Schädelhöhle? E. Spalitta und M. Consiglio (374) haben es unternommen festzustellen, ob die Nervenfasern des Depressor zusammen mit denen des Vagus in das Gehin eintreten, oder ob sie sich von den Letzteren an der Stelle abtrennen, wo sich dieselben mit dem inneren Zweige des Nervus accessorius Willisii vereinigen. Ihre Versuche sollen gezeigt haben, daß das vorherige Zerstören des genannten Nerven die Einwirkung des Depressor auf den Blutdruck nicht aufhebt, während die auf die Frequenz der Pulsschläge verschwindet. Diese Autoren folgern daraus, daß die Depressoren Fasern zweierlei Art enthalten: Solche, deren Reizung auf die vasomotorischen Zentren wirkt und die die Vagi bis in die Schädelkapsel begleiten; andere dagegen, die eine reflektorische Wirkung auf die Vagi ausüben. Das Vorhandensein zweier, ja sogar dreier Arten von Nervenfasern in dem Depressor folgt schon aus der Existenz dreier Wurzeln und aus dem Nachweis reflektorischer Wirkungen auf das Gefäßzentrum und auf die Zentren der Vagi und Acceleratores. Die von Spalitta und Consiglio erhaltenen Versuchsergebnisse wären aber kaum genügend, um diese Schlußfolgerung in vollem Maße zu bestätigen. Wir haben oben gesehen, daß die Behauptung Wallers (411), daß sämtliche Hemmungsfasern des Vagus das Rückenmark durch den Nervus accessorius Willisii verlassen, nicht mehr ihre volle Geltung bewahrt. Wenn die Reizung des Depressor nach Zerstörung dieses Nerven keine Verlangsamung des Herzschlages mehr bewirkt, so braucht dies außerdem nicht unbedingt durch die Zerstörung der zum Gehirn verlaufenden Nervenfasern des Depressor, sondern kann durch die der dasselbe verlassenden Fasern des Vagus verursacht sein.

Tatsächlich ergab sich schon aus den ersten Versuchen von Cyon und Ludwig (z. B. aus Versuch IV und V, 76, S. 41), daß die Durchschneidung eines einzigen Vagus auf der Seite, wo sich der gereizte Depressor befindet, die Verlangsamung der Pulse durchaus nicht aufhebt, da der Reiz sich auch auf den Vagus der anderen Seite überträgt. Kazem-Beck (218) hat die gleiche Beobachtung beim Hunde und beim Ferkel gemacht. Nur erfordert, wie in letzter Zeit S. Fuchs gezeigt hat, eine allein durch den Vagus der Gegenseite hervorgerufene Verlangsamung eine weit stärkere Reizung des Depressor.

S. Fuchs hat ebenfalls die Frage von dem Ursprung der Depressoren erörtert. Seine Versuche haben ihm gestattet näher festzustellen, durch welche Vaguswurzeln sie in die Schädelhöhle eintreten. Es handelte sich darum, die Faserbündel zu untersuchen, welche die vereinigten Wurzeln der Nervi glossopharyngei, vagi und accessorii bilden. Nachdem schon Grossmann (175) gefunden hatte, daß beim Kaninchen

die vom verlängerten Mark ausgehenden und diese Wurzeln bildenden
Nervenfasern durch das Foramen jugulare in drei Bündeln hindurch-
treten, einem oberen, einem mittleren und einem unteren Bündel, gelang es Fuchs mittels Durchschneidungen und Reizungen dieser Wurzeln zu beweisen, daß die Fasern des Depressor sich in dem oberen
Bündel befinden, demselben, welches nach den Untersuchungen von
Th. Beer und A. Kreidl (15), auch die Fasern des Vagus enthalten
soll, deren Reizung eine Verlangsamung oder Stillstand der Atmung
hervorruft. In diesem oberen Bündel kann man leicht zwei Nerven-
wurzeln unterscheiden, von denen die untere die stärkere ist. Durch
diese letztere sollen die Fasern des Nervus depressor hindurchgehen,
um dann in das verlängerte Mark zu gelangen

Verfolgen alle Fasern des Depressor um zum Gehirn zu gelangen
diesen Weg? Als die eben besprochenen Untersuchungen ausgeführt
wurden, besaß man von der dritten Wurzel dieses Nerven nur die kurze anatomische Angabe, welche von Cyon (67) für das Pferd gemacht war (1870).
Wohl hatte bereits Bayliss (13) die Aufmerksamkeit auf die Tatsache gelenkt, daß die Reizung des zentralen Endes des Depressor nach der Durchschneidung der beiden Vagi oft eine wesentliche Beschleunigung der Pulse
hervorruft, eine Tatsache, welche sich übrigens schon aus den ersten
Versuchen von Cyon und Ludwig an diesem Nerven ergab (76, Versuch IV); aber man wußte noch nicht, daß in diesem Falle die reflektorische Wirkung auf die Accelerantes sich durch eine besondere Wurzel
fortpflanzt. Erst in allerletzter Zeit hat Cyon (78) diese letztere durch
direkte physiologische Versuche festgestellt. Es ergibt sich aus diesen
Versuchen, daß die dritte Wurzel des Depressor sowohl beim Kaninchen als beim Hunde und beim Pferde (s. Fig. 22) durch das obere
Halsganglion hindurchgeht: es wurde also festgestellt, daß sie mit
den sympathischen Fasern dieses Ganglions zum Gehirn verläuft.

Im Verlaufe seiner Untersuchungen über das Verhältnis der Depressoren zur Thyreoidea hatte Cyon mehrmals Gelegenheit, beim Kaninchen die Resektion der Nervi depressores und sympathici vorzunehmen. Die Untersuchung der in dieser Weise operierten Tiere,
mehrere Wochen nach der Resektion, hat nun gezeigt, daß das zentrale Ende des Nervus depressor bis zu einem gewissen Grade erregbar geblieben war. In der Tat erzeugten Reizungen dieses zentralen
Stumpfes bei den auch thyreoidektomierten Tieren eine geringe

Herabsetzung des Blutdruckes und eine merkliche Beschleunigung der Herzschläge. Die neue anatomische Untersuchung von Athanasiu (5) gibt von diesen scheinbar paradoxen Tatsache folgende Erklärung: die Nervenfasern des Depressor, welche durch die ersten Halsganglien (3. Wurzel des Depressor nach Cyon) hindurchgehen, nehmen gerade in diesen Ganglien ihren Ursprung. Dies erklärt, warum sie ihre Erregbarkeit haben erhalten können.

Wir haben oben die anatomische Anordnung dieser dritten Wurzel des Depressor dargestellt. In seinen Untersuchungen über die Schilddrüse fand Cyon die entsprechende Anordnung auch beim Kaninchen. Die Reizung dieser dritten Wurzel des Depressor ruft eine merkliche Beschleunigung des Herzschlags hervor, indem sie auf reflektorischem Wege auf die Nervi accelerantes einwirkt. Diese reflektorische Wirkung läßt sich besonders leicht bei den thyreoidektomierten Tieren beobachten, bei welchen, wie wir weiter sehen werden, die Erregbarkeit der Nv. Accelerantes bedeutend erhöht ist.

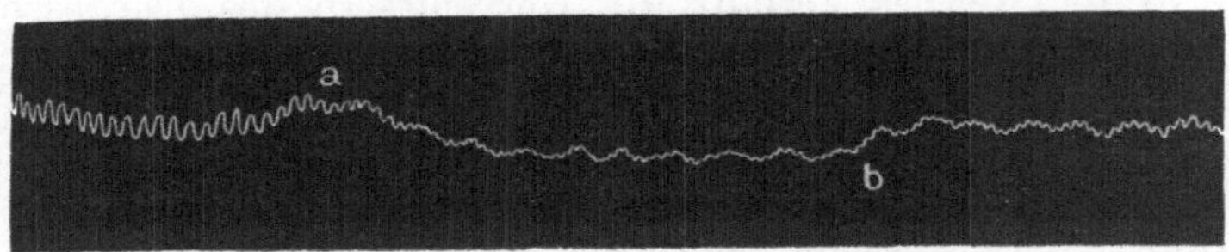

Fig. 27. Reizung des Depressor beim Kaninchen, bei dem Prof. Gley
am 5. März 1898 die beiden Schilddrüsen entfernt hat.
Diese Reizung wurde von Cyon und Gley am 19. Dezember desselben Jahres
vorgenommen. Man sieht, daß diese Reizung eine ganz bedeutende Beschleunigung der
Herzschläge erzeugt, bei sehr geringer Senkung des Blutdrucks. Die bedeutende Erhöhung
der Erregbarkeit der Acceleratoren, hervorgerufen durch die Entfernung der Schilddrüsen,
wird ebenfalls durch die Fig. 28 demonstriert.

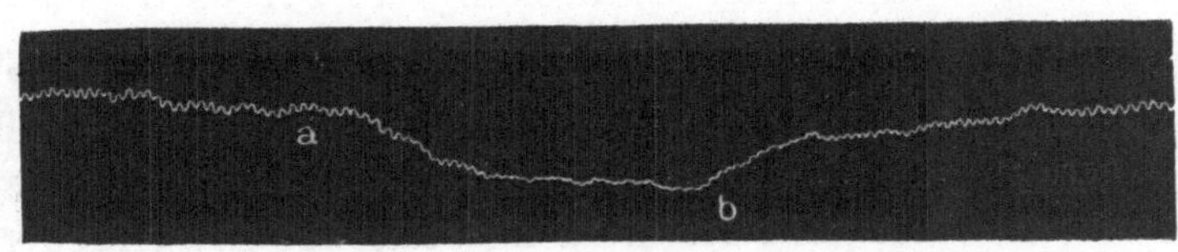

Fig. 28. Reizung des peripheren Endes des Halssympathicus bei demselben Kaninchen.
Diese Reizung erzeugte gleichfalls eine bedeutende Beschleunigung der Herzschläge (von 24
auf 45 in 10″) mit etwas größerer Blutdrucksenkung als bei Reizung des Depressors.

Wir geben hier zwei Kurven wieder (Fig. 27 u. 28), welche besonders deutlich den Erfolg der Depressor- und Accelatorreizung bei thyreoidektomierten Kaninchen veranschaulichen.

Über die Teile des Gehirns, durch welche der Depressor hindurchzieht, um sich zu den Zentren derjenigen Nerven zu begeben, auf welche er eine reflektorische Wirkung ausübt, besitzt man keine genauen, experimentell begründeten, Angaben. Stelling ([382]) hat schon 1867 gezeigt, daß die Durchschneidung des Halsteiles des Rückenmarks die Wirkung des Depressor endgültig aufhebt, wenigstens diejenige auf das Gefäßnervensystem. Die Tatsache erklärt sich sehr leicht: Da die Durchschneidung des Rückenmarks jeden Einfluß des in dem Gehirn gelegenen Gefäßnervenzentrums auf die peripheren Gefäße unterdrückt hat, so kann offenbar auch der Einfluß des Depressor auf dieses Zentrum nicht mehr zum Ausdruck kommen. Über die Lagerung der Zentren der Depressoren sagen sie nichts aus. Jedenfalls müssen diese Zentren in der Nähe des Gefäßnervenzentrums gelagert sein.

§ 4. Die Beziehungen der Depressoren zu den Gefäßnervenzentren; die Hirnzentren dieser Nerven.

Die Frage, welchen Verlauf die Nervenfasern des Depressor nehmen, bis sie schließlich in den Nervenzentren enden, auf welche sie ihre Wirkung äußern, verknüpft sich unmittelbar mit dem Problem der Natur dieser Einwirkung. Wie man oben gesehen hat, haben Cyon und Ludwig schon bei ihrer ersten Arbeit ausdrücklich den hemmenden Charakter des Einflusses dieses Nerven auf das Gefäßnervenzentrum behauptet. Diese Schlußfolgerung wurde ihnen aufgezwungen sowohl durch ihre direkten Versuche an den Splanchnici (s. o.), als auch durch das Studium des intimen Mechanismus, durch den überall die Wirkung der gefäßerweiternden Nerven zum Ausdruck kommt. Einige Zeit vor der Entdeckung des Nervus depressor hat Chr. Lovèn ([261]) im Laboratorium Ludwigs durch zuverlässige Versuche (Reizungen des Nervus auriculo-cervicalis und anderer sensibler Nerven) gezeigt, daß die Erweiterung der Gefäße durch die sogenannten vaso-dilatatorischen Nerven die Folge einer Hemmung der tonischen Erregung ist, welche auf die, im Zentrum oder an der Peripherie gelegenen, vasomotorischen Ganglienzellen ausgeübt wird. Es könnte übrigens auch von einer anderen Erklärung nicht die Rede sein, so lange man das Vorhandensein von Muskelfasern in den kleinen Arterien noch nicht nachgewiesen hat, deren Reizung unmittelbar eine Gefäßerweiterung, etwa durch die Verlängerung der Ringfasern hervorriefe. Mit weit größerer Berechtigung müßte eine allgemeine Erweiterung der Gefäße, so wie sie eine Reizung der Depressoren erzeugt, einer Hemmung des Tonus der gefäßverengernden Zentren zugeschrieben werden.

Trotz des gezwungenen Charakters dieser Schlußfolgerung haben verschiedene Experimentatoren zu beweisen versucht, daß der Depressor seine physiologische Wirkung nur durch Erregung eines gefäßerweiternden Zentrums ausübe, das man in der Medulla oblongata, oder irgendwo weiter oben, vermutete. Ostroumoff (309) hat, wie es scheint, zuerst die Ansicht ausgesprochen, der Depressor könne möglicherweise durch Reizung eines vaso-dilatatorischen Zentrums wirken. Er gründete diese Vermutung auf Beobachtungen, welche er bei Tieren machte, indem er auf die Vasomotoren elektrische Reize von sehr langsamem Rhythmus einwirken ließ. Diese Versuche sollen bewiesen haben, daß die gefäßerweiternden Nerven durch seltenere Reize als die in demselben Nervenstamme gelegenen Vasokonstriktoren in Tätigkeit versetzt werden können. Er glaubte in dieser Beobachtung die Möglichkeit zu finden, isoliert die Vasodilatatoren reizen zu können, ohne daß die Vaso-Konstriktoren gleichzeitig mitgereizt werden.

Es wäre überflüssig, hier die Berechtigung dieser Schlußfolgerung Ostroumoffs zu erörtern, schon aus dem einfachen Grunde, weil, selbst wenn zulässig, sie in gar keinen Zusammenhang mit der Wirkungsweise des Nervus depressor gebracht werden könnte.

Wie übrigens dieser Autor selbst anerkennt, wären direkte Versuche an den Nervi spanchnici allein geeignet, die Entscheidung zu liefern, ob die Annahme einer solchen Wirkungsweise des Depressor haltbar ist. Darauf hinzielende Versuche wurden dann von Rose-Bradford (342) angestellt. Letzterer behauptete, durch Reizung des peripheren Endes des Splanchnicus (durch Induktionsschläge in Intervallen von einer Sekunde) eine Abnahme des Blutdruckes erhalten zu haben. Dieses Ergebnis konnte jedoch von anderen Beobachtern nicht bestätigt werden. In der Wirklichkeit ist zwar das Ansteigen des Blutdruckes infolge einer Reizung der Splanchnici (mit Strömen geringer Frequenz) weniger bedeutend, als nach einer gewöhnlichen Reizung, aber nie erhält man dabei eine Abnahme dieses Druckes. Die Versuche desselben Forschers über die Volumveränderungen der Nieren während der Reizung der Nervi splanchnici (durch langsam oder rasch unterbrochene Ströme) gaben ihm Gelegenheit, gleichzeitig mit der Abnahme des Druckes eine Verminderung des Nierenvolumens zu beobachten. Er schloß daraus, daß die Splanchnici Vaso-dilatatoren für gewisse Unterleibsorgane enthalten. Pal (313) will beobachtet haben, daß, wenn man die Splanchnici durch Ströme reizt, welche zu schwach sind, um eine Steigerung des Blutdruckes hervorzurufen, die Ausflußgeschwindigkeit des Blutes aus den Pankreasgefäßen nichtsdestoweniger zunimmt. Johansson (215) glaubte gleichfalls in den Splanchnici einige Vaso-Dilatatoren gefunden zu haben, von denen er vermutet, daß sie zu den Eingeweiden gehen. Der gleiche Gedankengang hat auch zu den Versuchen von Laffont (238) geführt. Der letztere hat zum ersten Mal den Nachweis zu erbringen versucht, daß die drei ersten Rückenmarkswurzeln Vaso-Dilatatoren für die Leber enthalten, und daß ihre Durchschneidung die Wirkung der Depressores aufzuheben vermag. Zunächst steht die erstere dieser Tatsachen im Widerspruch mit den Versuchen von Cyon und Aladoff (76, S. 182), welche, durch gleichzeitige Messung des Blutdruckes in der Leber-Arterie und in der Carotis, im Gegenteil bewiesen haben, daß die Nervenfasern, welche vom ersten Brustganglion zum letzten Halsganglion verlaufen — einer der Äste der Ansa Vieussenii — Vasokonstriktoren für die Leber enthalten (s. oben S. 104). Ihre Durchschneidung ruft eine Erweiterung der Lebergefäße und auch Diabetes hervor. Diese Tatsache würde es auch verständlich machen, daß die Wirkung des Depressor auf den allgemeinen Blutdruck nach der Durchschneidung der drei Rückenwurzeln einen geringeren Einfluß zeigt. Tatsächlich könnte eine derartige Durchschneidung fast einer solchen der Splanchnici gleichkommen. Die Vaso-Konstriktoren der vorderen Extremitäten verlaufen nun nach Claude Bernard (17) und Cyon (76) in gleicher Weise durch die genannten drei Wurzeln. Die Beobachtung von Laffont steht auch nicht im Einklang mit den zahlreichen Versuchen anderer Forscher, welche Vaso-Dilatatoren für die Leber in den Vagi gefunden haben. François Franck und Hallion (142) folgern andererseits aus ihren letzten Versuchen, daß die Splanchnici Vaso-Dilatatoren für gewisse Teile der Eingeweide und für die Nieren enthalten. Es genügt indessen schon ein Blick auf die dem Bericht ihrer Versuche beigefügten Kurven, um sich zu überzeugen, daß die letzteren viel eher dazu berechtigten, auf die Abwesenheit solcher Vaso-Dilatatoren in den

Splanchnici zu schließen. Denn tatsächlich ist die Gefäßerweiterung nicht **während** der Reizung dieser Nerven, sondern erst **nach** derselben zustande gekommen (78).

Bei all den von uns besprochenen Untersuchungen wurde nicht genügend dem zwischen der peripheren und der abdominalen Zirkulation bestehenden Antagonismus Rechnung getragen; ein Antagonismus, welcher schon durch die Arbeiten von Cyon und Steinmann (76) 1870 erwiesen wurde; wir haben denselben soeben besprochen. Häufig hat man auch den **passiven** Charakter der Gefäßerweiterungen außer acht gelassen, welche notwendigerweise in bestimmten Teilen der Eingeweide-Organe entstehen müssen, falls im Anschluß an eine stärkere Zusammenziehung der Gefäße in der nächsten Umgebung das Blut aus dieser letzteren ausgetrieben wird. Die bis zu diesem Augenblick zugunsten des Vorhandenseins dilatatorischer Fasern in den Splanchnici erbrachten Beweise, sind also mehr als problematischer Natur. Selbst dann, wenn deren Vorhandensein für einige Organe nachgewiesen worden wäre, wäre das durchaus noch kein Beweis dafür, daß in der Medulla oblongata oder anderswo im Gehirne sich ein vaso-dilatatorisches Zentrum befände, und noch weniger, daß der Depressor imstande sei, dieses Zentrum zu erregen. Nicht mit Unrecht hat Biedl (39), nach einer eingehenden Prüfung seiner eigenen wie auch der Untersuchungen der anderen Forscher über diesen Gegenstand, den Ausspruch getan: Die Anzahl der Vaso-Dilatatoren in den Splanchnici ist zu unbedeutend, oder vielmehr das Gefäßgebiet, welches sie beherrschen, hat eine zu geringe Ausdehnung, um einen wesentlichen Einfluß auf den allgemeinen Kreislauf ausüben, oder um sich in einer allgemeinen Abnahme des Blutdruckes, während der Splanchnicusreizung äußern zu können (39). Allerdings schließt derselbe Autor, nachdem er in dieser Weise die Unmöglichkeit betont hat, durch Reizung der Vaso-Dilatatoren in den Splanchnici den allgemeinen Blutdruck in berechenbarer Weise beeinflußen zu können, nichtsdestoweniger einige Seiten weiter (469), daß die Wirkung des Depressor, wahrscheinlich, eine Folge der reflektorischen Reizung der Vaso-Dilatatoren der Eingeweide sei!

Sämtliche Versuche, die Wirkung des Depressor durch eine reflektorische Einwirkung der Vaso-Dilatatoren der Nervi splanchnici auf ein, angeblich vorhandenes, dilatatorisches Zentrum zu erklären, haben also zu einem ganz entgegengesetzten Ergebnisse geführt. Cyon hat in neuerer Zeit einige weitere Einwände gegen eine derartige Erklärung der Wirkung der Depressoren vorgebracht. Bei seinen Versuchen mit Jodothyrin-Injektionen hat er eine so starke Erhöhung der Reizbarkeit des Depressoren beobachtet, daß er bei Reizung des einen Depressor ein Sinken des Blutdruckes erhielt, ofmals um mehr als $^2/_3$ unter dem normalen Druck. Ein paar Mal unterlagen sogar die Tiere während der Reizung des Depressor infolge der plötzlichen Lähmung aller Vaso-Konstriktoren. „Die Wirkungen der Vaso-Dilatatoren" schreibt Cyon, „sind überhaupt launenhaft und erfordern bei deren Reizung eine längere Latenz. Die Wirkungen der Depressoren sind dagegen absolut konstant und treten sofort beim Beginne der Reizung auf."

Noch eine andere Beobachtung ist von den meisten Physiologen gemacht worden, die Gelegenheit hatten, die Wirkung der gefäßerweiternden Nerven zu studieren. Ihre Wirkung ist meistens kurzdauernd. Diejenige des Depressor dagegen ist von längerer Dauer und anhaltend. Bayliss (13), der, wie oben gesagt, eine ausgedehnte Untersuchung über die Wirkung des Depressor auf die verschiedenen Teile des Körpers angestellt hatte, sieht gleichfalls in dieser Tatsache einen sehr schwerwiegenden Einwand gegen das Zurückführen dieser Wirkung auf eine Reizung der vaso-dilatatorischen Zentren. Dennoch scheint er geneigt, eine solche anzunehmen und zwar aus zwei Gründen: 1. weil nach der Hypothese Gaskells die hemmende Wirkung einen anabolischen Charakter tragen soll. Nun hat freilich Bayliss nicht feststellen können, daß die Ernährung und die Erregbarkeit des gefäßverengernden Zentrums nach einer längeren Reizung des Depressor zunahm. Wenn man letzteres auch als eine unbestreitbare Tatsache hinnehmen wollte, so bliebe doch noch zu bedenken, daß die Hypothese Gaskells vorläufig noch ganz in der Luft schwebt und höchst unwahrscheinlich ist. Der zweite Grund ist den Beobachtungen von Bradford entlehnt. Wir haben soeben gesagt, daß sie gleichfalls nichts zugunsten einer Einwirkung des Depressor auf die Vaso-Dilatatoren beweisen.

Mehrere Autoren glaubten, zur Stütze dieser These einige Beobachtungen heranziehen zu können über die Wirkung gewisser Substanzen, welche die Erregbarkeit des Depressor herabsetzen. So haben z. B. Gley und Charrin (165) im Verlaufe ihrer interessanten Untersuchungen über die Wirkung der Sekretionsprodukte der Bacilles pyogènes auf das Gefäßnervensystem beobachtet, daß die Injektion von 10 bis 20 ccm des Filtrates seiner Kultur eine starke Herabsetzung der Erregbarkeit des Depressor bewirkt. Da sie zu gleicher Zeit feststellen konnten, daß die die Gefäßverengerung erzeugenden Reflexe nicht geschwächt waren, so zogen sie aus ihren Beobachtungen am Depressor den Schluß, daß dieser Nerv auf Vaso-Dilatatoren einwirkt. Diese Schlußfolgerung ist keineswegs gezwungen. Denn tatsächlich ist fast immer, wenn die Wirkung der gefäßverengernden Zentren sehr ausgeprägt ist, wie z. B. bei der Asphyxie, die der Depressoren herabgesetzt, und zwar aus dem einfachen Grunde, weil dieselben dann viel bedeutendere Widerstände zu überwinden haben.

Gley und Charrin haben übrigens noch eine andere Beobachtung gemacht, welche ganz deutlich darauf hinweist, daß es sich eben um eine hemmende Wirkung des Depressor handelt. Denn gleichzeitig mit der Abnahme der Reizbarkeit dieses Nerven fanden sie, daß die Reizung des zentralen Endes des Nervus auriculo-cervicális gleichfalls einen großen Teil seiner Wirksamkeit, unter dem Einfluß der Sekretionsprodukte der Bacilles pyogènes, verlor. Da es sich hier gewiß um eine hemmende Wirkung handelte, so beobachten sie also die nämliche Erscheinung wie bei der Reizung des Depressor.

Ja noch mehr: Morat und Doyon (296), welche die von Gley und Charrin am Depressor gemachten Beobachtungen bestätigen konnten, haben gefunden, daß unter denselben Einflüssen die Erregbarkeit des Vagus gleichfalls abnimmt. Wir haben es also hier mit der gleichen Erscheinung zu tun, welche ich ausführlich in den Mitteilungen über die physiologischen Herzgifte schon früher behandelt habe (84): Gemäß den von uns aufgestellten Gesetzen von der Erregbarkeit der Ganglienzellen wirken die Gifte, die im Organismus selbst entstehen, in gleichem Sinne auf die Nerven derselben Gattung und im entgegengesetzten Sinne auf deren Antagonisten (drittes Erregungsgesetz [1])). Das Jodothyrin und das Hypophysin z. B. erhöhen sowohl die Erregbarkeit der Vagi und der Depressores und wirken entgegengesetzt auf die Vaso Konstriktoren und die Acceleratores. Die wirksame Substanz der Nebennierenkapseln, das Epinephrin von Abel oder das Suprarenin (Furth) dagegen wirken auf dieselben Nerven in voll-

---

[1]) Siehe unten Kap. IV, § 7.

kommen entgegengesetzten Sinne, lähmend auf die Vagi und die Depressores und erregend auf die Sympathici und Acceleratores. Auch die Thyreoidektomie bewirkt, indem sie aus dem Organismus Jodothyrin entfernt und vielleicht auch, indem sie Jod im Blute anhäuft (Barbèra), bei den Depressores und Vagi eine Herabsetzung der Erregbarkeit.

Tschirwinsky [396] hat über die Depressores zahlreiche Versuche veröffentlicht, aus welchen er jedoch irrtümliche Schlüsse gezogen hatte. Nachdem er festgestellt hatte, daß verschiedene Gifte, wie z. B. das Chloral, die Wirkung des Depressor herabsetzten — eine Tatsache, welche schon 1874 von Cyon [76, S. 129—143] erkannt und seitdem von Heidenhain und seinen Schülern, wie auch von anderen studiert worden ist, — glaubt Tschirwinsky auf Grund einer Schlußfolgerung, deren Begründung uns entgeht, darin einen Beweis zu finden, dieser Nerv wirke, indem er ein gefäßerweiterndes Zentrum reize. Die bekannte Wirkung des Chlorals auf die zentralen und peripheren gefäßverengernden Ganglien genügt vollkommen, um diese Abnahme der Wirkung des Depressor zu erklären. Was ferner die vermeintliche Umkehr der Funktionen betrifft, welche Tschirwinsky bei der Wirkung dieses Nerven beobachtet haben will, so hat Cyon während einer langen Reihe von Jahren vergeblich versucht, eine derartige Umkehr für den Depressor entweder durch Einwirkung verschiedener, narkotischer Gifte oder durch die Ausschälung der beiden Gehirnhemisphären zu erhalten: alle darauf gerichteten Versuche blieben erfolglos. Indessen hätte eine derartige Umkehr, wie sie Cyon unter den gleichen Einflüssen, bei der Einwirkung der anderen sensiblen Nerven auf die Zentren entdeckt hatte, nur eine neue und glänzende Stütze für sein erstes Gesetz von der Ganglien-Erregung abgegeben (siehe § 7, Kap. IV).

Gerade weil der Depressor sich in dieser Beziehung ganz anders verhält, als alle übrigen sensiblen Nerven des Körpers, sah Cyon sich, nach der Erfolglosigkeit der oben angeführten Versuche, zu der Annahme veranlaßt, daß die Art der Verbindung der Nervenfasern des Depressor mit dem gefäßverengernden Zentrum sich in ganz besonderer Weise von dem der übrigen sensiblen Nerven unterscheiden muß, oder, mit anderen Worten, daß zwischen den Endigungen dieser Fasern und dem gefäßverengernden Zentrum eine Zwischenvorrichtung eingeschaltet sei, die, ganz unabhängig von dem Zustande, in dem sich dieses Zentrum gerade befindet, nur eine hemmende Wirkung ihrer tonischen Erregung zuläßt. Eine solche Annahme entspricht übrigens vollständig der physiologischen Bestimmung des Depressor. Die letzten Versuche Cyons über die engen, zwischen dem Nervus depressor und der Glandula thyreoidea bestehenden Verbindungen ermöglichten es außerdem, die Natur dieser Zwischenvorrichtung genau festzustellen: „Exstirpationen der Schilddrüsen sowie Einspritzungen von Jod heben die Depressorwirkungen auf; Jodothyrin und phosphorsaures Natron (Barbèra) vermögen die normale Leistungsfähigkeit des Depressor zu erhöhen resp. die geschwundene wieder herzustellen. In welcher Weise werden diese verschiedenartigen Veränderungen erzeugt? Daß Gefäßzentrum wird zwar durch die ersten beiden Einwirkungen etwas erregt; diese Erregung ist aber nicht stark genug, um die Wirkungslosigkeit des Depressor zu erklären. Der Blutdruck bleibt auch gewöhnlich auf derselben Höhe, wenn durch Einspritzung von Jodothyrin die Wirksamkeit des Depressor wieder hergestellt wird."

„Man könnte noch an eine andere Erklärungsweise denken, nämlich, daß die Thyreoidektomie oder die genannten Substanzen die Erregbarkeit des Nervenstamms des Depressor selbst in verschiedenem Sinne zu beeinflussen vermögen. Diese Erklärungsweise wird aber mit Sicherheit durch die obigen Beobachtungen widerlegt, daß bei thyreoidektomierten Tieren die Reizung des Depressor gewöhnlich noch erregend auf das Vaguszentrum wirkt, den Tonus der Gefäßnerven aber nicht mehr herabzusetzen vermag."

„Wenn man nicht zur unmöglichen Voraussetzung greifen will, daß in dem Nervensystem selbst die Fasern, welche zum Vaguszentrum gehen, noch erregungsfähig sind, diejenigen, die das Gefäßzentrum beherrschen, aber ihre Erregbarkeit eingebüßt haben, — so ist man gezwungen, von den Veränderungen des Stammes des Depressor abzusehen. Es bleibt also nur die eine Erklärung möglich — daß die Thyreoidektomie auf das Zentralorgan des Depressor wirkt, d. h. auf ganglionöse Gebilde, welche die zentralen Endorgane dieses Nerven bilden. Ganz in demselben Sinne sprechen auch die Versuche mit Einspritzung von Jodothyrin, Jod und phosphorsaurem Natron; denn diese Substanzen, wenn im Blute eingeführt, äußern ihre volle Wirksamkeit und mit derselben Schnelligkeit auf den Depressor — auch wenn derselbe vorher durchschnitten und auf einen Faden genommen, ganz isoliert war. Die genannten Substanzen konnten in solchen Fällen doch nur auf das Zentrum und nicht auf den Stamm des Depressor gewirkt haben" (78, S. 107, 108).

Die im Gehirne befindliche Zwischenvorrichtung des Depressor muß paarig sein, denn wir sahen oft, daß, wenn die Reizung des einen Depressor schon ganz unwirksam wird, die des andern noch ihre tonusherabsetzende Wirkung auf das Gefäßzentrum auszuüben vermag.

Eine derartige Vorrichtung hat natürlich nichts mit einem gefäßerweiternden Zentrum gemein in dem Sinne, wie es von den Autoren verstanden wird, welche die Wirkungen des Depressor auf eine Erregung des gefäßerweiternden Nerven zurückführen wollen. Denn diese ganglionösen Enden der Depressoren äußern schon im Gehirn selbst ihre lähmende Wirkung auf das gefäßverengernde Nervenzentrum. Dagegen würde ein gefäßerweiterndes Zentrum, dessen Vorhandensein im Gehirn man ohne jeden Grund vermutet, erst noch besonderer Nervenbahnen bedürfen, um auf dem Wege der Splanchnici zu den peripheren Arterien zu gelangen. Wie derartige Nervenfasern eine direkte Erweiterung der Arterien bewerkstelligen sollen, entzieht sich völlig unserem Verständnis.

In letzter Zeit ist es Porter und Beyer gelungen, von neuem einen direkten Nachweis zu liefern, daß sich die Wirkung der Depressores ausschließlich in einer Hemmung der gefäßverengernden Nervenzentren äußert. Sie stützen ihre Beweise auf zwei sehr zuverlässige Versuche: der erste bestand darin, daß sie gleichzeitig die zentralen Enden der Depressoren und die peripheren der Splanchnici reizten. Die Depressoren sollen in diesem Falle auf die Gefäßnerven-Zentren einwirken, während einer, durch die Reizung der gefäßverengernden Fasern der Splanchnici hervorgerufenen Erhöhung des Blutdruckes. Wenn diese letzteren Nerven wirklich gefäßerweiternde Fasern enthielten, so hätte die Abnahme des Blutdruckes während dieser doppelten Reizung weit bedeutender sein müssen, als während der alleinigen Reizung der Depressoren. Nun haben Porter und Beyer gerade das Gegenteil davon beobachtet. Die Senkung des Blutdruckes war um die Hälfte geringer, als wenn die Depressoren allein gereizt wurden.

Die zweite Reihe ihrer Versuche ist nicht weniger beweisend: sie erhöhten den Blutdruck künstlich durch Injektion physiologischer Kochsalzlösung in die Vena jugularis. Auch in diesem Falle war die Wirkung der Reizung der Depressoren viel bedeutender, als während der gleichzeitigen Reizung der Nervi splanchnici (siehe Cyon, 91).

Können nun die Endapparate der Depressoren auf direktem Wege in Tätigkeit versetzt werden, ohne daß der Reiz ihnen von der Peripherie aus durch die Stämme des Depressor übermittelt wird? Die neuen Beobachtungen über die periodischen Schwankungen des Blutdruckes, welche unter dem Namen der Traubeschen Wellen bekannt sind, setzen uns instand diese Frage bejahend zu beantworten.

§ 5. Die periodischen Blutdruckschwankungen Traubes und der Nervus depressor.

Abgesehen von den zwei konstanten Wellenbewegungen des Blutdrucks, welche durch die Herzkontraktionen und die Respirationsbewegungen erzeugt werden, unterscheidet man noch zwei Arten von periodischen Wellenbewegungen des Blutdrucks: 1. die künstlich, durch Aufhebung der Respiration, hervorgerufenen, welche von Traube (394) beschrieben und alsdannn von Hering (187) näher untersucht worden sind, und 2. die spontan auftretenden periodischen Wellen, welche Cyon zuerst bei normal atmenden Tieren beobachtet hat, die dann später S. Mayer (292) u. a. zum Gegenstand ihrer Untersuchungen machten. Cyon hat seinerzeit den Vorschlag gemacht, diese spontanen Blutdruckschwankungen nicht von den durch Traube beobachteten zu trennen, denn die einen, wie die andern schienen durch analoge Mechanismen hervorgerufen zu werden.

Die verschiedenen Auffassungen, welche die einzelnen Autoren früher über ihren Ursprung geäußert haben, sind zunächst folgende;

a) Die künstlich erzeugten Blutdruckwellen von Traube, Hering werden hervorgerufen:

1. durch die Anwesenheit von schädigenden Substanzen, wie Kohlensäure oder andere, welche, im Blut angehäuft, die gefäßverengernden Zentren reizen (Traube, Cyon, Knoll);

2. durch periodische Impulse, welche das Atmungszentrum dem gefäßverengernden Zentrum mitteilt (Hering) oder durch Reize, welche auf dieses letztgenannte Zentrum, bald durch in den Gefäßwänden ge-

legene Pressoren oder Depressoren, bald durch andere sensible Nerven übertragen werden (Latschenberger und Deahna (247).

b) Die spontanen Cyon-Mayerschen periodischen Schwankungen, welche während des normalen Funktionierens der Atmungsorgane auftreten, werden hervorgerufen:

1. durch Reizung der Gefäßnerven-Zentren im Gehirn und an der Peripherie, infolge von Kohlensäureanhäufung oder Sauerstoffmangel (Cyon);

2. durch Impulse, welche das Atmungszentrum durch Vermittlung eines besonderen, zwischen die beiden eingeschalteten Nervenzentrums, auf das Gefäßnervenzentrum überträgt (S. Mayer);

3. wahrscheinlich durch andere variable periphere Reize (Knoll).

Diese periodischen Wellenbewegungen des Blutdrucks und zwar sowohl diejenigen, welche Traube zuerst beschrieben, wie die, auf welche Cyon zuerst die Aufmerksamkeit gelenkt hat, werden im allgemeinen in der Physiologie als Wellen des Blutdruckes dritter Ordnung bezeichnet. In seiner ersten Mitteilung hat Traube schon diese Bezeichnung für die beobachteten Oszillationen angewandt, von denen er sorgfältig diejenigen erster Ordnung unterschieden hat, welche von dem Herzschlag herrühren, und die zweiter Ordnung, welche normale Atmungswellen sind. Die Blutdruckwellen zweiter Ordnung sind ebenso konstant und normal, wie die der ersten Ordnung, während die Wellen dritter Ordnung nur unter abnormen, entweder künstlich erzeugten (Traube) oder spontanen (Cyon) Bedingungen auftreten. Die Wellen zweiter Ordnung oder die Atmungswellen wurden zum erstenmal von Ludwig und Einbrodt richtig erkannt und waren seitdem der Gegenstand zahlreicher experimenteller Untersuchungen. Trotz der Unterschiede in der Auffassung des Mechanismus, durch welchen die Atembewegungen diese Oszillationen des Blutdruckes hervorrufen, sind alle Physiologen, welche ihre Untersuchungen ernstlich angestellt haben, darin einig, daß es sich dabei um Erscheinungen handelt, die von Druckschwankungen in der Thoraxhöhle bedingt werden. Sie sind vollständig unabhängig von der Wirkung der Gefäßnerven. Anderseits stimmten sämtliche eben genannte Physiologen, die sorgfältig die Wellen dritter Ordnung studiert hatten, insofern mit Traube überein, als sie diese Wellen dem Eingreifen des Gefäßnervensystems zuschrieben und auch erkannten, daß sie nichts mit den Atmungswellen der zweiten Ordnung zu tun haben, die rein mechanischen Ursprungs sind.

Erst in allerletzter Zeit mußte man mit Bedauern konstatieren, daß einige Forscher anfingen, die Wellen dritter und zweiter Ordnung miteinander zu verwechseln. Der Urheber dieser Verwechselung war dabei noch — man sollte es kaum glauben — ein sonst sehr erfahrener Experimentator, Léon Frédéricq. In seiner ersten Arbeit über die Atmungsschwankungen des arteriellen Druckes beim Hunde (145) sprach er von Gefäßnerven-Einfluß auf diese Schwankungen in einer Weise, welche bereits auf eine Verwechslung zwischen den verschiedenen Wellen hinzuweisen schien. Frédéricq spricht darin mehrmals von einem Gefäßnerven-Einfluß, welcher an der Bildung der Atmungswellen Anteil haben sollte. Später hat ein Schüler Frédéricqs, Léon Plumier, in einer im physiologischen Institut in Lüttich ausgeführten Arbeit die, seinem Lehrer unterlaufene Verwechslung zwischen den von Traube beschriebenen und dann durch Hering, Cyon, Knoll und anderen näher untersuchten Wellen dritter Ordnung und den Atmungswellen diesmal schon in unzweideutiger Weise hervortreten lassen.

Es genügt einen Blick auf die in der Arbeit Plumiers (325) veröffentlichten zahlreichen Kurven zu werfen, welche gleichzeitig die Schwankungen des Blutdrucks und die der Atmung darstellen, um einzusehen, daß Frédéricq und Plumier die einfachen, seit mehr denn 50 Jahren bekannten Atmungswellen als Traube-Heringsche Wellen betrachten. Der Text der Arbeit Plumiers spricht nicht weniger deutlich, wie seine graphischen Darstellungen. Der Verfasser macht sogar Cyon, Latschenberger und Deahna, H. C. Wood, Arthur Biedl und Max Reiner ausdrückliche Vorwürfe und zwar weil sie einem derartigen Irrtum nicht verfallen sind! Dagegen glaubte er in diesem Punkte derselben Ansicht wie Hering zu sein! Diese Behauptung erklärt auch den Ursprung der begangenen Verwechslung. Es wurde soeben hervorgehoben, daß Hering die Traubeschen Wellen durch periodische Erregungen zu deuten suchte, welche die nervösen Atmungszentren den gefäßverengernden Zentren übermitteln. S. Meyer hat dann die Hypothese Herings etwas genauer präzisiert, indem er das Vorhandensein eines besonderen Nervenzentrums annahm, welches zwischen den Atmungs- und Gefäßnervenzentren eingeschaltet und dazu bestimmt ist, als vermittelndes Glied zwischen den beiden letzteren zu dienen. Von da bis zu einer Verwechslung der Traubeschen Wellen mit den Wellen zweiter Ordnung ist ein weiter Abstand. Schon allein die Tatsache, daß die ersteren nur in Ausnahmefällen und unter ganz bestimmten Bedingungen auftreten, hätte doch eine so bedauerliche Verwechslung verhindern müssen. Die Verwechslung konnte nur dem Umstande zu verdanken sein, daß weder Frédéricq noch Plumier Gelegenheit gehabt hatten, graphische Darstellungen von den wirklichen Wellen Traubes zu studieren. Derartige Darstellungen sind indessen schon von zahlreichen Autoren veröffentlicht worden, unter anderem auch von Cyon in seiner ersten Arbeit über die spontanen Blutdruckwellen (erschienen 1874 in Pflügers Archiv [76]), wo man auf der Tafel VII mehrere Kurven A und C findet, welche die drei Arten von Wellen wiedergeben, die mit den Buchstaben a, b und c bezeichnet sind. Wir reproduzieren unten eine dieser Kurven (Figur 29). (Vergl. auch die letzten Untersuchungen Cyons über die Verrichtungen der Schilddrüse, der Hypophyse usw., wo zahlreiche graphische Darstellungen wiedergegeben sind, welche deutlich den Unterschied zwischen den Traubeschen und den Atmungswellen zeigen.)

Eine weitere Verwechslung, wenn auch ganz anderen Ursprungs, drohte letztens noch die Begriffe über die Bedeutung der Wellen dritter Ordnung vollständig zu verwirren. Der verschiedene Ursprung dieser Wellen, deren Mechanismus indessen stets der gleiche ist, hat mehrfach jüngere Experimentatoren zu neuen Irrtümern verleitet. Jeder glaubte neue Arten von Blutdruckwellen entdeckt zu haben, sobald er Kurven erhielt, deren Form ein wenig von den früher beschriebenen abwich. Auf diese Weise ist man allmählich dazu gelangt, ohne jeden greifbaren Grund, die Zahl der irregulären Schwankungen des Blutdrucks ins Unendliche zu vermehren. Die Verwirrung nahm noch zu, infolge der mißbräuchlichen Bezeichnung jeder Form dieser Wellen mit dem Namen des Autors, der sie zum ersten Male beschrieben zu haben glaubte. Eine derartige Vervielfältigung der Bezeichnungen mußte notwendigerweise das Verständnis des wahren Mechanismus ihres Entstehens ganz unmöglich machen.

Sämtliche, sowohl die auf künstlichem Wege erzeugten Wellen (Traube, Hering), als die spontan auftretenden (Cyon, S. Mayer) haben das Gemeinsame, daß sie alle dritter Ordnung sind, d. h. daß

sie sich über eine größere Anzahl der beiden normalen Wellen, die
des Herzschlags (erster Ordnung) und die der Atmung (zweiter Ordnung)
ausdehnen.

Sodann beruhen die Wellen dritter Ordnung ohne Ausnahme auf Veränderungen in dem Erregungszustande der
Gefäßnervenzentren. Darum hatte auch Cyon gleich bei der Entdeckung der spontanen Blutdruckwellen dritter Ordnung davon Abstand genommen, ihnen eine besondere Bezeichnung zu geben; er
betonte, im Gegenteil, man müsse auch diese Wellen mit dem Namen
Traubes verbinden; einerseits als Anerkennung für den hervorragenden
Physiologen und Kliniker, welcher zuerst die Existenz von Wellen
dritter Ordnung festgestellt und beschrieben hatte, andererseits auch um
jeder Verwechslung für die Zukunft vorzubeugen. Dies hat übrigens
nicht verhindert, daß manche diese spontanen Oszillationen als diejenigen Cyons bezeichneten, andere dagegen als die Sigmund Meyers,
welcher sie drei Jahre nach Cyon näher untersuchte, dabei übrigens
nicht unterließ, festzustellen, daß Cyon der erste gewesen sei, der ihr
Vorhandensein nachgewiesen habe[1]).

Wenn auch sämtliche Forscher, welche die ersten Untersuchungen
über die Blutdruckwellen dritter Ordnung angestellt haben, insofern
einer Meinung waren, als sie deren Ursprung vasomotorischen Erscheinungen zuschrieben, so gebührt doch Latschenberger und Deahna das Verdienst, zum ersten Mal den Mechanismus dieser Erscheinungen näher angedeutet zu haben. In einer äußerst sorgfältig
im Tübinger physiologischen Institut ausgeführten Untersuchung haben
diese Forscher nachzuweisen gesucht, daß die Wellen dritter Ordnung
durch Reize hervorgerufen werden, welche abwechselnd, bald durch
die in den Wänden der Blutgefäße gelegenen Pressoren und Depressoren-
fasern, bald durch andere sensible Nerven zu den Gefäßnervenzentren
entsandt werden.

---

[1]) Um der Zunahme der schon jetzt herrschenden Konfusion vorzubeugen, wäre
es wünschenswert, die künstlich erzeugten Wellen dritter Ordnung fortan als
Traube-Heringsche und die spontan auftretenden als Cyon-Mayersche
zu bezeichnen. Indem man die Namen ihrer Entdecker mit denen der Forscher
verbindet, welche nach ihnen sie zuerst näher studiert haben, würde man ein für
alle Mal die Verschiedenheit ihres Ursprungs bezeichnen und, was nie schadet,
auch dem Gerechtigkeitsgefühl Genüge leisten.

Bayliss hatte dann die Aufmerksamkeit auf die wichtige Tatsache gelenkt, daß die periodischen Wellen dritter Ordnung während der Reizung der Depressoren verschwinden. Im Laufe seiner Untersuchungen über die Verrichtungen der Schilddrüsen und deren Beziehungen zu den Herznerven, besonders zu dem Nervus depressor, sah sich Cyon (78) veranlaßt, die Weiterverfolgung dieser Frage aufzunehmen. Seine Versuche an thyreoidektomierten Tieren sowie über die Wirkungen des Jodothyrins gaben ihm Gelegenheit, eine große Anzahl von spontanen periodischen Oszillationen des Blutdruckes zu beobachten, sowie die näheren Bedingungen ihres Auftretens und Verschwindens unter den verschiedenen nervösen Einflüssen genauer zu prüfen. Es gelang ihm von vornherein festzustellen, daß die Zahl und die Stärke der Herzkontraktionen ohne Einfluß auf die spontanen Wellen dritter Ordnung sind, wie dies Hering schon für die künstlichen Traubeschen Wellen beobachtet hatte. Die erste unumgänglich notwendige Bedingung für deren Auftreten wird durch eine vorhergehende Steigerung des Blutdruckes, und zwar vorzugsweise in der Schädelhöhle und im Herzen gegeben, welche auch sonst die Ursache dieser Steigerung sein mag: Kohlensäureanhäufung, Sauerstoffmangel oder Reizung der Gefäßnervenzentren durch verschiedene Gifte, z. B. Cyankalium (Traube) oder Curare im Augenblick des Verschwindens der Lähmung, oder endlich abnorme Veränderungen in der Menge der im Blute vorhandenen physiologischen Herzgifte, Veränderungen, die notwendigerweise in dem einen oder anderen Sinne den Tonus der gefäßverengernden oder erweiternden Nerven stören müssen (Cyon). (Als physiologische Herzgifte bezeichnete Cyon die normalen Sekretionsprodukte der Schilddrüsen, der Hypophyse, der Nebennieren und der anderen sogenannten Gefäßdrüsen.)

Während das Wesen dieser Blutdruckschwankungen stets dasselbe bleibt, wechselt ihre Gestalt je nach dem Zustande der Erregbarkeit der Nervenzentren, von denen ihr periodisches Auftreten abhängt und der Stärke ihrer jemaligen Erregung. Die große Regelmäßigkeit, mit der die Wellen dritter Ordnung aufzutreten pflegen, weist schon darauf hin, daß man es hier mit dem Spiel zweier antagonistischer Kräfte zu tun hat. Die äußeren Zeichen dieses Spieles kommen in einer gleichmäßigen Reihe rhythmischer Schwankungen der Blutdruckhöhe zum Ausdruck. Damit Traubesche Wellen zustande kommen, muß die eine dieser Kräfte sich in einer großen Steigerung des Blutdruckes in der Schädelhöhle und im Herzen äußern, wie eben hervorgehoben wurde. Die zweite antagonistische Kraft muß also in denjenigen Mechanismen gesucht werden, welche die Gefahren solcher Blutdrucksteigerungen zu bekämpfen haben, nämlich in den Depressoren. Das Zu- oder Abnehmen des Blutdrucks in den Wellen dritter Ordnung bedeutet also jedesmal das periodische Überhandnehmen bald der drucksteigernden, bald der depressorischen Kräfte. Unter solchen Umständen ist es selbstverständlich, daß jede Verminderung der Erregbarkeit der Depressoren das Auftreten der betreffenden Wellen erleichtern muß. Dagegen braucht das Durchschneiden der Depressoren nicht notwendigerweise das Auftreten dieser Wellen zu unterdrücken. Es ist ja erwiesen, daß die plötzliche Zunahme des Blutdrucks in der Schädelhöhle auch direkt die Endorgane der Depressoren zu erregen vermag.

Es soll hinzugefügt werden, daß Livon (249), ganz unabhängig und fast zu gleicher Zeit wie Cyon, zu einer gleichlautenden Deutung des Ursprungs der Wellen dritter Ordnung gelangt ist. Im Verlaufe seiner Studien über die hypertonischen und hypotonischen Eigenschaften gewisser Produkte der Gefäßdrüsen (die physiologischen Gifte Cyons) gelangt Livon ebenfalls dazu, die periodischen Schwankungen des Blutdrucks dritter Ordnung als durch die antagonistischen Wirkungen dieser Produkte hervorgerufen zu betrachten.

Es ist klar, daß je nachdem eine mehr oder weniger große Menge der einen oder der anderen dieser wirksamen Substanzen in den Blutkreislauf gelangt, bald die gefäßverengernden, bald die gefäßerweiternden Nerven das Übergewicht erhalten müssen. Normalerweise muß zwischen diesen Mengen ein gewisses Gleichgewicht bestehen, welches nicht für längere Zeit gestört werden darf, ohne sichtliche Schwankungen des Blutdrucks hervorzurufen. Derartige Schwankungen sind es nun, welche man an erster Stelle nach Entfernung der Thyreoidea oder der Hypophyse beobachtet: daher die Entstehung entsprechender Wellen dritter Ordnung. Das Einführen der Produkte dieser Drüsen in den Blutlauf auf künstlichem Wege muß notwendigerweise ebenfalls derartige Schwankungen des Blutdrucks herbeiführen, deren Gestalt und Intensität von der Menge dieser Produkte und von ihren speziellen Eigenschaften abhängen werden.

Die spontanen, Cyon-Mayerschen Schwankungen hängen also von einer Störung des Gleichgewichtes zwischen den tonischen Innervationen der gefäßverengernden und denen der gefäßerweiternden Nerven ab. Mit anderen Worten, normalerweise wird dieses Gleichgewicht durch das harmonische Zusammenwirken der verschiedenen aktiven Substanzen der Gefäßdrüsen bedingt, die dazu bestimmt sind, die Erregbarkeit und Funktionsfähigkeit des Nervensystems, das den Blutkreislauf und die Ernährung reguliert, zu erhalten.

Wir geben hier 2 Figuren (29 und 30) wieder, von denen die eine die drei Arten der Wellen des Blutdruckes (*a*, *b*, *c*) darstellt. Wie

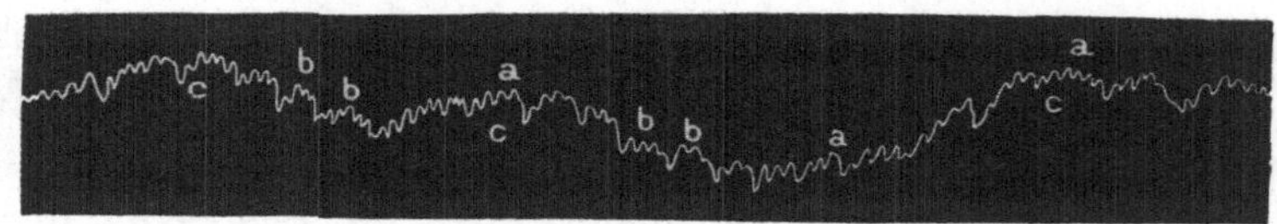

Fig. 29. Die drei Arten von Wellen erscheinen hier gleichzeitig; *a, a* bezeichnen die Pulsationen des Herzens; *b, b* die respiratorischen Wellen (zweiter Ordnung); *c, c* die spontanen Blutdruckschwankungen (dritter Ordnung). (Nach Cyon, 76, Taf. VII.)

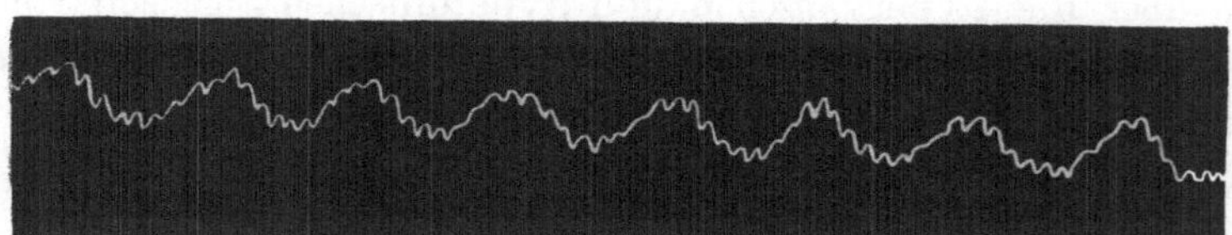

Fig. 30. (Die Erklärung dieser Figur befindet sich im Text des Kap. IV, § 6.)

man sieht, ist eine Verwechslung zwischen den Atmungswellen zweiter Ordnung *b* und den Wellen dritter Ordnung *c*, welche von Störung in den Funktionen der Gefäßnervenzentren herrühren, nicht zulässig. (Diese Figur entstammt einer Arbeit Cyons [76]). Die zweite gleichfalls einer solchen (87, S. 258) entnommene Figur ist besonders interessant, weil sie zeigt, daß die Oszillationen zweiter Ordnung einzig und allein durch die Atmung verursacht sind, und gar keine Beziehungen zu den Gefäßnervenzentren haben. Tatsächlich wurde diese Kurve des Blutdrucks auch bei einem Hunde erhalten, dessen Herzkreislauf vollkommen unabhängig von dem Gehirn- und Unterleibs-Kreislauf gemacht worden war. Es handelte sich um einen der Versuche nach der schon ver-

schiedentlich erwähnten Methode Cyons (siehe Kap. 5, § 9) zur Wiederbelebung der Gehirnzentren.

In einer gewissen Beziehung bieten die Blutdruckwellen dritter Ordnung eine große Analogie mit dem Pulsus bigeminus oder trigeminus, welcher nach Cyon (s. oben Kap. II) ebenfalls das Ergebnis
eines Kampfes zwischen den antagonistisch wirkenden, beschleunigenden und den hemmenden Nerven ist, in welchen bald die einen, bald
die anderen Nerven die Oberhand gewinnen. Durch künstliches Einführen des einen oder des anderen der physiologischen Herzgifte
werden ebenfalls Störungen in den Beziehungen geschaffen, die normalerweise zwischen den Wirkungen dieser Herznerven herrschen;
die unausbleibliche Folge solcher Störungen ist das Auftreten von
Pulsus bigeminus oder trigeminus der verschiedensten Formen.

§ 6. Die Depressoren als sensible Nerven des Herzens.

Ist das Herz empfindlich? Auf diese Frage wird, abgesehen von
einigen Physiologen, wohl niemand zögern eine bejahende Antwort
zu geben. Wer hat nicht die schmerzlichen oder freudigen Gefühle
empfunden, die vom Herzen ausgehen und meistens durch entsprechende Veränderungen des Rhythmus und selbst der Stärke seiner
Schläge erzeugt werden. Wenn einige Physiologen die Empfindlichkeit
des Herzens verneinen oder in Zweifel ziehen, so geschieht das auf
Grund vereinzelter Beobachtungen von Ärzten und Chirurgen, welche
Gelegenheit hatten, an zufällig bloßgelegten menschlichen Herzen zu
operieren und dabei weder durch Berührungen noch durch Druck
irgend welche Schmerzempfindungen auszulösen vermochten. Der
berühmte Fall des Grafen von Montgomery, den Harvey genau beobachtete, gab den ersten Anstoß, zu der Legende von der Empfindungslosigkeit des Herzens. Haller und später Richerand haben nach
einer Rippenresektion die Beobachtungen Harveys bestätigt. In
letzter Zeit hatte dann von Ziemssen (429) Gelegenheit, verschiedene
Versuche an dem Herzen eines jungen Mädchens anzustellen, welches
infolge des Fehlens der Rippen der Beobachtung besonders zugänglich war.

Er beobachtete zwar bei Reizung des Herzens mit starken Induktionsströmen ein stechendes Gefühl, das er aber nicht für Schmerz
hielt. Andere wollen dies stechende Gefühl durch Stromesschleifen auf
die Brustwand erklären, als ob die Angabe des Patienten über den

Ursprungsort der Schmerzen nicht allein für deren Lokalisation entscheidend wäre. Wie ließe sich diese scheinbare Empfindungslosigkeit des Herzens mit der Tatsache vereinigen — welche übrigens so alt ist, wie die Menschheit selbst — daß zahlreiche Gemütszustände sich beim Menschen durch Empfindungen äußern, deren Sitz alle ohne Zögern in das Herz verlegen? Wie konnte man andererseits eine Empfindungslosigkeit dieses Organes annehmen, wenn schon eine einfache Reizung des Depressor, bei einem nicht narkotisierten Tiere, die heftigsten Schmerzensschreie veranlaßt?[1]) Und die zahllosen und oft fürchterlichen Leidensäußerungen, wie sie bei den Kranken mit gewissen Herzaffektionen, z. B. Angina pectoris, auftreten? Wenn einige Kliniker durchaus diese Schmerzen in das Perikard, das Endokard und selbst in die interkostalen Nerven verlegen wollen, so bliebe noch zu erklären übrig, warum bei den erwähnten Beobachtungen von Harvey u. a. es den Nerven des Perikards und Endokards, die doch gleichzeitig mit dem Herzen selbst berührt und gedrückt wurden, nicht gelang, irgend welche Empfindung wach zu rufen.

Es gibt außerdem noch eine charakteristische, ganz besonders bei der Angina pectoris vorkommende, schmerzliche Empfindung, die auch bei gewissen Asystolen manchmal auftritt, die alle Kranken als eine Todesangst bezeichnen. Es handelt sich hierbei durchaus nicht etwa um die Furcht zu sterben, sondern um ein Gefühl sui generis des unmittelbar bevorstehenden Todes. Seneca, welcher aus Erfahrung zu sprechen scheint, drückt sich in folgender Weise über diese Empfindung aus: „Omnia corporis aut incommoda, aut pericula per me transierunt, nullum mihi videtur molestius. Quidni? Aliud enim, quidquid est aegrotare; hoc est animam agere . . . Mors est non esse id quod ante fuit, sed quale sit jam scio: hoc erit post me,quod ante me fuit." Dies ist eine vollkommen bewußte Empfindung, welche doch sicherlich vom Herzen selbst herrührt.

---

[1]) Tatsachen, wie u. a. diejenige, welche Claude Bernard beobachtet hat, daß die Reizung der Innenfläche des Herzens Beschleunigung seines Schlages bewirkt, könnten, streng genommen, als rein reflektorische Vorgänge betrachtet werden, welche keine bewußte Gefühlsempfindung erzeugen. Derartige vom Herzen aus erregte Reflexbewegungen und zwar der Skelettmuskeln wurden auch von vielen anderen Physiologen beschrieben, wie z. B. von Budge, Goltz u. a.

Es liegt bei der Beurteilung dieser Tatsachen ein Mißverständnis vor, welches man sowohl im Interesse der Physiologie, wie auch in dem der Pathologie unbedingt aufklären muß. Daß eine, selbst etwas heftige Berührung des Herzens beim Menschen nicht die geringste Empfindung hervorruft, rührt von dem sehr einfachen und sehr bekannten Umstande her, daß weder die Nerven des visceralen Perikards noch die des Herzmuskels nervöse Endigungen besitzen, welche befähigt wären, uns die Empfindungen des Berührens zum Bewußtsein zu bringen. Das gleiche gilt auch für Druckempfindungen. Was die Schmerzempfindungen anbetrifft, so ist es schon ganz richtig, daß ein spitzes Instrument mit einem heftigen Stoß das Herz durchbohren kann, ohne dabei irgend einen Schmerz zu erregen. Dies gilt aber auch für gewöhnliche Muskeln. Die letzteren sind aber deswegen nicht frei von Schmerzempfindungen; nur werden diese durch Reize besonderer Art, wie Krämpfe, Zerrungen oder Entzündungen des Muskelgewebes ausgelöst.

Dasselbe gilt auch für das Herz. Auch abgesehen von der Angina pectoris und von evidenten Entzündungen des Endo- oder Perikards, haben viele Kliniker sicherlich heftige Schmerzempfindungen bei Kranken beobachtet mit akuter Entzündung des Myocards. Persönlich besitze ich über diese letztern mehrere Selbstbeobachtungen, die ich während der akuten Phase meiner infektiösen Myokarditis im April und Mai 1902 nur zu oft Gelegenheit hatte zu machen. Auf gewisse schmerzliche Empfindungen während der Arhythmien komme ich später zurück. Gewisse Asystolen pflegten gewöhnlich in den ersten Momenten des Einschlafens aufzutreten; sie waren meistens so schmerzlich, daß ich die größten Anstrengungen machen mußte, um den Schlaf zu bekämpfen. Auf die Dauer überwältigte mich doch der Schlaf. Ganz anderer Natur waren die Schmerzen, die ich des Morgens am 31. April, nachmittags am 1. Mai und in der Nacht vom 3. auf den 4. Mai während des Schlafes empfunden habe. Die beiden ersten Male wachte ich aus dem tiefsten Schlaf mit einem heftigen Schrei, infolge eines plötzlichen Schmerzanfalls auf, der einige Sekunden dauerte. Ich hatte die ganz deutliche Empfindung, daß im Herzen irgend ein Riß stattgefunden hat, und zwar wahrscheinlich in der Gegend der rechten Herzhälfte. Ob der Riß im Peri-, Endo- oder Myokard geschah, konnte ich natürlich nicht unterscheiden. Beide Male wurden diese gefolgt von Anfällen von Tachykardie, die durch häufige sehr schmerzhafte Asystolen unterbrochen wurden. Die Herzschläge wurden allmählich schwächer, die Atmung erschwert; es traten mehrere Frostanfälle, Krämpfe in den Händen und Waden auf. Der Intervention des bei mir in Permanenz sich aufhaltenden Arztes gelang es, erst nach einigen Stunden, durch innere Exzitantia, subkutane Einspritzungen von Äther, Einblasungen von Sauerstoff, künstliche Erwärmung usw. den Herzschlag allmählich herzustellen.

Der Anfall vom 3. auf den 4. Mai war noch viel gefährlicher. Auch diesmal wurde ich durch einen Schmerz in der Herzgegend aus dem Schlafe geweckt, nur war der Schmerz anhaltender; die Empfindung machte mir den Eindruck, als hätte man das Herz aus dem Perikard gerissen; wenigstens dachte ich im Augenblick, daß Kaninchen und Hunde ähnliches empfinden müssen[1]), wenn ihnen das Herz aus dem Pericard herausgeholt wird; der Herzanfall war viel heftiger als in den früheren Fällen, und bis dahin erprobte Belebungsversuche versagten; erst mehrere Einspritzungen von Kampfer stellten allmählich den Herzschlag wieder her. Das Bewußtsein verlor ich keinen Augenblick[2]).

Einen vierten viel weniger schmerzhaften derartigen Anfall empfand ich etwa 8 bis 10 Tage später; die Empfindung machte mir den Eindruck eines plötzlichen Risses eines Papillarmuskels der Klappe.

Soweit es sich um reine Schmerzempfindungen handelt, verhält sich also das Herz genau wie der gewöhnliche Skelettmuskel. Aber

---

[1]) Die Nachempfindung war so intensiv-peinlicher Natur, daß ich mir vornahm, nie mehr am Herzen der Tiere zu experimentieren!

[2]) Während der Dauer des Anfalls war ich besonders von dem Gedanken gequält, daß die Ergebnisse meiner letzten Versuche, über die Täuschungen in der Wahrnehmung der Richtungen durch das Ohrlabyrinth, durch meinen bevorstehenden Tod verloren gehen würden; sobald der Herzschlag nach der letzten Kampfer-Einspritzung wieder zurückkam, diktierte ich meiner Tochter schnell eine kurze Mitteilung über diese Ergebnisse, die im Juli in Pflügers Archiv erschien (Bd. 90). Alle diese Anfälle waren durch eine von mir begangene Unvorsichtigkeit hervorgerufen worden. Trotzdem mir das Sprechen, und selbst das Lesen untersagt war, weil die geringste Anstrengung oder Gemütsbewegung sofort Anfälle von Arythmien erzeugte, ließ ich mich den 30. April bewegen, Herrn v. Blowitz, dem bekannten Pariser Korrespondenten der Times, der selbst leidend, mich besuchte, ein mehrstündiges Interview über die russischen Zustände zu gewähren, das mich vollständig erschöpfte.

ebenso, wie bei den letztern, die Schmerzempfindungen nur akzidenteller Natur und von geringer Bedeutung sind, und nur diejenigen Empfindungen physiologisch in Betracht kommen, die man unter den Funktionen des Muskelsinns zusammenfaßt, so besitzt auch das Herz ein eigentümliches Empfindungsvermögen, das durch besondere funktionelle Reize erregt wird. Diese Reize werden gegeben durch die verschiedenen Phasen seiner physiologischen Verrichtungen, durch Veränderungen in der Gestalt und dem Rhythmus seiner Schläge, sowie auch durch die Widerstände, welchen es bei der Leistung seiner mechanischen Arbeit begegnet. Äußerst zahlreich sind die verschiedenartigen Zustände des Herzens, welche schon allein durch die Modifikationen hervorgerufen werden, die mit seiner mechanischen Rolle, als einer Vorrichtung für die Fortbewegung des Blutes im Körper, zusammenhängen. Diese Zustände werden aber noch viel mannigfaltiger, wenn sie ihren Ursprung psychischen Erregungen oder verschiedenen seelischen Zuständen verdanken. „Es entsteht daraus eine ganz großartige Mannigfaltigkeit der Empfindungen, welche uns hauptsächlich durch die Depressoren zum Bewußtsein gebracht werden", wie sich Cyon in einer akademischen Rede ausdrückte" (68). „Die Eigenschaft der zentrifugalen Nerven des Herzens, durch seelische Zustände in Erregung versetzt zu werden, und das Vermögen seiner zentripetalen Nerven mit vollkommenster Genauigkeit alle, durch diese Erregung im Herzschlag hervorgerufenen Unregelmäßigkeiten unserm Bewußtsein zu übermitteln, — diese beiden Eigentümlichkeiten der Herznerven schaffen die erforderlichen Bedingungen, die das Herz zu einem Organ, in welchem sich alle wechselnden Stimmungen, alle Wallungen unseres Gemüts, Freude und Schmerz, Liebe und Haß, Zorn und Wohlgefallen widerspiegeln."

Seit vierzig Jahren, d. h. seitdem ich am Herzen zu experimentieren begonnen habe und die Funktionen des Herzens meine Gedanken beherrschen, empfinde ich die leisesten Veränderungen im Rhythmus und Umfang meiner Herzschläge. In den letzten zehn Jahren, wo ich fast ununterbrochen an dem Ohrlabyrinth gearbeitet habe, höre ich meine Herzschläge, und vermag ihre Zahl und Unregelmäßigkeiten zu empfinden. Diese entotischen bei Arhythmien besonders peinlichen Empfindungen kann ich nur selten los werden. (A. g. P. Bd. 94.) Schon Claude Bernard hat in einem wissenschaftlichen Vortrag in der Sorbonne versucht, die Rolle des Herzens als eines Organes für unsere Gemütsbewegungen hinzustellen. Damals kannte man aber von den Herznerven nur die hemmenden Fasern der Vagi.

Seitdem wurden die beschleunigenden Herznerven, welche einen so bedeutenden Einfluß auf die Zahl der Herzschläge ausüben, sowie die Depressoren als sensible Nerven des Herzens entdeckt. Es wurde außerdem festgestellt, daß diese letzteren Nerven imstande sind, die Gehirnzentren der Gefäßnerven, die der Vagi und der beschleunigenden Nerven, in verschiedener Weise je nach den Ursachen ihrer Erregung zu beeinflussen. Damit wurde der Weg angezeigt, auf welchem die verschiedenen Empfindungen des Herzens sich zum Gehirn fortpflanzen können. Cyon vermochte also in der genannten Rede die Beziehungen, welche zwischen dem Gehirn, als dem Sitze der psychischen Funktionen, und dem Herzen, als einem Organe für unsere Gemütsregungen, bestehen, wie folgt zusammenzufassen: „Nicht die Dichter allein sind es, welche dem Herzen eine derartige Bedeutung zuschreiben. In allen Sprachen schildern zahllose Ausdrücke und Sprichwörter das Herz als den Sitz unserer Gefühle und als ein Organ, dessen Zustand gewissermaßen den Charakter des Menschen bestimmt. Es genügt, nur einige der gebräuchlichsten Ausdrücke anzuführen: ein hartes oder ein kaltes Herz bezeichnet einen Egoisten, ein gutes oder ein warmes Herz — einen Altruisten; „das Herz bricht", „das Herz schnürt sich zusammen", „einem ist das Herz schwer", „das Herz hüpft vor Freude", „das Herz wollte mir bersten", „aus der Fülle des Herzens", „das Herz leeren", „ein wühlendes Herz", „einen Stich im Herzen empfinden" und viele andere Ausdrücke bezeichnen mit bewunderungswürdiger Deutlichkeit eine Reihe von Empfindungen, welche jedermann, auf welcher Kulturstufe er auch stehen mag, in ein Organ zu verlegen pflegt, das sich in der Mitte der Brusthöhle befindet. Schon die Ähnlichkeit der Worte, die in verschiedenen Sprachen dazu dienen diesen Empfindungen Ausdruck zu geben, weist darauf hin, daß bei dieser Lokalisation kein Irrtum vorliegt. Diese Ähnlichkeit ist noch viel auffälliger bei den Dichtern, die die feinsten Nuancen dieser Gefühle fast in denselben Worten beschreiben. Amaru, Horaz, Petrarca, Musset und Heine schildern fast in denselben Ausdrücken die bis ins Unendliche variierenden Äußerungen der Liebesempfindungen." (68)

Nur die ganz außerordentliche Bedeutung, welche das Studium

des Herzens als Motors für die Fortbewegung des Blutes im Kreislauf
erhalten hat, vermag die Tatsache zu erklären, daß die Physiologen seine
Rolle als Gefühlsorgan, in welchem sich sämtliche Regungen unseres
Gemüts abspiegeln, vernachlässigt haben. Seitdem Cyon vor mehr
als 30 Jahren die Funktionen des Herzens als Gefühlsorgans ausführlicher analysiert hat, scheint Engelmann der erste gewesen zu sein,
der im Jahre 1903, ebenfalls in einer Festrede, dieser Frage einige
Zeilen gewidmet hat: „Lange ehe es eine Physiologie, ja eine Medizin
gab, wußte schon der Mensch, welch mächtigen Einfluß psychische
Erregungen — Schreck, Angst, Zorn, Freude — auf Tempo und Kraft
des Herzschlags ausüben. Spiegelt sich doch diese uralte Erfahrung
in der Sprache aller Völker und aller Zeiten in zahlreichen Ausdrücken
und Wendungen wider, wie es ja auch wesentlich hierauf zurückzuführen ist, daß das Herz trotz seiner im normalen Zustande notori-
schen Unempfindlichkeit dem Laien von jeher als Sitz des „Gefühls",
des „Gemüts", wo nicht gar der „Seele" überhaupt gegolten hat." (134)
Trotzdem also Engelmann fast mit denselben Ausdrücken die
gleichen Gedanken wie Cyon in seiner Festrede ausspricht, gelangt er
zu dem ganz falschen Schluß, daß die Unempfindlichkeit des Herzens
notorisch sei und dies, weil es „dem Laien als Sitz des Gefühls gilt"!
Der Laie erkennt auch, daß der Magen verdaut, das Auge sieht uud
das Ohr hört; dies berechtigt aber einen Physiologen nicht, diese
funktionellen Verrichtungen dieser Organe zu leugnen. Wir übertragen
den Sitz aller unserer Empfindungen in diejenigen peripheren Organe,
von wo diese Empfindungen uns auszugehen scheinen. Wir sind
also berechtigt die Gefühle, wie z. B. die Freuden und Leiden der
Liebe, die das Herz unserm Bewußtsein durch nervöse Bahnen zusendet, dem Herzen zuzuschreiben. Der Depressor ist als der wichtigste sensible Nerv des Herzens bekannt. Als reflektorischer
Regulator des Blutdrucks ist dieser Nerv als Depressor bezeichnet
worden. Wegen seiner Rolle als Leitungsbahn für die Gemütsbewegungen könnte er auch als Gemüts- oder Liebesnerv benannt
werden.

Die Veränderungen, welche die verschiedenen Gemütsbewegungen
im Herzen hervorrufen, sind natürlich viel schwieriger dem Experimente zugänglich, als die Erscheinungen des Blutkreislaufs. Man ist
sogar bei deren Studium hauptsächlich auf Selbstbeobachtungen an-

gewiesen. Nun gibt es aber sehr wenige Gemütsbewegungen, die man willkürlich bei sich oder andern zu erzeugen vermag, wie z. B. plötzliche Freude oder Schreck, Furcht usw. Dennoch konnte Cyon in der eben erwähnten Festrede schon die allgemeinen Regeln und Bahnen feststellen, durch welche unsere Psyche das Herz zu beeinflussen vermag. Wir haben oben gesehen, daß die beschleunigenden und hemmenden Nerven des Herzens von den verschiedenen Agentien und Stoffen im entgegengesetzten Sinne beeinflußt werden können; so z. B. werden die beschleunigenden Nerven durch aufsteigende Temperaturveränderungen erregt, die hemmenden Nerven dagegen — von absteigenden. Sauerstoff erregt die ersteren Nerven, Kohlensäure dagegen — die letzteren. Auch die psychischen Erregungen beeinflussen in entgegengesetztem Sinne diese beiden Antagonisten: „alle angenehmen, freudigen Gemütserregungen, schreibt Cyon, — reizen vorzugsweise die beschleunigenden Herznerven; die Frequenz der Herzschläge nimmt zu, während ihre Stärke abnimmt. Ausdrücke wie „das Herz hüpft oder zittert vor Freude" beziehen sich eben auf die Herzschläge, wie sie die Erregung der Acceleratoren zu erzeugen pflegt. Die Leichtigkeit, mit welcher sich das Herz bei derartigen Kontraktionen zu leeren pflegt, dank dem geringen Umfange der häufigen Kontraktionen, ruft die Empfindung des Wohlbehagens hervor, die man durch den Ausdruck „leichtes Herz" bezeichnet. Traurige oder deprimierte Gemütszustände erregen hauptsächlich die hemmenden Fasern der Vagi, die Herzschläge werden verlangsamt, die Dauer der Diastolen verlängert, wodurch sich die Ventrikel stark mit Blut füllen und deren Entleerung größerer Anstrengung bedarf. Diese Anstrengung ist meistens peinlicher Natur, die erzeugten peinlichen Empfindungen werden ausgedrückt durch Worte wie „mir ist so bang ums Herz", „es nagt mir am Herzen", „das Herz ist schwer". Sie entsprechen vollkommen den Reizungen der Vagusfasern."

Die plötzliche Ankündigung eines traurigen Ereignisses oder lange anhaltende Traurigkeit erzeugen Empfindungen, die wir durch die Worte bezeichnen: „das Herz will aus der Brust springen"; die Herzschläge sind auch dabei stürmisch beschleunigt, aber wegen des hohen Blutdrucks vermögen die Herzkammern sich nur schwierig zu entleeren. Derartige Herzzustände werden durch Ausschaltungen der Hemmungswirkungen der Vagi oder durch plötzliche Abnahme seines

Tonus erzeugt; sie unterscheiden sich vollständig von denjenigen Beschleunigungen, welche durch freudige Erregung der Acceleratoren hervorgerufen werden. Todesfälle durch plötzlichen Schreck beruhen meistens auf Lähmung des Nervensystems; synkopale Zustände und Ohnmachten — auf heftiger Erregung der Vagi, die einen vorübergehenden Stillstand des Herzens verursacht.

Die zentrifugalen Bahnen, auf denen Gemütserregungen auf das Herz übertragen werden, lassen sich also meist genau feststellen; dagegen kennen wir mit Sicherheit nur die eine zentripetale Bahn, welche unserm Bewußtsein Nachricht über die vorsichgehenden Veränderungen der Herzschläge zusendet; das ist die der Depressoren.

Die Herznerven sind nicht die einzigen, welche auf psychische Erregungen reagieren; auch die Vasomotoren werden in bekannter Weise durch die Gemütsbewegungen in Mitleidenschaft gezogen. Nur muß man sich vor falschen Deutungen der Rolle hüten, welche die Vasomotoren dabei spielen, Deutungen, wie sie nur zu oft von Psychologen und Philosophen, wie z. B. von James, Lange, Sergi und anderen gegeben werden. Es sind besonders die dem Materialismus huldigenden Philosophen, welche dabei Ursache und Wirkung verwechseln, indem sie die Wirkungen, welche die Gemütsbewegungen auf das System der Herz- und Gefäßnerven ausüben, als deren Ursachen ansehen. So entsteht nach James die Gemütsbewegung einzig und allein durch die Veränderungen, welche in der Funktionsweise der von vasomotorischen Nerven beherrschten Organe äußern. „Wäre ich vollkommen unempfindlich, so könnte ich allen Gemütsbewegungen, sowohl den freudigen wie den peinlichen, entgehen und nur eine rein intellektuelle Existenz führen" (213).

„Für James ist die Gemütsbewegung nur das Bewußtsein organischer Reaktionen der Vasomotoren, hervorgerufen durch gewisse Gefühle oder Erinnerungen"; in diesen Worten faßt Jules Soury den Gedanken von James zusammen. Lange drückt sich noch bestimmter aus. Für ihn beruht die ganze Psychologie der Gemütserregungen auf der Erregung von Gefäßnervenzentren! Ja, er bezeichnet sogar alle reflektorischen organischen Erscheinungen, welche dieselbe begleiten, als einzig und allein von Gefäßnerven abhängend. Die seelische Erregung, sagt er, ist das Ergebnis einer Reaktion der Gefäßnerven auf besondere Reize.

Es liegt richtiges und falsches in dieser Art und Weise, die Ursachen und Wirkungen der Gemütsregungen zu betrachten. Die primäre Gemütsbewegung als solche ist zwar eine rein psychische Erscheinung, welche zumeist auch durch psychische Ursachen hervorgerufen wird. Sie äußert sich aber durch unmittelbare Erregungen der Nerven des Herzens in der soeben beschriebenen Weise. Die Reaktion hängt, wie wir gesehen haben, von der Natur der Gemütsbewegungen ab; die einen wirken auf die beschleunigenden, die andern auf die Hemmungsnerven ein. Wenn, wie James annimmt, der Mensch in dem Augenblick des Auftretens dieser Wirkung vollständig gefühllos wäre, oder wenn seine Herznerven, oder sogar die Depressoren allein, unerregbar wären, so würde entweder das Herz auf die psychische Bewegung gar nicht wirken oder die Veränderungen in dem Rhythmus und der Stärke seiner Kontraktionen würden ohne jeden Einfluß auf die Depressoren, also auch auf das Gefäßnervenzentrum bleiben. Jedenfalls würde vom Herzen aus nicht die geringste Empfindung zum Bewußtsein gelangen. Mit einem Worte, die Reaktionen der Kreislauforgane auf die Gemütserregung wären ganz ausgeblieben oder nur in höchstem Grade abgeschwächt.

Ganz anders werden die Folgen der psychischen Aufregung sein bei einer Person mit normal funktionierenden oder mit sehr leicht erregbaren Herznerven, d. h. mit stark erregbaren Acceleratoren und Vagi, oder, wenn nur die Depressoren und andere sensible Zweige des Vagus (Wooldridge), sich in erhöhter Funktionsfähigkeit befinden. In solchen Fällen wird nicht nur das Herz selbst stärker reagieren, sondern auch die Reizung dieser sensiblen Herznerven wird alle bekannten vasomotorischen Erscheinungen in abnormer Höhe erzeugen.

Man sieht also, daß die Gefäßnervenwirkungen nicht nur nicht die primäre Ursache der psychischen Aufregungen sind, sondern sogar nicht einmal deren direkte Wirkungen auf das Gefäßzentrum darstellen. Das Herz wird meistens zuerst in Mitleidenschaft gezogen; die Gefäßnervenwirkungen sind nur die sekundären Folgen der Reizung der sensiblen Nerven des Herzens.

Der Grad der Erregbarkeit der Herznerven zeigt natürlicherweise zahlreiche individuelle Abweichungen, welche zum großen Teil von dem Alter, der Erziehung, der Lebensweise und auch der Rasse abhängen. Die gleiche psychische Erregung würde z. B. ganz andere

Wirkungen entfalten bei einem Franzosen oder einem Italiener, als bei einem Engländer oder Japaner, deren Nerven infolge der Eigentümlichkeiten der Rasse, des Klimas und besonders der Erziehung weit weniger erregbar sind. „Do not show your feelings", ist einer der Charakterzüge der englischen Erziehung. Die lange Übung macht die Herznerven bei den Engländern weniger reizbar; sie schwächt infolgedessen in hohem Maße, oder unterdrückt unter Umständen auch ganz, die sekundären Wirkungen des Gefäßnervenzentrums, welche die Folgen einer Reizung dieser Nerven sind. Nach der Theorie von Lange oder James würde also der Engländer in diesem Falle nicht die geringste Gemütsbewegung erfahren, was natürlich vollkommen falsch wäre[1]). Bei ihnen werden die organischen Äußerungen dieser Aufregung nur abgeschwächt oder aufgehoben sein; man wird also deren motorische Äußerungen nicht beobachten können. So z. B. ist auch der Japaner, der mit einem Lächeln auf dem Schlachtfeld seinen Wunden erliegt, oder seinen Freunden den Tod seiner Mutter anzeigt, deshalb durchaus nicht gefühllos; er besitzt nur Selbstbeherrschung genug, um äußerlich seine Gefühle nicht hervortreten zu lassen. Die Beobachtung der Aufregung der Volksmassen zeigt noch weit deutlicher diesen Unterschied zwischen den verschiedenen Rassen. Die Ereignisse des Transvaalkrieges z. B. hätten in Frankreich zahlreiche Ministerien, ja Regierungen gestürzt, während die Engländer zwei Jahre hindurch die peinlichsten psychischen Aufregungen durchlebt haben, was sie aber nicht verhinderte, den Kampf ruhig und energisch, ohne jede Herzbeklemmung zu äußern, fortzusetzen. Die patriotische Aufregung war bei ihnen gegenüber den zahlreichen Kriegsenttäuschungen ohne Zweifel ebenso lebhaft, wie bei jedem anderen Volk, aber ihre Herznerven, besonders ihre Depressoren, sind weniger erregbar oder die Folgen ihrer Erregung werden leichter unterdrückt.

Andererseits muß man annehmen, daß die Gefäßnervenwirkungen, mögen sie nun die Folge einer Reizung der Depressoren oder durch andere organische Störungen veranlaßt sein, ihrerseits wieder Gemüts-

---

[1]) Hier werden nur die Wirkungen der Gemütsbewegungen auf das Herz- und Gefäßnervensystem berücksichtigt; diejenigen aber, welche die übrigen nervösen Organe, oder das Gefäßnervensystem allein beeinflussen (Erröten beim Schamgefühl, oder Erblassen durch plötzlichen Schreck), gehören nicht hierher.

regungen hervorzurufen vermögen, die als sekundäre bezeichnet werden müssen; die primären Affekte können dadurch bedeutend gesteigert werden. Dies tritt ganz besonders leicht in den Fällen ein, wenn die Gefäßnerveneinflüsse plötzliche Störungen der Zirkulation des Gehirns erzeugen. Die leidenschaftlichen Ausbrüche, erzeugt durch derartige seelische Affekte, sind meistens die Folge solcher Störungen. Um jedoch das Verhältnis des ursprünglich psychischen Vorganges der Erregung zu diesen sekundären Leidenschaftsausbrüchen zu verstehen, muß man die Kette der Vorgänge verfolgen, wie wir sie angedeutet haben: Reizung der zentrifugalen Nerven des Herzens, Modifikationen der Schlagfolge des Herzens und des intracardialen Druckes, Erregung der Depressoren, Wirkungen dieser Erregung auf das Gefäßnervenzentrum, und schließlich Störungen des Gehirnkreislaufs usw.

In seiner Untersuchung: „Experiments on the Value of Vascular and Visceral Factors for the Genesis of Emotion", hat Sherrington (365) gezeigt, daß die Durchschneidung der Vagi und des Rückenmarks in der Höhe des 7. Halswirbels, d. h. die Unterbrechung eines großen Teils der Nervenverbindungen zwischen dem Gehirn einerseits, und dem Herzen und dem peripheren Gefäßsystem andererseits, das betreffende Tier in keiner Weise hindert, mehrere Empfindungen wie Hunger, Zorn, Zuneigung usw. zu äußern. Dies weist darauf hin, daß gewisse psychische Erregungen motorische Leistungen (Kauen, Schlucken usw.) zu veranlassen vermögen, und zwar durch unmittelbare nervöse Beeinflussung der Bewegungszentren, ohne das ganze System der Herz- und Gefäßnerven zu erregen. Sherrington legt daher mit Recht großes Gewicht auf dieses Ergebnis seiner Versuche, insofern sie klar zeigen, daß James, Lange und andere im Irrtum waren, wenn sie in den Gemütsempfindungen nur vasomotorische Vorgänge sehen wollten. Das Ergebnis dieser Versuche schließt jedoch keineswegs aus, daß das Herz trotzdem doch das wirkliche Organ für unsere Gemütsbewegungen darstellt in dem Sinne, daß diese sämtlich auf die Funktion dieses Organes zurückwirken und sie beeinflussen. Es gehen ja aus dem Rückenmark durch die Rami communicantes der letzten Halswurzeln zu dem ersten Brustganglion und letzten Halsganglion noch genügend Herz- und Gefäßnervenfasern hin, um das Herz zu beeinflussen, — auch nach den von Sherrington ausgeführten Durchschneidungen. Jedenfalls ist es unzweifelhaft, daß, dank den jetzt schon festgestellten Mechanismen seiner sensiblen Nerven, das Herz einen vorwiegenden Einfluß auf unser Gemütsleben und insbesondere auf unsere Handlungen auszuüben vermag, die durch leidenschaftliche Affekte hervorgerufen werden. Bei krankhafter Steigerung der Erregbarkeit der Depressoren können die Folgen solcher Affekte ganz unberechenbar werden. Ein ganz neues Gebiet der psychologischen Physiologie wird durch die hier angedeuteten Beziehungen zwischen Herz und Gehirn eröffnet, das von höchstem Interesse besonders für die Frage der gesetzlichen Verantwortlichkeit ist. Eine große Reizbarkeit der sensiblen Herznerven vermag, durch unerträgliche Angstzustände oder durch zu gewaltsame Einwirkung auf das Gefäßnervensystem des Gehirns, zu verbrecherischen Handlungen Anlaß zu geben, ohne jeden organischen Fehler oder irgend welche pathologische Veränderungen des Gehirns: der Gerichtsarzt soll in solchen Fällen dem Zustande des Herzens, besonders aber der Herz- und Gefäßnerven, seine volle Aufmerksamkeit widmen.

Die sekundären, durch Störungen in der Gehirnzirkulation hervorgerufenen Gemütserregungen können meistens nur von kurzer Dauer sein und zwar aus zwei Gründen: 1. Das Vorhandensein von Gefäßnerven im Gehirn ist bei weitem noch nicht mit Bestimmtheit erwiesen. Zirkulationsstörungen in der Schädelhöhle sind meistenteils passiven Ursprungs, d. h. sie sind die unmittelbaren Folgen des Zu- oder Zurückströmens von Blut in den anderen Organen. 2. Dank dem Vorhandensein besonderer Organe, welche als Autoregulatoren des intrakraniellen Blutdruckes funktionieren, wie z. B. die Hypophyse mit der Schilddrüse und der Zirbeldrüse (93), welche, wie Cyon nachgewiesen hat, zur Aufgabe haben, das Gehirn vor allzugroßen Druckschwankungen zu beschützen. Wie François Frank sehr mit Recht aus Cyons Untersuchungen über diese Drüsen geschlossen hat, kann der schädigende Einfluß der Gefäßnerven infolge psychischer Erregungen sich daher nicht zu tiefgehend oder zu anhaltend äußern.

Die Frage von dem Einfluß der geistigen Arbeit auf den Herzschlag und auf die Blutzirkulation ist hier nicht berührt worden. Die äußerst interessanten Beobachtungen und Versuche, welche Mosso, Gley und andere auf diesem Gebiete gemacht haben, scheinen mit dem Nervus depressor in keinem unmittelbaren Zusammenhang zu stehen. Die Beschleunigung des Herzschlages, welche während der normalen

psychischen Tätigkeit meistens beobachtet wird, kann auch allein von
einer zentralen Erregung der beschleunigenden Nerven herrühren. Die
vorliegende Frage findet sich in gebührender Weise in dem Werke von
Gley behandelt: Etudes de psychologie physiologique et pathologique
(164). Wie sich die Verhältnisse bei Herzkranken gestalten, — ist eine
andere Frage, die bis jetzt sehr wenig von den Pathologen berücksichtigt worden ist[1]).

Selbstverständlich wird es den Physiologen, zunächst nur ausschließlich durch Beobachtungen und Versuche am Menschen, und insbesondere durch die Analyse ihrer eigenen Empfindungen gelingen,
die Rolle des Herzens als Organ unserer Gemütsbewegungen weiter
aufzuklären. Die Reizungen des Depressor beim Kaninchen vermögen natürlich nicht auf dem Kymographion dessen Liebes-Freuden
oder Sorgen zu verzeichnen. Dies berechtigt aber keinesfalls dem Herzen
auf Grund von Tierversuchen jede bewußte Empfindung abzusprechen.
Wenn wir an Tieren experimentieren, können wir meistens nur die
anatomischen Bahnen feststellen, auf welchen die einzelnen Empfindungen des Herzens dem Gehirn übermittelt werden. Auf diese Weise
ist schon festgestellt, daß die Depressoren eine der wichtigsten dieser
Bahnen darstellen. Was noch fehlt, kann nur durch Beobachtungen
beim gesunden und besonders beim kranken Menschen zu unserer
Kenntnis gelangen. Ganz mit Unrecht legen also einige Physiologen,
wie z. B. Muskens, für die Lösung dieser Frage (297, S. 337) den
klinischen Beobachtungen weit weniger Bedeutung bei, als den physiologischen. Sollte es mir noch gestattet sein, die während meines jahre-
langen Herzleidens gesammelten Selbstbeobachtungen im Zusammenhang zu veröffentlichen, so hoffe ich das Gegenteil beweisen zu können.

§ 7. Der Nervus depressor in pathologischer Beziehung.

Bis jetzt haben Kliniker den pathologischen Veränderungen in den
Funktionen des Depressor bei gewissen Herzkrankheiten nur wenig Auf-

---

[1]) Mehrere interessante Beobachtungen „über die Beziehungen von seelischen
Empfindungen zu Herzstörungen", welche unlängst Dr. L. R. Müller (301) veröffentlicht hat, beweisen klar genug, wie wichtig derartige Studien sind und
wie verhängnisvoll die myogenen Irrungen auch für die Pathologie des Herzens
waren.

merksamkeit geschenkt. Im allgemeinen dringen die neuen Errungenschaften der Physiologie nur sehr langsam in das Gebiet der Pathologie ein. Die Lehre von der Herz-Innervation, welche so bedeutende Fortschritte in der Mitte des vergangenen Jahrhunderts gemacht hat, wurde noch dazu in den letzten Jahrzehnten durch die verhängnisvolle Popularität der myogenen Lehren in ihrer klinischen Verwertung ganz besonders gehemmt. Wenn angehende Kliniker, wie His jr., Romberg lehrten, daß die Anwesenheit von Nervengebilden im Herzmuskel nur dem zufälligen Umstande zu verdanken sei, daß „ein Teil der auf ihrer Wanderung von den Spinalganglien begriffenen embryonalen Zellen, um begegneten Hindernissen aus dem Wege zu gehen, es vorzieht in das naheliegende Herz einzukehren, sich dort lebenslänglich niederzulassen und in Ruhe eine funktions- und sorgenlose Existenz zu führen" (87), wozu sollten sich die Ärzte noch die Mühe geben die Verrichtungen solcher nichtsnutziger Nerven zu studieren? Welche Rolle sollten diese Parasiten des Herzens bei Erzeugung von Krankheiten noch spielen können? Sämtliche Krankheitszustände des Herzmuskels, sowie auch die der Herzklappen sollten, vielleicht mit Ausnahme der Endo und Perikarditiden nur die Folgen einer mehr oder weniger verhüllten Myokarditis sein. Bis in die jüngste Zeit war diese Lehre in den Kliniken der Herzkrankheiten noch vorherrschend. Die Ersprießlichkeit derartiger Irrlehren für die Pathologie und Therapie der Herzkrankheiten mag wohl in Zweifel gezogen werden.

Gerade an dem besonderen Falle des Depressor kann man leicht zeigen, wie beklagenswert es ist, daß die Kliniker seine Beteiligung an der Entstehung gewisser Krankheiten bis jetzt vernachlässigt haben. Als wir oben von dem innigen Verhältnisse sprachen, welches Cyon zwischen dem Depressor und den Verrichtungen der Schilddrüsen entdeckt hatte, wurde schon auf den Einfluß hingewiesen, welchen dieser Nerv, dank diesen Beziehungen, auf mehrere strumöse Krankheiten und insbesondere auf die Basedowsche Krankheit auszuüben vermag[1]). Aber es gibt eine andere Art von Herzkrankheiten, bei denen der Depressor eine noch

---

[1]) Soviel mir bekannt, hat bis jetzt Dr. Minnich in seinen vortrefflichen Studien „Das Kropfherz und die Beziehungen der Schilddrüsenkrankheiten zu dem Kreislaufapparat" (302) meine entsprechenden Untersuchungen über die Verrichtungen der Schilddrüsen noch am besten für die Pathologie zu verwerten gewußt.

augenfälligere Rolle spielt, nämlich diejenigen, welche von einer Überanstrengung des Herzens herrühren, wie sie seit einiger Zeit, durch übertriebene Sportübungen bei der Schuljugend, nur zu häufig beobachtet
werden. Einige dieser Krankheiten, wie Herzerweiterungen, die zur Ruptur
führten, wurden sicherlich veranlaßt durch das Außerfunktionsetzen des
Nervus depressor und seines das Herz schützenden Mechanismus. So
verhält es sich zweifellos mit den Herzzufällen, welche man bei den
Radfahrern beobachtet, besonders bei denen, welche Gebirge oder hoch-
gelegene Gegenden durchziehen. Derjenige Zustand des Herzens, welchen
man als Veloherz bezeichnet, ist besonders von dem uns hier inter-
essierenden Gesichtspunkte aus beachtenswert. Das Radfahren übt infolge der besonderen Natur der Bewegungen, welche die Muskeln des
Unterleibs und der Beine in Tätigkeit versetzen, einen heftigen Druck
auf die Eingeweide aus, und treibt das Blut in die Brusthöhle hinein,
oder richtiger, es erschwert den Abfluß des Blutes aus dieser in die Bauchhöhle. Die Unterleibsgefäße aber stellen gerade das große Reservoir für
das Blut dar, welches in den verschiedenen Körperteilen, dem jeweiligen
Bedürfnis ihrer Funktion entsprechend, verteilt wird. Die Gefäßnerven
haben die Aufgabe, diese Verteilung zu besorgen, und diese Nerven, besonders die gefäßverengernden Splanchnici, stehen unter der Herrschaft
der Depressoren. Während des Radfahrens wird das Blut aus den Unterleibsgefäßen — besonders wenn große Muskelanstrengungen erforderlich
sind — herausgetrieben und fließt zum großen Teil in die Brusthöhle;
das Herz schwillt an und dehnt sich aus. Es tritt alsdann der Augenblick ein, wo sein Sicherheitsventil, nämlich der Mechanismus des Depressor, in Tätigkeit treten muß, um ihm die Entleerung zu erleichtern.
Nun bildet grade das Kausalmoment, welches das Anschwellen des Herzens erzeugte, auch ein fast unüberwindliches Hindernis für diesen Mechanismus. Denn tatsächlich entlastet ja der Depressor, hauptsächlich infolge der Erweiterung der Unterleibsgefäße, das Herz von seiner Über-
füllung; und, da diese Gefäße auf mechanischem Wege durch die Spannung
der Unterleibsmuskulatur komprimiert sind, so wird der Depressor fast
ausserstand gesetzt seine Schuldigkeit als Schutzorgan zu tun. Es liegt
hier, nur in intensiverem Grade, die gleiche Unwirksamkeit des Depressor
vor, die man bei den Tieren beobachtet, bei denen man diesen Nerv
bei gleichzeitiger starker Kompression der Aorta abdominalis oder

auch bei Einspritzungen von Nebennierenextrakt oder bei voller Asphyxie reizt. Die Schmerzempfindung, die der Radfahrer an der Ursprungsstelle der Aorta fühlt, wenn er eine etwas steile Strecke hinauffährt, zeigt sehr deutlich an, gegen welche Schwierigkeiten das Herz zu kämpfen hat, um sich seines Inhaltes zu entledigen. Es ist ein Warnungsruf, welchen das Herz durch Vermittlung des Depressor an das Gehirn richtet, um es vor der Gefahr durch eine Intervention der Vernunft zu retten. Bleibt dieser Ruf an die Vernunft ohne Erfolg, so treten unvermeidlich Herzerweiterungen, ja selbst Rupturen des Herzens ein.

IV. Kapitel.

Über die Einflüsse und Gesetze, welche die Tätigkeit der Herznerven beherrschen und regulieren.

§ 1. Die Wirkung von Blutdruckänderungen auf die Herznerven.

Die Wirkungen, welche die Änderungen des Blutdruckes auf das Nervensystem des Herzens ausüben, sind von einer außerordentlichen Bedeutung für sein regelrechtes Funktionieren. Soeben wurde ein besonderer Fall solcher Wirkungen erörtert, welcher sich durch die Vermittelung des Nervus depressor äußerte.

Wie wirken die Änderungen des Blutdruckes nun direkt auf die extra- und intrakardialen Nervenzentren ein? Oder mit anderen Worten: Wie verhalten sich die Herznerven unter dem Einfluß der Abweichungen des Druckes in der Schädelhöhle und im Herzen selbst, ohne Dazwischenkunft des Nervus depressor? Wenige, die Physiologie des Herzens berührende Fragen haben Veranlassung zu soviel einander widersprechenden Untersuchungen und Erörterungen gegeben.

Diejenigen, welche in dieser Richtung vor der Entdeckung des Nervus depressor angestellt wurden, können für die Lösung der Frage heute nicht mehr in Betracht gezogen werden, da ein wichtiger, damals noch unbekannter Faktor, nämlich das Eingreifen des Mechanismus dieses Nerven, in hohem Grade die Ergebnisse dieser Untersuchungen komplizieren mußte. Eine Ausnahme muß jedoch für die Studien von Ludwig und Thiry gemacht werden, soweit es sich wenigstens um deren Versuche handelt, bei welchen alle Verbindungen des Herzens mit dem Gehirn und dem Rückenmark auf galvanokaustischem Wege zerstört worden waren. Wie früher (S. 71) gesagt ist, hatten die beiden Forscher sehr oft in solchen Fällen eine ansehnliche Beschleunigung des Herzschlags, als die Folge einer, durch Kompression der Aorta oder

durch Reizung des Rückenmarks hervorgerufenen, Steigerung des Blutdruckes beobachtet. Viel seltener erhielten sie Verlangsamungen als
Wirkung solcher Drucksteigerung.

Nach der Entdeckung des Nervus depressor wurden die ersten
Untersuchungen auf diesem Wege von E. und M. Cyon (⁷⁶), dann
von Bezold und Sterzinsky ausgeführt. Die erhaltenen Ergebnisse
stimmen meistens mit denen überein, welche von Ludwig und Thiry
angegeben waren. Cyon behauptete, daß in allen Fällen, wo die extrakardialen Nerven zerstört waren, die Unterschiede in den Wirkungen
der Drucksteigerungen auf das Herz seinem jeweiligen Zustande,
d. h. seiner Fähigkeit, auf die Erhöhung des arteriellen Druckes zu
reagieren, zugeschrieben werden muß. Bezold und Sterzinsky untersuchten auch die Wirkungen der Abnahme des Blutdruckes, welche sie
mit Hilfe von Aderlässen erzeugten. Sie stellten bestimmte Grenzen
fest, innerhalb deren eine solche Abnahme eine Beschleunigung der
Herzschläge zur Folge hat. Unterhalb dieser bestimmten Grenzen führt
die Depression des Blutes eine Verlangsamung des Herzschlags herbei.

Knoll (²²³) und Navrocki (³⁰⁴) kamen zu Ergebnissen, welche,
zum Teil wenigstens, in größten Widerspruch mit den früheren Untersuchungen standen. Der erstere verneinte jeden konstanten Einfluß der
Steigerung des Blutdruckes auf die Frequenz des Herzschlages. Navrocki erhielt sehr widersprechende Ergebnisse. Von seinen Schlußfolgerungen wollen wir nur die nachstehende anführen, welche den tatsächlichen Verhältnissen noch am nächsten kommt: Der Blutdruck
kann vermittels der Vagi die Frequenz des Herzschlages beeinflussen.
Die Erhöhung des Druckes steigert den Tonus dieser Nerven und verlangsamt auf solche Weise die Pulse. Abnahme des Druckes schwächt
den Tonus, erhöht also die Frequenz der Herzschläge.

Die erschöpfendste Arbeit über die Frage ist von S. Tschiriew (³⁹⁵)
ausgeführt worden, mit Hilfe von Methoden von einwandfreier Genauigkeit.
Seine Versuche über die Wirkungen der Drucksteigerung zerfallen in
3 Gruppen: 1. Die Herznerven (Vagus, Sympathikus und die Depressoren)
waren durchschnitten. 2. Unabhängig von der Durchschneidung dieser
Nerven wurden außerdem noch die unteren Hals- und die oberen Brustganglien entfernt. 3. Tschiriew hatte auch die Nerven des Halses
und des Rückenmarkes oberhalb des Atlas durchschnitten.

Die wichtigsten Ergebnisse der Tschiriewschen Untersuchung sind folgende: Plötzliche und starke Veränderungen des Blutdruckes üben eine Wirkung auf den Herzrhythmus aus, und zwar sowohl nach der Durchschneidung der Halsnerven, wie nach Unterbrechung aller extrakardialen Nervenbahnen. . . . Sie beeinflussen auch den inneren Hemmungsapparat des Herzens und seine motorischen Ganglien, indem sie die Pulse entweder beschleunigen oder verlangsamen. Selten lassen sie sie unverändert. Der endgültige Charakter der Veränderungen der Frequenz des Herzschlags hängt von der wechselseitigen Wirkung der Reize dieser antagonistischen Herznervenapparate ab. . . . Die Beschleunigung der Pulse zeigt sich während der Abnahme des Blutdruckes, sowohl nach der Durchschneidung der Halsnerven, wie nach vollständiger Isolierung des Herzens von den Nervenzentren, d. h. vom Gehirn oder Rückenmark. . . .

In dieser Fassung sind die Schlußfolgerungen Tschiriews jetzt noch unanfechtbar.

Johansson (214) kommt bei seinen, gleichfalls mit großer Sorgfalt ausgeführten, sehr verschiedenartigen Versuchen, im allgemeinen zu Schlußfolgerungen, die mit denen übereinstimmen, welche wir eben angeführt haben. Dieser Forscher beharrt vor allem dabei, daß die Geschwindigkeit, mit der die Schwankungen des Blutdruckes zustandekommen, eine vorherrschende Rolle spiele. Je schneller diese Schwankungen ablaufen, desto ausgesprochener ist die Änderung der Frequenz der Herzschläge.

Etwas länger müssen wir uns bei den Versuchen von Marey (284) aufhalten, welche 1873 an dem isolierten Herzen der Schildkröte angestellt worden sind; der genannte Physiologe nimmt in dieser Frage eine ganz besondere Stellung ein. Schon 1859 (286) sprach sich Marey in einer etwas zu schroffen Weise über den Einfluß des arteriellen Blutdruckes auf die Frequenz der Herzschläge aus. Marey sah vollkommen von dem extra und intrakardialen Nervensystem ab, und untersuchte den Einfluß, welchen eine Drucksteigerung rein mechanisch im Zirkulationsapparat auf Rhythmus und Stärke der Kontraktionen ausüben konnte. Dabei stellte er seine Versuche an Tieren an, bei denen alle Herznerven unversehrt geblieben waren. Er beobachtete dabei, daß die Druckzunahme oftmals den Schlag verlangsamte, während seine Abnahme ihn beschleunigte. Wir haben bereits gezeigt, daß dies eine rein nervöse Erscheinung ist, welche in dem ersteren Falle von der Reizung der Nervenzentren des Vagus durch die Erhöhung des Druckes herrührt, und in dem letzteren von einer Reizung der beschleunigenden Nerven infolge der entgegengesetzten Wirkung. Aber Marey wollte in dieser Erscheinung nur die einfache Anwendung eines hydraulischen Gesetzes auf die Herzarbeit sehen. „Das Herz reguliert die Zahl seiner Bewegungen nach den Widerständen, welche es bei jeder seiner Systolen zu überwinden hat. Steigert man den Blutdruck in den Arterien, so verlangsamt das Herz seinen Schlag, da es nunmehr bei jeder Systole eine größere Last fortbewegen muß. Denn jeder einzelne Schlag, welcher an sich schon eine große Arbeitsleistung darstellt, muß von einer längeren Ruhepause gefolgt sein." Dieser letztere Schluß ist zu exklusiv. Das Herz vermag größere Widerstände auf verschiedenen Wegen zu überwinden: durch stärkere und seltenere Kontraktionen, oder durch schwächere aber dafür häufigere. Es folgt nicht den rein hydraulischen Gesetzen, wie sie z. B. bei einer einfachen Kautschukpumpe anwendbar sind, weil es dank seinem Nervenmechanismus imstande ist, seine Arbeit zu regulieren, nach den Ursachen des von ihm zu überwindenden Widerstandes und nach den Kräften, über die es selbst verfügt.

Darin beruht ja gerade die Überlegenheit des Herzmechanismus, daß er ein Nervensystem besitzt, welches ihm gestattet, innerhalb weiter Grenzen die Mittel zu variieren, um zum Ziele zu gelangen. Vor allem ist das von Cyon aufgestellte Gesetz von der Verteilung der Herzarbeit in der Zeit, welches ja das Charakteristikum der Wirkung der Herznerven darstellt, eines dieser Mittel. Die Wirkung der Depressoren liefert ein zweites noch viel kräftigeres Mittel: mit Hilfe dieser Nerven vermindert das Herz die Widerstände statt sie zu überwinden, dadurch daß es letztere der Verteilung seines Arbeitsmodus anpaßt. Bei der Intervention der Depressoren dagegen spart das Herz seine motorischen Kräfte. Es vermag daher die Widerstände zu beseitigen, eventuell auch ohne im allergeringsten seine Schlagzahl zu vermindern, (Cyon und Ludwig); wie dies in dem Falle geschieht, wo die reflektorische Wirkung des Depressor auf den Vagus durch die Durchschneidung des letzteren aufgehoben ist, — oder sogar, indem es sie auf reflektorischem Wege beschleunigt (Bayliss, Cyon). „Man ist nicht mehr berechtigt", schrieb Vulpian (407), „auf die Tätigkeit des Herzgefäßapparates die Gesetze der hydraulischen Mechanik anzuwenden; und wenn man sich verleiten läßt diese Bahn zu betreten, so setzt man sich leicht der Gefahr aus, in bedauerliche Irrtümer zu verfallen."

Die Versuche Mareys an dem vom Körper getrennten Schildkrötenherzen wurden dazu noch unter den allergünstigsten Bedingungen ausgeführt, da ja der Einfluß der extrakardialen Nerven ausgeschaltet war. Es entspricht übrigens nicht vollkommen den tatsächlichen Verhältnissen, wenn man als Regel aufstellen will, daß Erhöhung des inneren Blutdrucks in der Herzhöhle immer Verlangsamung, — Abnahme dagegen immer Beschleunigungen erzeugt. Die Versuche von Tschiriew, von denen eben die Rede war, haben ergeben, daß unter gewissen Bedingungen auch eine Steigerung des Blutdrucks im Herzen Beschleunigungen der Herzschläge hervorrufen kann. So z. B. wenn diese Steigerung von der Verhinderung des Abflusses des Blutes aus dem Herzen abhängt oder wenn der innere Druck im Herzen durch den gesteigerten Zufluß des Blutes in den Venen erhöht wird, so werden die Herzschläge beschleunigt. In letzterm Falle dauert sogar die Frequenzzunahme noch einige Zeit, nachdem auch der Druck, unter dem das Blut ins Herz einströmte, vermindert wird. Dies haben später Ludwig und Luchsinger (279), Howell und Warfield und H. E. Hering vollauf bestätigt. Man sieht also, daß auch in den Fällen, wo die extrakardialen Herznerven ausgeschlossen sind, die Veränderungen der Herzschläge bei Erhöhung des Blutdrucks bei weitem nicht immer in demselben Sinne geschehen, wie dies Marey und auch andere Physiologen, wie z. B. O. Franck (143), welche ohne weiteres die Gesetze der Hydraulik anwenden wollen, vermuten. Nach Ausschaltung der extrakardialen Nerven bleibt noch der intrakardiale Nervenmechanismus übrig; und wie wir aus den zahlreichen Versuchen von Tschiriew, Johansson und Marey gesehen haben, ergibt die Vermehrung der Spannung in solchen Fällen völlig abweichende Resultate, je nach dem Zustande dieser Nervenzentren und der Weise ihres Eingreifens.

In dieser Hinsicht sind noch die Versuche von Bezold und Sustschinsky (35), Schiff (356) und vor allem die von J. Ludwig und Luchsinger (279) von besonderem Interesse. Sie beweisen, daß in bestimmten Fällen von Druckzunahme in aus dem Körper herausgeschnittenen Froschherzen die Beschleunigung des Herzschlags so bedeutend ist, daß selbst eine sehr starke Reizung des Vagus nicht imstande ist, sie zu überwältigen. Das **Herz** ist durchaus unfähig, „bei jeder Systole eine größere Last fortzubewegen" und seinen Schlag „zu verlangsamen", wie es das hydraulische Gesetz von **Marey** verlangen würde. Es sucht dasselbe zu erreichen, indem es kleinere Blutmengen bei jeder Systole fortbewegt, aber dabei gleichzeitig die Zahl der Systolen vermehrt. Die Herzarbeit ist bestrebt, konstant zu bleiben[1], wie sich **Marey** ausdrückt (**284**). Aber es erreicht dieses Ziel auf verschiedenen Wegen, auf die **Cyon** schon 1866 hingewiesen hat (**76**). Die scheinbar so wechselnden Ergebnisse, welche zahlreiche Beobachter bei Schwankungen des Blutdruckes, selbst bei Tieren, erhalten haben, deren extrakardiale Nerven durchschnitten worden waren, rühren gerade von dem Eingreifen der zahlreichen regulatorischen Vorrichtungen her, welche im Herzen selbst gelegen sind. Um die Wirkung solcher Veränderungen an dem Herzmuskel selbst beobachten zu können — der übrigens schon an sich einen Apparat von äußerst komplizierter Einrichtung darstellt — müßte man Mittel besitzen, sein intrakardiales Nervensystem ausschalten zu können. Nun besitzen wir allerdings mehrere Gifte, wie z. B. das Atropin, welche vollkommen die Nervenendigungen des Vagus lähmen, aber es fehlen uns Substanzen, welche in ebenso zuverlässiger Weise auf die Endigungen der beschleunigenden Nerven und auf deren zentrales Gangliensystem einwirken. Übrigens wirkt das Atropin an sich nur auf die Endigungen der Vagi und bleibt ohne Einfluß auf die hemmenden Ganglien des Herzens selbst, wie dies schon **Tschiriew** (**395**) bewiesen hat, gerade bei Gelegenheit der Versuche über die Wirkung der Veränderungen des Druckes, deren Ergebnisse wir eben angeführt haben.

Neuerdings haben **Krehl** und **Romberg** (**228**) zu beweisen geglaubt, daß der Ventrikel der Säugetiere, sogar wenn die Ganglien entfernt sind, die Fähigkeit besitze, die Frequenz seiner Schläge den Drucksteigerungen anzupassen. Wir haben bereits auf die Fehlerhaftigkeit der von den genannten Forschern angewandten Versuchsmethoden und

---

[1] In „La Cirkulation de Sang. Paris 1881" von **Marey** ist meine Untersuchung über den Einfluß der Temperaturänderungen usw. (76), wo ich des weiteren auch das Gesetz der Konstanz der Arbeit schon aus den am isolierten Herzen angestellten Versuchen abgeleitet habe, irrtümlich als in dem **Jahre 1874** erschienen zitiert — statt **1866**, wo **Ludwig** sie der Sächsischen Gesellschaft der Wissenschaft vorgelegt hat.

den etwas willkürlichen Charakter ihrer Schlußfolgerung hingewiesen, wonach gewisse am Herzen ausgeführte Ligaturen jede Einwirkung der Ganglienzellen unterdrücken sollen. Aber selbst angenommen, es wäre gelungen, an Herzkammern zu arbeiten, aus denen vollständig alle Ganglien entfernt waren, welche Beweise erbringen sie zur Stütze ihrer Behauptung? Wir finden in ihren Arbeiten zwei Versuche, welche sich auf diese Frage beziehen (51 u. 53 S. 84 ff.) Nun finden sich bei dem ersten dieser Versuche zwar einige Andeutungen über die erzeugten Druckveränderungen, es fehlen aber irgendwelche Angaben über die entsprechenden Änderungen in der Frequenz der Herzschläge. In dem Versuche 53 ist der entgegengesetzte Fehler begangen: die genaueren Angaben über die Veränderungen des Druckes fehlen. Über die Frequenz der Herzschläge finden wir keinerlei ernstliche Zahlenangaben; die Worte „unverändert“, „starke Beschleunigung“ — sind für derartige Versuche zu unbestimmt, um mit Sicherheit verwertet werden zu können.

Daß der isolierte und der Ganglienzellen beraubte Ventrikel noch energisch auf die Zunahme der Widerstände, die sich seiner Entleerung entgegenstellen, zu reagieren vermag, ist an sich höchst wahrscheinlich. Man wäre aber auch in diesem Falle noch keineswegs berechtigt daraus zu folgern, diese Reaktion rühre vom Herzmuskel selbst her. Die dichten Nervenfasernnetze, welche die Muskelfasern umgeben, spielten dabei sicherlich eine vorherrschende Rolle.

Die Deutung der Erscheinungen, welche die Veränderungen der Arterienspannung hervorrufen, bietet noch weit größere Schwierigkeiten, wenn, während dieser Veränderungen, die extrakardialen Herznerven unverletzt geblieben sind. Die von uns beschriebenen Erscheinungen komplizieren sich in diesem Falle durch die Wirkung, welche die Erhöhung des Blutdruckes notwendigerweise auf die im Gehirn oder Rückenmark gelegenen Zentren dieser Nerven ausüben muß. Die Zentren der Vagi sind bei den meisten Tieren einer tonischen Erregung unterworfen, welche man verschiedenen Ursachen zugeschrieben hat: dieselbe wäre nach Traube (394) durch die Kohlensäure des Blutes verursacht, nach Bernstein (23) und anderen durch eine reflektorische Wirkung, welche zum größten Teile von peripherischen Reizen, besonders solchen der Nervi splanchnici, herrührten (Asp.). Zahlreiche Physiologen haben den in der Schädelkapsel herrschenden Druck als Beihilfe zur Aufrechterhaltung des Tonus dieser Zentren angesehen. Die Verlangsamung der Herzbewegungen, wie sie direkte Kompressionen des Gehirns hervorrufen, und auch die bereits von Cooper, Magendie und anderen festgestellte Tatsache, daß die, durch Kompression der Karotiden erzeugte Gehirnanämie, dagegen, eine Beschleunigung des Herzschlags herbeiführt, scheint schon zu gestatten, den Tonus der nn. Vagi auf einen solchen Ursprung zurückzuführen. (Siehe Kap. V § 9 der neuen Untersuchungen von Cyon über das Wiederaufleben der Gehirnzentren der beschleunigenden Nerven, nach einer vorhergegangenen Unterbrechung des Blutlaufs im Gehirn).

Das Vorhandensein eines Tonus der beschleunigenden Nerven ist längere Zeit zweifelhaft gewesen. Die Versuche von Tschiriew haben zuerst die Existenz eines solchen Tonus dargetan [395]; Stricker und Wagner [384] bestätigten seine Behauptung, indem auch sie, nach der Exstirpation der Ganglien, durch welche die beschleunigenden Nerven hindurchziehen, eine Verlangsamung der Pulse beobachtet hatten. Die oben erwähnten Versuche von Reid Hunt haben, teilweise auf anderem Wege, ebenfalls die Existenz eines solchen Tonus nachgewiesen. Dieser Tonus soll, zum Teil wenigstens, den Gehirnzentren dieser Nerven zukommen, deren genauerer Ursprung noch wenig bekannt ist. Wie dem auch sei, Veränderungen des allgemeinen Blutdruckes müssen sich in entsprechender Weise auch durch Schwankungen des intrakraniellen Druckes äußern, die in dem einen oder anderen Sinne auf die Zentren der Herznerven zurückwirken. Es ist aber schwierig, bei Abänderungen in der Frequenz der Herzschläge von vornherein zu entscheiden, auf welches der beiden antagonistischen Gehirnzentren die Druckwirkung sich geäußert hat: eine Verlangsamung der Herzschläge kann sowohl von einer Abschwächung des Tonus der beschleunigenden Nerven, wie von einer Verstärkung der tonischen Erregung der Vagi abhängen, und sogar gleichzeitig von den beiden Ursachen erzeugt werden. Das gleiche gilt auch für die eintretenden Beschleunigungen der Schläge, natürlich aber im entgegengesetzten Sinne: dieselben können erzeugt werden durch Verstärkung des Tonus der Acceleratoren und Abschwächung desjenigen der Vagi. Es ist äußerst wahrscheinlich, daß Drucksteigerungen vorwiegend auf die Zentren der Vagi, und Druckverminderungen auf die Zentren der beschleunigenden Nerven einwirken. Dieses ergibt sich sowohl aus den bisher gemachten direkten Versuchen, als auch aus den Beobachtungen über die entgegengesetzten Wirkungen der Anämie und der Hyperämie des Gehirns.

Die meisten Beobachter stimmen mit Cyon und Tschiriew überein, daß die Größe der Wirkungen der Schwankungen des Druckes auf
die Herznerven zum großen Teile von dem Zustande der Erregbarkeit
der verschiedenen Herznervenzentren abhängig seien. Deshalb beobachtet man auch, daß innerhalb der Grenzen, die Tschiriew festgestellt hat, sich noch manche Abweichungen von seinen Regeln zeigen.

Einige Ergebnisse neuerer Forschungen über die Gefäßdrüsen, deren
physiologische Funktion so lange Zeit eines der verlockendsten Rätsel
unserer Wissenschaft war, haben die Frage des Herznerventonus in
eine neue Phase eintreten lassen. Wir meinen die Untersuchungen
von Cyon (78) über die Beziehungen der Herznerven und der Schilddrüse, sowie über die Funktionen der Hypophyse (88), und die von
ihm und Howell (203) gemachten Studien über die Wirkung der Extrakte dieser letzteren Drüse. Die Untersuchungen Cyons über die
Funktionen der Hypophyse werfen auch ein ganz neues Licht auf den
eigentlichen Mechanismus, vermittels dessen die Steigerungen des arteriellen Druckes auf gewisse Zentren der Herznerven einwirken.

Nachdem Cyon zunächst festgestellt hatte, daß Blutdrucksteigerungen im Gehirn die Hypophyse in Erregung zu versetzen vermögen
und daß diese Erregung Vagusreizungen erzeugt, versuchte er zu
entscheiden, ob die Reizung der zentralen Endigungen dieser Nerven,
welche man bei Steigerungen des intrakraniellen Druckes beobachtet,
nicht ebenfalls auf dem Wege der Hypophyse hervorgerufen werden.
Durch Kompression der Aorta abdominalis, vor und nach der Exstirpation der Hypophyse beim Kaninchen, gelang es auch, festzustellen,
daß die Steigerung des Hirndruckes nach einer vorherigen Exstirpation
ohne jeden Einfluß auf die zentralen Endigungen der Vagi bleibt: die
Verlangsamung der Herzschläge tritt nicht mehr auf. Die Steigerungen
des intrakraniellen Druckes wirken also auf die zentralen Enden der
Vagi auf indirektem Wege: sie versetzen die Hypophyse in einen Zustand der Erregung, die ihrerseits auf diese Enden übertragen wird.
Der Tonus der hemmenden Herzfasern wird also erhöht durch die Erregung der Hypophyse. Nach vielen experimentellen Untersuchungen,
auf die hier nicht näher eingegangen werden kann, gelangte Cyon
zum Schlusse, daß der Tonus der Vagi auch in normalem Zustande
durch Erregung der Hypophyse und durch ihre Absonderungsprodukte
unterhalten wird. Der Mechanismus, dank welchem die hemmenden

Fasern die Funktionen des Herzens zu regulieren vermögen, ist also in der Wirklichkeit viel komplizierter, als bis jetzt angenommen wurde. Die unmittelbare Aufgabe der Hypophyse besteht nämlich darin, sowohl auf mechanischem als auf chemischem Wege automatisch den Druck im Gehirne zu regulieren und im Falle plötzlicher Drucksteigerungen dasselbe auch zu beschützen. Diese Regulierungs- und Schutzvorrichtung erreicht ihre Ziele teilweise dadurch, daß sie die tonische Erregung der Vagi zu erhöhen und auf diese Weise den Abfluß des Blutes aus dem Gehirne, je nach den Bedürfnissen, zu variieren vermag. Bei verstärkten und verlangsamten Herzschlägen, wie sie durch die Erregung der Vagi erzeugt werden, wird die Geschwindigkeit des Blutstroms sowohl in den Arterien als in den Venen beträchtlich gesteigert.

Wie aus dem Auseinandergesetzten ersichtlich, hat der Einfluß der Schwankungen des arteriellen Blutdrucks auf den Erregungszustand der Herznerven eine ganz hervorragende funktionelle Bedeutung. Wir haben es hier mit einer der zahlreichen auto-regulatorischen Vorrichtungen zu tun, von denen in der Einleitung die Rede war, welche es dem Herznervensystem gestatten den Blutkreislauf in den verschiedenen Organen zu regulieren und gleichzeitig die Größe der Herzarbeit zu bestimmen. Im § 3 kommen wir noch auf diese Rolle der Hypophyse zurück und werden gleichzeitig zeigen, daß die Schilddrüsen und die Zirbeldrüsen ebenfalls als Regulatoren und Schutzorgane des Herz- und Gefäßnervensystems dienen.

Wir wollen hier nur hinzufügen, daß, noch vor den Untersuchugen Cyons, Roy und Adami (348) bei ihren Studien über den Gehirndruck und seine Wirkungen auf die Zentren der Vagi die Ansicht geäußert hatten, daß die letzteren wahrscheinlich dazu bestimmt seien, in irgend welcher Weise das Gehirn gegen die Gefahren zu hoher Drucke zu schützen. Späteren Untersuchungen bleibt es vorbehalten zu ermitteln, ob auch die tonische Erregung der Zentren der beschleunigenden Nerven, erzeugt durch Verminderungen des Gehirndrucks, ebenfalls eine regulierende oder schützende Aufgabe hat. Sicher ist schon jetzt, daß die Wirkungen der Blutdruckerhöhungen auf den intrakraniellen Druck, je nach der Ursache durch welche dieselben erzeugt werden, sich im entgegengesetzten Sinne äußern können. Eine Kompression der Aorta z. B. wird meistens den intrakraniellen Druck erhöhen, dagegen könnte eine allgemeine Verengerung der kleinen Arterien in gewissen Fällen, trotz der Erhöhung des Blutdrucks im übrigen Körper, den Gehirndruck vermindern; so z. B. in einer gewissen Phase der Einwirkung von Nebennierenextrakten. Auf eine vorübergehende Erregung der Vagi, erzeugt durch die plötzliche Erhöhung der arteriellen Spannung, folgt sofort die durch den Nebennierenextrakt hervorgerufene Reizung der Acceleratoren, welche die Gefahren der Hirnanämie infolge der Verengerung der Hirngefäße beseitigt, indem sie die Vaguswirkungen überwinden und so den Blutabfluß verhindern.

§ 2. Die Wirkungen der sensiblen Nerven auf die Nerven des Herzens.

Sämtliche sensible Nerven, sowie auch die Sinnesnerven, vermögen reflektorische Erregungen auf die Nerven des Herzens zu übertragen. 1858 hatte Claude Bernard (16) gezeigt, daß die Reizung der sensiblen Nerven oder der hinteren Wurzeln des Rückenmarks eine Verlangsamung der Herzschläge hervorruft. Seitdem sind zahlreiche Untersuchungen angestellt worden, um die Bedingungen genau festzustellen, unter welchen die sensiblen Nerven die verschiedenen Nerven des Herzens beeinflussen. Diese Bedingungen sind bei den Versuchen dieser Art noch weit komplizierter, als wenn es sich darum handelt, die Wirkungen des Blutdruckes auf dieselben Nerven zu studieren. Nicht nur üben die sensiblen Nerven tatsächlich eine reflektorische Wirkung auf die Nerven des Herzens aus, sondern sie besitzen auch einen anderen, noch weit mächtigeren Einfluß auf die vaso-motorischen Nerven; d. h. sie üben außer ihrer direkten Wirkung auf die ersteren noch eine indirekte durch Dazwischenkunft der Änderungen des Blutdruckes, aus.

Aber damit hören die Schwierigkeiten, welche sich der Erklärung der auftretenden Erscheinungen entgegenstellen, noch nicht auf. Die Reizung der sensiblen Nerven wirkt sowohl auf die Gefäßnerven des Gehirns wie auf die des Herzens; darin liegt eine neue Quelle für Änderungen in den Herzkontraktionen, eine Quelle, deren genaue Analyse um so größere Schwierigkeiten bietet, als diese letzteren Gefäßnerven selbst uns noch sehr wenig bekannt sind. Von mehreren Physiologen wird sogar deren Existenz geleugnet; freilich auf Grund von Versuchen, die nicht als entscheidend betrachtet werden dürfen.

Man darf sich also über die divergierenden Ergebnisse, welche man durch Reizung der sensiblen Nerven erhält, nicht zu verwundern. Die Wirkungen dieser Reize wechseln, je nachdem die extrakardialen

Nerven unversehrt geblieben sind, oder nicht. Im ersteren Falle rufen die sensiblen Nerven meistenteils Verlangsamung der Herzschläge hervor, viel seltener dagegen Beschleunigung. Die Wahl der sensiblen Nerven, wie auch Stärke und Dauer der Reizung, sind nicht ohne großen Einfluß auf das Endergebnis. So rufen die Muskelzweige des Nervus ischiadicus Beschleunigung hervor, während dagegen die Hautzweige mehr auf die Vagi einwirken. Reid Hunt leugnet vollständig die Möglichkeit von den sensiblen Nerven aus die Zentren der Acceleratoren zu beeinflussen. Nach ihm sollen sämtliche reflektorischen Beschleunigungen durch das Abnehmen des Tonus der Vagi erzeugt werden. Hunt unterscheidet sogar zwei Arten von sensiblen Nerven, von denen die einen die Verstärkung des Vagustonus, die anderen dessen Schwächung erzeugen. Seine experimentellen Belege sind, nach dieser Richtung hin, — bei weitem nicht überzeugend. Asp (3) und, nach ihm Cyon haben von den Muskeln aus bei Reizung ihrer Nerven unzweifelhafte Reflexe auf die Acceleratoren erhalten, — und dies nach vorheriger Durchschneidung der Vagi. Der Irrtum Hunts kann sich eher durch folgende Tatsache erklären lassen. Schwache Reize rufen auf reflektorischem Wege meistens eine Verlangsamung der Herzschläge hervor. Bei starken Reizungen ist das Gegenteil der Fall.

Wenn gewöhnliche sensible Nerven im allgemeinen eine große Mannigfaltigkeit in ihren Reflexwirkungen auf das Herz ergeben, so gibt es auch andere, deren Wirkungen eine größere Einheitlichkeit zeigen. So üben z. B. die Eingeweidenerven, welche von den Splanchnici abhängen, eine viel gleichmäßigere reflektorische Wirkung aus. Goltz (166) hat festgestellt, daß die mechanische Reizung des Bauches beim Frosche Verlangsamung des Herzschlages, ja Herzstillstand hervorruft, eine Erscheinung, welche nach vorhergehender Durchschneidung der Vagi nicht auftritt (der Klopfversuch). Bernstein (23) hat gezeigt, daß man bei Reizung der sympathischen Nerven des Bauches durch elektrische Ströme dasselbe beobachtet. Asp (3) beobachtete, daß die Reizung des zentralen Endes der Splanchnici eine Verlangsamung des Schlages hervorruft, welche von einer starken Erhöhung des Blutdruckes begleitet wird. Dieser Forscher gibt jedoch zu, daß unter gewissen Umständen die Splanchnici gleichfalls auf die Zentren der beschleunigenden Nerven einwirken können.

Der Einfluß der Eingeweideorgane äußert sich auch auf reflektorischem Wege durch Reizung der nervösen Endigungen der Vagi, die auf das, im verlängerten Mark gelegene Hemmungszentrum des Herzens einwirken. Ein sehr interessantes Beispiel ähnlicher Reflexe ist uns bereits in dem Nervus depressor gegeben. E. Hering (187) hat festgestellt, daß die Endigungen der Vagi in den Lungen mechanisch durch deren Aufblasen gereizt werden, und im Falle dieses nicht zu stark ist, ruft es eine Beschleunigung des Herzschlags hervor. Diese reflektorische Wirkung besitzt wahrscheinlich eine große funktionelle Bedeutung. An den Atmungskurven des Blutdrucks beobachtet man oftmals, daß während der Inspiration der Puls leicht beschleunigt ist. Ob diese Beschleunigung von einer Abschwächung des Vagustonus oder von einer Erregung der Acceleratoren abhängt, ist nicht definitiv aufgeklärt. Nach H. E. Hering (190) soll ersteres häufiger der Fall sein. Nach Brodie und Russell soll der Herzstillstand bei Katzen durch Seruminjektion erzeugt, ebenfalls von einer reflektorischen Erregung der Vaguszentren hervorgerufen werden.

Die Reizung des Nervus laryngeus superior wirkt reflektorisch vorwiegend auf die beschleunigenden Nerven. Der Nervus laryngeus inferior ist ohne wesentlichen Einfluß auf die Herznerven.

Unter den Hirnnerven sollen der Opticus, der Olfactorius, Acusticus und Glosso-pharyngeus, nach den Untersuchungen von Couty und Charpentier (60), bald auf die Vagi, bald auf die Accelerantes wirken. Der Trigeminus dagegen soll nach den Versuchen von Holmgren (202), Kratschmer (227) u. a. nur eine Wirkung auf die Vagi ausüben. Nach den neueren Untersuchungen von Cyon (82 und 88), wirken die in der Nasenschleimhaut gelegenen Endigungen dieser Nerven erregend auf das Zentrum der Nervi vagi, und zwar durch Vermittlung der Hypophyse ein; beim Kaninchen wenigstens ist das der Fall. Nach Zerstörung dieses Organes bleibt die Reizung der Nasenschleimhaut, z. B. durch Ammoniak oder Riechsalz, ohne Einfluß auf die Verlangsamung des Herzschlags; und dies auch dann, wenn sowohl der Nervus trigeminus als der vagus unversehrt geblieben sind. Die belebende Wirkung der Reizung der Nasenschleimhaut auf das Herz in Ohnmachtsfällen kommt also indirekt durch die Übertragung der Erregung von der Hypophyse auf das Vaguszentrum zustande.

Von den reflektorischen Wirkungen der sensiblen Herznerven auf das Herz selbst ist im vorigen Kapitel schon ausführlich die Rede gewesen. Ernstliche Versuche über die Reflexe, die von den Gefäßen aus auf das Herz ausgelöst werden könnten, sind eigentlich nur von Latschenberger und Deahna angestellt worden. Dieselben haben zahlreiche interessante Ergebnisse geliefert, hauptsächlich über die Veränderungen des Blutdrucks, welche derartige Reizungen erzeugen. Die Wirkungen auf das Herz schienen meistens nur die Folgen dieser Veränderungen zu sein; es bedarf weiterer ausführlicher Untersuchungen, um derartige Wirkungen festzustellen, da sie gewiß von funktioneller Bedeutung sind. Die wenigen Versuche von Koester und Tschermak, von denen schon oben die Rede war, haben wenig Neues geliefert, weil sie von der falschen Voraussetzung ausgingen, daß die, schon längst von Cyon und Ludwig nachgewiesenen Verzweigungen des Depressors in der Aorta und der Arteria pulmonalis irgend etwas an dessen Bedeutung ändern könne. Interessanter sind die Versuche von Pagano[314]. Durch Einspritzung von Blausäure in die Carotis communis erzielte er eine bedeutende Abnahme der Frequenz der Herzschläge, welche auszufallen pflegte nach völliger Exstirpation des untern Hals- und oberen Brustganglions der betreffenden Seite. Sollten diese Beobachtungen bestätigt werden, so würde deren Deutung gewisse Schwierigkeiten bieten. An eine reflektorische Reizung der Vagi ist dabei natürlich nicht zu denken, da ja sonst die Exstirpation der genannten Ganglien die Verlangsamung der Herzschläge nicht verhindern dürfte. Auch kann von einer Abnahme des Tonus der Acceleratoren keine Rede sein, da in diesem Falle die Exstirpation die Verlangsamung noch vergrößern müßte. Dasselbe gilt auch von den Versuchen von Siciliano. Am ehesten könnte man denken, daß bei Reizung der Nerven der Carotis communis die Vagi auf dem Wege des Halssympathicus erregt werden. Der Ausfall dieser Erregungen müßte dann schon vollständig sein nach der Exstirpation des obersten Halsganglions. Es bliebe noch der Ausweg übrig, daß die Fasern der Carotis communis zentralwärts ins Rückenmark ziehen durch das erste Brustganglion. Bis jetzt sind aber derartige Reflexübertragungen, trotz der vielen Reizungen, denen die Fasern dieses Ganglions unterzogen wurden, normal nie beobachtet worden. Derartige Reflexe, welche von dem sympathischen Halsganglion übertragen werden können, hat Cyon mehrmals nur bei thyreoidektomierten Tieren beobachtet. Schon hatte Bernstein im Jahre 1864 die Beobachtung veröffentlicht, daß Reizung des zentralen

Endes des Halssympathicus reflektorisch eine Verlangsamung der Pulsschläge erzeugt. Dies geschah aber noch vor der Entdeckung der Depressoren, die natürlich in dem Sympathicusstamm von Bernstein
mitgereizt wurden.

Ganz anders verhielt sich die Sache bei den Cyonschen Versuchen
an thyreoidektomierten Kaninchen. „Wie aus den oben mitgeteilten
Versuchen vom 12. Juli und 6. August, schreibt Cyon, ersichtlich,
erzeugte Reizung des zentralen Endes des Halssympathicus bei thyreoidektomierten Tieren mehr oder minder beträchtliche Verlangsamungen
der Herzschläge mit einer kaum merklichen Veränderung des Blutdrucks. Diese Verlangsamung war immer von einer bedeutenden
Zunahme der Stärke der Herzschläge begleitet; wie z. B. die
Kurve 21 zeigt, kann diese Zunahme der Herzstärke den
Pulsschlägen den Charakter wahrer Vaguspulse verleihen,
und doch waren in den angeführten Beispielen die beiden
Vagi am Halse durchschnitten. Es bestanden also bei den betreffenden Tieren zwischen dem Herzen und dem zentralen Nervensystem nur noch Verbindungen durch Vermittlung der Nervi accelerantes, welche den letzten Halsknoten und den ersten Brustknoten durchsetzen. Die bei Reizung des zentralen Endes des Halssympathicus erzeugte Verlangsamung und Verstärkung der Herzschläge konnte
daher nur auf dem Wege dieser beschleunigenden Nerven hervorgerufen werden." (S. 112. Beiträge zur Physiologie der Schilddrüse und
des Herzens. Bonn 1898.)

Bei der Diskussion dieser auffallenden Erscheinungen begegnete
Cyon großen Schwierigkeiten; der einzig zwingende Schluß, den er gezogen hat, war der, „daß die sympathischen Halsknoten nicht einfache Durchgangsstellen für die verschiedenen Herznerven
sind, sondern die Rolle wirklicher Zentralorgane spielen,
welche Erregungen dieser Nerven zu erzeugen und zu beeinflussen vermögen. Dies kann natürlich nur in der Weise stattfinden, daß die aus dem Rückenmarke kommenden Fasern der rami
cardiaci, zum Teil wenigstens, in den Zellen dieser Knoten münden,
und daß aus diesen Zellen sich neue Fasern zum Plexus cardiacus begeben. Die erregenden Impulse können also dem
Herzen von drei Quellen zufließen: von der Medulla
(oder höher gelegenen Zentralorganen), von den sympathi-

schen Knoten und von den im Herzmuskel selbst eingebetteten Ganglienzellen." (S. 114.) Auf diesen letzten Punkt wird noch unten näher zurückgekommen. Was aber die Deutung der reflektorischen Verlangsamung der Herzschläge betrifft, so vermochte Cyon dieselbe nur durch den Umstand zu erklären, daß durch die Exstirpation der Schilddrüsen die Verrichtungen des Herznervensystems völlig umgekehrt wurden. Diese Umkehr war in den ersten Tagen nach der Exstirpation bei den betreffenden Tieren so allgemein, daß auch die Reizung der anderen Herznerven eine ganz auffallende Umkehr ihrer Funktionen zur Folge hatte. Es konnte sich also bei der hier diskutierten Beobachtung entweder darum handeln, daß die Reizung des Sympathicus den durch die Thyreoidektomie bedeutend gesteigerten Tonus der sympathischen Ganglien gewaltig herabgesetzt hat; dies würde die in der Kurve 21 beobachtete Verlangsamung der Herzschläge vollkommen erklären können. (Siehe unten **Fig. 44.**) Da strumöse Tiere sich in der Beeinflussung der Herznerven ebenso wie thyreoidektomierte verhalten, so muß man sich fragen, ob die Tiere, an welchen Pagano und Siciliano gearbeitet hatten, nicht strumös waren.

Hier wäre es am Platze über die Versuche Engelmanns zu berichten, die sich mit der Reizung der sensiblen Nerven beim Frosche und deren Wirkungen auf das Herz beschäftigten. Nachdem ich in der Untersuchung „Myogen oder Neurogen?" die vollständige Wertlosigkeit dieser Versuche zur Evidenz nachgewiesen hatte, zog ich es vor in der ersten Auflage dieser „Herznerven" diese Versuche mit Stillschweigen zu übergehen. In einem jüngst erschienenen Handbuch der Physiologie wurde leider nicht dieselbe Diskretion beobachtet. Engelmanns Versuche werden sehr ausführlich wiedergegeben, ohne daß auch nur mit einem Worte die völlige Unzuverlässigkeit der Versuchsmethode und die Unzulänglichkeit der Ergebnisse erwähnt wurde. Dies zwingt uns, wenigstens die gewichtigsten Einwände hier anzuführen.

Was die angewendete Methode betrifft, so bediente sich Engelmann des Gaskellschen Suspensionsverfahrens, das er als das einzig brauchbare für die physiologischen Versuche am Herzen betrachtete.

Wir zitieren: „Nach den eigenen Worten Engelmanns kann die Suspensionsmethode „weder Druck- noch Volumschwankungen" angeben; sie gibt „zu Täuschungen über Anfang, Verlauf und Größe der

Kontraktion des suspendierten Herzens" Veranlassung. Man kann nicht einmal sicher sein, daß das Myogramm wirklich die Kontraktion der eingeklemmten Stelle und nicht die einer benachbarten verzeichnet. Man muß fortwährend die Ursache der Bewegungen des Hebels überwachen und bestimmen, und die Kurven entziffern mit Hilfe von „Vergleichen" mit benachbarten Kurventeilen! Also „einfache Inspektion" und ganz willkürliche Interpretation der Kurven sollen erst die „einzige Methode" brauchbar machen! Dies nennt Engelmann eine „graphische" Methode, und mit deren Hilfe will er die verwickelten und mannigfaltigen Wirkungen der Herznerven studieren, — welche Ludwig und seine Schule mit mangelhaften Methoden untersucht haben sollen! Auch muß Engelmann bei seinen Versuchen zur Curarevergiftung seine Zuflucht nehmen, um die Tiere unbeweglich zu machen. Nun haben schon Heidenhain und Czermak vor vielen Jahren gezeigt, daß Curare den Froschvagus schädigt, fast lähmt" (80, S. 242).

Wir gehen nun zur Wahl des Versuchstieres über. Engelmann unternahm es, die Verrichtungen der Herznerven beim Frosche durch reflektorische Erregungen derselben zu eruieren. Dies war aber ein doppelter Fehler, der im voraus den Zweck seiner Untersuchung vereiteln mußte. Die Wahl des Frosches als Versuchstier war unglücklich; die benutzten Methoden der Herznervenerregung waren im hohen Grade verfehlt. Engelmann rechtfertigt die Wahl des Frosches folgendermaßen: „Einmal, weil dieses Tier seit langer Zeit das klassische Objekt für die anatomische und physiologische Untersuchung der Herzinnervation ist, und durch seine allbekannten Eigenschaften auch verdient" (S. 244). Seitdem die anderen Herznerven, die Depressores und die N. accelerantes, entdeckt wurden, ist der Frosch für das Studium der Herzinnervation von ganz untergeordneter Bedeutung geworden, schon aus dem einfachen Grunde, daß er nur einen Nervenstamm, den Vagus, besitzt, in dem auch die Acceleransfasern verlaufen. Das klassische Tier für Untersuchungen der Herzinnervation ist seit beinahe vierzig Jahren das Kaninchen, weil es das entwickeltste und am besten differenzierte System der extrakardialen Nerven besitzt. In zweiter Reihe kommt dann der Hund, darauf die Katze und das Pferd."

Einen noch größeren Fehlgriff hatte sich Engelmann zu schulden kommen lassen, indem er, nach der unglücklichen Wahl des Frosches als Versuchsobjekt, zur Erregung der Nerven, welche er erst zu entdecken suchte, den Weg der Reflexwirkungen von sensiblen Nerven aus gewählt hatte. Engelmann wählte diese Erregungsweise, wie er behauptet, erstens ihrer großen Bequemlichkeit wegen und dann auch um dem Beispiele von Muskens zu folgen. Nun hat aber Muskens Reflexe vom Herzen aus studiert, also ganz verschiedene, ja sogar entgegengesetzte Vorgänge als Reflexe auf das Herz.

Es ist aber auch absolut unmöglich, beim Frosch durch reflektorische Erregungen irgend welche Auskunft über die Verrichtungen der Herznerven zu erhalten. Das weiß jeder, der nur einigermaßen mit der reichhaltigen Literatur der Reizungen sensibler Nerven und ihrer Wirkungen auf den Herzschlag und den Blutdruck der Säugetiere vertraut ist. Diese Wirkungen sind äußerst mannigfaltig und verwickelt. Sie hängen, auch abgesehen von der Reizstärke, noch direkt von der Wahl des Nerven ab: ob Hautnerv oder Muskelnerv, von der Stärke der Reizung, von der Natur der zur Narkose verwendeten Substanz, von dem Wege, auf welchem der Reiz zu den Zentren der Herznerven gelangt, ob direkt oder auf dem Umwege des Großhirns, von dem jeweiligen Erregungszustand dieser Zentren, sowohl im Gehirn als im Herzen selbst, und so weiter. Indirekt, — von den simultanen Wirkungen derselben Nervenreizung auf den allgemeinen und auf den lokalen Blutlauf, auf den peripheren Blutstrom und auf den der Eingeweide, auf die Druckverhältnisse in der Schädelhöhle usw. usw.

Nach allem Gesagten ist es klar, daß Engelmann keine klaren und verwertbaren Ergebnisse aus derartigen Versuchen hat erhalten können. Engelmann versuchte auch nicht die Ergebnisse für die Reflexe der sensiblen Nerven auf das Herz selbst zu verwerten; er verfolgte mit seinen Versuchen einen viel höheren Zweck, den wir in Kapitel 5 § 5 eingehender erörtern werden. Dieser Zweck war, seinen Übertritt zur neurogenen Lehre durch die Entdeckung neuer Herznerven in einen Triumphzug zu verwandeln!

Neue Herznerven hat er bei dieser schlechten Methode natürlich nicht entdecken können; dagegen gelang es ihm ein halbes Dutzend barbarischer Bezeichnungen zu erfinden, mit denen er die vermuteten Nervenfasern belegt hatte. Mit Recht bemerkt daher Cyon: „Sein bei den Erklärungen angewandtes Verfahren erinnert zu sehr an die Erklärungsweisen unbegreiflicher Naturerscheinungen, die sich in der Mythologie so gut bewährt haben. Für die Physiologie ist dieselbe kaum verwertbar." Auf die Bemühungen Engelmanns, seinen Ergebnissen eine ernstliche Deutung zu geben, ist es überflüssig hier einzugehen. Wäre er damals nicht im Begriff sich von der myogenen Lehre loszusagen, so hätte er doch zu der einzigen für einen Myogenisten zulässigen Deutung gegriffen, nämlich die beobachteten Wirkungen durch die Reizbarkeit, Leitungsvermögen und Kontraktilität zu erklären, mit welchen er die Muskelfasern so großmütig beschenkt hat. Merkwürdigerweise diskutiert er unter den vielen Alternativen auch nicht ein einziges Mal die Möglichkeit, daß diese Reflexwirkungen ohne jede Dazwischenkunft intrakardialer Nerven zustande gekommen sind und direkt von der Herzmuskulatur erzeugt wurden" (90, S. 248).

§ 3. Die physiologischen Herzgifte: Jodothyrin, Hypophysin, Adrenalin.

Unter diesen Namen hat Cyon (84) gewisse Produkte der Gefäßdrüsen bezeichnet, welche einen hervorragenden Einfluß auf das Herz- und Gefäßnervensystem ausüben. Diese Produkte sind dazu bestimmt, das regelmäßige Funktionieren der Nerven und Ganglienzellen dieses Systems zu sichern, indem sie dasselbe in einem Zustand tonischer Erregung erhalten und deren Erregbarkeit in der Weise regulieren, daß ihre Leistungsfähigkeit den gegebenen Bedürfnissen des Blutkreislaufs in den verschiedenen Organen zu jeder Zeit entspricht.

Cyon hat sie Herzgifte benannt, weil ihre Wirkungen große Ähnlichkeit mit denen gewisser Herzgifte darbieten, die in der Experimental-Methodik eine so große Rolle spielen. Oftmals verhalten sie sich diesen letzteren gegenüber tatsächlich als reine Gegengifte, dazu bestimmt die Wirkungen dieser äußeren Gifte aufzuheben. Es ist auch nicht unmöglich, daß die wirksamen Substanzen der Gefäßdrüsen in ihrer chemischen Zusammensetzung bis zu einem gewissen Grade diesen letztern nahe kommen.

Man hat schon seit längerer Zeit im Organismus das Vorhandensein von Produkten erkannt, welche imstande sind als Reizmittel der Herz- und Gefäßnerven zu wirken. Als Beispiel brauchen wir nur die Kohlensäure anzuführen. Aber das waren nur Endprodukte der Oxy-

dations- oder Zersetzungsprozesse von organischen Substanzen, welche
ihre physiologische Rolle bereits schon erfüllt hatten, Produkte, dazu bestimmt aus dem Organismus ausgeschieden zu werden,
weil ihre Anhäufung im Blute mit großen Gefahren verbunden wäre.
Die Gruppe der sogenannten Toxine gehört zu dieser Art von Giften.
Ganz anderer Art, ihrem Ursprung und ihrer Aufgabe nach, sind die
physiologischen Herzgifte, um die es sich hier handelt. Diese sind
Produkte synthetischer Prozesse. Gewisse Organe — und zwar in
erster Linie die Gefäßdrüsen — produzieren und sezernieren sie ad
hoc, sie gelangen ins Blut, damit sie bei den Nervenzentren des Herzens
und der Gefäße die oben angedeutete Mission erfüllen.

Nach Cyon sind diese Substanzen besonders dadurch charakteri-
siert, daß sie in den Drüsen entstehen, welche außerdem noch bei der
Unterhaltung und Regulierung des Blutkreislaufs eine wichtige mechanische Aufgabe zu erfüllen haben, die im wesentlichen der chemischen Rolle der abgesonderten Substanz entspricht. So dienen die
Schilddrüsen z. B. noch als Organe, welche das Gehirn gegen allzugroßen und plötzlichen Blutzufluß schützen sollen. An der Eintrittsstelle der Carotiden in den Schädel bilden diese Drüsen, dank ihrem
ganz außerordentlichen Reichtum an Blutgefäßen und an speziellen nervösen Autoregulatoren ihrer Stromesgeschwindigkeit, sozusagen Schleusen, welche einerseits einen großen Teil des zuströmenden Blutes von
den Hirnarterien abzuleiten vermögen, andererseits durch die Erweiterungen ihres Strombetts den Abfluß des Blutes aus dem Gehirn
erleichtern. Darin äußert sich die mechanische Rolle der Schilddrüsen (Cyon). Ihre chemische Rolle besteht in der Erzeugung einer
Substanz — des Jodothyrins von Baumann, eines der physiologischen Herzgifte — welche dazu bestimmt ist, die Reizempfindlich-
keit der Depressoren und der Vagi, d. h. derjenigen Herznerven zu
erhöhen, deren Wirkungen in weitgehendstem Maße der Schilddrüse
die Erfüllung ihrer physiologischen Aufgabe gestatten. Von diesem
Gesichtspunkte aus hat Cyon bisher die Produkte von vier Gefäßdrüsen untersucht: der Thyreoideae, der Hypophyse, der Nebennieren
und der Zirbeldrüse.

A. Die Produkte der Thyreoideae. Man hat bis zu diesem
Augenblick nur eine einzige Substanz aus dem Körper der Thyreoidea
chemisch isolieren können, welche als ihr normales Produkt betrachtet

werden kann: Baumanns[1]) Jodothyrin. Die Untersuchungen Cyons
(78) über das Jodothyrin zielten darauf hin, den Einfluß, welchen dasselbe auf die Nerven des Herzens und die Blutgefäße auszuüben vermag, genau festzustellen. Diese Versuche wurden an Kaninchen und
Hunden ausgeführt. Folgende sind deren Hauptergebnisse, die über
diesen Einfluß von Cyon veröffentlicht worden sind.

1. Direkt in das Blut eingeführt erhöht das Jodothyrin die Erregbarkeit der Depressoren und Vagi, wenn diese normal oder herabgesetzt ist; es vermag diese Erregbarkeit wieder herzustellen, falls aus
irgend einem Grunde, z. B. bei Kröpfen oder nach der Exstirpation
der Schilddrüsen dieselbe aufgehoben war.

2. Der Einfluß des Jodothyrins erstreckt sich auf die zentralen und peripheren Endorgane dieser regulierenden Nerven.
Selbst nach Durchschneidung der Depressoren und der Vagi vermehrt
die intravenöse Injektion dieser Substanz deren Erregbarkeit oder stellt
sie augenblicklich wieder her.

3. Das Jodothyrin vermindert gleichzeitig in hohem Grade die
Erregbarkeit des beschleunigenden und des gefäßverengernden Nervensystems. Es ist Cyon nicht gelungen, die Frage aufzuklären, ob es
diesen Erfolg allein auf indirektem Wege, durch Stärkung seiner
Antagonisten, oder gleichzeitig auch durch eine direkte Wirkung auf
das System des Sympathicus erreicht. Die Versuchsergebnisse Cyons
sprechen eher zugunsten einer derartigen antagonistischen Wirkungsweise.

4. Wenn die Erregbarkeit der regulierenden Fasern des Depressors
und der Vagi vermindert oder aufgehoben ist, infolge einer Vergiftung
mit Jod, Atropin oder Nikotin, so ist das intravenöse Einführen von
Jodothyrin imstande, sie wieder herzustellen. Z. B. genügt oft beim
Kaninchen eine Injektion von 2 ccm Jodothyrin, welches etwa 1,8 mg
Jod enthält, um die Wirkung von 2 g Jodnatrium, d. h. mehr als
1 g Jod zu neutralisieren. Ist jedoch die Erregbarkeit der Vagi durch
Atropin oder Nikotin aufgehoben, so stellt sie das Jodothyrin nicht
vollkommen wieder her: es verleiht den Vagi wohl noch die Fähigkeit, Verlangsamungen der Herzschläge hervorzurufen mit gleichzeitiger

---

[1]) Nach den Untersuchungen von Oswald (311) ist das Jodothyrin der Schilddrüse konstant im von ihm isolierten Thyreoglobolin enthalten. Das gesamte
Jod der Schilddrüse befindet sich in diesem letzteren Körper.

Vergrößerung ihres Schlagvolumens, aber diese Nerven sind nicht mehr imstande, einen vollkommenen Stillstand des Herzens herbeizuführen. (Wir werden weiter unten die Folgerungen kennen lernen, welche sich aus der letzteren Tatsache für die Theorie der Herzinnervation ergeben.) Es sei noch hinzugefügt, daß Versuche, angestellt von Cyon und Oswald mit Thyreoglobulin, ergeben haben, daß diese Substanz, welche das Jodothyrin enthält, dieselben Wirkungen auf die Herz- und Gefäßnerven ausübt wie das Jodothyrin. Bei strumösen Schilddrüsen, die kein Jod — also auch kein Jodothyrin enthalten — haben diese Forscher keinerlei Wirkungen auf den Blutdruck beobachtet. Ein durch Trypsinverdauung erhaltenes Produkt aus der menschlichen Schilddrüse, welche kleine Dosen Jod enthielt, erzeugte bei Tieren im Gegensatz zu dem Thyreoglobulin heftige Erregungen der Acceleratores mit Erhöhung des Blutdruckes. Die Wirkung erinnerte ganz an die des Nebennierenextrakts und erstreckte sich auch auf die Atemorgane. Ob es sich um eine zweite wirksame Substanz der Schilddrüse handelt, blieb unentschieden.

Das Jodothyrin ist also, kurz gesagt, dazu bestimmt, die regulierenden Nerven des Herzens, die Vagi uud Depressoren in vollkommen funktionsfähigem Zustande zu erhalten und etwaige krankhafte und giftige Einflüsse abzuwehren, welche diese Funktion bedrohen. Das Fehlen des Jodothyrins ruft bedeutende Herzstörungen hervor. Wie Cyon gezeigt hat, ist bei kropfigen oder thyroidektomierten Tieren die Erregbarkeit der Depressoren und Vagi bedeutend vermindert, wenn nicht vollständig aufgehoben; während die ihrer Antagonisten, der gefäßverengernden und der beschleunigenden Herznerven vermehrt ist. Das Jodothyrin erfüllt also eine höchst wichtige funktionelle Aufgabe. Es ist nicht unmöglich, daß die noch unbekannte organische Substanz, welche mit dem Jod bei der Bildung des Jodothyrins gebunden wird, auf dasselbe Nervensystem eine toxische Wirkung ausübt, etwa der des Jods entsprechend, wie sie Barbéra (10) festgestellt hatte. Diese Bildung wäre also in doppelter Weise für die Funktion der regulierenden Nerven des Herzens nutzbringend: sie befreit dieselben von zwei schädlichen Substanzen und bildet ein neues Produkt, welches dem Organismus wichtige Dienste zu leisten vermag. (Wir sehen hier ganz ab von der dem Jodothyrin eigentümlichen Fähigkeit, die Oxydationen im Organismus wesentlich zu erhöhen, da noch nicht der Beweis dafür erbracht ist, ob dieser Einfluß auf die **Ernährung** nicht durch Vermittlung des Zirkulationsapparates zustande kommt.)

Da soeben die Untersuchungen Barbèras über die Einwirkungen des Jods auf das Herznervensystem hier erwähnt wurden, so erscheint es zweckmäßig, etwas näher auf die Wirkungen dieser Substanz auf das Gefäß- und Herznervensystem einzugehen.

Es ist ein großer Irrtum, wenn man das Jod als eine Substanz betrachtet, welche hypotonische Wirkungen auf den Blutdruck ausübt. Dieser, in allen therapeutischen Lehrbüchern verbreitete Irrtum hat aus dem Jod eine der Substanzen gemacht, die in ausgedehnter Weise von den Ärzten bei Herzkrankheiten zur Anwendung kommen, um die hypertonischen Erscheinungen zu bekämpfen. Nun ist das Jod selbst eins derjenigen therapeutischen Mittel, welche in heftiger Weise die Gefäßnerven reizen; es ist also ein hypertonisches Mittel par excellence. Diese Tatsache ist in unwiderleglicher Weise sowohl durch die, unter Leitung Cyons, von Barbèra ausgeführten Untersuchungen, wie auch durch zahlreiche Versuche, welche Cyon selbst in seinen Studien über „Die physiologischen Herzgifte" veröffentlicht hat dargetan worden; sie ist seitdem auch durch neue Untersuchungen von Laudenbach bestätigt worden.

Die erregende Wirkung des Jods auf die beschleunigenden Herznerven weist schon darauf hin, daß diese Substanz in dem gleichen Sinne die Vasokonstriktoren beeinflußt. Tatsächlich wirken auch fast alle Gifte, welche das System des Sympathicus reizen, in der gleichen Weise auf die beschleunigenden, wie auf die verengernden Gefäßnerven. Ja, nach dem dritten Gesetz der Reizung der Ganglien wirken die Gifte, welche diese Gefäßnerven reizen, noch in entgegengesetztem Sinne auf die gefäßerweiternden Nerven (s. später Kap. IV § 7 über die Gesetze der Ganglienreizung). Das Jod übt infolgedessen nicht nur eine erregende Wirkung auf die gefäßverengernden, sondern auch eine lähmende auf die gefäßerweiternden Nerven aus. Der Antagonismus zwischen Jodothyrin und Jod, von dem wir schon oben gesprochen haben, beruht also gerade auf den hypotonischen Eigentümlichkeiten der Baumannschen Substanz.

Mithin kann also das Jodothyrin als das Gegengift des Jods betrachtet werden. Das Jod dagegen muß man wiederum als kräftiges Gegengift gegen hypotonische Substanzen ansehen, von der Wirksamkeit des Nikotins und Muskarins. In dieser Hinsicht kann das reine Jod in die gleiche Kategorie von Substanzen eingereiht werden, wie das Suprarenin (Adrenalin), die aktive Substanz der Nebennieren. An späterer Stelle geben wir die, den Arbeiten Cyons entnommene Figur 32, welche die Wirkung einer Injektion von Jodnatrium auf ein mit Muskarin vergiftetes Tier darstellt. Man sieht, wie der Blutdruck sich unmittelbar nach dieser Injektion hebt und der durch das Muskarin stark verlangsamte Herzschlag bedeutend beschleunigt wird. Gerade unter der Form von Jodnatrium und Jodkalium wenden nun die Ärzte in den meisten Fällen das Jod als sogenannte hypotonische Substanz an! Dabei wirken schon die Natriumsalze selbst erregend auf die Nerven sympathischen Ursprungs, wie z. B. die beschleunigenden Nerven.

Wahrscheinlich war es gerade die häufige Anwendung des Jodkali, welche die Ärzte zu dem Irrtum verleitet hatte, an eine sogenannte hypotonische Wirkung des Jods zu glauben. Tatsächlich übt die Wirkung der Kalisalze in großen Dosen einen fast lähmenden Einfluß auf das Herz, und zwar wahrscheinlich auf die Muskelfasern selbst (vergl. später § 8, Kap. 8 über die Ringersche Lösung) aus. Wenn von Zeit zu Zeit die Ärzte nach der Anwendung von Jodkalium ein leichtes Erschlaffen des Pulses beobachten, so beweist das noch keineswegs, daß das Mittel eine Gefäßerweiterung hervorgerufen hat: Dieses Erschlaffen rührt von der Schwächung der Herzaktion her, und sicherlich nicht von den erwünschten hypotonischen Wirkungen.

Durch die Anwendung von Jodkali eine größere Verengerung der kleinen Arterien herbeizuführen, d. h. die Widerstände zu vermehren, welcher sich der Entleerung des Herzens entgegenstellen, und dabei zu gleicher Zeit die Stärke der Herzkontraktionen herabzusetzen, ist ein Widersinn, dessen Folgen für den Herzkranken nur verderblich sein können.

Auch bei den Herzkrankheiten syphilitischen Ursprungs muß die Anwendung von Jodkali sorgfältig vermieden und durch andere Jodpräparate, wie das Jodnatrium, ersetzt werden.

Das Studium der Beziehungen zwischen den Herznerven und dem Schilddrüsenkörper hat uns also einen der wichtigsten autoregulierenden Mechanismen der Zirkulation offenbart. Während die Schilddrüse Stoffe erzeugt, welche die regulierenden Fähigkeiten des Herzens steigern,

vermag dieses ihrerseits durch dieselben Nerven, den Depressor und
den Vagus, die Wirkungsweise dieser Drüsen zu beeinflussen, indem
es ihre Zirkulation mächtig anregt, und ihnen auf diese Weise die
Verrichtung ihrer Arbeit als Schutzorganen des Gehirns erleichtert.

    B. Die Produkte der Hypophyse. Als Schutzorgan des Ge-
hirns gegen die Gefahren plötzlichen Blutandrangs wird die Schilddrüse kräftig durch die Wirkung eines anderen Organes, der Hypophysis
cerebri, unterstützt. Damit die Schilddrüsen imstande sind, ihre Aufgabe zu erfüllen, ist es erforderlich, daß das Gehirn eine besondere
Vorrichtung besitzt, welche es ihm gestattet, deren Eingreifen hervorzurufen, sobald es von einem übermäßigen Blutzufluß bedroht ist. Die
Hypophyse stellt diese Vorrichtung dar. In einer Höhle mit starren
Wänden eingeschlossen, die an der geschütztesten Stelle der Schädelkapsel gelegen ist, steht die Hypophyse durch den Trichter mit dem
dritten Ventrikel des Gehirns in Verbindung. Sie besitzt ein reiches
Netz von Blutgefäßen mit einer ganz eigentümlichen Anordnung der
Venen und ist außerdem von mächtigen Venensinus umgeben. Sie ist
also in ganz hervorragender Weise für Schwankungen des Blutdruckes,
sowohl wie der Cerebro-Spinalflüssigkeit, empfindlich. Jeder auf die
Hypophyse ausgeübte Druck erzeugt sofort eine plötzliche Veränderung
des Blutdruckes, begleitet von einer bedeutenden Verlangsamung und
Verstärkung der Herzschläge. Diese Verlangsamung, welche durch
eine reflektorische Erregung der Vagi veranlaßt ist, bewirkt ihrerseits
eine wesentliche Beschleunigung des Blutstromes in den außerhalb der
Schädelhöhle gelegenen Blutgefäßen, hauptsächlich in den Schilddrüsen.
Dadurch wird das Ausströmen des Blutes aus der Schädelhöhle in
hohem Grade gefördert — und die dem Gehirn drohende Drucksteigerung beseitigt. Die Hypophyse funktioniert also als auto-
regulatorische Vorrichtung, welche, sobald sie von der Gefahr
in Kenntnis gesetzt wird, selbst die Schleusen der Schilddrüsen
in Gang setzt.

    Diese mechanische Aufgabe der Hypophyse wird bedeutend unter-
stützt durch ihre sekretorische Tätigkeit; diese letztere äußert sich
durch die mächtigen Wirkungen, welche die Sekretionsprodukte auf
das Nervensystem des Herzens und der Gefäße auszuüben vermögen.
Nach Cyons Untersuchungen werden in der Hypophyse zwei verschiedene Substanzen erzeugt, von denen er die wichtigste als Hypophysin

bezeichnet hatte[1]). Dieselbe wirkt vorzugzweise erregend auf die Vagi und die Depressores; die zweite Substanz dagegen vermag hauptsächlich die Acceleratores zu erregen.

Auf die Art und Weise der Herstellung dieser beiden verschieden wirkenden Substanzen kann hier nicht näher eingegangen werden; wir müssen auf die ausführlichen Mitteilungen von Cyon hinweisen, wo man die diesbezüglichen Einzelheiten finden wird. Howell hat zuerst darauf hingewiesen, daß die wirksamsten Substanzen der Hypophyse aus dem lobus nervosus (Infundibilar-Teil) der Hypophyse erhalten werden; dies wurde von allen spätern Forschern auf diesem Gebiete bestätigt. Extrakte aus dem Drüsenteil der Hypophye sind gar nicht oder nur wenig wirksam. Cyon hält es für wahrscheinlich, daß die in diesem Teil produzierten Substanzen sofort in den nervösen Teil überführt werden, auf dessen Elemente sie ihre Wirkungen ausüben. Die Wirkungen, welche die Einführung der Extrakte der Hypophyse auf den Blutdruck und den Herzschlag ausüben, sind, wie die gleichzeitig ausgeführten Untersuchungen von Howell und Cyon bewiesen haben, sehr gewaltig, und, wenn das Gesamtextrakt benutzt wird, auch in hohem Grade konstant. Die Herzschläge werden bedeutend verstärkt und etwas verlangsamt. Insofern wirkt das Hypophysin in ähnlichem Sinne wie das Jodothyrin. Dennoch stellt das Hypophysin, zum Unterschied von Jodothyrin, welches lediglich durch Erhöhung der normalen oder verminderten Erregbarkeit dieser Nerven wirkt, ein mächtiges direkt reizendes Mittel dar. In das Blut eingebracht, vermehrt es die Stärke der Herzschläge beträchtlich, indem es eine Verlangsamung hervorruft, der in seltenen Fällen nur eine vorübergehende Beschleunigung vorausgeht. Die Verlangsamung ist von einer mehr oder weniger ausgesprochenen Erhöhung des Blutdruckes begleitet. Die durch Hypophysenextrakte hervorgerufenen Pulse, besonders wenn sie bei Siedehitze erhalten wurden, tragen den Charakter von Aktionspulsen, wie wir sie oben beschrieben haben. Sie dauern oftmals während 5—15 Minuten an (Fig. 31). Es handelt sich also bei Benutzung des Gesamtextrakts um gleichzeitige harmonische Erregung der beschleunigenden und hemmenden Fasern.

---

[1]) Über die chemische Zusammensetzung des Hypophysins hat Cyon bis jetzt nur das eine feststellen können, daß es reichlich Phosphor enthält.

Cyon (**88**) hat auf eine merkwürdige Eigentümlichkeit dieser Kontraktionen aufmerksam gemacht, nämlich auf ihre Tendenz, Gruppen oder Reihen zu bilden, deren jede 60—100 Sekunden oder länger dauert. Die Aktionspulse werden durch kleinere, beschleunigte Pulse unterbrochen. Fig. 28 stellt eine solche Reihe bei einem Hunde dar (siehe auch 29). Diese Reihen werden erzeugt durch den Umstand, daß die harmonische Erregung zeitweise durch die Überhandnahme der Vagus- oder Acceleratoresfasern gestört wird; eine Störung, die höchst wahrscheinlich durch die abwechselnden Wirkungen der beiden wirksamen Substanzen der Hypophyse erzeugt wird.

Zu beachten sind noch folgende charakteristische Züge dieser Hypophysenreihen: 1. Reizungen sowohl wie Durchschneidungen der Vagi sind nicht imstande ihr Entstehen zu verhindern oder ihre Fortdauer zu unterbrechen. 2. Auch dem Atropin, welches doch die Vagi vollständig zu lähmen vermag, gelingt es nicht immer, eine durch Hypophysenextrakt hervorgerufene Reihe zu unterbrechen. 3. Falls durch vorheriges Einbringen von Hypophysin die lähmende Wirkung des Atropins auf die Vagi aufgehoben ist, vermag nichtsdestoweniger der Einfluß dieses Giftes den Charakter der Aktionspulse zu verändern, und zwar bald, indem es sie häufiger durch beschleunigte Pulse unterbricht, bald indem es deren Stärke vermindert und dadurch ihre Frequenz nur insofern erhöht, daß sie nicht mehr den Charakter von Aktionspulsen bewahren können. In solchen Fällen nehmen die Pulsationen oftmals den Charakter der pulsus bigemini an. 4. Es gelingt durch Reizung der Acceleratoren die Reihen durch anhaltende beschleunigte Pulse zu unterbrechen. 5. Oftmals ruft die Reizung irgend eines beliebigen Herznerven eine neue Reihe dieser Pulse hervor. Bei einer Temperatur von 38—40⁰ hergestellte Extrakte veranlassen selten das Entstehen solcher Reihen. Meistenteils zeigt die Kurve des erhöhten Druckes periodische Oszillationen in der Art der Traubeschen Wellen. Die Aktionspulse erreichen ihr Maximum auf dem Höhepunkt solcher Wellen und klingen auf dem absteigenden Teil der Kurve aus.

Der Antagonismus zwischen dem Hypophysin und dem Atropin und Nikotin ist noch weit intensiver als der zwischen diesen letzteren Giften und dem Jodothyrin. Andererseits ist auch das Hypophysin nicht imstande, die Erregbarkeit des Vagus soweit herzustellen, um einen vollständigen Herzstillstand durch dessen Reizung zu erzielen.

Dagegen gelingt es dem Hypophysin zuweilen, den Wirkungen des Atropins auf die Vagi vorzubeugen. Die Wirkungen der Hypophysenextrakte können durch Atropineinspritzungen weder sicher verhindert noch aufgehoben werden (Howell, Cyon). Durchschneidungen der Vagi verhindern, wie gesagt, nicht die Erzeugung der charakteristischen Hypophysenreihen, wie dies die ebengenannten Forscher gleichzeitig und unabhängig voneinander beobachtet haben. Diese Unfähigkeit des Atropins wird von Schäfer und Swale Vincent (350) bestritten; wie diese Forscher auch nicht imstande waren, nach Durchschneidung der Vagi die Wirkungen der Hypophysenextrakte zu erzeugen. Beides beruht sicherlich auf Mißverständnissen oder Versuchsfehlern. Schon bei seinen ersten Versuchen mit Oliver hat Schäfer behauptet, die Wirkungen der Hypophysenextrakte auf das Gefäßsystem seien identisch mit denen der Nebennierenextrakte, d. h. sie erzeugen gewaltige Verengerungen der kleinen Arterien, durch Erregung ihrer Muskelfasern. Auf die Herzbewegungen sollen diese Extrakte wirkungslos sein. Nachdem Howell und Cyon ihre ausführlichen Untersuchungen über die Wirkungen der Hyphophysenextrakte mitgeteilt und letzterer die Existenz zwei verschieden wirkender Substanzen nachgewiesen hatte, versuchte Schäfer mit Swale Vincent ebenfalls zwei verschiedene Substanzen aus der Hypophyse zu erhalten, deren Herstellungsweise nicht angegeben worden ist. Schäfer bestreitet nicht mehr die Wirkungen der Hypophysenextrakte auf das Herz. Die eine dieser Substanzen, welche Schäfer und Vincent als Pressor-Substanz bezeichnen, scheint der zweiten von Cyon beschriebenen drucksteigernden Substanz analog zu wirken (S. 370). Auf die Existenz einer andern wirksamen Substanz schließen diese Autoren nur daraus, daß, „wenn eine zweite Dose des Infundibular-Extraktes gleich nach der ersten injiziert wird, gar keine oder nur eine geringe Steigerung des Blutdrucks produziert wird". Wie Cyon gezeigt hat, besteht diese ganz vorübergehende Drucksenkung, wie sie bei momentaner Erregung der Depressorzentra entsteht, auch bei Einspritzung vieler anderer Substanzen, die mit der Hypophyse nichts zu tun haben. „Dagegen — schreibt er — scheint die wichtigste und wirksamste Substanz der Hypophysenextrakte Schäfer und Vincent entgangen zu sein, die in so gewaltiger Weise die Herzschläge verstärkt und verlangsamt, wie dies Howell, Hedbom, Cleghorn und ich beschrieben und demonstriert haben" (S. 299).

Cyon erklärt diese Differenzen dadurch, daß diese Forscher, die an Katzen gearbeitet haben, ihre Tiere gleichzeitig mit Morphium, Curare, Äther und Chloroform vergiftet haben. Die vielen heftigen Gifte vermögen schon an sich das Herz- und Gefäßnervensystem so stark zu beeinflussen, daß an Hypophysenextrakten angestellte Versuche durch deren Verwendung vollständig wertlos werden. Davon hat sich wohl Schäfer selbst überzeugen können, bei Gelegenheit der Versuche, welche in seinem Laboratorium von Herring an Fröschen angestellt wurden. Wie aus den von Herring veröffentlichten Kurven hervorgeht, hat er am ausgeschnittenen Herzen durch Einspritzungen von 2prozentigen Hypophysen-Extrakten wahrhafte Hypophysen-Herzschläge und sogar Hypophysen-Reihen erhalten, wie sie Howell, Cyon u. a. beschrieben haben. Schon die Tatsache allein, daß beim ausgeschnit

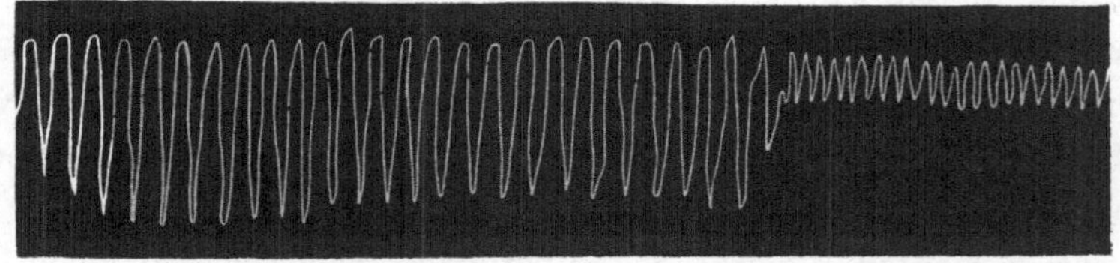

Fig. 31. Eine Reihe von Aktionspulsen beim Hunde, erzeugt durch Einspritzung von Hypophysenextrakten.
(Diese Kurve, sowie alle folgenden sind von rechts nach links zu lesen.)

tenen Herzen Herring (wie übrigens auch Hedbom und Cleghorn) verlangsamte und verstärkte Herzschläge erhalten konnte, hätte auch Schäfer überzeugen dürfen, daß die Durchschneidung der Vagi die Wirkungen der Hypophysenextrakte nicht zu verhindern vermag, und daß diese Extrakte oft auch dem Atropin widerstehen können, daß also Howell und Cyon, was die Wirkungen der Hypophysenextrakte auf das Herz betrifft, vollständig im Recht waren. Nach der Durchschneidung der Vagi, wie nach der Injektion von Atropin, das, wie schon Tschiriew gezeigt hat, auf die hemmenden Ganglien ohne Wirkung bleibt, vermag das Hypophysin noch auf diese letzteren Ganglien einzuwirken.

Neuere Untersuchungen über die Verrichtungen der Hypophyse von Masay, ausgeführt im Institut von Solvay, unter der Leitung von Heger, haben, was die Wirkungen auf das Herz und das Gefäßnervensystem anbetrifft, in den Hauptzügen die Ergebnisse von Cyon bestätigt (Recherches sur le rôle phys. de l'hypopyse. Annales Ste des Sc. med. Bruxelles 1903.)

Vergleichende Versuche zwischen der Wirkung des Hypophysen-Extraktes und des Muskarins haben nun überzeugt, daß zahlreiche Analogien zwischen diesen beiden Giften bestehen. Abgesehen von der Überlegenheit des ersteren als Gegengift gegen das Atropin äußert sich

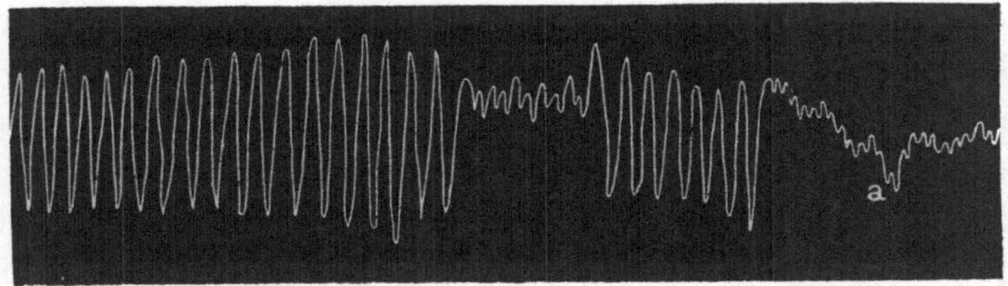

Fig. 32. Aktionspulse beim Kaninchen, erzeugt durch Einspritzung in die Venen von Muskarin und Jodnatrium.

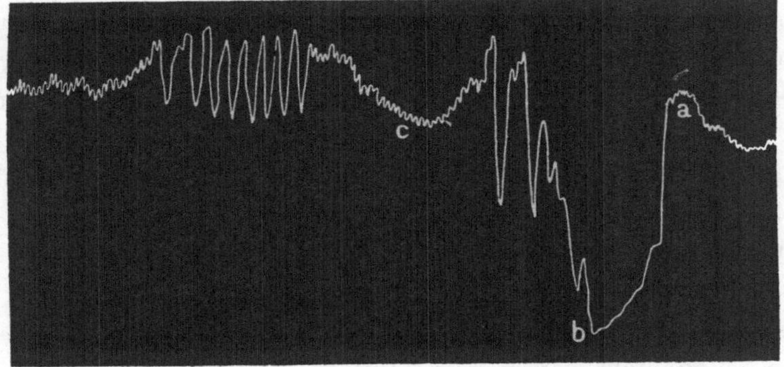

Fig. 33. Ebenfalls Aktionspulse, erzeugt durch Einspritzung von Muscarin bei *c* nach vorheriger Reizung des Vagus bei *a.*

der Unterschied in den Wirkungen der beiden Substanzen besonders darin, daß das Muskarin den Blutdruck vermindert, während das Hypophysin ihn dagegen etwas steigert. Man erhält auch, indem man Jodnatrium zu Muskarin zusetzt, um das Sinken der arteriellen Spannung zu verhindern, Blutdruckkurven, welche fast vollkommen mit den durch den Hypophysenextrakt erzeugten übereinstimmten. Ja noch mehr, man kann auf diese Weise Reihen von großen Aktionspulsen hervorrufen, die sich von den, durch Hypophysin erzeugten Reihen, nur durch ihre kürzere Dauer unterscheiden (Fig. 32). Das gleiche ist der Fall, wenn das Muskarin in einem Augenblick einwirkt, wo der Blutdruck durch irgend eine andere Ursache gesteigert wird, wie z. B. während der Nachwirkung der Vagusreizung (Fig. 33). Obgleich die Wirkung des Hypophysenextraktes und die des Jodothyrins auf die zentralen und peripheren Endigungen der Vagi untereinander gewisse Übereinstimmungen bieten, ist Cyon dennoch geneigt, die Möglichkeit anzunehmen, daß diese Substanzen nicht auf die gleichen intrakardialen Zentren einwirken. Das Hypophysin würde seine Wirkung auf die Ganglienzellen Bidders ausüben, welche dazu dienen, die Stärke der Zusammenziehungen der Ventrikel zu erhöhen, während das Jodothyrin vorwiegend die Fasern der Vagi selbst beeinflußt, welche den Tonus des Herzmuskels vermindern. Wie die Schilddrüse, so übt auch die Hypophyse durch ihre wirksamen Substanzen einen sehr mächtigen Einfluß auf den allgemeinen Stoffwechsel aus. Ob es dies direkt oder durch die Vermittelung der Kreislaufsveränderungen tut, darüber gehen die Ansichten auseinander. Cyon hat sich nach seinen Untersuchungen an der Hypophyse und an Akromegalen zugunsten einer direkten Intervention der Hypophyse auf die Ernährungsprozesse ausgesprochen. „Es kann also, schreibt er (S. 592), bei den Akromegalen weder eine einfache Abnahme noch eine Zunahme der Hypophysenfunktion stattgefunden haben, sondern irgend welche Störung in ihrer Funktionsweise oder in der Zusammensetzung ihrer Produkte, die eine Verwirrung in ihren trophischen Wirkungen erzeugt. Diese letztere Ansicht ist unlängst durch neue Untersuchungen von Masay in hohem Grade wahrscheinlich geworden. Jedenfalls gehört diese nutritive Funktion der Hypophyse nicht hierher.

C. Die Nebennierenextrakte. Die Wirkung der Nebennierenextrakte auf die Zirkulationsorgane ist gerade in diesen letzten Jahren der Gegenstand zahlreicher Untersuchungen von Oliver und A. Schäfer (308), von Szymanowicz (386), Cybulski (62), Velich (401), Fränkel, Gottlieb (170), Langlois (246) u. a. gewesen.

Von einigen nebensächlichen Einzelheiten abgesehen, stimmen fast alle Beobachter über die Natur dieser Wirkung überein: eine bedeutende Vermehrung des Blutdruckes verbunden mit einer Verlangsamung der Herzschläge. Nach vorheriger Durchschneidung der Vagi konnten mehrere Beobachter mehrmals auch eine sehr anhaltende Beschleunigung der

Pulse feststellen. Die Erhöhung des Blutdruckes dauerte mehrere Minuten (5 bis 15) an.

Bei der Erklärung der beobachteten Erscheinungen war die Übereinstimmung dagegen weniger vollkommen. Oliver und A. Schäfer schrieben die Vermehrung des Blutdruckes einer heftigen Reizung der Gefäß- und Herzmuskeln zu. Nach Ansicht dieser Forscher soll die vorherige Durchschneidung des Rückenmarks die Wirkung des Extraktes auf den Blutdruck vollkommen aufheben. Nach Szymanowicz dagegen soll diese Wirkung einzig und allein durch eine Reizung der im Gehirn gelagerten gefäßverengernden Zentren erzeugt werden. Gottlieb gelangte zu dem Resultate, daß der Nebennierenextrakt in erster Linie auf die intrakardialen, motorischen Ganglien einwirkt und in zweiter auf die in den Gefäßwänden gelegenen Ganglienzellen. Die anderen Forscher stimmen mit der einen oder der anderen dieser Ansichten überein. Was jedoch die Verlangsamung der Herzschläge anbetrifft, so schreiben sie dieselbe in vollkommenster Einigkeit einer Reizung der Vaguszentren im verlängerten Marke zu.

Cyon (86), dessen Untersuchungen später folgten, hat die Wirkung des Nebennierenextraktes besonders von dem Gesichtspunkt seiner Theorie der Herzinnervation studiert. Die von ihm erhaltenen Ergebnisse weichen sehr wesentlich von denen der vorhergehenden Forscher ab, besonders soweit es die Wirkung dieser Substanz auf die Herznerven betrifft. Den mächtigen Einfluß des Nebennierenextraktes auf den Blutdruck hat Cyon jedoch in derselben Weise, wie sein Vorgänger beobachtet. Verlangsamungen des Herzschlags dagegen vermochte er im Verlaufe seiner Untersuchungen nur sehr selten festzustellen, und auch dann nur sofort nach der intravenösen Injektion des Extraktes und auch vorübergehend erhalten. Die vorwiegende Wirkung des Nebennierenextrakts aufs Herz äußerte sich in einer sehr mächtigen Beschleunigung seiner Schläge. Sowohl beim Kaninchen, wie beim Hunde war diese Beschleunigung sehr anhaltend und dauerte fast immer bis zum vollen Ablauf des Versuches. Das Einbringen von Muskarin vermochte die Wirkungsweise der Nebennierensubstanz in der Weise zu modifizieren, daß die Steigerung des Blutdruckes abzunehmen pflegte; die Beschleunigung der Herzschläge aber verschwindet vollständig und macht sogar einer leichten Verlangsamung Platz, verbunden mit einer Vergrößerung des Schlagvolumens.

Während der maximalen Wirkung des Nebennierenextraktes ist die Erregbarkeit der Depressoren und der Vagi bedeutend herabgesetzt; selbst mächtige Reize vermögen nur sehr schwache Wirkungen hervorzurufen: die Depression ist unbedeutend und dauert kaum einige Sekunden; sie tritt plötzlich auf und erreicht ihr Maximum unmittelbar nach einer längeren Latenz. Die Reizung der Vagi ist gleichfalls mit einer äußerst verlängerten Latenz verbunden; selbst bei den stärksten Reizen erzielt man nur eine sehr unbedeutende Verlangsamung der Herzschläge. Dagegen geht der Blutdruck infolge dieser Reizung oft ziemlich stark herunter. Die Phase der Latenz vermindert sich mit den nachfolgenden Reizungen.

Im allgemeinen beginnt der nach Einführung von Adrenalin bedeutend gesteigerte Blutdruck nach einigen Minuten zu sinken, die Beschleunigung des Pulses aber hält oftmals bis zum Ende des Versuches an. Während dieser Phase bleibt die Reizung der Depressoren meistenteils ohne jeden Einfluß auf den Blutdruck; die der Vagi wird schärfer ausgedrückt. Die vorherige Entfernung der unteren Hals- und oberen Brustganglien, welche schon allein die Häufigkeit der Pulsationen wesentlich vermindert, vermag die Wirkungen der intravenösen Injektion des Nebennierenextraktes bedeutend zu modifizieren: die Erhöhung des Blutdruckes kommt immer zustande, aber in etwas geringerem Umfange; die Beschleunigung des Pulses ist entweder unbedeutend oder fällt ganz aus.

Die Durchschneidung eines Nervus splanchnicus während des Maximums der Drucksteigerung setzt den Blutdruck ganz bedeutend herab, aber dieses Absinken ist nur vorübergehend; die Durchschneidung des zweiten Splanchnicus bewirkt ein nochmaliges Sinken von etwas längerer Dauer; dennoch bleibt der Blutdruck immer noch bedeutend über das Normale erhöht.

Aus seinen Versuchen zieht Cyon folgende Schlüsse: 1. Der Nebennierenextrakt übt einen sehr heftigen Reiz auf das ganze sympathische Gefäßnervensystem aus, und zwar sowohl auf die im verlängerten Mark gelegenen gefäßverengernden Zentren, wie auch auf die peripheren Zentren, die der Ganglien des Sympathicus und die der Endganglienzellen. 2. Dieser Extrakt erregt in hohem Grade die Zentren der beschleunigenden Nerven, und zwar sowohl im Gehirn, wie die auf ihrem Verlauf eingeschalteten Ganglien. 3. Er ruft dagegen eine wesentliche

Verminderung der Erregbarkeit der hemmenden Nerven des Vagus und der Depressoren hervor. 4. Die anfängliche Verlangsamung, welche sich im Beginne der Adrenalinwirkung zeigt, beruht auf zwei Ursachen. Im Beginn, wenn die Erhöhung des Druckes noch unbedeutend ist, rührt die Verlangsamung von einer Reizung der Endigungen der Aktionsnerven und wahrscheinlich auch der des Bidderschen Ganglions her; im Augenblick aber, wo der Druck beträchtlich zu steigen beginnt, ruft die Erhöhung des Hirndruckes eine Erregung der Hypophyse hervor, welche dann eine Reizung der Vagi bewirkt (s. oben S. 201). Diese führt zur Abnahme des Gehirndruckes. Er beginnt zu sinken und die durch das Adrenalin stark erregten beschleunigenden Nerven gewinnen die Oberhand über die Vagi: die Pulse werden häufiger und kleiner. 5. Werden die gefäßverengernden Zentren (und auch die der beschleunigenden Nerven) vor der Einführung des Adrenalins durch starke Dosen von Chloral gelähmt, so behält der vorher gesunkene Blutdruck seinen tiefen Stand, die Pulse bleiben selten und verstärkt, wie dies gewöhnlich beim Chloral der Fall ist.

Neuerdings ist es Cyon gelungen, durch eindeutige Versuche die Wirkung, welche die Nebennierenextrakte auf den Blutdruck ausüben, noch genauer zu präzisieren: sowohl die vasomotorischen Nervenzentren des Gehirns, wie das periphere System des Sympathicus werden direkt durch diese Extrakte beeinflußt. Diese Versuche wurden mit Hilfe der Methode ausgeführt, von der zu sprechen wir bereits mehrfach Gelegenheit hatten, und deren Wesen darin besteht, eine künstliche Blutzirkulation im Gehirn herzustellen, die vollkommen unabhängig von der Blutzirkulation im Herzen und im übrigen Körper ist. Diese Methode ermöglichte es also, den Nebennierenextrakt abwechselnd bald allein in die Zirkulationsbahn des Gehirns, bald in die des übrigen Körpers zu bringen. Das Verfahren gestattete die Feststellung, daß die Wirkungen dieser Extrakte auf die Herz- wie auf die Gefäßnerven in beiden Fällen die gleichen waren. Die Erregung der Vagi blieb in dem einen wie in dem anderen Falle aus. Dieses bestätigt zunächst, daß die anfängliche Verlangsamung, von der ich oben gesprochen habe, sicherlich durch die vorübergehende Erhöhung des Druckes im Gehirn verursacht war. Eine derartige Erhöhung konnte bei den betreffenden Versuchen nicht zustande kommen, weil in beiden Fällen das Gehirn aus der allgemeinen Zirkulation ausgeschlossen war. Die durch

Injektion von Nebennierenextrakt hervorgerufene Erhöhung des Druckes kam in dem gleichen Sinne zum Ausdruck, wenn der Extrakt besonders auf die Gehirnzentren oder auf die peripherischen Endigungen der gefäßverengernden Nerven wirkte. Geringe Unterschiede quantitativer Art zeugen bei den beiden Arten des Einbringens der Extrakte zugunsten der peripheren Wirkung, besonders weil die Störungen der Atmungsorgane selbstverständlich fehlten, die gewöhnlich den Injektionen des Extraktes folgen.

Dieser glänzende Beweis der von Szymonowicz von Anfang an verteidigten Auffassung verhindert übrigens nicht mehrere Anhänger des myogenen Aberglaubens, zu behaupten, die Wirkungen des Nebennierenextraktes rührten von einer unmittelbaren Beeinflussung der Muskelfasern der kleinen Arterien und nicht der sympathischen Nerven her und dies trotz der ganz klaren Ergebnisse ihrer eigenen Beobachtungen. So z. B. schließt Langley eine lange Experimentalstudie über die Wirkung dieser Extrakte mit dem Bekenntnis, „daß fast alle beobachteten Wirkungen mit denen übereinstimmen, welche durch Reizung des einen oder anderen Nervus sympathicus hervorgerufen werden" (245). Dies hinderte ihn aber nicht, dennoch zugunsten der Wirkung auf die Muskelfasern zu schließen, wobei er sich auf einen angeblichen Beweis stützt, den Lewandowski geliefert haben soll. Dieser letztere hatte beobachtet, daß der Nebennierenextrakt imstande sei, eine Erweiterung der Pupille hervorzurufen und dies auch nach der Entfernung des oberen Halsganglions, zu einer Zeit, wo die Nervenfasern als vollkommen degeneriert betrachtet werden können. Diese Schlußfolgerung ist um so auffallender, als Langley selbst anerkennt, daß die von Lewandowski beobachteten Wirkungen ebenso gut durch eine Verminderung der durch den dritten Hirnnerven verlaufenden Impulse hervorgerufen sein konnten!

Der Nebennierenextrakt oder das Adrenalin, seine wirksame Substanz, übt eine erregende Wirkung auf das zentrale und periphere System des Sympathicus aus und eine entgegengesetzte Wirkung auf den Vagus und Depressor. Er wirkt also im entgengesetzten Sinne wie das Jodothyrin uud das Hypophysin. Die Unterhaltung des Tonus der beschleunigenden und gefäßverengernden Nerven ist zum großen Teil das Werk der Nebennieren, wie die Unterhaltung des Tonus der Herzvagi Sache der Hypophyse ist.

In einer neueren Untersuchung über die Funktion der Zirbeldrüse hat Cyon auch die Einwirkung der Extrakte dieser Drüse auf die Herznerven geprüft (93).

Er beobachtete bei dieser Gelegenheit, daß sehr schwache Dosen dieser Extrakte nur eine Beschleunigung der Herzschläge, begleitet von einer Verminderung ihrer Stärke hervorrufen; die Wirkung auf den Blutdruck ist dagegen fast Null. Stärkere Dosen dieser Extrakte vermindern dagegen die Frequenz dieser Schläge, indem sie ihren Umfang vergrößern. Mit anderen Worten: kleine Dosen dieser Extrakte reizen ausschließlich die beschleunigenden Herznerven, stärkere Dosen dagegen erregen gleichzeitig auch die Nervi vagi. Man erhält also durch gleichzeitige Reizung dieser beiden Nerven Aktionspulse, welche aber leicht unregelmäßig werden und Pulsus bi- und trigemini bilden.

Cyon zögert indessen noch, dem Extrakt der Zirbeldrüse den Charakter eines physiologischen Herzgiftes in dem obenbezeichneten Sinne zuzuerkennen. In der Tat haben auch vergleichende Versuche mit glycero-phosphorsaurem Natron und glycero-phosphorsaurem Kalk gezeigt, daß diese beiden Substanzen auf das Herz genau in der gleichen Weise wirken, wie der Zirbeldrüsenextrakt, d. h. ersteres erregt vorzugsweise die Acceleratoren, letzteres die Vagi. Es ist also möglich, daß die von Cyon beobachteten Wirkungen nur durch die in den Konkrementen dieser Drüse abgelagerten Kalk- und Natronsalze verursacht waren, und nicht durch die Produkte einer Sekretion ad hoc.

Wie aus den in diesem Abschnitt ausführlich mitgeteilten Auseinandersetzungen über die Wirkungen der physiologischen Herzgifte hervorgeht, sind also in der Wirklichkeit die wirksamen Substanzen der Gefäßdrüsen untereinander Antagonisten. Weit davon entfernt das gute Funktionieren der den Blutlauf regulierenden Nerven zu schädigen, entspricht dieser Antagonismus vielmehr einer vitalen, also absoluten Notwendigkeit. Der Zirkulationsapparat ist tatsächlich kein einfacher hydraulischer Apparat, bestimmt unter immer konstanten Bedingungen zu arbeiten. Die Zirkulation des Blutes muß in den verschiedenen Organen fortwährend Variationen erleiden, um ihren momentanen Bedürfnissen Genüge zu leisten. Bald verlangt das Gehirn, bald die Verdauungsorgane, bald das System der willkürlichen Muskeln einen bedeutenderen Blutzufluß, um ihre funktionellen Aufgaben erfüllen zu können. Die Blutmenge, über welche der Organismus verfügt, ist aber bei weitem nicht imstande, einem gleichzeitigen Funktionieren aller Körperorgane zu genügen. Die Verrichtungen des Blutkreislaufs müssen sich gleichfalls den zahllosen Veränderungen anpassen, welche die äußeren Einflüsse fortwährend auf den Körper ausüben, wie z. B. dem Wechsel der Temperatur, den barometrischen und hygrometrischen Schwankungen, sowie den Veränderungen der elektrischen Spannungen in der Luft. Die Bedingungen der Zirkulation wechseln außerdem mit dem Zustande der Ruhe oder der Arbeit, mit der aufrechten und liegenden Körperstellung; sie sind verschieden bei Tag und während der Nacht. Bald ist es eine Beschleunigung des Herzschlags, verbunden mit einer Verminderung oder Vermehrung des Blutdruckes, welche am besten den augenblicklichen Bedürfnissen des Organismus entspricht, bald sind es im Gegenteil Verlangsamungen mit Verstärkungen der Pulsationen und Zunahme der Blutgeschwindigkeit.

Unter normalen Bedingungen bleibt zwar die Summe der Arbeitsperioden und der Arbeit des Herzens in einem gegebenen Zeitraum die nämliche, ohne Rücksicht auf die Frequenz der Herzschläge, aber diese Konstanz der Herzarbeit (vergl. Kap. 1 § 4) kann nur unterhalten werden dank dem Antagonismus zwischen den Funktionen der verschiedenen Herznerven (siehe oben S. 78). Damit das Herz seinen Rhythmus nach den augenblicklichen Bedürfnissen des Organismus verändern kann, ohne daß die Summe seiner Nutzarbeit sich vermindert, ist das Eingreifen zahlreicher regulierender Vorrichtungen (beschleunigender, hemmender und verstärkender Nervenfasern des Herzens) unumgänglich notwendig.

Auf dem harmonischen Zusammenwirken all dieser einander entgegengesetzten und hemmenden Einflüsse der Nerven beruht also das normale und zweckentsprechende Funktionieren des Herzens, wie des ganzen Zirkulationsapparates. Die Drüsen[1]), welche durch ihre Absonderungsprodukte die einander entgegenwirkenden Nerven in gutem Funktionszustande erhalten, erfüllen infolgedessen eine physiologische Aufgabe von ganz hervorragender Bedeutung. Es ist klar, daß je

---

[1]) Wir sehen hier von ihrer Bedeutung als mechanische Schutzorgane des Gesamtgehirns, wie auch von ihrem direkten Eingreifen in den Stoffwechsel und in die Ernährung ganz ab.

nachdem eine mehr oder weniger große Menge der einen oder anderen
dieser aktiven Substanzen in den Blutkreislauf gelangt, bald diese, bald
jene Nerven das Übergewicht erhalten. Es muß also normalerweise
zwischen diesen Mengen ein harmonisches Verhältnis bestehen, welches
nicht für längere Zeit gestört werden kann, ohne mehr oder weniger
ernste Zufälle hervorzurufen. Die Störungen, welche man an erster
Stelle nach Entfernung der Schilddrüsen oder der Hypophyse beobachtet,
wie Coma, Sopor, Myxoedem, Abmagerungen und der Tod, sind bekannt.
Aber auch der unregelmäßige Herzschlag, welchen man mit dem Namen
eines Pulsus bigeminus oder trigeminus bezeichnet, sowie die Traubeschen
Wellen und andere temporäre Störungen der Zirkulationsorgane werden leicht durch künstliches Einbringen der Produkte der einen oder
anderen Drüse hervorgerufen. Die Zu- oder Abnahme eines dieser
Produkte im Blute muß das harmonische Zusammenwirken zwischen
den hemmenden und beschleunigenden Nerven des Herzens, wie zwischen
gefäßverengernden und erweiternden Nerven vorübergehend stören.

§ 4. Der Ursprung der Arhythmien, Asystolen und anderer Unregelmäßigkeiten des Herzschlags.

Die eigentümlichen Pulsarten, welche man als Pulsus bigeminus
und trigeminus bezeichnet, wurden zuerst von Traube beschrieben
und genauer untersucht. Seitdem haben mehrere Forscher versucht,
ihre Ursache und ihren Ursprung näher festzustellen. Bei seinen Studien
über die Beziehungen zwischen den Herznerven und den Schilddrüsen
hatte Cyon schon Gelegenheit gehabt zu beobachten, daß diese an-
normalen Pulse als Folge der Thyreoidektomie oder der Einführung
von Giftstoffen, welche die Herznerven beeinflussen, aufzutreten pflegen.
Man erhält in solchen Fällen scheinbar ganz unregelmäßige Pulse,
welche aber nichtsdestoweniger immer zwei charakteristische Züge haben:
1. Die Zahl der Pulsus bigemini in der Zeiteinheit ist stets gleich
der Hälfte der ihrem Auftreten vorangegangenen oder nachfolgenden
Pulsationen. 2. Die erste Hälfte eines Pulsus bigeminus besitzt meistenteils einen größeren Umfang als die folgende. Cyon betrachtet
daher einen Pulsus bigeminus als aus zwei Pulsationen be-
stehend: die erste ist durch das Übergewicht des Vagus, die
zweite durch das der beschleunigenden Nerven entstanden.
Er bezeichnet sie als Doppelpulse, hervorgerufen durch eine Störung

in der Innervation dieser beiden Antagonisten. Es genügt, auf künstlichem Wege die Erregung des einen der beiden zu verstärken, um
ihm das Übergewicht zu verleihen. Wird der Vagus während derartiger Arhythmien gereizt, so erhält man große und langsame aber

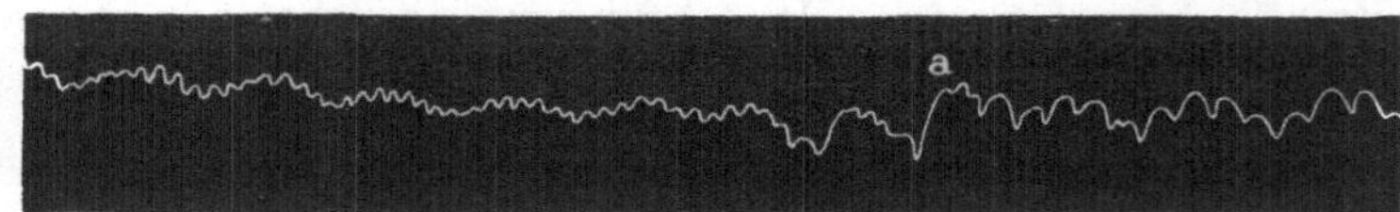

Fig. 34. Diese Kurve ist entnommen aus den Studien Cyons
über die Schilddrüse. Die vorhandene Arhythmie wurde sofort durch Reizung des
Accelerators im Punkte *a* unterbrochen.

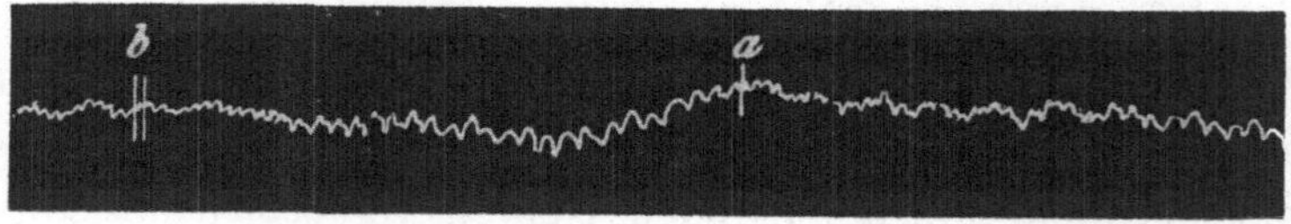

Fig. 35. In dieser Kurve wurde der Pulsus bigeminus durch Reizung
des Depressors unterbrochen.

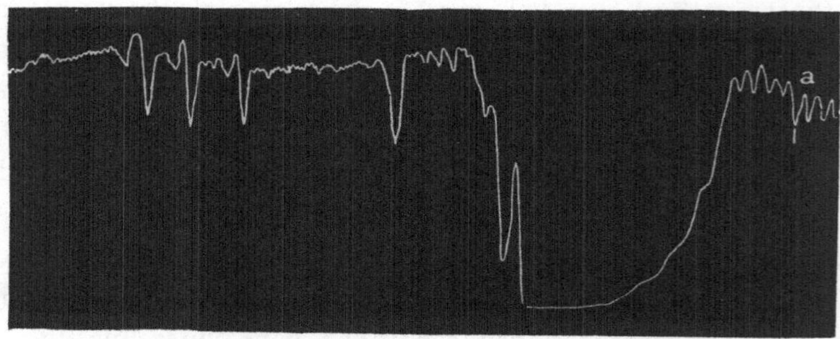

Fig. 36. Die gleichzeitige elektrische Reizung der Acceleratoren und Vagi
erzeugte hier eine Arhythmie, die von Ausfällen der Herzschläge unterbrochen wurde,
während der sehr heftigen Beschleunigung.

regelmäßige Pulsationen, wie sie der Reizung dieses Nerven zukommen.
Reizung der Accelerans dagegen macht den Pulsschlag ebenfalls regelmäßig, aber durch kleine und häufige Herzschläge. Mehrmals gelingt
es, eine Reihe solcher doppelten Pulsationen auch durch Reizung des
Nervus depressor zu unterbrechen. In diesen Fällen wird das Übergewicht des einen oder anderen der antagonistisch wirkenden Nerven

des Herzens ganz deutlich auf reflektorischem Wege hervorgerufen. Wir geben hier mehrere Kurven wieder, welche diese Erscheinungen demonstrieren (Fig. 34, 35, 36).

Man findet auch in der genannten Untersuchung Cyons Anfälle von doppelten Pulsationen, infolge reflektorischer oder direkter Reizung eines der Antagonisten jedesmal wieder erscheinen, solange die durch Störung der Herzinnervation entstandene Disharmonie zwischen den Wirkungen des Vagus und des Accelerans fortdauert. Als häufigste Ursache solcher Störungen des harmonischen Zusammenwirkens

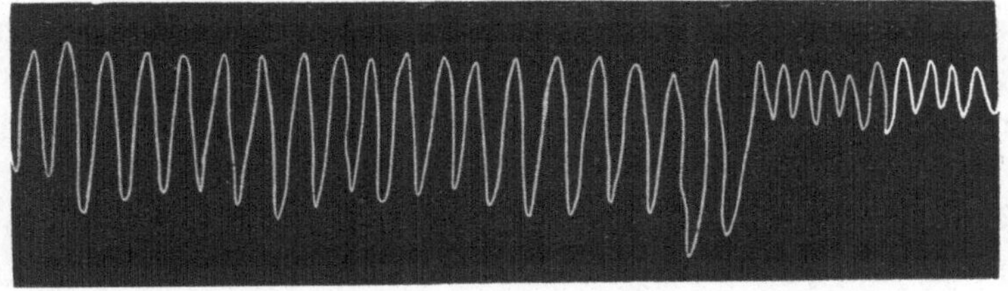

Fig. 37.   Aktionspulse, erzeugt durch die Einspritzung von Hypophysin.

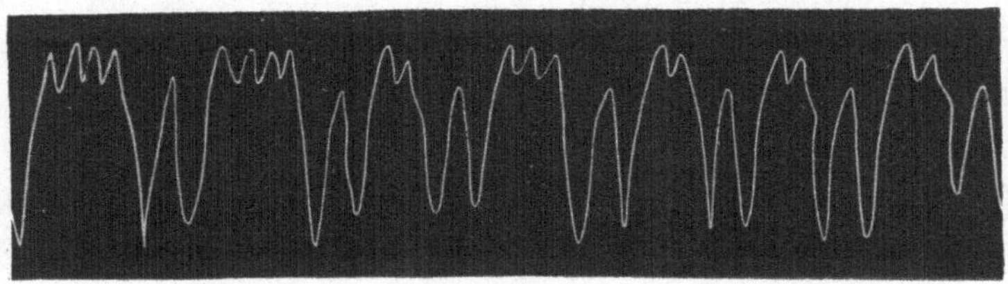

Fig. 38.   Diese Kurve ist von demselben Tiere erhalten worden durch gleichzeitige Einspritzung von Hypophysin und Atropin.

der Herznerven muß die Zunahme der Erregbarkeit der einen Nervengruppe oder die Abnahme derjenigen ihrer Antagonisten betrachtet werden. Die neueren Untersuchungen über die physiologischen Herzgifte haben zahlreiche neue Beweise der Richtigkeit der eben gegebenen Deutung des Pulsus bigeminus geliefert. So beobachtete man häufig, daß, wenn der Pulsus bigeminus in dem Augenblicke auftritt, wo das Herz Aktionspulse ausführt, der Doppelpuls aus einem Aktionspulse besteht, an dem eine kleine beschleunigte Pulsation angelagert ist. Der wahre Ursprung dieses Pulses wird auf diese Weise noch auffallender demonstriert.

Hier folgen einige Kurven, welche zeigen, mit welcher Leichtigkeit man den Pulsus bigeminus durch Reizung der Herznerven hervorrufen kann, unter der Bedingung, daß man entgegengesetzt wirkende Nerven des Herzens gleichzeitig einer elektrischen oder chemischen Reizung unterwirft.

In den folgenden Kurven ist der Pulsus bigeminus oder trigeminus durch gleichzeitiges Einbringen von zwei einander entgegengesetzt wirkenden Herzgiften hervorgerufen (Fig. 37, 38). Oben auf Seite 205 haben wir schon in Fig. 32 unregelmäßige Pulsationen wiedergegeben, welche durch das gleichzeitige Einbringen zwei einander entgegengesetzt wirkender Gifte, des Muskarins und des Jod-Natriums, hervorgerufen waren; das Muskarin übte einen heftigen Reiz auf den Vagus aus, während das Jod-Natrium diesen Nerven gelähmt und die beschleunigten Nerven gereizt hat.

Man sieht aus diesen Kurven, daß die Disharmonie in dem Eingreifen der antagonistisch wirkenden Herznerven auch durch dreifache Pulsationen, Pulsus trigeminus, zum Ausdruck gelangen kann. Zwei Pulsationen dieser Art müssen als sechs gewöhnlichen Herzschlägen entsprechend betrachtet werden. Für gewöhnlich stellt der erste Teil eines Pulsus trigeminus den durch den Vagus erzeugten Herzschlag dar, und die beiden folgenden sind beschleunigte Pulsationen. Bei einem derartigen Ursprung des Pulsus bigeminus muß die Dauer einer doppelten Pulsation der von zwei normalen Herzschlägen entsprechen. Tatsächlich verhält es sich so, wie das bereits Knoll gezeigt hatte.

Die Tatsache, daß die Zahl der Pulsus bigemini in der Zeiteinheit immer gleich der Hälfte der Zahl der ihrem Auftreten voraufgehenden und folgenden Pulsationen ist, verleiht der scheinbaren Unregelmäßigkeit dieser Art von Pulsationen eine große Regelmäßigkeit.

Die Methoden zur Aufzeichnung der Herzpulsationen und des Blutdruckes beim Menschen gestatten keine sehr exakte Schlußfolgerungen über die Arhythmien. Dennoch vermag häufig der Kliniker mit Hilfe der bei Tieren über die Herzunregelmäßigkeiten gewonnenen Erfahrungen zu einer richtigen Deutung der Herzstörungen bei Herzkranken zu gelangen. Von diesem Gesichtspunkte aus sind die experimentellen Untersuchungen von Knoll besonders wertvoll. Knoll hat hauptsächlich die Herzunregelmäßigkeiten studiert, welche die Vermehrung der Widerstände bei der Entleerung der beiden Ventrikel hervorruft. Die mechanischen Hindernisse, durch gewisse Herzklappen-störungen beim Menschen erzeugt, können in der Tat große Übereinstimmung mit den von Knoll gewählten Versuchsbedingungen zeigen. Mehrere Kliniker haben auch mit Recht gewisse Unregelmäßigkeiten der Herz-

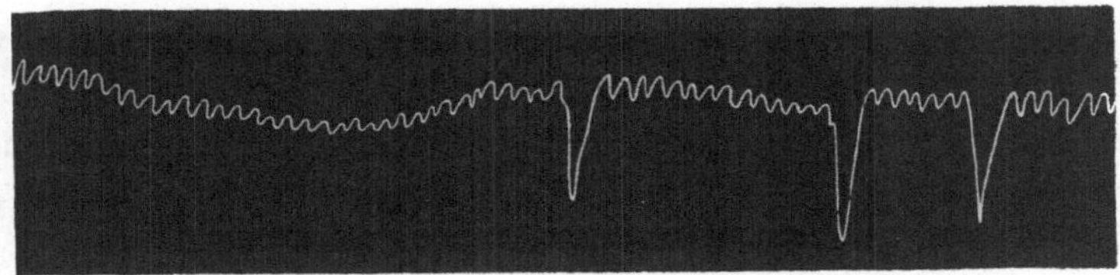

Fig. 39. Ende der Kurve 38; der Vagus war in diesem Falle vollständig von Atropin gelähmt.

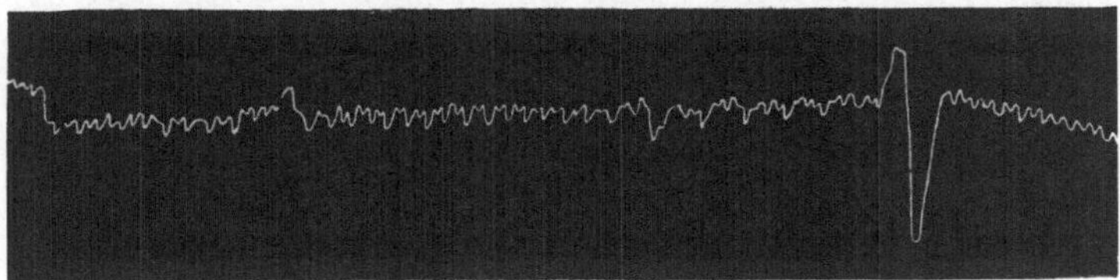

Fig. 40.

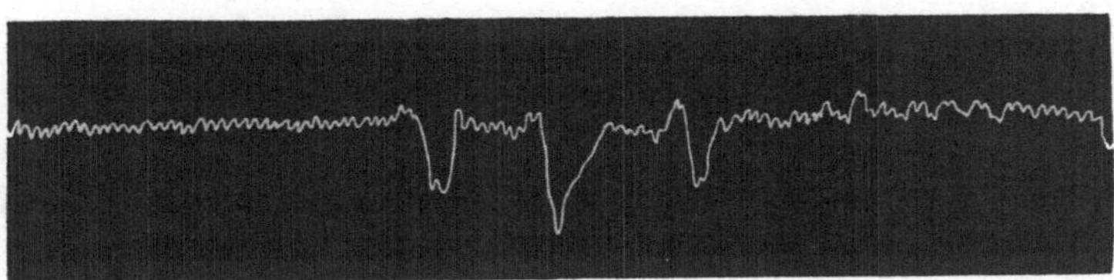

Fig. 40 u. 41. Diese Kurven stellen den pulsus bigeminus und trigeminus dar, erzeugt durch gleichzeitige Einspritzung von Nebennierenextrakt, der die Acceleratoren erregt und von Muscarin, das erregend auf deren Antagonisten, die Vagi, wirkt. (Aus den Untersuchungen Cyons über die „Physiologischen Herzgifte".)

pulsationen den durch Klappenerkrankungen erzeugten Hindernissen zugeschrieben. Weniger glücklich war der Versuch, solche Unregelmäßigkeiten mit dem bei den Tieren beobachteten Pulsus bigeminus zu vergleichen, dessen nervösen Ursprung wir soeben auseinandergesetzt haben. Weder beim Menschen, noch bei den Tieren vermag die Vermehrung der Widerstände bei der Entleerung der Ventrikel allein so regel-

mäßige Pulsus bigemini und trigemini hervorzurufen, wie diejenigen,
von denen soeben mehrere Beispiele angeführt wurden.

Dieser Vergleich beruht auf einer zum ersten Mal durch Wenkenbach (416) gemachten Verwechselung. In einer sonst interessanten
Mitteilung über die Unregelmäßigkeiten des Herzschlags beim Menschen
gelangte dieser Klinker zu dem Schlusse, daß Hindernisse bei der
Entleerung der Ventrikel Extra-Systolen hervorrufen müssen, in denen
er die Ursache des Pulsus bigeminus vermutete. Es ist nicht unmöglich,
daß die Hindernisse, denen der Ventrikel durch Klappenfehler bei der
Entleerung begegnet, die Veranlassung zu einigen Extra-Systolen geben
könnten. Langendorff hatte schon eine solche Möglichkeit angegeben,
aber die Veränderungen, welche eine Extra-Systole in der Kurve des
Blutdruckes hervorruft, zeigen nicht die geringste Ähnlichkeit mit einem

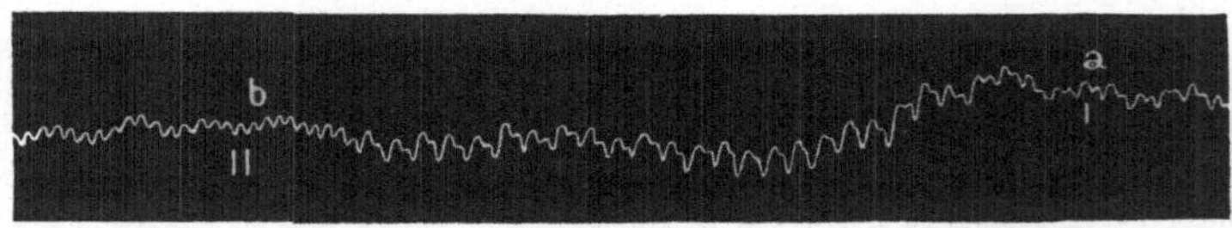

Fig. 42. Umwandlung des pulsus trigeminus in einen bigeminus
durch Reizung des Depressors bei a; nach Aufhören der Reizung werden die Pulse
wieder regelmäßig.

Pulsus bigeminus. Damit ein wirklicher Pulsus bigeminus zustande
käme, müßten bei Herzkranken derartige Extra-Systolen während eines
bestimmten Zeitraums mit vollkommenster Regelmäßigkeit in
Dauer und Stärke erscheinen; dies hat aber niemand beobachtet.
Eine derartige Regelmäßigkeit der Extra-Systolen erhält man bei Tieren
nur durch vollkommene Gleichmäßigkeit der künstlichen Reize,
aber niemals durch die alleinige Veränderung der Hindernisse,
welchen das Herz bei der Entleerung begegnet.

H. E. Hering (188) hat die irrige Behauptung Wenkenbachs
noch weiter entwickelt, hauptsächlich in der Absicht, diesen Unregelmäßigkeiten des Herzens beim Menschen einen myogenen Ursprung
zuschreiben zu können. Auf diese Weise hat er einen Irrtum auf den
anderen gepfropft: sowohl die Extra-Systolen, wie auch der
Pulsus bigeminus haben einen rein neurogenen Ursprung.
Das hindert übrigens in keiner Weise, daß gewisse Erkrankungen des
Herzmuskels im Herzschlag eigentümliche Unregelmäßigkeiten erzeugen

könnten, — aber weder die Extra-Systolen noch der Pulsus bigeminus haben mit derartigen Arhythmien etwas zu schaffen.

Das Wort Extra-Systole wurde bekanntlich von Marey im Jahre 1876 geschaffen. Extra-Systolen wurden aber schon früher von mehreren Autoren unter den verschiedensten Umständen erzeugt. Unter den zahlreichen Versuchen mit elektrischen Reizungen des Herzens, welche ich bei der Untersuchung über den Einfluß der Temperaturänderungen auf das Herz auszuführen Gelegenheit hatte, finden sich auch solche, die während der Unregelmäßigkeit des Herzschlags erzeugt wurden. So bei dem **antiperistaltischen** Ablauf der Kontraktionen unmittelbar vor dem Herzstillstand. Es handelte sich damals darum, zu entscheiden, ob die Antiperistaltik davon herrührt, „daß die Erregungen in den einzelnen Herden sich nicht mehr gleichzeitig entwickeln, oder davon, daß die Übertragungswerkzeuge, welche zwischen verschiedenen Nervenröhren die gleichzeitige Bewegung vermitteln, außer Wirksamkeit gekommen sind." „Ich griff zur Reizung des Herzens während dieser Periode durch den Induktionsschlag auf eine engumgrenzte Stelle der Ventrikel oder der Vorhöfe, und erhielt dabei eine vollkommen gleichmäßige Zusammenziehung aller Herzfasern." (76, S. 37).

Man sieht also, daß Extra-Systolen, die während des un regelmäßigen Herzschlags erzeugt werden, selbst einen vollständig regelmäßigen Verlauf annehmen. Ganz denselben Charakter zeigen auch Extra-Systolen, welche durch einzelne Induktionsschläge im Verlaufe des normalen Herzschlags erzeugt werden, sogar wenn diese Systolen in die refraktäre Phase fallen. In einem gewissen Sinne könnte man die bei bestimmten Phasen der aufsteigenden Temperaturänderungen erzeugten Systolen auch als Extra-Systolen betrachten. Die Herzschläge, welche ich Doppelschläge genannt habe (s. 18 und folg. derselben Untersuchung), stellten auch nichts anderes, als wirkliche Extra-Systolen dar. Schon damals richtete ich die Aufmerksamkeit darauf, daß nach solchen Doppelschlägen die nachfolgenden Herzpausen viel länger dauern, als nach einzelnen Schlägen: also ganz dieselbe Erscheinung, die Engelmann später als kompensatorische Pause bezeichnet hatte. Diese Verlängerungen der Pausen treten aber nicht immer bei durch Wärme erzeugten Extra-Systolen ein; sie fehlen übrigens, wie v. Basch, Langedorff u. a. beobachtet haben, nicht selten auch bei elektrisch hervorgerufenen Extra-Systolen.

Es ist auch nicht ganz richtig, wenn man die Herzschläge, erzeugt am stillstehenden Herzen durch Reizung seiner extrakardialen Nerven, als Extra-Systolen bezeichnen will. Ganz widersinnig
aber ist es, wenn man bei Tachykardien die durch nervöse Einflüsse
erzeugten Herzschläge — (und nach dem Umsturz der myogenen Irrlehre kann doch von Herzschlägen andern Ursprungs nicht die
Rede sein) — als Extra-Systolen betrachten will. Wenn z. B. bei einem
Anfalle von Tachykardie die normale Schlagzahl von 70 oder 80 auf
200 steigt, so kann doch dabei von eigentlichen Extra-Systolen keine
Rede sein! Sonst müßte man ja alle durch Reizung der Acceleratoren
erhaltenen beschleunigten Kontraktionen für Extra-Systolen erklären.
Ebensowenig darf man von Extra-Systolen bei Arhythmien sprechen,
wo die Herzschläge auch nur eine entfernte Ähnlichkeit mit dem Pulsus
bigeminus oder trigeminus zeigen, deren wahre Herkunft und Bedeutung soeben besprochen wurde. Der Mißbrauch des Wortes Extra-
Systole vermag nur Verwirrung in der Pathologie der Herzkrankheiten
zu schaffen, die weder für den Arzt noch für den Herzkranken von
irgend welchem Nutzen sein kann.

Es ist aber für den Arzt bei Beobachtung von Arhythmien, besonders aber von Asystolen häufig sehr wichtig, dennoch genauer deren
Ursprung und nähere Ursachen bestimmen zu können. Bei der Diagnose von Asystolen handelt es sich vorerst darum zu entscheiden, ob
dieselben scheinbare Asystolen, d. h. solche sind, die nicht von einem
Ausfall der Herzkontraktionen, sondern davon herrühren, daß
die Herzkontraktion in einer Weise abläuft, daß kein Blut aus den
Ventrikeln austreten kann und deshalb nur der Radialpuls nicht
fühlbar ist. Ein solcher Ausfall des Pulses kann auf zweierlei Art
zustandekommen: a) entweder das Herz vermag sich der vorhandenen Widerstände wegen nicht zu entleren, oder b) der
Ablauf der Ventrikel-Kontraktion ist unregelmäßig, z. B.
antiperistaltisch. Die Auskultation des Herzens allein wird in
solchen Fällen kaum zur Entscheidung zwischen diesen beiden Alternativen verhelfen können. Die Selbstempfindungen des Herzkranken
können, wie ich dies aus eigener Erfahrung weiß[1]), schon eher zur Ent-

---

[1]) Derartige Selbstbeobachtungen können natürlich nur von Personen gemacht
werden, welche, wie z. B. herzkranke Ärzte, sich von den Funktionen des Herzens
einige Rechenschaft geben.

scheidung führen: bei a) wird der Kranke einen heftigen Schmerz an der Ursprungsstelle der großen Gefäße empfinden; bei b), Abwesenheit von Hindernissen dagegen, nur die unbehagliche Empfindung einer erfolglosen Zusammenziehung verspüren.

Wirkliche Asystolen, d. h. Ausfallen des Herzschlags selbst und nicht des Pulses, können bei Herzkranken aus mehrfachen Gründen entstehen.

a) Durch reflektorische Erregungen des Vagus, meistens hervorgerufen vom Magen oder von der Blase aus. Die ersteren pflegen gewöhnlich während oder sofort nach der eingenommenen Mahlzeit aufzutreten.

b) Bei Tachykardien, wenn durch nervöse Beeinflussungen der Herzschlag sehr stark beschleunigt wird, besonders bei der paroxysmalen Tachykardie (von Huchard — tachycardie paroxystique), wo die Pulsschläge die Zahl von 180, oft sogar 200 erreichen: der Ausfall der Herzschläge beruht in solchen Fällen darauf, daß die Änderungen des Beweglichkeitszustandes des Herzens nicht Schritt halten können mit der Häufigkeit der Reize, eine Erscheinung, wie man sie sehr häufig beobachtet, wenn man bei einem Warmblüter, mit hohem Tonus der Vagi, plötzlich diese beiden Nerven durchschneidet; oder auch, wenn die Acceleratores bei durchschnittenen Vagi heftig gereizt werden, entweder elektrisch, oder durch Einspritzung von Adrenalin und ähnlichen Substanzen. Am ausgeschnittenen Herzen der Kaltblüter beobachtete zuerst Kronecker ein derartiges Versagen des Herzens bei einer gewissen Frequenz der künstlichen Erregungen. Er hat bekanntlich dieses Versagen, der Unerregbarkeit des Herzmuskels während einer gewissen Phase der Herzsystole, zugeschrieben, die Marey dann als phase réfractaire bezeichnet hatte.

c) Leicht zu unterscheiden sind diejenigen Ausfälle der Herzschläge, welche man bei allgemeiner Arterio-Sklerose beobachtet. Dieselben treten meistens sehr regelmäßig auf. Nach jedem dritten oder vierten Herzschlag fällt gewöhnlich ein Pulsschlag aus, ohne sonst irgend welche peinliche Empfindungen oder schädliche Folgen für den Patienten hervorzurufen. Die Frequenz derselben fällt selten unter 60 bis 50 Schläge in der Minute. Die Spannung der harten Arterien wird während dieser Ausfälle nicht merklich verändert. Derartige Arhythmien beruhen höchst wahrscheinlich auf Ausfällen von Reizen im Herzen selbst.

d) Ausfälle der Herzschläge durch psychische Erregungen beruhen fast immer auf Erregung der Vagi. Denselben Ursprung haben diejenigen Arhythmien und Asystolen, die man bei der falschen oder wahren Angina pectoris beobachtet.

Einige Formen der bei Menschen vorkommenden Arhythmien hatte ich Gelegenheit an mir selbst zu beobachten. Während der ersten, etwa 20-jährigen Periode meiner Herzkrankheit, wo dieselbe rein nervöser Natur war, rührten diese Arhythmien meistens von psychischen Erregungen, Gemütsbewegungen, geistiger Überanstrengung oder auch von Verdauungsstörungen her; sie hingen also von direkten oder reflektorischen Erregungen der Herznerven ab. Erst im Frühling 1902, wo ich, infolge einer in Wiesbaden mir zugezogenen Influenza, an einer infektiösen Myokarditis erkrankte, hatte ich Gelegenheit an mir selbst Arhythmien von sehr mannigfaltigen Formen zu beobachten. Meine während dieser Periode, von mehr als vier Jahren, gemachten Selbstbeobachtungen bieten in pathologischer und therapeutischer Beziehung manches Interessante[1]); umsomehr, als zu der Myokarditis noch eine Aortitis hinzugekommen ist, die, dank einem viermonatlichen Aufenthalt an der Riviera, zur Bildung einer zylindrischen Erweiterung des Aortenbogens geführt hatte, den man oberhalb des Sternalrandes mit Leichtigkeit pulsieren fühlte. Schmerzhafte Empfindungen in der Brust und im Larynx, der sich allmählich dem Sternalrande näherte, wobei die rechte Schilddrüse leicht anschwoll — wahrscheinlich durch Traktionen auf den rechten Recurrens, der Gefäßnerven für diese Drüse führt — lenkten zuerst meine Aufmerksamkeit auf die Bildung eines Aneurysmas.

Ich hoffte hier einen Teil meiner Selbstbeobachtungen über diese Arhythmien wiedergeben zu können. Aber wie dies schon mehrmals der Fall war, hat auch die geistige Anstrengung der vorliegenden Arbeit mehrere bedenkliche Anfälle von Arhythmien hervorgerufen, die durch das aufmerksame Studieren meiner Aufzeichnungen über das Erlebte,

---

[1]) Prof. Sahli (Bern) hatte die große Güte mich im Beginne meiner Krankheit zu besuchen und, auf meinen dringenden Wunsch, die Wahrheit über meinen Zustand zu kennen, bestätigte er die Diagnose einer infektiösen Myokarditis. Seit den oben (S. 161) beschriebenen Schmerzanfällen hegte ich selbst keinen Zweifel über die Natur der Krankheit, trotzdem die behandelnden Ärzte aus freundschaftlicher Vorsicht alles getan hatten, um mich über deren Natur zu täuschen.

sich bedeutend verschlimmert hatten. Ich mußte daher, zu meinem Bedauern, diese Absicht aufgeben. Nur ein paar Punkte möchte ich hier kurz berühren. Den Ursprung der Arhythmien während tachykardischer Anfälle, mit Beschleunigungen, die nicht weiter als bis 120 und 130 gingen, vermochte ich auf eine Erregung der Acceleratoren zurückzuführen, indem ich während der Anfälle eine vollständig horizontale Lage annahm mit möglichst tiefer Senkung des Kopfes; die Beschleunigungen nahmen dabei ab und auch die Asystolen wurden seltener. Den gleichen Erfolg konnte ich auch erzielen durch Abkühlung der vordern Brustwand, durch Eisblasen oder längere Äther-Vaporisationen. Im ersten Falle beruhte die Abnahme der Beschleunigung auf der Erhöhung des Blutdrucks in der Schädelhöhle (das Ammoniakriechen erzielte dasselbe, aber nur momentan); die Abkühlung wirkt vorzugsweise durch direkte Erregung der hemmenden Verrichtungen des Herzens.

Arhythmien, mit Herzschwächen verknüpft, bekämpfe ich hauptsächlich durch kleinere Dosen Digitalis (10 bis 12 Tropfen von frisch zubereiteter Digitalis-Tinktur, 2 bis 3 mal täglich); die Herzschläge wurden meistens sofort kräftiger und regelmäßiger. Ich pflege auf Digitalis erst zu verzichten, wenn die Zahl der Pulsschläge auf 66 bis 60 in der Minute hinuntergegangen ist. (Die normale Frequenz ist bei mir 80 Schläge.) Die Einatmung von Sauerstoff, wenn sie momentane Erfolge erzielt, deutet auf einen Ursprung der Arhythmien von Vaguserregungen hin. Die gewöhnliche Art der Sauerstoff-Einatmungen versagt in solchen Fällen vollständig, und zwar aus dem einfachen Grunde, weil die Spannung des Sauerstoffes im Blute dabei kaum gesteigert werden kann. Man muß bei derartigen Einatmungen vermeiden, daß die ausgeatmete Luft sich mit dem Sauerstoff vermischt. Ich benutzte daher bei meinen Einatmungen als Ventile zwei Müllersche Flaschen, von denen die Ausatmungsflasche etwas Ätzkali zur Absorption von CO_2 enthielt. Ebenso wichtig ist es dabei, möglichst tief und häufig einzuatmen. Man darf sich nicht mit dem normalen Atmungstypus begnügen, weil bekanntlich schon beim leisesten Beginn von Apnoe die Atmungen viel oberflächlicher und seltener werden. (Das Nähere hierüber siehe in meinen Untersuchungen zur Physiologie des Gefäßnervenzentrums, S. 147 usw., Gesammelte Physiologische Arbeiten.) Gelegentlich will ich noch erwähnen, daß ich bei den ersten Symptomen der Aortenerweiterung mich, in sehr kurzer Zeit, daran gewöhnt hatte, auf die Brustatmung fast vollständig zu verzichten, und dagegen die Bauchatmung, d. h. die Diaphragma-Bewegungen soweit als möglich zu entwickeln. 10 bis 12 Tage genügten, damit dieser Atmungstypus sich automatisch einstellte, ohne daß ich daran zu denken brauchte. Die Vorteile einer derartigen Atmung bei Erweiterungen des Herzens und der Aorta wird wohl jeder denkende Arzt leicht zu würdigen wissen [1]).

§ 5. Der Tetanus des Herzens.

Ist das Herz imstande, auf Reize, welche in genügend kurzen Zwischenräumen einander folgen, um ihre Summierung zu erlauben, mit wirklichen tetanischen Kontraktionen zu antworten? Wie wir sehen werden, berührt die Antwort auf diese Frage direkt die der allerwichtigsten Probleme der Herzinnervation.

Auf Grund scheinbar entscheidender Versuche hatten Ludwig und Hoffa (276) im Jahre 1849 und Eckhard (118) 1858 diese Frage in negativem Sinne beantwortet. Der von Marey später erbrachte Beweis, daß die normale Herzkontraktion nur eine einfache Muskelzuckung und keine tetanische Zusammenziehung war, schien die Ansicht von Ludwig und Eckhard noch zu bekräftigen.

---

[1]) Zum Nutzen meiner Leidensgenossen möchte ich den Ärzten folgende zwei Warnungen erteilen: man soll Herzkranke, welcher Natur auch ihr Leiden sei, nie an die Riviera senden; und wäre es auch nur auf kurze Zeit. Diese Warnung beruht nicht nur auf meiner Selbstbeobachtung. Seitdem, vor mehr als 30 Jahren, Traube mir nach seiner Rückkehr von der Riviera auseinandersetzte, welch verhängnisvollen Einfluß sein dortiger Aufenthalt auf sein Herzleiden hatte, habe ich viele Gelegenheiten gehabt die fatalen Folgen der kongestionierenden Wirkungen der südlichen Sonne und Winde eben bei vielen Herzkranken zu beobachten. Manche dort lange ansässige französische Ärzte haben nicht gezögert, ähnliche Warnungen in ihren Schriften zu verkünden. Wie schon erwähnt, wurde ich von einer infektiösen Myokarditis in Wiesbaden befallen, wohin ich, auf den einstimmigen Rat der mich behandelnden Ärzte (trotz meines ahnungsvollen Sträubens), wegen eines durch geistige Überanstrengungen hervorgerufenen heftigen Gichtleidens zur Kur gesandt wurde. Nach einem Aufenthalte von einigen Tagen und zwei Bädern mußte man mich zurück nach Paris in einem sehr bedenklichen Zustande zurückbringen. Es war mir damals nicht bekannt, daß bereits Garrod in seiner berühmten Monographie über die Gicht sich gegen die Sendung von Gichtkranken nach Wiesbaden ausgesprochen hat; als besonders verderblich erklärte er die Wiesbadener Wässer für Gichtkranke, deren Herz nicht ganz intakt ist.

Jedoch gelang es, wie oben (Kap. I § 4) auseinandergesetzt, Cyon im Jahre 1866, im Verlaufe der ersten Versuche, angestellt an isolierten Froschherzen, in denen mit Hilfe einer künstlichen Serum-Zirkulation die normalen Funktionen längere Zeit unterhalten wurden, den Nachweis zu liefern, daß unter ganz bestimmten Bedingungen wirkliche tetanische Kontraktionen des Herzens zustande kommen können. Diese Bedingungen zeigten außerdem, daß, wenn das Herz beim normalen Funktionieren nicht imstande ist, in Tetanus überzugehen, dies keineswegs von besonderen Eigentümlichkeiten seiner Muskelfasern abhängt, sondern allein von dem Zustande der hemmenden Mechanismen des Herzens. Es genügte in der Tat, durch Erhöhung der Temperatur des Herzens auf nahezu 40^0 das regelrechte Eingreifen dieser hemmenden Vorrichtungen auszuschließen und das Herz zum

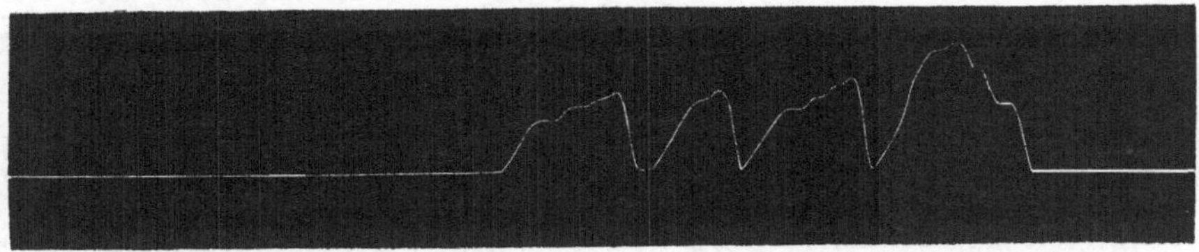

Fig. 43. Tetanus des Herzens, das bei 40^0 Temperatur zum Stillstande gebracht wurde. Dieser Tetanus wurde erzeugt durch Erregung des Sinus venosus beim isolierten Froschherzen, während der Cyonschen Versuche im Jahre 1866 (s. Kap. I, § 4); reproduziert aus „Myogen oder Neurogen", Pflügers Archiv, Bd. 88.

Stillstand zu bringen, damit eine künstliche Reizung des Venensinus oder des Vagus einen unzweifelhaften Tetanus des Herzens hervorruft. Bei Besprechung der Untersuchungen Cyons über die Wirkungen der Temperaturänderungen auf das Herz (Kap. 1 § 4) wurde schon diese wichtige, von Schelske zuerst beobachtete Tatsache ausführlich erörtert. Wir geben hier eine den Erfolg einer solchen Sinusreizung darstellende Kurve. (Fig. 43.)

Der auf diese Weise hervorgerufene Tetanus hält während der ganzen Dauer der Reizung des Venensinus an. Wie man sieht, ist es unmöglich, eine vollkommenere Tetanuskurve zu verlangen. Die Summation der Kontraktionen auf der Höhe der Systolen ist unverkennbar. Es soll noch erwähnt werden, daß von derselben Stelle des Sinus beim schlagenden Herzen sofort dessen Stillstand erzeugt wird und zwar in voller Diastole, wie bei Vagusreizung.

Cyon, Herznerven.   15

Wie bei den anderen Versuchen dieser Art konnten der Tetanus oder die tetanischen Kontraktionen am leichtesten erhalten werden, wenn die Versuchsbedingungen deutlich anzeigten, daß die hemmenden Eigenschaften des Vagus oder seiner Nervenendigungen im Herzen ausgeschaltet waren. Man vermochte aber auch einen spontanen Herztetanus zu erhalten, wenn das langsam bis auf 0^0 abgekühlte Herz plötzlich mit Serum oder Luft von mehr als 40^0 in Berührung gebracht wurde. In der Tat werden die Hemmungsapparate des Herzens durch die Abkühlung stark gereizt und wenn diese Temperatur 0^0 erreicht, so bleibt das Herz still. In solchem Falle ruft eine plötzliche Temperatursteigerung von 0^0 auf 40^0 bei einem Herzen momentan einen augenscheinlichen Tetanus hervor (siehe oben S. 28). Ebenso verhält es sich bei den Versuchen mit steigender Temperatur. Zwischen 37 und 40^0 fährt das Herz noch fort, Kontraktionen auszuführen, aber diese Zusammenziehungen werden peristaltisch und verlaufen häufig von der Basis des Herzens gegen die Spitze. Infolgedessen leisten sie keine nützliche Arbeit, da das Herz sich unter diesen Bedingungen nicht zu entleeren vermag. Bei dieser Temperatur sind die Regulationsvorrichtungen des Herzens völlig außer Tätigkeit gesetzt (vergl. die Abbildungen der verschiedenen Formen des von Cyon beobachteten Herztetanus in seiner Arbeit „Le tétanos du coeur", erschienen im Journal de Physiologie et Pathologie générale, 1900) [89].

Die Versuche Cyons wurden unter der Leitung Ludwigs ausgeführt. Durch ihre Ergebnisse sah sich Ludwig veranlaßt, von seiner früheren Auffassung, ein Herztetanus sei unmöglich, zurückzukommen. Luciani, Rossbach und andere Schüler Ludwigs, welche ihre Versuche ebenfalls an dem aus dem Körper geschnittenen Herzen mit dem Cyonschen Manometer anstellten, erhielten analoge, wenn auch nicht so charakteristisch-tetanische Herzkontraktionen wie die der Fig. 43.

Erst 1884 sah Kronecker infolge einer mit Stirling [230] ausgeführten Untersuchung sich veranlaßt, Zweifel über die Möglichkeit, einen Tetanus des Herzens hervorzurufen, ausdrücken zu müssen. Die Tatsache, auf welche Kronecker sich stützte, um den Tetanus des Herzens anzufechten, war die Beobachtung, daß es während einer gewissen Phase seiner Kontraktionen seine Erregbarkeit einbüßt. Wir gehen darauf ausführlich im folgenden Paragraphen ein; hier soll nur erinnert werden, daß diese Phase später von Marey studiert und als

Phase réfractaire des Herzens bezeichnet wurde. Die Beobachtung Kroneckers konnte nur in dem Falle als ein Beweis gegen den Tetanus des Herzens gelten, wenn die Phase réfractaire eine rein muskuläre Erscheinung wäre; d. h. einzig und allein von der eigentümlichen Eigenschaft der Muskelfasern des Herzens abhinge. Dies war tatsächlich auch die Deutung, welche Kronecker im ersten Augenblick seiner Beobachtung gab. Aber schon damals war durch die Versuche Cyons über den Temperatureinflüsse auf das Herz gezeigt, daß die später als Phase réfractaire bezeichnete Erscheinung nur eine rein nervöse sein konnte; denn die erhöhten Temperaturen kürzten, indem sie die Erregbarkeit der regulierenden Nerven verminderten, zu gleicher Zeit diese Phase ab; während die Abkühlung der nervösen Zentren des Herzens dagegen diese Phase verlängerte. Letzteres wurde auch von Kronecker bei seinen Versuchen konstatiert. Neuerdings gelang es auch Cyon, indem er die Gehirnzentren des Vagus, unter Anwendung einer künstlichen, im Gehirn hergestellten Zirkulation, abkühlte, zu beweisen, daß die niedrigen Temperaturen auch in diesem Falle, wo sie einzig und allein auf diese Zentren einwirken konnten, ebenfalls die Phase réfractaire verlängern. In denselben Versuchen erzielten Einspritzungen von Hypophysin in die Hirngefäße ebenfalls beträchtliche Verlängerungen der Systolen, — wodurch die Herzschläge einen tonischen Charakter annahmen (87).

Zahlreiche Versuche anderer Forscher haben übrigens direkt den nervösen Ursprung derselben bewiesen. Wir erinnern nur an die Untersuchungen von Dastre, Gley, Kaiser und Langendorff.

Andererseits haben schon früher sehr eingehende direkte Untersuchungen von v. Basch in unbestreitbarer Weise gezeigt, daß eine Summation der Reize auch bei einem normal temperierten Herzen stattfinden kann. Die Möglichkeit eines Herztetanus ist außerdem von Marey und Rouget (345) verteidigt worden, durch diesen letzteren unter besonders interessanten Umständen. Rouget erzeugte nämlich einen Herzetetanus durch gleichzeitige Reizung des Vagus und des Herzmuskels selbst, d. h. fast unter analogen Bedingungen wie Cyon, bei dem Tetanus nach Stillstand durch niedrige Temperaturen (siehe oben). Neuestens gelang es Walther (414) einen vollständigen Tetanus in analoger Weise wie Cyon und Rouget zu erzeugen, indem er sich jedoch des Muskarins zur Reizung des Vagus bediente. Auch O. Frank verteidigte gleichzeitig die Möglichkeit eines Herztetanus.

Kurz, die zum ersten Mal von Cyon gezeigte Möglichkeit, unter bestimmten Bedingungen einen wirklichen Tetanus des Herzens hervorzurufen, wird gegenwärtig fast von allen Physiologen anerkannt. Weder die Phase réfractaire, noch der besondere Charakter der Herzzusammenziehung als einer Muskelzuckung (Marey) stehen mit dieser Möglichkeit im Widerspruch. Wir werden im nächsten Paragraphen sehen, daß die Phase refractaire unter gewissen Umständen auch bei reflektorischen Kontraktionen von Skelettmuskeln, wie leicht nachweisbar, nervösen Ursprungs ist.

§ 6. Die vermeintlichen Eigentümlichkeiten des Herzmuskels: Das Alles- oder Nichtsgesetz (Bowditch) und die refraktäre Phase (Kronecker-Marey).

Die wichtigsten Versuche von Bowditch über das Verhältnis der Stärke des Herzschlags zu der Intensität des Reizes wurden in der Ludwigschen Physiologischen Anstalt zu Leipzig an der Herzspitze ausgeführt, in der Weise, wie dies im ersten Kapitel, § 1 näher auseinandergesetzt worden ist. Wir wollen den wichtigsten Schluß seines langen Versuchsreihe mit seinen eigenen Worten wiedergeben:

„Der Induktionsstrom geringster Stärke, welcher eine Herzzuckung auslöst, ruft nicht die schwächste der möglichen Zuckungen hervor und es steigt auch nicht der Umfang der letzteren bis zu einem unüberschreitbaren Maximum, wenn die Intensität des erregenden Stromes anwächst. An unserm Objekt bewirkt der Induktionsstrom entweder eine Zuckung oder er vermag dieses nicht; und vermag er das erstere, so ruft er auch gleich die umfangreichste Zuckung hervor, welche der Induktionsstrom zur gegebenen Zeit überhaupt auslösen kann. Daraus folgt unmittelbar, daß der Grund, weshalb die Herzspitze in verschiedenem Umfange zuckt, in den veränderlichen Eigenschaften ihrer Muskelfaser selbst zu suchen ist. Es wird kaum nötig sein, auf die große praktische Bedeutung dieses Satzes hinzuweisen."

Dieser letzte Satz war streng genommen eine unvermeidliche Schlußfolgerung der in den übrigen Sätzen formulierten Ergebnisse des Hauptversuchs von Bowditch. Die Intervalle der elektrischen Reizungen wurden von Bowditch sehr genau geregelt. Auch die Intensitäten der Induktionsschläge waren zwar nicht mit Hilfe eines graduierten Induktoriums gemessen, die minimalen und maximalen Intensitäten ließen sich aber ziemlich genau herausfinden. Die Herzspitze wurde während der Versuche nach der schon von Luciani angewandten Methode gespeist, die Stärke der Herzschläge mit Hilfe des von Cyon erprobten Manometers gemessen und deren tatsächliche Ergebnisse waren außer Zweifel gesetzt. Sie wurden übrigens auch allgemein bestätigt, besonders von Kronecker, der die Ernährung des Herzens mit Hilfe seiner Durchspülungs-Kanüle noch bedeutend verbessert hat.

Da zur Zeit, wo diese Versuche ausgeführt wurden, die Herzganglien als die einzigen reizauslösenden Organe galten, und auch allgemein angenommen wurde, daß derartige Ganglien sich in der Herzspitze nicht finden, so schien aus den Bowditchschen Ergebnissen die Schlußfolgerung unvermeidlich, daß das so eminent verschiedene Verhalten des Herzens auf irgend einer Eigentümlichkeit seiner Muskelfasern beruhen muß.

Die Beobachtungen von Bowditch über gewisse Schwankungen der Herzstärke, in ihrer Abhängigkeit von der Intensität der Reize, die in der sogenannten „Treppe" ihren Ausdruck fanden, gestatteten die funktionelle Bedeutung der Eigentümlichkeit der Herzmuskelfasern näher zu präzisieren. Der scheinbare Widerspruch zwischen den Erscheinungen der Treppe und dem eben erwähnten Ergebnis, das Kronecker in der Weise formulierte: „die minimale Zuckung ist gleichzeitig die maximale," erforderte eben zu seiner Ausgleichung die Annahme: „daß der Grund, weshalb die Herzspitze in verschiedenem Umfange zuckt, in den veränderlichen Eigenschaften ihrer Muskelfasern selbst zu suchen ist".

Den Gedankengang von Bowditch verfolgend, hat Kronecker seine Versuche an der Herzspitze, mit verbesserten Methoden, was die Durchspülung des Herzens und auch die Regelung der Reizstärken betrifft, aufgenommen. Er prüfte besonders die Ursache der Ausfälle der Herzschläge, welche Bowditch bei regelmäßig-rhythmischer Reizfolge und Anwendung minimaler Reize beobachtet hatte. Das wichtigste Ergebnis der Kroneckerschen Versuche war folgendes: „Werden die Kontraktionen vom Herzen in Zeitintervallen verlangt, welche größer sind, als die seinem jeweiligen Beweglichkeitszustande entsprechenden Pulsperioden, so lösen verhältnismäßig schwache Reize unfehlbar Zusammenziehungen aus; treffen mäßige Antriebe das Herz vor Beendigung seiner Pulsperiode, so bleiben sie effektlos.“

Der letzte Satz bedeutet, daß während einer gewissen Phase seiner Kontraktion das Herz für neue minimale Reize nicht erregbar ist. Die Dauer dieser Phase ist länger bei abgekühlten Herzen, als bei erwärmten; sie wird auch verkürzt durch Verstärkung der angewandten Reize.

Das Bowditchsche Gesetz wurde später von Ranvier durch die Worte: „tout ou rien“ ausgedrückt. Auch Ranvier arbeitete bei der Wiederholung der betreffenden Versuche nur an der Herzspitze, nicht am ganzen Herzen. Noch kategorischer als seine Vorgänger, schloß er dennoch, daß dieses Gesetz auch für das ganze Herz gelte, und obgleich der Satz „tout ou rien“ an sich gar keine direkte Beziehung zu der Entstehung der rhythmischen Kontraktionen hatte, zog er aus dieser vermeintlichen Eigentümlichkeit des Herzmuskels den Schluß, daß der Herzrhythmus nur von der Muskelzelle des Herzens abhänge. Und dies sogar, ohne Zuhilfenahme der von Kronecker entdeckten Unerregbarkeit des Herzens vor Beendigung seiner Pulsperiode! „Diese Tatsachen — schreibt er — die ich hier resumiert habe, bieten ein großes Interesse, weil sie die Wirkung des Myokards ganz von dem Einflusse der ganglionären Vorrichtungen befreit. Daraus, daß der isolierte Herzmuskel rhythmisch schlagen kann, müssen wir schließen, daß der Herzrhytmus nicht vom Nervensystem abhängt, sondern der Muskelzelle des Herzens angehört. Wir bedürfen keinerlei Theorien, um dies zu erklären, und die erdachte Hypothese von zwei Ganglienzentren, erregenden und hemmenden, — hat keine Begründung mehr.“ (332 S. 143).

Damit wurde schon im Jahre 1877 eine der Grundlagen der myogenen Irrlehre geschaffen.

Marey hat die von Kronecker beobachtete temporäre Unerregbarkeit der Herzspitze ausführlicher studiert und als „phase réfractaire“ bezeichnet. Das Vorhandensein einer solchen für Reize refraktären Phase des Herzens könnte schon mit scheinbarem Recht als der Bowditchsche Satz zur Erklärung der rhythmischen Kontraktionen des Herzens herbeigezogen werden. Berechtigt aber wäre eine derartige Erklärung nur vor den Versuchen Cyons, der, wie wir eben gesehen haben, schon im Jahre 1866 den Nachweis geliefert hatte, daß das Herz sich tetanisch zu kontrahieren vermag. Dieser Tetanus wurde in dem Cyonschen Versuche erzeugt nur unter dem Einfluß gewisser nervöser Veränderungen, nämlich der Ausschaltung der Funktionen gewisser Gangliengruppen. Sowohl Bowditch als Kronecker haben aber die beiden von ihnen an der Herzspitze beobachteten Erscheinungen für charakteristische Merkmale des Herzmuskels erklärt. Der Widerspruch zwischen Cyon und Kronecker mußte unter diesen Umständen als unversöhnbar erscheinen. Kronecker suchte die Schwierigkeit zu umgehen, indem er die tetanischen Kontraktionen, die von Cyon und darauf von Luciani und Roßbach als solche beschrieben wurden, nicht als einen echten Tetanus anerkennen wollte; und zwar, wie er dies aus seinen eigenen Kurven geschlossen hatte, weil dabei keine Summation der Kontraktionshöhen stattfinden soll. Die Höhe der anhaltenden Kontraktion war geringer als bei der einzelnen Zuckung; es sollte sich also um eine tonische und nicht eine tetanische Kontraktion handeln. Dieser Einwand Kroneckers könnte noch seine Berechtigung haben für die Versuche Roßbachs und Lucianis, deren Kurven er zu beobachten Gelegenheit hatte. Es genügt aber einen Blick auf die oben angeführte Kurve 43, sowie auf diejenigen Kurven zu werfen, welche Cyon in seiner Arbeit über den Tetanus des Herzens veröffentlicht hatte ([89]), um einzusehen, daß bei seinen Versuchen wirkliche Summation der Kontraktionshöhen vorkommt; mithin ein wahrer Tetanus möglich ist. Die Annahme, daß die refraktäre Phase eine Eigentümlichkeit des Herzmuskels ist, war also schon von Beginn an kaum zulässig. Übrigens hat eine sehr sorgfältige Untersuchung von v. Basch über die Summation der Reize im Herzen ([7]), ausgeführt einige Zeit nach dem Erscheinen der Kroneckerschen Arbeit, auch den direkten Nachweis geliefert, daß eine solche Summation im Herzen wirklich stattfinden kann.

Cyon hat daher von Anfang an gegen die erwähnte Deutung der refraktären Phase, als charakteristischen Merkmals des Herzmuskels, und zugunsten ihres nervösen Ursprungs gekämpft. „In der Periode des Wärmestillstandes, schrieb er im Jahre 1866, — ist jedenfalls die Reizbarkeit des regulatorischen Apparates (im Herzen) so gut wie aufgehoben." (S. 36.) In „Myogen und Neurogen" erklärte

Cyon nach Anführung des eben zitierten Satzes: „Dieser Umstand allein dürfte genügen, um darauf hinzudeuten, daß die refraktäre Phase der Herzkontraktionen von dem Vorhandensein der hemmenden Vorrichtungen im Herzen abhängig sei, und keinesfalls von einer speziellen Eigentümlichkeit der Muskelfaser des Herzens. Ich habe daher seit 1866 unablässig an der Möglichkeit des Herztetanus festgehalten." (90, S. 278.)

Bei dieser Auffassung der refraktären Phase als eines von den Nervenzellen abhängigen Phänomens kann ihre Rolle bei der Rhythmizität des Herzens vollständig aufrecht erhalten werden. Im Gegenteil: mit dem Nachweise, daß die refraktäre Phase auf einem Spiel von antagonistischen Nerven beruht, wird der Mechanismus, durch welchen diese Phase die Rhythmizität erzeugt, unserm Verständnis viel näher gerückt. Diesem letztern Umstand ist es auch zu verdanken, daß in den letzten paar Jahren so zahlreiche Versuche, von mehreren Forschern an verschiedenen Tieren angestellt, den Nachweis geliefert haben, daß die refraktäre Phase überhaupt keine Eigentümlichkeit des Herzens darstellt, sondern auch bei andern, rhythmisch schlagenden Organen beobachtet wird. Und was noch wichtiger ist: bei diesen Tieren gelang es mit Leichtigkeit in ganz eindeutiger Weise zu demonstrieren, daß diese refraktäre Phase nicht von den muskulären, sondern von den nervösen Organen abhängt. So z. B. haben an der Meduse zuerst Romanes (346) und dann auch Bethe (26) durch ausführliche Studien dargetan, daß ihre rhythmischen Kontraktionen ihren Ausgangspunkt gerade in dem sogenannten Randkörper haben, der allein reichhaltige Nervennetze und Ganglienzellen enthält. Wird dieser Randkörper entfernt, so hören die Bewegungen im sogenannten Glockenzentrum, das nervenlos ist, vollständig auf. Nun vermochten diese Forscher auch den Beweis zu liefern, daß man ohne Schwierigkeit bei diesem Tiere alle diejenigen Erscheinungen beobachten kann, die bis jetzt als Eigentümlichkeiten des Herzmuskels betrachtet wurden: die refraktäre Phase, das Alles- oder Nichts-Gesetz und sogar die Bowditchsche Treppe. Ähnliches wurde von J. v. Uexküll bei den Schlangensternen beobachtet und genau erläutert (398).

Von viel allgemeinerer Bedeutung sind die in letzter Zeit veröffentlichten Beobachtungen von C. S. Sherrington über den „Scratchreflex" (366). Bei genauerer Prüfung der verschiedenen Erscheinungen,

welche bei diesem eigenartigen rhythmischen Flexoren-Reflex sich beobachten lassen, hat dieser Forscher in ganz unzweideutiger Weise bewiesen, daß die Rhythmizität dieses Reflexes auf dem Vorhandensein
einer refraktären Phase beruht, und daß diese refraktäre Phase weder
von den quergestreiften Skelettmuskeln, noch von den efferenten oder
afferenten Nerven, sondern allein von den spinalen Ganglienzellen erzeugt wird, welche diesen eigentümlichen Reflex vermitteln. Diese
Versuche von Sherrington, welche die künstlich erhobenen Schranken
zwischen den quergestreiften Muskeln des Herzens und denen des
Skeletts stark ins Schwanken gebracht haben, sind auch von weit-
tragender Bedeutung für die Aufklärung der nervösen Mechanismen,
auf denen die wichtigen reflektorischen Funktionen des Rückenmarks
und des Herzens beruhen. Wäre die myogene Irrlehre nicht schon
vorher bis in die kleinsten Details durch die Untersuchungen und polemischen Auseinandersetzungen von Cyon, Kronecker und v. Basch
so vollständig widerlegt worden, so würden die Versuche von v. Uesk);ll,
Bethe und besonders von Sherrington schon genügen, um auf die
Haltlosigkeit aller derjenigen Argumente der Myogenisten hinzuweisen,
welche die Rhythmizität des Herzschlags durch die soeben erwähnten
vermeintlichen Eigentümlichkeiten seines Muskels zu erklären suchten.

Sie haben auch nicht verfehlt, die genannten Forscher von der
myogenen Verirrung abzuwenden und definitiv zu Anhängern der neurogenen Lehre zu bekehren.

Bei der Besprechung der Rhythmizität des Herzens im nächsten
Kapitel werde ich auf den Mechanismus der refraktären Phase noch-
mals zurückkommen. Hier soll nur noch erwähnt werden, daß das
Alles- oder Nichtsgesetz von Bowditch bei dem Scratch-reflex von
Sherrington nicht beobachtet werden konnte. Dies hätte an sich
nichts Auffälliges, da Cyon stets das Bowditchsche Gesetz als nur für
künstliche Reizungen des Herzen gültig erklärte. Seinen experimentellen Erfahrungen nach konnte dieses Gesetz schon nur auf die
Herzspitze allein, und kaum auf das gesamte Herz angewandt werden.
Zwar behauptete Ziemssen, der Gelegenheit hatte, bei einer Frau
das Herz, welches nur von einer Haut überdeckt war, zu reizen, daß
der Erfolg der Reizung, d. h. die Herzkontraktion immer von der
gleichen Stärke zu sein schien, gleichviel ob sie durch schwache oder
stärkere Ströme hervorgerufen war. Seine Versuchsbedingungen waren

aber zu vieldeutig, um positive Schlüsse zu gestatten. Das sogenannte „Alles- oder Nichtsgesetz“ war zurzeit sehr Modesache, so daß es für einen Kliniker zu verlockend sein mußte die außergewöhnliche Gelegenheit am Herzen des Menschen zu experimentieren zu benutzen, um ein so schönes Gesetz zu bestätigen.

Die Frage, ob das Gesetz von Bowditch seine Gültigkeit behält, wenn statt künstlicher Reize nur normale physiologische Reize auf das Herz einwirken, hat Cyon stets negativ beantwortet. Wenn man mit Kronecker annähme — schrieb er — daß das Herz durch mechanische oder elektrische Reize nicht zur Kontraktion gebracht werden kann, d. h. daß die äußern Reizmittel nur dadurch auf das Herz einwirken, daß sie gewisse chemische Umsetzungen veranlassen, welche die wirklichen Reiz-

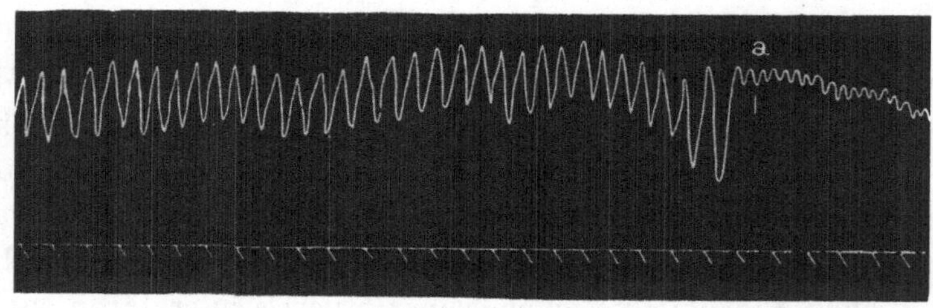

Fig. 44. Aktionspulse erzeugt auf reflektorischem Wege,
durch Reizung des zentralen Endes des Halssympathicus bei einem thyreodektomierten Kaninchen, nach Durchtrennung der beiden Vagi.

mittel des Herzens bilden, so könnte im Notfall die eben gestellte Frage theoretisch noch bejahend ausfallen. Bis aber diese Annahme Kroneckers über das Wesen der Reizmittel definitiv bewiesen wird, ist es in diesem speziellen Fall nicht gestattet, ohne weiteres die Resultate der künstlichen Reizungen auf normale Erregungen zu übertragen. Es haben nämlich unzählige Beobachtungen und Versuchsergebnisse gezeigt, daß in der Norm die Stärke der Herzschläge in sehr weiten Grenzen zu wechseln vermag. Bald erscheinen diese Schwankungen spontan, bald unter dem Einfluß von Nervenreizungen und zwar am häufigsten durch das Eingreifen beschleunigender und hemmender Herznerven. In diesen letztern Fällen ist das Auftreten der Schwankungen so plötzlich, daß es kaum zulässig ist, sie auf momentane chemische Umwandlungen zurückzuführen, denen der Herzmuskel unterliegt. Der entgegengesetzte Schluß, nämlich daß die Stärke der

Herzschläge in direkter Abhängigkeit von der Intensität der normalen Reize steht, oder von dem Grade der Erregbarkeit der Ganglienzellen abhängt, ist daher unendlich wahrscheinlicher.

Auch abgesehen von dem direkten Eingreifen des Nervenapparates gibt es noch viele andere Umstände, welche Schwankungen der Pulsa-tionsstärke hervorrufen können, so z. B. das veränderliche Verhältnis der Zahl zu der Dauer der Herzschläge in der gegebenen Zeit, plötz-liche Verengerungen oder Erweiterungen im Gebiete der Coronargefäße, Schwankungen der Widerstände im allgemeinen Blutkreislauf usw. Wir führen hier eine Blutdruckkurve an (Fig. 44), welche zeigt, daß auch reflektorische Erregung peripherer Nerven in ganz plötzlicher Weise die Stärke der Herzschläge bedeutend zu modifizieren vermag.

Bekanntlich vermögen in den Blutstrom eingeführte Gifte die Stärke der Herzschläge in verschiedenem Sinne zu beeinflussen, ohne daß es dabei immer gelingt, an den extrakardialen Nerven Erregbar-keitsänderungen zu konstatieren. Die Anhänger des Bowditchschen Gesetzes versuchten diesen Einwand dadurch zu entkräften, daß die ins Herz gelangenden Gifte direkt seine Muskelfasern beeinflussen können. Derartige Ausflüchte sind aber schwer zulässig, wenn diese Gifte allein auf die Gehirnzentren der Herznerven einwirken, ohne in den all-gemeinen Kreislauf gelangen zu können, wie dies bei gewissen Ver-suchen Cyons an den physiologischen Herzgiften geschah, die er direkt und nur in die peripheren Enden der Gehirnarterien einführte.

Einige von diesen in den Gehirnkreislauf unter Ausschluß des Herzkreislaufs eingebrachten Giften ändern in ausgedehntem Maße die Stärke der Herzschläge und zwar in verschiedenem Sinne: die Veränderungen können in solchem Falle nur den Wirkungen der Herzgifte auf die Zentra der Herznerven zugeschrieben werden. Die Auf-rechterhaltung des von Bowditch aufgestellten Gesetzes, sie seien von Schwankungen in der Anordnung der Muskelkräfte abhängig, wird also noch erschwert, da hier der Herzkreislauf durch Herstellung einer unmittelbaren Verbindung zwischen der absteigenden Aorta und der unteren Hohlvene von dem Einflusse der eingeführten Gifte ganz aus-geschlossen war.

Aber auch ohne jede Einführung von Giften in das Gehirn kann die Stärke der Herzschläge bedeutenden Schwankungen unterliegen, so z. B. wenn man einige Zeit nach dem Erlöschen der Gehirntätigkeit,

durch die völlige Unterbrechung des Gehirnblutkreislaufs, letzteren
wieder herstellt. Hier sind drei Kurven angeführt: Fig. 45, 46 und
47; diese Kurven zeigen in sehr augenscheinlicher Weise, daß die
alleinige Wiederbelebung der Gehirnzentren im Verlaufe von einigen

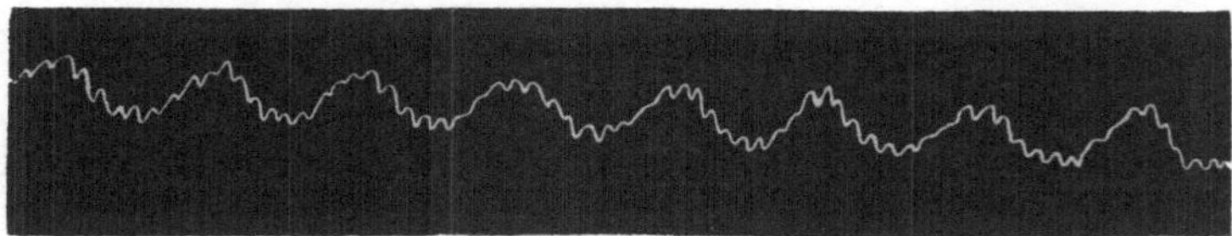

Fig. 45. Diese Blutdruckkurve ist entnommen einem Hunde,
dessen Gehirn aus dem allgemeinen Blutlaufe vollständig ausgeschlossen war; der Blutkreislauf war nur auf die Brustorgane beschränkt. Die Kanüle des Manometers kom-
munizierte mit einem T-Rohr, das die absteigende Aorta mit der unteren Hohlvene ver-
band (s. oben Fig. 37, S. 215).

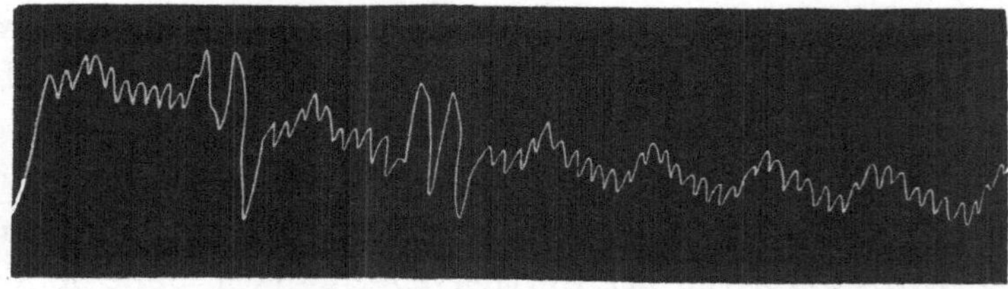

Fig. 46. Diese Kurve wurde demselben Hunde entnommen sofort nach Herstellung
des Blutkreislaufs im Gehirn, der vom Blutkreislauf des Herzens isoliert war.

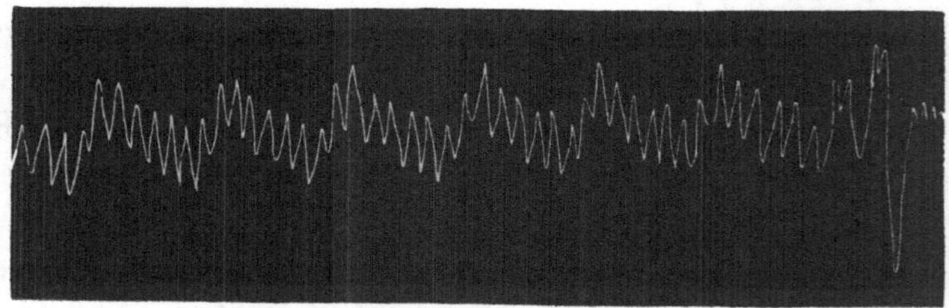

Fig. 47. Fortsetzung der Kurve 46, 20 Sekunden nach Herstellung der
Gehirnzirkulation.

Sekunden imstande sei den Umfang der Herzschläge in sehr bedeutenden Grenzen zu verändern. Die Fig. 45 stellt die Herzschläge
dar vor der Herstellung der Blutzirkulation im Gehirn; an der Fig. 46
sieht man, daß in demselben Augenblick, wo das Blut die Gehirnzentren zu umspülen begann, die Pulsationen des Herzens weit stärker

wurden. Die Zentren der beschleunigenden und hemmenden Nervenfasern traten sofort in Funktion ein und die Herzschläge wurden ausgiebiger. Es vergingen aber einige Sekunden, bis das harmonische Zusammenwirken der beiden Zentren sich einstellte. Man sieht daher auf
der Kurve einige Pulsationen, die durch das Übergewicht der Vagi
verursacht werden. Einige Sekunden darauf verschwand dieses Übergewicht, die Harmonie zwischen den antagonistischen Zentren war zurückgekehrt und die Herzschläge nahmen wieder ganz deutlich den Charakter
von Aktionspulsen an. (Fig. 47.)

Ganz analoge Bedeutung haben die Verstärkungen und Abschwä-
chungen des Herzschlags, welche unter dem Einflusse heftiger Gemütsbewegungen oder geistiger Anstrengungen beobachtet werden. Auch
in diesen Fällen treten die Änderungen der Herzarbeit so plötzlich auf,
daß von entsprechenden Schwankungen der physikalisch-chemischen
Prozesse in den Muskelfasern des Herzens kaum die Rede sein kann.
Man ist also gezwungen, den Alles- oder Nichtssatz nur für Erscheinungen als gültig zu betrachten, die bei künstlicher Reizung zustandekommen, und auch nur in den Fällen, wo es sich um die Herzspitze
allein handelt. Bei normaler Tätigkeit des Herzens oder bei Anwesenheit desjenigen Teils des Herzens, welcher die Bidderschen Ganglien
enthält, entspricht die Stärke des Herzschlags gewöhnlich der Stärke
der Nervenerregungen.

Über den nervösen Ursprung der Bowditchschen Erscheinung
kann, nach all dem hier Mitgeteilten, kaum noch ein Zweifel aufkommen. Unlängst haben Versuche von Rohde mit Hilfe von Ver-
giftungen der Frösche mit Chloralhydrat eine neue Demonstration dieses
Ursprungs geliefert. Werden nämlich die intrakardialen Nerven unter
den Einfluß von Chloralhydrat gestellt, so verschwindet sowohl die refraktäre Phase, das Alles- oder Nichtsgesetz als auch die Fähigkeit
des Herzens Dauerreize in rhythmische umzuwandeln. Bei stärkeren
Dauerreizen gerät das Herz in tonische oder tetanische Kontraktionen (349).
Tetanische Kontraktionen sind auch in letzter Zeit von Straub (382)
an Aplysienherzen, bei denen die Anwesenheit von Nerven noch nicht
mit Sicherheit hat festgestellt werden können, beobachtet worden.

Nach den Untersuchungen von Sherrington über den Scratch-
reflex muß man annehmen, daß das Alles- oder Nichtsgesetz bei weitem
nicht eine notwendige Begleiterscheinung der refraktären Phase ist.

Darauf deutete eigentlich schon die Tatsache hin, daß man letztere Phase sehr leicht am intakten Herzen konstatieren kann, während der Bowditchsche Satz mit Sicherheit nur an der Herzspitze nachweisbar ist. Aus dem letztern Umstand könnte man sogar mit einiger Wahrscheinlichkeit schließen, daß minimale Reize nur in solchen Fällen denselben Erfolg haben wie maximale, wenn diese Reize sich durch Nervennetze verbreiten, ohne Vermittlung wirklicher Ganglienkugeln. Nicht unmöglich wäre es, die Abwesenheit dieser Erscheinung beim Scratch-reflex so zu deuten, daß dieser Satz nur für quergestreiften Muskeln gültig ist, die nicht auf Muskelgelenke einwirken. Die Beobachtungen von Romanes und Bethe an der Medusa und von v. Uexküll an dem Schlangenstern könnten mit einer derartigen Auffassung sehr wohl versöhnt werden.

§ 7. Die Erregungsgesetze der Herz- und Vasomotoren-Ganglien (Cyon).

Im Kapitel I § 4 haben wir die von Schelske und Cyon gemachten Beobachtung näher gesprochen, daß während des Stillstandes des Herzens, infolge der Erhöhung seiner Temperatur, die intrakardialen Hemmungsvorrichtungen ihre Tätigkeit einstellen. Wenn man während dieses Stillstandes die Nervi vagi oder einen bestimmten Punkt des Sinus venosus reizt, der früher auf diese Reizung mit einem Stillstande antwortete, so beginnt das Herz wieder zu schlagen und vermag sogar tetanusartige Kontraktionen auszuführen. Ein Nerv, welcher normalerweise die Herzschläge zum Stillstand zu bringen pflegte, wirkt also als motorischer Nerv, wenn seine Ganglienzellen außer Funktion gesetzt werden. Mit anderen Worten schien diese Beobachtung zu bedeuten, die Funktion der hemmenden Herznerven werde umgekehrt, wenn sie statt auf ihre Ganglien im Zustande der Tätigkeit auf dieselben im Ruhezustande einwirken. (Siehe „Die Bekehrung E. H. Herings usw., A. g. P., Bd. 116.)

Solange diese merkwürdige Beobachtung ganz vereinzelt geblieben war, begnügte sich Cyon damit, sie zur Entwickelung seiner Interferenzhypothese zu verwenden, dazu bestimmt, den Mechanismus der Hemmungen im Herzen zu erklären (76). Im Verlaufe seiner weiteren Untersuchungen über die vasomotorischen Zentren hat Cyon Gelegenheit gehabt, eine Reihe neuer Hemmungserscheinungen zu beobachten, die es ermöglichten, die physiologische Bedeutung des Vagustetanus zu verallgemeinern. Man weiß, daß die Reizungen sensibler Nerven auf die vasomotorischen Zentren sehr verschiedenartig wirken: bald äußern sie sich in einer Vermehrung des Blutdruckes, also in einer Erhöhung ihrer tonischen Erregung, bald in einem Sinken des Druckes, das von einer Verminderung dieses Tonus herrührt. In Kap. 4 § 2 haben wir gesehen, daß die Wirkungen der sensiblen Nerven auf die Herznervenzentren nicht weniger mannigfaltig sind. Auf Grund zahlreicher Untersuchungen, auf deren Einzelheiten hier einzugehen uns zu weit führen würde, gelangte Cyon zu dem allgemeinen Satz, daß diese Verschiedenheiten der reflektorischen Wirkungen in erster Linie durch den Zustand bedingt werden, in welchem sich die Herzganglien oder die vasomotorischen Zentren in dem Augenblick befinden, wo der reflektorische Reiz sie erreicht: Wenn diese Zentren sich in Ruhe befinden, so versetzt der neue Reiz sie wieder in Tätigkeit; er hebt dagegen die Wirkung dieser Zentren auf, wenn sie sich bereits im Zustande der Erregung befinden. (S. Hemmungen und Erregungen. 76) So kann man z. B. willkürlich die Reaktion der gefäßverengernden Zentra auf periphere Reize völlig umkehren und statt einer Erhöhung ihrer tonischen Erregung eine Verringerung erzeugen. Cyon vermochte eine derartige Umkehr zu erzielen, indem er beim Tiere die beiden Großhirnlappen entfernte oder dieselben durch starke Dosen Choralhydrat narkotisierte, oder endlich sie durch künstliche Sauerstoff-Einblasungen in apnoetischen Zustand versetzte. Der Satz, welchen Cyon als erstes Erregungsgesetz der Ganglienerregung bezeichnet hat, wurde s. Z. von mehreren Forschern, besonders Heidenhain in einer Abhandlung „Über Cyons neue Theorie usw." (69) heftig angegriffen, was zu mehrjährigen polemischen Auseinandersetzungen zwischen den beiden Forschern geführt hat (76, S. 143). Erst nachdem im Jahre 1876 Latschenberger und Deahna die tatsächlichen Ergebnisse von Cyons Versuchen vollauf bestätigt hatten, ist auch Heidenhain nach einer mit Grützner ausgeführten Untersuchung zu derselben Würdigung ihrer allgemeinen Bedeutung gelangt. Einige Jahre später vermochte er in der bekannten Untersuchung mit Bubnow (184) selbst mehrere neue Tatsachen zutage zu fördern, welche auf einem anderen Gebiete die Gültigkeit des Cyonschen Gesetzes feststellten. So z. B. gelang es ihm tonische Kontraktionen der Skelettmuskeln, erzeugt durch starke Rindenreizung, mit Hilfe von schwächeren Erregungen wieder aufzuheben, die er entweder an derselben Stelle der Rindensubstanz, oder auch an andern applizierte. Bei seinen vielfachen experimentellen Untersuchungen über die Reflextätigkeit bei verschiedenen Säugetieren hat Sherrington ebenfalls Gelegenheit gehabt, eine Reihe höchst wichtiger Tatsachen von Hemmungen und Erregungen der Rückenmuskelreflexe zu beobachten, die ihrem Wesen nach ganz denjenigen Hemmungen und Erregungen entsprechen, die Cyon beim Studium der Reflexe von den sensiblen Nerven aus auf die Gefäßnervenzentra erhalten hatte. Es soll nur an diejenigen tonischen Kontraktionen der Extensoren reflektorischen Ursprungs erinnert werden, welche Sherrington ebenfalls nach Entfernung der Großhirnlappen unter der Bezeichnung „decerebrate rigidity“ beschrieben hatte. Auch diese Erscheinungen lassen sich durch das soeben erwähnte erste Gesetz der Erregung von Ganglienzellen ganz ungezwungen erklären. Eine solche allgemeine Anwendbarkeit dieses Gesetzes deutet jedenfalls darauf hin, daß, wenigstens bei der reflektorischen Tätigkeit, die Ganglienzellen des Gehirns und Rückenmarks sich ganz ebenso verhalten, wie die hemmenden und erregenden Mechanismen des Herzens[1] (76, S. 96).

Bei Gelegenheit seiner Untersuchungen über die Beziehungen zwischen den Verrichtungen der Schilddrüse und den Funktionen der Herz- und Gefäßnerven, hat Cyon zwei neue Gesetze der Erregung der Ganglienzellen des Herzens aufgestellt, die er folgendermaßen formuliert hat: Zweites Gesetz: Stoffe und Agentien, die im Organismus normal vorkommen, welche die im Hirn liegenden Enden der Herznerven zu erregen oder zu hemmen vermögen — wirken in identischer Weise auch auf die im Herzen selbst befindlichen Enden dieser Nerven. — Drittes Gesetz: Stoffe und Agentien, welche erregend auf die beschleunigenden Nerven und Ganglien wirken, üben eine entgegengesetzte Wirkung auf die hemmenden Nerven und Ganglien des Her-

---

[1] In welcher Beziehung die hier behandelten Hemmungsvorgänge zu den interessanten Versuchen von Wedensky über die Interferenzerscheinungen in Nervenstämmen stehen, muß erst durch neue experimentelle Erfahrungen eruiert werden (427).

zens und vice versa." Diese Gesetze sind nach den bisher vorliegenden Tatsachen auch für sämtliche Gefäßnervenzentren gültig.

Im Verlaufe seiner mehrjährigen Untersuchungen über die verschiedenen Wirkungen der Produkte der Schilddrüsen, der Hypophysen und der Nebennieren, hat Cyon die Gültigkeit dieser beiden Gesetze durch zahlreiche neue experimentelle Belege bestätigen und weiter entwickeln können. (Siehe oben § 3, S. 195—213).

Es würde uns zu weit führen diese Belege hier ausführlicher anzuführen. Hier soll nur erinnert werden, daß in den vorhergehenden Kapiteln schon zahlreiche Tatsachen angeführt wurden, entlehnt den früheren Untersuchungen Cyons über das Herz, welche sich auf Erscheinungen beziehen, die ebenfalls unter das zweite und dritte Gesetz der Ganglienerregung fallen. So z. B. haben wir oben schon den Einfluß der Temperaturveränderungen auf die intrakardialen Ganglien auseinandergesetzt. Die von Cyon 1873 ([71]) über die im verlängerten Mark gelegenen Vaguszentren gemachten Untersuchungeu haben ergeben, daß auch diese Ganglienzellen unter der Einwirkung plötzlicher Temperaturwechsel bei den Warmblütern genau in der gleichen Weise reagieren, wie die peripheren Endigungen dieser selben Nerven bei dem Frosch. Derartige Untersuchungen wurden gleichfalls mit der, die künstliche Zirkulation in der Schädelhöhle herstellenden Methode ausgeführt. Die momentanen Veränderungen der auf und absteigenden Temperatur wurden durch plötzlichen Wechsel der Behälter erreicht, welche das zur Speisung des Gehirns verwendete Blut verschiedener Temperatur enthielten. Es wurden oben schon die späteren Versuche verschiedener Forscher (Stewart, Hatscheck usw.) resumiert, welche, was die Temperatureinflüsse betrifft, zu identischen Ergebnissen wie die von Cyon erhaltenen gelangten. Alle dabei erzielten Ergebnisse unterliegen dem zweiten Gesetz der Ganglienerregung.

In § 5 Kap. I wurden die Versuche Cyons auseinandergesetzt, welche sich auf die Wirkungen der Blutgase auf das intrakardiale Nervensystem beziehen, Versuche, deren Ergebnisse seitdem ebenfalls durch mehrere Forscher, hauptsächlich durch Hjalmar Oehrwal u. a. im allgemeinen bestätigt worden sind. Man wußte schon früher durch die Versuche Traubes, daß die Kohlensäure in entsprechendem Sinne auf die Hirnzentren der Vagi einwirkt. Bei der Untersuchung der gleichen Gase auf die Hirnzentren der Vagi und der Accelerantes sowie auf die der Gefäßnerven, hat Cyon zum großen Teil bestätigen können, daß, wenn Kohlensäure ein Reizmittel für die zentralen und peripheren Endigungen der ersteren dieser Nerven ist, Sauerstoff in entsprechendem Sinne auf die beschleunigenden Nerven einwirkt (76, S. 180).

Aus den Untersuchungen des Einflusses, welchen die Blutdruck-änderungen auf die Endigungen derselben Nerven ausüben, ergibt sich, wie oben auseinandergesetzt, daß die aufsteigenden Änderungen des Druckes meistenteils die peripheren und zentralen Endigungen der hemmenden Nerven reizen, während die absteigenden Änderungen eine entsprechende Wirkung auf die der beschleunigenden Nerven hervor-rufen. Die Ausnahmen von diesen allgemeinen Regeln hängen ent-weder von besonderen Wirkungen der Substanzen, welche diese Veränderungen hervorrufen, oder von diversen Zuständen des Zentral-Nervensystems selbst ab. (Siehe auch die Versuche über die Wir-kungen der Nebennierenextrakte; diese Wirkungen gehorchen ebenfalls dem dritten Gesetze der Nervenerregungen.)

Solange wir nichts näheres über die physikalisch-chemischen Vor-gänge in den Ganglienzellen kennen, welche ihre Erregungszustände erzeugen, — müssen diese drei Gesetze als unabhängig vonein-ander betrachtet werden. Möglich, daß mit der Erweiterung unserer Kenntnisse auch das zweite und dritte Gesetz sich in einem einzigen Gesetze werden zusammenfassen lassen.

V. Kapitel.

Die Theorien der Herzinnervation.

§ 1. Myogen oder neurogen?

Im Augenblick, wo diese Zeilen geschrieben werden, gibt es für den wissenschaftlich denkenden Physiologen keine myogene Lehre mehr. Noch vor mehreren Monaten, als ich in „Pflügers Archiv" die „Myogenen Irrungen", ein Schlußwort zu dem beinahe zehnjährigen Feldzuge, den ich gegen diese Lehre geführt habe, veröffentlichte, schrieb ich nach Aufzählung sämtlicher Niederlagen, die die Myogenisten erlitten hatten, folgende Zeilen:

„Wenn die Myogenisten nach so vielen Niederlagen noch nicht die Waffen niederlegen, so rührt dies ausschließlich daher, daß sie in aller Eile sich noch eine Rettungs-, oder richtiger, eine Rückzugsbrücke sichern wollen. Mit folgenden ironischen Worten suchte Biedermann ihnen diesen Rückzug zu erleichtern: „Dabei erscheint es keineswegs ausgeschlossen, daß nicht doch gewisse muskulöse Organe sozusagen auf einer niederen embryonalen Stufe stehen bleiben und trotz eines Überreichtums an nervösen Elementen in automatisch-rhythmischer Tätigkeit verharren, ohne daß jene dabei als auslösende und reizleitende Teile dauernd eine Rolle spielten." (94)

„Als eifrigster Verteidiger dieser Rückzugsbrücke fungiert noch H. E. Hering, der mit großer Selbstlosigkeit dabei auch die paar schönen Argumente zum Opfer brachte, die er selbst erst vor einigen Jahren gegen die myogene Lehre angeführt hat. In den Bänden 107, 108 und 111 dieses Archivs veröffentlichte H. E. Hering zur Verteidigung der Rückzugsbrücke eine Reihe von Mitteilungen unter den

16*

verschiedensten Titeln, als wollte er die Gegner über die Stärke seiner Artillerie täuschen."

Nachdem ich dann ausführlich die in diesen Mitteilungen niedergelegten Versuche analysiert hatte und die Unhaltbarkeit der letzten Rettungsbrücke der Myogenisten nachgewiesen, schloß ich mit folgenden Worten: „Ich hege die feste Überzeugung, daß die atrio-ventrikulare Rückzugsbrücke, trotz der verzweifelten Verteidigung von Hering, nächstens sich für die myogene Lehre in einen Pont de Bérésina umwandeln wird." Seitdem sind kaum einige Monate verflossen und in Pflügers Archiv (Bd. 114, 15. Nov.) hat Hering nach einer kurzen Anführung von älteren Versuchen über die Acceleranz-Reizung, folgendes Bekenntnis abgelegt: „Wie immer man diese Versuche verwerten will, Tatsache ist es, daß, wenn man sich so ausdrücken darf, Nervenkraft das schlaglose Herz zum automatischen Schlagen bringt." Wenn ich noch hinzufüge, daß der Heringsche Versuch vom Jahre 1901 datiert, daß sein Ergebnis vollständig mit dem übereinstimmt, was Schelske und ich bereits vor vierzig Jahren am Vagus des Froschherzens, welcher auch die Acceleransfasern des Herzens führt, nachgewiesen haben, (76, S. 147) und daß in der eben erwähnten Schrift „Myogene Irrungen" die Bedeutung dieser Versuche als unwiderlegbare Argumente gegen die Engelmannsche Lehre, die Automatie des Herzens rühre von den Muskelfasern des Venensinus her, dargelegt wurde, — so kann das obige Bekenntnis Herings nur als ein Lossagen von der myogenen und eine Bekehrung zu der neurogenen Lehre gedeutet werden. Der letzte ernstliche Verteidiger der unglücklichen Gaskell-Engelmannschen Hypothese hat, ohne den Zusammenbruch der Hisschen Brücke abzuwarten, wohlweislich das im Sinken begriffene Schiff verlassen. Für den Physiologen gibt es also wirklich keine diskussionfähige myogene Lehre mehr. Wenn ich aber dennoch in diesem Kapitel ausführlicher auf eine Widerlegung der myogenen Lehre eingehe, so hat dies seine guten Gründe. Die Art ihres Entstehens, der verhängnisvolle Einfluß, den sie auf die Physiologie des Blutlaufs, und, mittelbar, auch auf die Pathologie der Herzkrankheiten so lange ausgeübt hat, die unglaublichen methodischen Denk- und Versuchsfehler, mit deren Hilfe ihre Vertreter sich so eifrig bemühten, diese Irrlehre zu rechtfertigen, und endlich die sonderbare Weise, in welcher dieselben, als ihre Lehre nicht mehr haltbar war, sich von derselben losgesagt haben und ins gegnerische Lager einzudringen suchten, — dies alles macht es wünschenswert, daß die Geschichte der myogenen Lehren nicht in Vergessenheit gerät. Es gibt Verirrungen in der Wissenschaft, die auch ihre tiefen Lehren enthalten (siehe Cyon A. g. P. Bd. 116).

Die myogene Hypothese wurde in einem Moment formuliert, wo, nach mehr als 50jährigen ergebnisreichen Forschungen, an denen die meisten der bedeutenden Physiologen des vorigen Jahrhunderts teilgenommen haben, die neurogene Theorie der Herztätigkeit, wie sie schon im Jahre 1844 von Volkmann aufgestellt wurde, mit Recht als felsenfest galt. Sie entsprach allen Erfordernissen einer exakten naturwissenschaftlichen Lehre und erklärte in der ungezwungensten Weise sämtliche sicher festgestellte Tatsachen, die seit der Entdeckung der Herzganglien durch Remak, Bidder und Ludwig und den bahnbrechenden Versuchen der Gebrüder Weber über die Funktionen des Herzvagus angehäuft wurden. Man entsinne sich nur der ununterbrochenen Reihe scharfsinniger Untersuchungen über die intracardialen Nerven und Ganglien von Stannius, Bidder bis auf Marechal und Löwit, der polemischen Erörterungen zwischen Budge, Schiff u. a. einerseits und Pflüger und v. Bezold anderseits, welche mit dem Siege der Weberschen Auffassung der Vaguswirkungen endete, und zur Feststellung der exakten Methoden für die elektrische Reizung von Nerven führte. Dann kamen die Arbeiten von Bezold, Ludwig und Thiry, und der gewaltige Aufschwung, den die Entdeckung der Depressores (Ludwig und Cyon) und der Accelerantes (Gebrüder Cyon) der Lehre von der Innervation des Herzens erteilt haben.

Fast zu derselben Zeit sind eine Anzahl Untersuchungen über die Wirkungen der Gefäßnerven, sowohl der verengenden als der erweiternden, erschienen von Cl. Bernard, Schiff, Eckhard, Ludwig, Chr. Lovèn, Cyon, Asp, Bezold u. v. a., und im Studium des Herzens selbst wurde ein gewaltiger Fortschritt gemacht durch die Schöpfung der Methoden, das ausgeschnittene Herz durch Herstellung eines künstlichen Kreislaufs längere Zeit leistungsfähig zu erhalten.

Die Physiologie des Blutlaufs gestaltete sich bald zu einem der reichhaltigsten und exaktesten Kapitel der Lebenswissenschaft, besonders unter dem Einfluß der zahllosen Entdeckungen auf dem Gebiete der Herz- und Gefäßnerven, die es nicht mehr gestatteten, die Blutzirkulation als rein mechanisches Phänomen aufzufassen, an welches man einfach die Gesetze der Bewegungen von Flüssigkeiten in elastischen Röhren anwenden konnte.

Als Ausgangspunkt der myogenen Hypothese muß man die Versuche von Gaskell am Schildkrötenherzen betrachten, wo er aus der positiven Schwankung der elektrischen Ströme des Herzmuskels bei Erregung des Vagus sich zu dem Schlusse veranlaßt sah, dieser Nerv endige direkt im Herzmuskel. Die Tatsache selbst wurde in einzelnen Punkten von mehreren späteren Forschern in Frage gestellt, so noch neuestens von Borruttau (44). Aber zugegeben, daß bei Vagusreizung sich wirklich eine schwache positive Schwankung des vom Herzen abgeleiteten Stromes äußert, so beweist diese Tatsache doch weder die direkte Endigung der Vagusfasern im Muskel selbst, noch, daß diese Nerven bei ihrer Erregung die Herzarbeit vermindern, und, am wenigsten, daß sie trophische Nerven sind. Die beobachtete Schwankung war so gering, daß sie sehr gut von Veränderungen in den elektrischen Kräften der Ganglienzellen in den Nervenfasern des Herzens herrühren konnten. Auch ist nicht einzusehen, warum eine Schwankung der elektromotorischen Kräfte des Herzmuskels nicht ebenso gut auf dem Wege der hemmenden Herzganglien geschehen kann. Die Hypothese Gaskells, daß von den in der Muskelsubstanz endenden Fasern die hemmenden anabolische Prozesse in der Muskelzelle, die beschleunigenden dagegen katabolische Prozesse auslösen, beruht überhaupt auf einem Mißverstehen der Hypothese von Hering über die Ungleichartigkeit der Nervenprozesse.

„Um die Lehre von den anabolen und katabolen Nervenfasern wirklich annehmbar zu machen," schrieb Cyon (78), „ist es also durchaus erforderlich für diese Fasern verschiedenartige Endvorrichtungen anzunehmen"; und als solche könnten doch am besten nur die Ganglienzellen fungieren. „Damit die Muskelfaser selbst die Wahl zwischen zwei Erregungen treffen kann, welche ihr von zwei Nervenfasern zukommen, müßte sie nicht nur allmächtig, wie es Engelmann will, sondern auch allwissend sein. Besonders gewagt war aber die Annahme, daß gerade konstruktive Veränderungen hemmend auf die Bewegungen des Herzens wirken sollen; d. h. wenn die Vagusreizung das Herz 20—30" im Stillstand erhält, so soll dies daher herrühren, daß das Muskelgewebe fortwährend rekonstruiert wird! Mit anderen Worten, die Anhäufung von Material, daß die nächstfolgende Zuckung ermöglichen soll, verhindert gleichzeitig das Zustandekommen dieser Zuckung!"

Wir haben oben mehrmals erwähnt, daß es die Versuche von Merunowicz an der Herzspitze waren, welche den ersten Anstoß zu myogenen Hypothesen gegeben haben. Nun zeigte schon Bernstein, daß nur eine Mißdeutung derselben zu einer Begründung der myogenen Lehre führen könnte. Auch wurde bei dieser Mißdeutung ganz außer acht gelassen, daß nicht nur die dichten Nervennetze, die jede Muskelfaser umstricken, sondern auch die Schweigger-Seidelschen Kernanschwellungen und die Nervenendplatten eventuell die Rolle von Nervenzentren spielen könnten. Jedenfalls wurden die Beobachtungen über die Bewegungen der Herzspitze ohne Schwierigkeit mit der neurogenen Lehre in vollem Einklang gebracht. Seitdem aber wurde, wie oben gezeigt, keine ernstliche Tatsache, weder über die physiologische Funktionsweise des Herzens, noch über den Chemismus des Herzmuskelfleisches entdeckt, welche die Bestrebungen der Vertreter der myogenen Lehre irgendwie berechtigt hätten.

Im Gegenteil. Mit jedem Tage kamen auf den übrigen Gebieten der Physiologie Tatsachen zum Vorschein, welche den mächtigen Einfluß der Nerven und ihrer ganglionösen Zentra auf die Sekretions-, Bewegungs- und Ernährungsvorgänge demonstrierten. Und da sollen gerade in dem so nerven- und ganglienreichen Herzen diese Gebilde, welche die Bewegungen auslösen, leiten und regulieren, eine parasitäre Existenz führen und keinerlei wesentlichen Antheil an den komplizierten und mannigfaltigen Funktionen des Herzens nehmen!

Keine quergestreifte oder glatte Muskelgruppe kontrahiert sich, ohne von den sie beherrschenden Nerven- und Gangliengebilden die nöthige Anregung erhalten zu haben, ohne daß ihre Zuckung von komplizierten Nervenmechanismen, der Zeit und der Intensität nach, genau geregelt und deren Zwecke angepaßt zu werden. Und das lebenswichtigste Organ, das Herz, mit seinem so verwickelten Fasernverlauf, mit der so wundervoll organisierten Reihenfolge in der Tätigkeit seiner einzelnen Abteilungen, das Herz, das seine Funktionen den wechselvollen Erfordernissen der Blutzufuhr der einzelnen Organe fast jeden Augenblick anpassen muß, und das die ihm drohenden Störungen und Gefahren selbst auszugleichen hat, soll gerade derjenigen organischen Gebilde nicht bedürfen, die allein befähigt sind, ihm die Erfüllung seiner wundervollen Aufgabe zu ermöglichen!

So widersinnig dies auch klingen mag, Engelmann und Genossen, welche es unternommen haben, nach Belegen für das Gaskellsche Paradoxon zu fahnden, haben keinen Augenblick diese so einfachen Überlegungen angestellt, welche ihnen doch, vom Beginne an, die unvermeidliche Sterilität ihrer Bemühungen klar gemacht hätten. Die Suspensionsmethode, deren Wert oben beleuchtet wurde, unterstützt durch eine rein scholastische Kasuistik, die aus ihren eigenen Widersprüchen gar nicht herauskommen konnte, genügte den Verbreitern der myogenen Irrlehre, um das begonnene Zerstörungswerk an dem durch fünfzigjährige Arbeit der bedeutendsten Physiologen des vorigen Jahrhunderts errichteten Gebäude fortzusetzen.

Die Zähigkeit und Leidenschaftlichkeit, mit welcher allmählich den Nerven- und den Ganglienzellen des Herzens, die richtenden, leitenden und erregenden Fähigkeiten, die ihnen im übrigen Körper unbestritten zukommen, abgesprochen wurden, um sie gleichzeitig, ohne jede ernstliche Veranlassung, den Muskelfasern zuzuschreiben, die überall nur die Rolle ausführender, vollziehender, rein mechanischer Werkzeuge spielen, trug, man möchte fast sagen, eine nihilistische Tendenz an sich. Wie unten gezeigt wird, würde eine solche Verschiebung der Funktionen, wenn sie ausführbar wäre, auch unvermeidlich zur Anarchie in der Tätigkeit der Herzmuskelfasern führen, zum Flimmern des Herzens beim Säugetier und zu zwecklosen wurmförmigen, antiperistaltischen Bewegungen des Herzens beim Kaltblüter, ganz wie dies bei jeder Ausschaltung der regulierenden Vorrichtungen beobachtet wird: der Herztod wäre unvermeidlich.

Und nun erst die Leichtigkeit, mit welcher die folgenschwersten Schlüsse aus rein negativen Versuchsergebnissen gezogen wurden! Engelmann suchte in den Wänden der Hohlvenen mit Hilfe der ganz primitiven Methode (Essigsäure und Glyzerin) nach Ganglienzellen; es gelang ihm nur eine geringe Anzahl zu finden. Der Schluß war für ihn klar: der Herzautomatismus rührt von den Muskelzellen der Hohlvenen her!

Dieser Forscher hat vergessen, daß nur das Gelingen von Versuchen und Beobachtengen in der Wissenschaft zur Feststellung neuer

Tatsachen führen könne. Nur positive Ergebnisse bringen die Wissenschaft vorwärts. Das Mißlingen von Untersuchungen oder deren negative Ergebnisse sind fast immer ganz wertlos. Sie rühren meistens von unseren unzureichenden Methoden und Hilfsmitteln her, und brauchen nicht einmal veröffentlicht zu werden. Dies gilt besonders für histologische, aber noch viel mehr für embryologische Untersuchungen. (Siehe § 2.)

Wenn bei den Anhängern der myogenen Lehre das Mißlingen ihrer Bemühungen als ein wichtiges Argument zugunsten derselben benutzt wurde, verschmähten sie dagegen meistens Argumente, welche ihre Lehre direkt widerlegten, nur weil sie auf unzweifelhaften Ergebnissen gelungener Versuche beruhten.

Dafür werden wir in den nächsten Paragraphen zahlreiche Belege sehen. Hier sollen noch einige Worte über die Methodik der Verteidiger der myogenen Lehre Platz finden. Oben (S. 91) wurde schon die Wertlosigkeit der Suspensions-Methode auch in der von Engelmann verbesserten Form gezeigt. Von ihrem Erfinder, Gaskell, wurde sie in noch weit unzuverlässigerer Weise angewandt, denn er experimentierte eigentlich stets nur an nicht ernährten, also an absterbenden Herzen. Schon im ersten Kapitel wurde auseinandergesetzt, daß die Modifikationen der Cyonschen Methode, am ganzen isolierten Herzen zu experimentieren, insofern unglücklich waren, als sie zu Mißdeutungen und auch zu Mißbräuchen Veranlassung gaben, indem die Myogenisten nicht nur an nicht gespeisten Herzspitzen, sondern auch an völlig zerstückelten Bruchstücken[1]) des Herzens bei ihren Versuchen experimentierten. „Wenn man die Untersuchungen analysiert, — schrieb Cyon in seinem ersten Angriff gegen die myogenen Verirrungen (78), — welche zur Unterstützung dieser Theorie des Herzschlags ausgeführt wurden, so wird man unwillkürlich an die Folter erinnert, welche der rachedurstige Osmin ersonnen hatte, um seine Rivalen aus dem Wege zu schaffen. Die geköpften, suspendierten, gespießten, verbrühten, mehrmals unterbundenen, geschundenen, zerquetschten und zerstückelten und in verschiedene Flüssigkeiten getauchten Froschherzen sind wahrlich nicht die geeignetsten Objekte,

---

[1]) Derartige Bruchstücke eignen sich nur für Prüfungen der zur Speisung des Herzmuskelapparats verwendeten verschiedenen Flüssigkeiten.

um die Funktionen des normalen Herzens zu studieren; die vorherige Zerstörung des Untersuchungsobjektes, kann nicht als exaktes, methodisches Verfahren gelten, und mögen die dabei verwendeten graphischen Vorrichtungen und die Träger der elektrischen Reize noch so präzise konstruiert sein." (78, S. 138).

Noch mehr aber als die vielen technischen Versuchsmängel, haben die unzähligen Denkfehler der Myogenisten zu den unendlichen Verirrungen geführt, von denen schon in den früheren Kapiteln manche Beispiele gegeben worden sind. Schon die bloße Aufstellung dieser Hypothese zeigte ein Verkennen eines der wichtigsten Grundprinzipien der naturwissenschaftlichen Forschung, das von Newton folgendermaßen formuliert wurde: „Ideoque effectum naturalium ejusdem generis eaedem assignandae sunt causae quatenus fieri potest." Sonderbar genug, gerade im Vaterlande dieses genialsten aller Naturforscher wird von den Physiologen am häufigsten das Beispiel des Verkennens seiner Prinzipien gegeben.

Wenn in der Mitte des vorigen Jahrhunderts die Physiologie sich in kurzer Zeit einen Ehrenplatz in der ersten Reihe der exakten Naturwissenschaften errungen hat, so lag dies bei weitem nicht allein an dem zufälligen Umstand, daß mehrere der hervorragendsten Geister jener Epoche sich dem Studium der Lebenswissenschaft gewidmet hatten. Den bei weitem größeren Anteil ihres Aufschwungs verdankte die Physiologie der Einführung der exakten Methoden der wissenschaftlichen Forschung, wie sie von Galilei, Newton u. a. für die Lösung der physikalischen Probleme geschaffen, und von Johannes Müller und den Gebrüdern Weber zuerst in die Biologie eingeführt wurden. Wenn, bei der Mannigfaltigkeit der biologischen Prozesse, die Anwendung der mathematischen Analyse nur selten möglich ist, so darf doch der Physiologe niemals von den strengen Regeln des mathematischen Denkens abweichen, ohne Gefahr zu laufen, den Boden des exakten Forschens zu verlieren. Wenn gerade am Ende des vorigen Jahrhunderts nur zu oft von den jüngeren Physiologen dagegen gesündigt wurde, so ist dies einer der Hauptgründe, warum unsere Wissenhaft ihren Ehrenplatz nicht hat beibehalten können, und überall über ihren nicht abzuleugnenden Verfall sich Klagen erheben. Die Geschichte der myogenen Lehren legt dafür einen traurigen aber auch überzeugenden Beweis ab.

Es gibt Verirrungen in der Wissenschaft, welche man nicht nur widerlegen, sondern deren Wiederkehr man für alle Zukunft unmöglich machen muß. Ich halte es infolgedessen für zweckmäßig, hier die Hauptbeweisgründe, welche in dem Kampf der letzten zehn Jahre für und wider die myogene Lehre vorgebracht worden sind, anzuführen. Die entscheidenden Untersuchungen, welche unsere Auffassung der Herztätigkeit völlig umwandelten und das Wiederauftauchen dieser Lehre in Zukunft unmöglich machten, werden dieses Kapitel abschließen.

Die Beweisgründe, auf welche man sich stützte, um dem Rhythmus und der Automatie des Herzens einen myogenen Ursprung zuzuschreiben, waren verschiedener Art: Viele der neuesten waren der Embryologie und der vergleichenden Anatomie entlehnt, die anderen beruhten auf Tatsachen aus dem Gebiete der Pharmakologie und Experimental-Physiologie.

§ 2. Argumente, entnommen der Embryologie und der vergleichenden Anatomie.

Den Höhepunkt hatten die hier in Betracht kommenden Argumente zugunsten der myogenen Hypothese erreicht, als His jun. die Tatsache in den Vordergrund stellte, daß das Herz bereits in den ersten Tagen des embryonalen Lebens sich rhythmisch zusammenzieht, noch ehe es möglich ist, das Vorhandensein nervöser Elemente in seinen Wänden nachzuweisen. Nun gibt es eine andere, viel ältere Beobachtung, welche der ersteren jede Bedeutung für die myogene Lehre entzieht, nämlich die von Eckhard, Preyer u. a. beschriebene Erscheinung, daß Herzkontraktionen beim Hühner-Embryo auch bereits vor der Bildung von Muskelzellen beginnen. Wenn die erstgenannte Tatsache gegen den nervösen Ursprung der Herzkontraktionen bei dem Erwachsenen vorgebracht werden könnte, so müßte die zweite mit dem gleichen Recht gegen den myogenen Ursprung zeugen. Dies würde uns zu dem Schlusse führen: Der Ursprung der Herzkontraktionen beim Erwachsenen liegt weder in den Nerven- noch in den Muskelfasern! Die einzige aus diesen Beobachtungen zulässige Schlußfolgerung ist, daß man aus den ersten Äußerungen des embryonalen Lebens, weder in dem einen noch anderen Sinne, bestimmte Schlüsse über die vitalen Funktionen beim Erwachsenen ziehen kann. Wir wissen vorläufig noch sehr wenig über den Ursprung und die Natur der

Embryonen in den ersten Stadien ihrer embryonalen Entwicklung. Es gehört eine ganz eigentümliche Denkweise dazu, um aus der Unzulänglichkeit unserer heutigen Forschungsmethoden den Schluß zu ziehen, daß unsere gesamten Kenntnisse über das Leben der Erwachsenen wertlos seien. In der Phase der embryonalen Keime bieten die Gehirne eines zukünftigen Shakespeare und eines werdenden Blödsinnigen keine materiellen Unterschiede, die unseren Sinnesorganen zugänglich wären; aber diese Unzulänglichkeit unserer Sinnesorgane oder unserer optischen Instrumente berechtigt nicht im entferntesten den Schluß, daß die Keime dieser Gehirne oder die Gehirne selbst sich durch nichts voneinander unterscheiden.

Die Hinfälligkeit derartiger Argumente, die nur aus der Unkenntnis der näheren Bedingungen unseres embryonalen Lebens gezogen werden, war augenscheinlich. Man suchte daher zur Stütze der myogenen Hypothese in der Entwicklungsgeschichte nach positiven Tatsachen. His jun. und Romberg glaubten in der Entwicklung der sympathischen Ganglien einen unwiderlegbaren Beweis dafür gefunden zu haben, daß die Ganglienzellen des Herzens nur Empfindungsorgane seien. In der Tat hat Kölliker im Jahre 1850 die Aufmerksamkeit der Histologen auf gewisse Analogien in dem Bau der sympathischen und spinalen Ganglien gelenkt. Er sprach daher die Vermutung aus: die ersteren stammten von den letzteren. Onodi glaubte diese Abstammung nachgewiesen zu haben. „Die Sympathicus-Ganglien gehören also nach den entwicklungsgeschichtlichen Tatsachen zum Gebiete der hinteren Wurzeln, aber ihre Ganglienzellen, die Endorgane, sind nach den allgemeinen Anschauungen sensibel; also müssen auch die Sympathicus-Ganglien zum sensiblen System gehören" (197).

„Über den feineren Bau der Herzganglien sind unsere Untersuchungen noch nicht abgeschlossen; vermutlich verhalten sich ihre Zellen wie die der Sympathicus-Ganglien, von denen sie abstammen..." „Das wichtigste Ergebnis unserer Untersuchung ist, daß die Herzganglien durchweg sympathisch sind" ... „also sind auch die Herzganglien sensibel, sie können nicht gleichzeitig motorische Funktionen besitzen".

Derartige logische Erwägungen bildeten die Hauptgrundlage für die entwicklungsgeschichtlichen Beweise des myogenen Ursprungs der Herzkontraktionen beim Erwachsenen. Mit ebensoviel Recht könnte man zum Schlusse gelangen, daß alle Empfindungsnerven, welche aus dem Rückenmark austreten, ebenso wie die spinalen Ganglien motorischer Natur sind und daher nicht gleichzeitig auch für die Empfindungen dienen können. In der Tat, der sympathische Grenzstrang enthält vasomotorische Nerven und Ganglien, sowie überhaupt zahlreiche Nervenfasern für die glatte Muskulatur. Diese Nerven und Ganglien kommen von den spinalen Ganglien und dem Gebiete der hinteren Wurzeln her, also seien alle sensiblen Nerven Vasomotoren usw.

Wenn man in der Wissenschaft eine derartige Argumentation als beweisend gelten lassen will, kann man sehr weit kommen, sogar bis zu dem Widersinn, daß die Acceleratoren und die hemmenden Fasern der Vagi zentripetale Nerven seien.

Kronecker hatte zuerst das Willkürliche einer solchen Beweisführung gezeigt. Er lenkte gleichzeitig die Aufmerksamkeit auf die Arbeiten von Gustaf Retzius, die festgestellt hatten, daß der Typus der Ganglienzellen des Herzens in ganz augenscheinlicher Weise demjenigen der großen Ganglienzellen der Zentralorgane gleiche, z. B. den Zellen der vorderen Hörner des Rückenmarks. Überhaupt haben negative histologische Ergebnisse keinerlei Wert bei Entscheidung physiologischer Fragen; die Unmöglichkeit, in den ersten Tagen des embryonalen Lebens das Vorhandensein von Nervenfasern im Herzen zu demonstrieren, beweist noch bei weitem nicht deren Abwesenheit. Wir haben schon oben Kap. IV, § 7 auf die eigentümliche Art hingewiesen, in welcher His jun. und Romberg die Anwesenheit von Nervenfasern im Herzen durch reinen Zufall erklären wollen. Es soll hier nur noch daran erinnert werden, daß Hensen die Theorie der Wanderung der Nervenfasern, die in entfernt liegenden embryonalen Geweben gebildet werden sollen, nie anerkennen wollte.

Die aus der vergleichenden Anatomie gezogenen Argumente zur Stütze der myogenen Hypothesen sind nur dem Anscheine nach ernster, als die entwicklungsgeschichtlichen Tatsachen, von denen eben die Rede war. Das Studium der Verrichtungen der niederen Tiere kann sicherlich für die Physiologie sehr fruchtbar sein. Wenn man aber die bei niederen Tieren gemachten Beobachtungen einfach auf höhere Wirbeltiere und sogar Menschen anwenden wollte, so würde man Gefahr laufen, in grobe Verirrungen zu verfallen. Wie Claude Bernard richtig gesagt hat, beruht das Interesse der Untersuchungen an Tieren,

die auf sehr niederen Stufen der Entwicklung stehen, darauf, daß sich
bei ihnen die Lebenserscheinungen sozusagen in „nacktem Zustande"
kundgeben. Solche Studien gestatten uns in den einfachsten Verrichtungen der niederen Tiere wertvolle Hinweise zu finden, um die
Verwicklungen höherer Verrichtungen entwirren zu können; sie berechtigen uns aber keineswegs auf die Identität zweier Erscheinungen
zu schließen, zwischen denen nur entfernte Analogien existieren. Die
höher differenzierten Tiere zeichnen sich eben dadurch aus, daß sie
viel komplizierterer Organe bedürfen, als diejenigen, bei denen sämtliche Lebenserscheinungen in einigen ausschließlich vegetativen Pro-
zessen sich äußern. Gewisse Eigenschaften der Gewebe, welche zur
Ausübung derartiger einfacher Funktionen bei niederen Tieren genügen,
wären vollkommen unzulänglich für höhere Tiere, wo der Mechanismus
der Verrichtungen viel verwickelter ist. Kronecker wies mit Recht
auf die Tatsache hin, daß die Fortleitung der Erregung und Bewegung
bei Pflanzen einige Analogien mit Erscheinungen der Herztätigkeit
zeigen. Nun erkennt man auch bei Pflanzen von ganz elementarer
Struktur gewisse Bestrebungen zur Verteilung der Arbeit in den verschiedenen Teilen. Bei mehrentwickelten Pflanzen ist diese Arbeitsteilung schon viel deutlicher ausgesprochen, so z. B. sieht man, daß
die Erregung an einer anderen Stelle stattfindet, als die Bewegung.
Was ist natürlicher, als daß bei höheren Tieren diese Arbeitsteilung
sich in noch viel schärferer Weise ausdrückt? (231).

Es lohnt sich nicht mehr auf die älteren Argumente der vergleichenden Anatomie hier einzugehen, die früher von den Myogenisten
zugunsten ihrer Lehre herangezogen wurden. Noch vor ein paar Jahren
behauptete Engelmann mit stolzer Zuversicht: „In den Herzen höherer
Wirbellosen (Tunikaten, Mollusken, Arthropoden) hatten Mich. Foster
und seine Schüler überhaupt vergeblich nach Ganglien gesucht, und
zu gleichem Ergebnis führten später die sorgfältigen Bemühungen
vieler neuerer Forscher, wie Biedermann, Knoll, Straub, Leo
Schulze, P. Heine". Es vergingen kaum einige Monate, seitdem die,
auch damals den tatsächlichen Verhältnissen nicht ganz entsprechenden,
Worte gesprochen wurden, und eine Reihe glänzender Untersuchungen
haben Engelmann bewiesen, wie verfehlt es war, auf rein negativen
histologischen Ergebnissen gewagte physiologische Hypothesen bauen
zu wollen. Hunter und Carlson, Romanes, Bethe J. v. Üxküll,

Biedermann und Magnus haben eine Fülle tatsächlicher Widerlegungen der myogenen Lehre gerade aus der vergleichenden Physiologie geliefert, die allein schon genügt hätten, um diese Lehre umzustürzen, wenn sie nicht schon seit mehreren Jahren lahmgelegt wäre. Wir haben schon im vorigen Kapitel § 6 von den Untersuchungen über die Medusa von Romanes und Bethe gesprochen, die in ganz eindeutiger Weise bewiesen haben, daß viele wichtige Erscheinungen, die die Myogenisten als Eigentümlichkeiten des Herzmuskels betrachtet hatten, rein nervöse Erscheinungen seien und auch an Muskeln beobachtet werden, die mit dem Herzen nichts zu schaffen haben. Hunter und Carlson haben gezeigt, daß man, mit verbesserten Untersuchungsmethoden, auch bei Tunikaten Herznerven leicht nachweisen kann und daß auch die Herzen der Mollusken acceleratorische und hemmende Nervenfasern besitzen. Ist es nicht eine Ironie des Schicksals, schrieb ich im Schlußwort (94 S.), daß es Carlson gelungen ist, gerade am Herzen eines Arthopoden (Limulus) in so eklatanter Weise die Bedeutung zu demonstrieren, welche Ganglien für die rhythmische Automatie der Kontraktionen, sowie für deren Koordination und Leitung der Erregung besitzen? Die Versuche von Carlson werden immer als die anschaulichste Demonstration der myogenen Irrtümer benutzt werden können.

Das Herz des Limulus hat eine Länge von 15—20 cm und Dicke von 2,5 cm. Auf seiner dorsalen Seite (Ektokard) verlaufen drei Nervenstränge, deren mittlerer ein in die Länge gezogenes Ganglion darstellt; die lateralen Stränge zeigen keine Ganglienzellen. Das Herz besteht aus neun Segmenten, und enthält in der Muskelsubstanz keinerlei Nerven oder Ganglien. Durchschneidet man nun das Herz selbst, mit Schonung der nervösen Stränge, so fahren die einzelnen Herzabschnitte fort, in koordinierter Weise, zu schlagen. Durchschneidet man die beiden lateralen Stränge, ohne Verletzung des Mittelstranges und bei Integrität des Herzens, so hört die Koordination der Herzsegmente auf; ihre rhythmischen Kontraktionen dauern aber fort. Wird aber der mittlere Ganglienstrang entfernt, so verschwinden diese Kontraktionen.

Mit einem Worte, dank der oberflächlichen Lage dieser drei Stränge, welche sie der gesonderten Experimentation zugänglich macht, vermochte Carlson klar nachzuweisen, daß die Leitung und

Koordination der Erregungen im Herzen des Limulus ausschließlich von den beiden lateralen Nervensträngen und nicht von der Muskelsubstanz besorgt wird. Dagegen beruht die Automatie des Herzens, d. h. die Erregung der rhythmischen Kontraktionen, auf den Funktionen des dorsomedialen ganglinösen Stranges. Das Röhrenherz des Pfeilschwanzkrebses scheint gerade dazu geschaffen zu sein, um die myogene Irrlehre umzustürzen!

Welch glänzende Bestätigung der oben zitierten Ansicht Claude Bernards, das Interesse der Untersuchungen an wirbellosen Tieren bestehe darin, daß die Lebenserscheinungen sich bei ihnen in „nacktem Zustande" offenbaren. Eben weil beim Röhrenherz des Limulus die drei Nervenstränge über dem Ectocard gelegen sind, war es gestattet, durch einen sehr einfachen und anschaulichen Versuch den verschiedenen Ursprung der Rhythmizität und der Leitfähigkeit zu demonstrieren.

Es wurde schon in einem der früheren Kapitel über die Versuche von Carlson, der auch beim Salamander im Bulbus Herznerven entdeckt hat, gesprochen. Unlängst hat Carlson auch die Anwesenheit herzregulierender Nerven bei den Lampreten nachgewiesen (53—57).

Das Zutrauen, welches Engelmann und andere Vertreter der myogenen Lehre zu den negativen Ergebnissen noch unlängst gehegt hatten, hat nicht nur, was die Herzen der Mollusken, Tunikaten und Arthropoden betrifft, ein vollständiges Dementi erhalten, sondern auch auf vielen anderen Gebieten der vergleichenden Physiologie. So haben die Versuche von Biedermann über die Innervation der Schneckensohle und die von Magnus über die peristaltischen Bewegungen des Darms noch mehrere wichtige Analogie-Stützen der myogenen Hypothese vollständig umgestürzt. Von den zahlreichen Ergebnissen der Versuche von Biedermann sollen nur diejenigen berücksichtigt werden, welche für die uns hier beschäftigende Frage von Bedeutung sind. So schließt Biedermann aus seinen Versuchen, daß auch für die glatten Muskelelemente der Mollusken eine direkte Übertragung der Erregung von Zelle zu Zelle entschieden in Abrede gestellt werden muß. „Sowohl die Auflösung der Peristaltik der Mittelsohle beim Limax, wie die mehr oder weniger ausgebreiteten Kontraktionen der Muskeln des Fußes und des Mantels bei noch so scharf umgrenzter Reizung, sind vielmehr durchaus als durch Nerven vermittelte periphere Reflexe aufzufassen, ganz in demselben Sinne, wie man sie zur Zeit auch für den isolierten Wirbeltierdarm so ziemlich allgemein annimmt" (41).

Von ganz besonderem Interesse ist der Nachweis eines reichlichen Systems von Ganglienketten mit Nervennetzen und der strenge Beweis, daß die Automatie und die Koordination der Kontraktionen von diesem Gangliensystem abhängen, sodaß „in keinem Falle sich die Wellen von einem Orte aus über die Sohle verbreiten, sondern immer und unter allen Umständen an mehreren, in gleichen Abständen voneinander gelegenen Stellen ausgelöst werden, und daß dies immer in Linien geschieht, welche den anatomisch nachweisbaren Querbrücken des Nervennetzes entsprechen" (S. 291). Mit Recht hebt Biedermann hervor, wie auffallend es scheint, daß Ranvier nichts von diesen Ganglienketten gesehen hat: . . . „les muscles volontaires de l'escargot, bien qu' ils soient formés de cellules musculaires lisses, ne possedent aucun appareil ganglionnaire".

Ebenso überzeugend und für die Grundlage der myogenen Lehre vernichtend ist die Demonstration von Magnus, daß „die automatischen Pendelbewegungen, welche der überlebende Katzendarm bei Sauerstoff-Zufuhr in Ringerscher Flüssigkeit stundenlang ausführt, nicht myogenen Ursprungs sind, sondern von Zentren abhängen, welche im Auerbachschen Plexus liegen. Es gelang dieser Nachweis dadurch, daß sich die Darmwand in einzelne Schichten zerlegen läßt, wobei die Darm-Muskulatur noch mit ihren Zentren in Zusammenhang gelassen oder von ihnen getrennt werden konnte".

Aber noch mehr; Magnus gelangte zum Ergebnis, daß die Erregungsleitung unabhängig vom Meißnerschen und Auerbachschen Plexus in der Muscularis selbst vor sich geht; und zwar nicht von Muskelzelle zu Muskelzelle, sondern durch die Vermittelung des dichten und ausgebreiteten Nervennetzes.

Biedermann bemerkt mit Recht, „daß durch diese Versuche die Physiologie der peripheren Ganglien wieder sehr an Interesse gewonnen hat, und der myogene Ursprung automatisch beweglicher Teile recht zweifelhaft geworden ist".

Nicht „recht zweifelhaft", sondern absolut unhaltbar ist der myogene Ursprung der Herzschläge durch die Versuche von ihm und **Magnus** geworden!

Mit folgenden ironischen Worten suchte **Biedermann** die Myogenisten über ihre Niederlage zu trösten und ihnen den Rückzug zu erleichtern: „Dabei scheint es keineswegs ausgeschlossen, daß nicht doch gewisse muskulöse Organe sozusagen auf einer niederen, embryonalen Stufe stehen bleiben und trotz eines Überreichtums an nervösen Elementen in automatisch-rhythmischer Tätigkeit verharren, ohne daß jene dabei als auslösende und reizleitende Teile dauernd eine Rolle spielten".

Die Annahme, daß gerade der Herzmuskel, welchem durch seine ununterbrochene Arbeitsleistung eine unendlich schwierigere Aufgabe gestellt ist, als irgend einem anderen Muskel, auf einer niedrigeren embryonalen Stufe der Entwicklung stehen geblieben sein soll, mußte als ein vollständiger Widersinn erscheinen. Daß aber dies Verharren in embryonalem Zustand, trotz des Überreichtums des Herzens an nervösen Elementen dazu dienen soll, um die automatischen Reize auszulösen, — eine derartige Auffassung auch nur einen Augenblick zuzugeben, mußte als Verstoß gegen die Logik bezeichnet werden, die, — trotz **Langendorffs** Verteidigung, — als beispiellos in den exakten Wissenschaften dasteht. Es ist eben unmöglich, ohne leidenschaftliche Entrüstung die Versuche der Myogenisten abzuwehren, das Nervensystem, „das vornehmste Gebilde, welches die Natur hervorgebracht hat, ... dieses größte Wunder der Welt, dem an geheimnisvoller Erhabenheit nichts vergleichbar ist", wie sich **Pflüger**, der Altmeister unserer Wissenschaft, unlängst ausdrückte, zu entthronen. Und in welchem Organe? Im Herzen, dieser wundervollsten mechanischen Schöpfung der organischen Welt, mit seinen automatischen Selbststeuer- und Verteidigungsvorrichtungen, die ihm gestatten, während der Milliarden seiner Kontraktionen seine Schädigungen selbst auszubessern, und, was vielleicht mehr ist, auch den Wirkungen der auf Basis der myogenen Lehre geschaffenen therapeutischen Eingriffe zu widerstehen ....

§ 3. Die der Pharmakologie entlehnten Argumente zugunsten der myogenen Lehre.

Schon im vorigen Kapitel, im Abschnitt über die Wirkungen der physiologischen Herzgifte wurde auf mehrere Analogien hingewiesen,

welche zwischen gewissen im Organismus normal vorkommenden Substanzen und den in der Pharmakologie gebrauchten Giften bestehen.
Atropin, Muskarin, Nikotin, Chloral u. a. haben daher durch ihre eigentümlichen Einflüsse auf die Verrichtungen des Herzens eine wichtige
Rolle beim Studium der Funktionen dieser Organe gespielt. Insofern
derartige Untersuchungen, angestellt von Pharmakologen zum alleinigen
Zwecke der therapeutischen Verwendung dieser Gifte, nebenbei auch
für die Physiologie des Herzens interessante Tatsachen ergeben, ist
es gestattet, dieselben zugunsten der einen oder der anderen Theorie
der Herztätigkeit zu verwenden   So haben die pharmakologischen
Arbeiten von Schmiedeberg, Böhm, Lauder-Brunton u. a. sowohl
der Therapie als auch der Physiologie große Dienste leisten können.
Weniger ersprießlich aber waren dagegen die Bemühungen der Pharmakologen, welche zahllose Versuche an Substanzen, die in der Therapie kaum je verwertet werden, angestellt haben, und dies zu dem
alleinigen Zwecke, neue Beweise zugunsten der Unfehlbarkeit der myogenen Lehre zu gewinnen. Die Ergebnisse derartiger Versuche konnten
die schon ohnedies herrschende Verwirrung in der Frage über den
Ursprung der Herzautomatie nur noch vergrößern. Es darf daher hier
auf derartige pharmakologische Versuche gar nicht eingegangen werden.
Wissenschaftlich verwertbar sind nur diejenigen Versuche, welche ohne
vorgefaßte Meinungen und mit Hilfe wirklich exakter Methoden an
den Herzgiften ausgeführt wurden. So konnten die Versuche von
Schmiedeberg über die Wirkungen von Atropin und Muskarin wert-
volles Material liefern für das Verständnis gewisser Vorgänge im Froschherzen. Schmiedeberg schon hat seine Ergebnisse über die antagonistischen Wirkungen dieser beiden Gifte auf die Nervenendigungen
und Ganglienzellen des Herzens dazu benutzt, um sein Schema über
die Verrichtungen dieser Organe aufzubauen, ein Schema, das noch
bis jetzt den Bedürfnissen der pharmakologischen Forschungen völlig
zu genügen vermag.

Der Schöpfer der myogenen Hypothese, Gaskell, versuchte die
Schmiedebergschen Deutungen durch entgegengesetzte zu ersetzen:
das Muskarin soll nicht erregend auf den hemmenden Nervenmechanismus wirken, sondern lähmend auf die Herzmuskelfasern; dagegen
sollte Atropin die Leistungsfähigkeit der Herzmuskelfasern steigern
und nur auf diesem indirekten Wege die Erregung des Vagus erfolglos

machen. Auf die Einzelheiten der darüber entstandenen polemischen Auseinandersetzungen wäre es aber überflüssig weiter einzugehen. Die Streitfrage zwischen diesen beiden Forschern gipfelt in der Entscheidung, ob Muskarin und Atropin auf die Herzmuskelfasern selbst, oder aber auf die Nerven und Ganglien des Herzens einwirken. Diese Streitfrage ist durch die zahlreichen Versuche über die Produkte der Schilddrüse, der Hypophyse und der Nebennieren, die wir erschöpfend in Kapitel 4, § 3 auseinandergesetzt haben, zugunsten Schmiedebergs entschieden worden. Die Untersuchungen Cyons über das Jodothyrin, die Extrakte der Hypophyse und der Nebennieren haben in ganz eindeutiger Weise ergeben, daß diese Substanzen die Verrichtungen der Herz- und Gefäßnerven in ganz spezifischer Weise zu beeinflussen vermögen. Die beiden ersteren erhalten und vermehren die Leistungsfähigkeit der Vagi und der Depressores und vermindern die Erregbarkeit der Acceleratores und deren Endigungen. Im entgegengesetzten Sinne äußert sich die Wirkung des Nebennierenextraktes. Alle diese Substanzen wirken außerdem in ganz übereinstimmendem Sinne auf die zentralen und peripheren Endorgane dieser Nerven, ihre Wirkung äußert sich also auf die nervösen und nicht auf die muskulösen Elemente. Die letzte Schlußfolgerung ist auch zwingend, wenn man die Tatsache berücksichtigt, daß diese Substanzen zu gleicher Zeit und in demselben Sinne die hemmenden Fasern des Herzens und die der Depressoren beeinflussen, die nur nervöse Endigungen besitzen. Nun haben die Versuche Cyons die äußerst wichtige Tatsache festgestellt, daß die physiologischen Herzgifte wirksame Antagonisten gewisser äußerer Herzgifte sind. So lähmen das Jodothyrin und Hypophysin die Wirkung des Atropins und erhöhen diejenige des Muskarins; der Nebennierenextrakt ist ein Antagonist des Muskarins und wirkt auf die beschleunigenden und hemmenden Nerven in gleichem Sinne wie das Atropin. Diese äußeren Herzgifte wirken auf dieselben Abschnitte der Herznerven, d. h. auf deren Endigungen. Ferner wirken diese auch in dem gleichen Sinne auf den Nervus depressor, wie auf den Vagus.

Es ergibt sich also mit völliger Klarheit aus diesen Untersuchungen, im Gegensatz zu der Behauptung Gaskells, daß Atropin die Vagi lähmt und die Fasern der beschleunigenden Nerven reizt. Es vermindert die Stärke der Herzschläge unter gleichzeitiger Vermehrung ihrer Frequenz. Um sich davon zu überzeugen, genügt es, die verschiedenen Kurven, welche wir S. 215 wiedergegeben haben, zu betrachten. Die Figg. 37, 38 und 39 zeigen die Wirkung des Atropins auf die durch die Hypophyse hervorgerufenen Aktionspulse. Siehe auch daselbst die Figg. 40 und 41, welche die Wirkung des Muskarins nach Vermehrung des Druckes durch Nebennierenextrakt oder nach Reizung des Vagus zeigen.

So wenden sich also die pharmakologischen Beweisgründe, welche man aus den Wirkungen des Atropins und des Muskarins zu entnehmen gedachte, gerade gegen die myogene Lehre. Die neuesten Forschungsergebnisse bestätigen und erweitern ganz bedeutend die früheren Angaben Schmiedebergs, und sie zeugen eindeutig zugunsten des neurogenen Ursprungs der Zusammenziehungen des Herzmuskels. Die Kenntnis der physiologischen Herzgifte hat zur Unterstützung dieser Theorie eine Reihe neuer ergänzender Beweise beigetragen, welche als unwiderleglich betrachtet werden müssen. Die so hervorragende Rolle dieser Gifte bei der regelrechten Funktion des Herzens wird schon durch die Tatsache selbst, daß sie durch Vermittlung der Nervenelemente dieselbe erfüllen, ein schlagender Beweis dafür, daß die Funktionsweise dieses Organs unter vollkommenster Abhängigkeit seines Nerven- und Gangliensystems steht.

Die in dem vorhergehenden Kapitel § 9 angeführten Gesetze der Erregung der Ganglienzellen, besonders die beiden letzteren, sowie die Beobachtungen, von denen sie abgeleitet wurden, sind vollkommen unvereinbar mit den Grundlagen der myogenen Theorie. Wie wäre es denn sonst möglich, den Umstand zu erklären, daß gewisse Substanzen, welche eine spezifische Wirkung auf die Endigungen der Herznerven im Gehirn ausüben, in identischer Weise auch auf deren Endigungen im Herzen selbst einwirken?

Man vermag diese Schwierigkeit nicht zu umgehen, auch wenn man annehmen wollte, daß die Muskelzellen des Herzens die gleichen Eigenschaften wie die Ganglienzellen besitzen. Es bliebe immer noch die Tatsache zu erklären, wie dieselbe Substanz gleichzeitig zwei entgegengesetzte Einflüsse auf die Muskelzelle auszuüben vermag. Mit einem Wort, sämtliche pharmakologische Argumente, die man zur Stütze der myogenen Lehre verwerten wollte, stellten deren entschiedenste Widerlegung dar.

Übrigens hat die myogene Lehre nur bei wenigen Pharmakologen ernstlichen Anklang gefunden. E. Harnack, welcher zur myogenen Lehre hinzuneigen scheint, hatte in seiner letzten Arbeit „über die Wirkungen gewisser Herzgifte im Lichte der myogenen Herzfunktion" (176), nach vergeblichen Bemühungen seine Beobachtungen über Monojodaldyhyd und andere Stoffe mit dieser Lehre zu versöhnen, am Ende doch die Frage aufwerfen müssen, ob die Nervenendapparate und die Herzmuskulatur nicht gleichzeitig an der Automatie und Regulierung der Herzschläge teilnehmen. Ein näheres Eingehen auf seine Versuche würde jetzt ganz zwecklos sein.

Aus ähnlichen Gründen wäre auch eine Wiedergabe der Versuche von Langley über die Nikotin-Wirkungen auf die verschiedenen Bestandteile des Herzens jetzt überflüssig. Die zu spitzfindigen Deutungen, durch welche Langley seine Ergebnisse den Bedürfnissen der myogenen Lehre anzupassen versuchte, können nicht mehr als vollgültig betrachtet werden. Langley selbst wird, nach Aufgabe dieser Lehre, viel einfachere und wahrscheinlichere Deutungen seiner sonst interessanten Versuchsergebnisse finden können.

Wie verhängnisvoll die myogene Lehre gerade für pharmakologische Untersuchungen war, zeigte sich am besten an der Verwirrung, welche bei der Deutung der Digitalis-Wirkungen in den letzten Jahrzehnten entstanden ist. Die meisten Kliniker und auch einige Pharmakologen suchten diese Wirkungen durch Beeinflussung des Herzmuskels zu erklären. Und doch war dies eine an sich unlösbare Frage, aus dem einfachen Grunde, weil ihre so mannigfaltigen Wirkungen sich hauptsächlich, wenn nicht ausschließlich, auf die zentralen und peripheren Enden der Herz- und Gefäßnerven äußern. Erst die letzten Untersuchungen von Magnus und von Gottlieb (172 u. 170) fangen an wieder richtiges Verständnis für die Verwendung dieses wichtigsten aller Herzheilmittel zu erwecken. Aber auch hier wird nur der völlige Verzicht auf die myogene Irrlehre eine erneute experimentelle Prüfung der wichtigsten Herzmittel, besonders aber der Herzgifte, ersprießlich machen.

Eine wichtige Aufgabe für den Pharmakologen wird es sein, die Cyonschen Versuche über die physiologischen Herzgifte weiter zu entwickeln. Der Nachweis, daß einige derselben als vorzügliche Gegengifte bei Atropin- und Muskarin-Vergiftungen verwendet werden können, hätte schon längst die Kliniker dazu bewegen sollen, diesen Fragen mehr Aufmerksamkeit zuzuwenden. Muskarinvergiftungen sind schon häufig genug, um Gelegenheit zu geben, auch am Menschen das Jod-natrium, statt des Atropins, als Gegengift zu versuchen. Die Anwen-dung von Jodothyrin und Hypophysin kann schon jetzt nach den Versuchen von Cyon, die übrigens schon von Boruttau u. a. bestätigt worden sind, mit völliger Sicherheit bei Atropinvergiftungen geschehen.

Aber nicht nur als Gegengifte dürfen diese Produkte der Schild-drüsen, der Hypophyse, der Nebennieren usw. am Krankenbett ihre Anwendung finden. Kein Kliniker wird wohl darüber Zweifel hegen, daß die natürlichen im Körper gebildeten Substanzen als Heilmittel unendlich viel nützlicher sein müssen, als alle möglichen pflanzlichen und mineralischen in der Medizin gebrauchten Stoffe. Die wirksamen Produkte der genannten Drüsen sind eben dazu bestimmt, die Erregbarkeit und die Leistungsfähigkeit des Zentralnervensystems zu regulieren und zu unterhalten. Sie sind also am meisten dazu geeignet, als Heil-mittel verwendet zu werden. So z. B. ist schon jetzt mit Sicherheit festgestellt, daß ein aus der Hypophyse in der von Cyon ange-gebenen Weise erhaltener Extrakt in noch viel höherem Grade stär-kend auf die Herzschläge einwirkt, als selbst die Digitalis. Man braucht nur, um sich davon zu überzeugen, die oben angeführte Kurve (S. 204) näher zu betrachten. Warum also nicht bei Herzschwächen derartige Extrakte verwenden?

§ 4. Die physiologischen Grundlagen der myogenen Lehre.

Wie in den beiden vorhergehenden Abschnitten, so sollen auch hier nur diejenigen Argumente angeführt werden, welche die Ver-treter der myogenen Lehre seit Jahrzehnten angehäuft haben, um ihre Lehre zu begründen. Während des zehnjährigen Kampfes, den Cyon gegen die Irrtümer dieser Lehre geführt hat, hat derselbe stets den Standpunkt behauptet, daß es Sache der Myogenisten sei, nicht nur Beweise zugunsten der neuen Lehre anzuhäufen, sondern auch diejenigen vermeintlichen Lücken der neurogenen Lehre darzulegen, die deren Unzulänglichkeit beweisen sollten. Es war ein grober Denk-fehler oder vielmehr ein willkürlicher Sophismus, wenn die Myo-genisten die beiden entgegengesetzten Lehren einander als äquivalent gegenüberstellen wollten. Die neurogene Lehre des Herzschlags bedurfte keinerlei positiven Beweise mehr: daß Ganglienzellen Organe zur Auslösung automatischer und rhythmischer Erregungen und Reize sind, und daß Nervenfasern die Leitung dieser Erregungen zu den Muskeln besorgen, — sind längst bewiesene, allgemein anerkannte und von niemand ernstlich bestrittene Gewißheiten, die nicht von neuem bewiesen zu werden brauchten [1]. Seit mehr als einem halben Jahrhundert war die neurogene Lehre auf unerschütterlichen Grundlagen von den bedeutendsten Physiologen des vergangenen Jahrhunderts festgesetzt worden. Diese Lehre ist in den vorhergehenden Kapiteln ausführlich auseinandergesetzt und die Nichtigkeit der von den Myogenisten erhobenen Einwände genügend dargelegt worden. Die Unhaltbarkeit der Argumente, welche Gaskell bei der Begründung seiner neuen Hypothese in den Vordergrund gestellt hat, wurde schon hinlänglich dargetan. Es soll hier nur erwähnt werden, daß seit mehr als zwanzig Jahren Gaskell keine ernstlichen Versuche gemacht hatte, neue Belege für seine Lehre zu geben und, wenn er auch mehrmals versichert hatte, seinen früheren Ansichten treu geblieben zu sein, so hat er dennoch unterlassen, die Widerlegungen seiner Gegner zu entkräften. Wir haben hier also nur noch mit denjenigen positiven physiologischen Argumenten zu tun, welche Engelmann und dessen Nachfolger zugunsten ihrer Lehre im Laufe der letzten Jahrzehnte vorgebracht haben. Das erste Argument entnahm Engelmann dem Fickschen Zickzack-Versuch. Dies geschah im Jahre 1875, d. h. vier Jahre, nachdem Schweigger-Seidel in seiner bekannten Abhandlung (362) die Anwesenheit zahlreicher Nervennetze im Herzen nachgewiesen hatte.

Dieser Nachweis wurde mit Hilfe seiner ausgezeichneten Gold- und Silberchloridmethode ausgeführt, die von ihm bereits früher mehrmals zum Studium der Nervenendigungen in verschiedenen Organen mit Erfolg benutzt wurde. Es gelang Cyon schon im Jahre 1868, unter Schweigger-Seidels Leitung, mit Hilfe derselben Methoden im Peritoneum das Vorhandensein von Nerven-Netzen und -Endigungen nachzuweisen, die manche Analogien mit denen des Herzens bieten (76).

---

[1] Der unglückliche Versuch Bethes, die Lehre von der Bedeutung der Ganglienzelle umzustürzen, ist schon im ersten Kapitel gewürdigt worden. Ohne die allgemeine Zurückweisung des Carcinus-Versuchs wäre die Physiologie von einer neuen Auflage der myogenen Verwirrung bedroht gewesen.

Wenn man davon absehen will, daß schon seit Scarpa die Existenz von Nervennetzen im Herzmuskel bekannt waren, so war doch aus dem Fickschen Zickzack-Versuch nur ein logischer Schluß zu ziehen: da bei der Durchschneidung zahlreicher Muskelfaserbündel die Herzschläge nicht unterbrochen werden, so folgt daraus, daß die Erregungsleitung im Herzen nicht von Muskelzelle zu Muskelzelle, sondern durch die Schweigger-Seidlschen Nervennetze zustande kommt. Diesen Schluß hatte Engelmann nicht gezogen; im Gegenteil, er betrachtete den Fickschen Versuch als positiven Beweis, daß die Leitung im Herzen eine muskuläre ist! Ja noch mehr: seit den Gerlachschen Untersuchungen vom Jahre 1876 bis zu den letzten Untersuchungen von Hofmann, die mit der Golgischen Methylen-blau-Methode ausgeführt wurden, sind zahlreiche Untersuchungen von ausgezeichneten Histologen mitgeteilt worden (von denen schon im ersten Kapitel mehrmals die Rede war), die einstimmig dargetan hatten, daß jede Muskelfaser im Herzen von dichten Netzen nervöser Fäserchen umgeben ist. Trotzdem haben sowohl Engelmann, als seine Nachfolger das Vorhandensein dieser Netze absichtlich ignoriert. Erst jetzt versuchen einige reuige Myogenisten, wie z. B. Langendorff (in der Dissertation seines Schülers Piotrowski) sich dieser Netze als Rettungsnetze zu bedienen, um den Sturz der myogenen Lehre von der Höhe, auf die sie künstlich heraufgeschraubt wurde, zu mildern.

Die Myogenisten haben hier denselben Denkfehler begangen, wie bei der Ausnutzung der in Ludwigs Laboratorium angestellten Versuche an der Herzspitze, zugunsten ihrer Lehre. Richtig verstanden, war doch nur ein einziger logischer Schluß aus der Tatsache möglich, daß die abgebundene und abgeklemmte Herzspitze automatisch zu schlagen aufhört, nämlich der, daß die Muskelfaser allein nicht imstande sei, automatisch zu schlagen, bei Abwesenheit von Nervenganglien. Engelmann und seine Nachfolger haben den entgegengesetzten Schluß gezogen und selbst die Versuche von Merunowicz haben sie von ihrem Irrtume nicht überzeugt.

Diese Schwäche der Engelmannschen Argumentation zugunsten der Erregungsleitung in den Muskelfasern war zu augenscheinlich, um lange aufrecht erhalten werden zu können. Man suchte infolgedessen nach andern Beweisgründen zugunsten der Übertragung der Reize im Herzen auf muskulärem Wege. Engelmann (122) maß die Geschwindigkeit, mit welcher die Reize sich durch die Wände der Vorhöfe beim Frosche fortpflanzen, und will dabei gefunden haben, daß sie weit geringer war, als die Fortpflanzungsgeschwindigkeit in den motorischen Nerven desselben Tieres. Er schloß daraus, daß die Muskeln allein imstande sind, den Reiz so langsam zu übertragen. Wie schon Kronecker (231) bemerkte, erscheint dieser Schluß keineswegs gezwungen. Kennt man doch in der Physiologie noch weit langsamere Fortpflanzungsgeschwindigkeiten, wie z. B. auf den Nervenbahnen, die bei der Schluckbewegung beteiligt sind. Die geringere Geschwindigkeit der Leitung bei den Versuchen Engelmanns rührt übrigens von ganz anderen Ursachen her. Er selbst gibt zu, daß sie weit hinter der Leitungsgeschwindigkeit im normalen Herzen zurückblieben. In der Tat wurde diese Geschwindigkeit an suspendierten Herzen, deren vitale Eigenschaften nicht durch eine künstliche Zirkulation unterhalten war, gemessen worden. Diese Herzen befanden sich also im Zustande der Asphyxie oder Anämie.

Engelmann nahm sogar an, daß die Geschwindigkeit der Ausbreitung der Reize im normalen Herzen so groß sei, daß man den Eindruck erhält, alle Abschnitte des Herzens zögen sich gleichzeitig zusammen (126). Bei Säugetieren ist diese Verbreitung der Reize annähernd gleich 8 Meter in der Sekunde, während Engelmann beim Frosch nur 38 Millimeter pro Sekunde gefunden hat. An sich dürfte natürlich die geringere Fortpflanzung der Geschwindigkeit der intrakardialen Nerven darauf zurückgeführt werden, daß die Reizleitung in den Ganglienzellen eine Verzögerung erfährt. Man darf nur an die Versuche von Marchand erinnern, der für die Leitung zwischen Vorhof und Ventrikel eine Geschwindigkeit von nur 0,36 bis 0,6 gefunden hat, wo die Geschwindigkeit also noch geringer als bei Engelmann war. Mit Recht hat Herm. Munk bereits im Jahre 1878 diese geringe Geschwindigkeit durch die Anwesenheit zahlreicher ganglionöser Vorrichtungen in der Atrio-Ventrikulargrenze erklärt. Panum, Eckhardt u. a., welche ebenfalls derartige Messungen ausgeführt haben, gelangten zu einer ähnlichen Schlußfolgerung. Cyon hat übrigens schon im Jahre 1874 direkt bewiesen, daß im Rückenmarke des Frosches die Fortpflanzungsgeschwindigkeit der Erregung eine viel geringere als in den Nervenstämmen ist, nämlich daß sie zwischen 1 bis 3 Meter in der Sekunde schwankt. Daß diese geringe Fortpflanzungsgeschwindigkeit von der Verzögerung der Erregung in den spinalen Ganglien abhängt, vermochte Cyon dadurch zu beweisen, daß er durch direkte Beeinflussungen dieser Ganglien willkürlich diese Verringerung erhöhen und herabsetzen konnte (76).

Übrigens hatte Kaiser (217) auch auf mehrere ernste methodische Fehler hingewiesen, deren sich Engelmann bei seinen Messungen der Fortpflanzungsgeschwindigkeit schuldig gemacht hat.

Wenn aber kein ernstlicher experimenteller Beweis gefunden werden konnte, daß der Muskelfaser die Leitung der automatischen Erregungen im Herzen zukomme, so wurden dagegen zahlreiche experimentelle Tatsachen festgestellt, welche ganz direkt die Unmöglichkeit dieser Annahme bewiesen. Eine der wichtigsten wurde von Waller und Reid beobachtet. Beim Übergang der Erregung von Muskelzelle zu Muskelzelle müßte man erwarten, daß die Muskelfasern der Herzbasis sich früher kontrahieren, als die der Spitze. Nun haben die erwähnten Forscher nachgewiesen, daß die Kontraktion der Herzkammer meistens nicht an der Herzbasis, sondern an der Herzspitze anfängt. Es konnte auch nicht anders geschehen, sonst würden ja die Kammern sich kaum entleeren können. Der Befund Wallers wurde später von Schlüter am durchbluteten Katzenherzen bestätigt. Bei einem peristaltischen Fortschreiten der Muskelkontraktionen vom Sinus zur Herzspitze, wie sie Engelmann annimmt, würde das Herz überhaupt seine Rolle als Blutpumpe nicht erfüllen können. Überhaupt ist die Auffassung der Herzkontraktion als einer peristaltischen Bewegung gar nicht zutreffend. Sie rührt von der verfehlten Analogie Engelmanns zwischen den Herz- und Ureterbewegungen her. Auch nach dieser Richtung hin hat also die myogene Lehre nur Konfusion geschaffen!

Nicht minder gewichtig gegen eine derartige Annahme sprechen die Versuche von Knoll und von Hofmann, daß man bei gewissen Nervenreizungen den Venensinus und die Kammern sich zusammenziehen sieht, während die Vorhöfe in Diastole verbleiben. Engelmann mußte die Tatsache selbst bestätigen; nur suchte er die Schwierigkeit zu umgehen, indem er behauptet, daß entweder in den Vorhöfen unsichtbare Zusammenziehungen stattfänden oder daß die Zusammenziehung und die Leitung im Innern der Muskelfaser zwei voneinander unabhängige Vorgänge seien. Mit andern Worten, um der Schwierigkeit zu entgehen, welche durch die Fülle der Beobachtungen gegen die Leitungsfähigkeit des Herzmuskels entstand, suchte Engelmann noch eine neue Eigenschaft der Herzmuskelfaser zuzuschreiben. Schon bei der Wiederholung des Biedermannschen Versuches, daß man beim Froschherzen durch Wasserstarre einen Muskelabschnitt kontraktionsunfähig machen kann, während sich die Erregung über diesen Muskelabschnitt hinweg weiter fortpflanzt, hat Engelmann zu einer derartigen Ausflucht gegriffen. Viel natürlicher wäre es ja in diesem Falle anzunehmen, daß die Leitung der Erregung durch die dem Muskelabschnitt gehörenden Nerven geschieht. Aber Engelmann war sich ganz mit Recht dessen bewußt, daß mit der Aufgabe der Leitungsfähigkeit der Herzmuskelfaser die ganze myogene Lehre zusammenbrechen muß. Darin stimmten übrigens Langendorff, Hering, als frühere Myogenisten, mit Engelmann überein. Es ist nämlich unmöglich, die Automatie des Herzens anzunehmen, wenn nicht gleichzeitig die Muskelfasern auch leitungsfähig sind; sonst müßte man zu dem absurden Schluß gelangen, daß die automatischen Reize von der Muskelfaser auf die Nervenfaser übertragen werden. „Ist deren (Automatie) myogene Natur sichergestellt, so erwächst für die Theorie die Aufgabe die Möglichkeit einer muskulären Erregung darzutun", schreibt Langendorff (242, 333). Insofern sind also die Myogenisten vollkommen logisch, wenn sie per fas et nefas diese Möglichkeit nachweisen wollen. Man kann ja auch bei derartigen Diskussionen logisch und konsequent handeln. Aber wenn die Prämissen, von denen man ausgeht, falsch sind, wie dies bei der ganzen myogenen Hypothese der Fall ist, so müssen die aus ihnen ganz logisch gezogenen Schlüsse dennoch grundfalsch sein. Viel wissenschaftlicher wäre ja für den ernsten Forscher der entgegengesetzte Schluß: da es absolut unmöglich ist, irgend welche Beweise für die Leitungsfähigkeit der Muskeln zu finden und da, im Gegenteil, in ganz unwiderlegbarer Weise nachgewiesen worden ist, daß die Erregung nicht von Muskelzelle auf Muskelzelle übergehen kann (Biedermann, Magnus, Imschanitzky bei Kronecker), so muß auch die ganze Lehre von der Automatie der Herzmuskelfasern für unhaltbar erklärt werden.

Aus der Unfehlbarkeit eines solchen Schlusses erklärte sich auch, warum letztens Engelmann, Hering und einige andere Anhänger der myogenen Lehre sich noch mit solchem Eifer an die Hissche Brücke anklammerten. In seinem Schlußwort zu den „Myogenen Irrungen" hat Cyon die Hinfälligkeit aller auf diese Brücke gebauten Beobachtungen, Betrachtungen und Hoffnungen dargelegt. Das Fehlen jeder muskulösen Verbindung zwischen Vorhof und Kammer, das zuerst von Donders (112) dargetan wurde, galt noch bis zur letzten Zeit sowohl bei Physiologen, als bei Anatomen (Henle, Quain, Tigerstedt u. a.) als unwiderlegbare Tatsache. Erst als die Myogenisten nach Beweisen haschten, um den Muskelfasern Leitungsfähigkeit zuschreiben zu können, haben Stanley Kent und His ein Muskelfaserbündel entdeckt, welches vom Vorhof auf die Ventrikelwand übergeht. Engelmann, Gaskell u. a. waren schnell dabei, um dessen Fasern ganz wunderbare Eigenschaften zuzuschreiben, die sie ihrem vermeintlichen embryonalen Bau verdanken sollen. Dies, um ihre Verwandtschaft mit den Muskelfasern der Hohlvenen und des Sinus venosus behaupten zu können, von denen, nach der Engelmannschen Lehre, die automatischen Reize ausgehen sollen.

Über den Bau dieser Hisschen Bündel, deren Existenz noch von Robert Retzer u. a. ganz geleugnet wurde, gehen die Meinungen sogar unter den Myogenisten sehr weit auseinander. Die Abwesenheit oder das Vorhandensein nervöser Organe in diesem Bündel wird von den einen behauptet, von den andern bestritten. Dr. Sunao Tawara, der dem anatomischen Bau dieses Bündels eine besondere Monographie widmete (388), behauptet, daß nur Schafherzen das Monopol auf Nervenbündel besitzen sollen. Bei Mensch, Hund und Katze wollte es ihm nicht gelingen, irgend welche Nerven zu finden. Trotzdem er selbst keinerlei Versuche über die Funktionen dieser Bündel angestellt hatte, hält er an dem Dogma fest, daß die Muskelfasern dieses Bündels die eigentlichen Reizleiter des Herzens sind. Nach der Bildung eines höchst komplizierten Knotens[1], dicht oberhalb des Septum fibrosum atrio-ventriculare, durchbricht dieses Bündel das Septum und läuft in zwei getrennten Schenkeln an der Kammerwand herab. Dann

---

[1] Es fragt sich, ob dieser „kompliziert gebaute Knoten" nicht eben zahlreiche Nervenfasern und Ganglienzellen enthält.

soll es die Kammerhohlräume in Form von Trabekeln oder falschen Sehnenfäden durchsetzen, um darauf an den Papillarmuskeln und den peripheren Wandschichten in Gestalt der Purkinjeschen Fäden mit der Kammermuskulatur in Verbindung zu treten. Dies sind die neuesten Angaben über den Bau der Hisschen Brücke, die, sogar in den Hauptzügen, von den Angaben seiner myogenen Vorgänger abweichen.

Ebenso wenig übereinstimmend sind die Ergebnisse der physiologischen Versuche über dieses Bündel. E. H. Hering, der zuletzt die energische Verteidigung dieser Rettungsbrücke der Myogenisten übernommen hat, erklärt im Eingange seiner Mitteilungen, daß die früheren Versuche von His, Humblet, Frédéricq u. a. nichts zugunsten der bedeutenden physiologischen Rolle dieses Bündels bewiesen haben. Darin können auch die Vertreter der neurogenen Lehre Hering beistimmen, mit der Erweiterung aber, daß seine eigenen Bemühungen in dieser Richtung ebenso fruchtlos waren, wie die seiner Vorgänger. In seinem mehrmals erwähnten Schlußwort, nachdem Cyon die methodischen Fehler der neuen Heringschen Versuchsreihe dargelegt, zitiert er folgende Worte von Hering: „Die von den Anhängern der myogenen Theorie postulierte muskulöse Verbindung zwischen Vorhof und Ventrikel des Säugetierherzens ist von His jun. gefunden worden" (S. 102). Da nun die „funktionelle Verbindung zwischen den Vorhöfen und den Ventrikeln in der Scheidewand gelegen ist," so dürfte es „nicht zweifelhaft sein, daß wirklich jenes Atrioventrikularbündel die Erregungsübertragung vom Vorhof zur Kammer und umgekehrt vermittelt."

Ein nicht zu myogener Denkweise angelegter Physiologe würde aus der Rolle, welche die Scheidewand, in der die zahlreichen intrakardialen Herznerven und -Ganglien eingebettet sind, bei der funktionellen Verbindung zwischen den Herzteilen spielt, die Folgerung ziehen, daß eben diese Ganglien und Nerven die Übertragung der Erregungen besorgen. Und wenn es sich herausstellen sollte, daß die Hissche Übergangsbrücke eine so entscheidende Rolle bei der Leitung der Erregungen zwischen Vorhof und Kammer spielt, wie es H. E. Hering vermutet, so würde sich dann der einfachste Schluß aufdrängen, daß sie dies dem in ihr enthaltenen Nervennetz mit Ganglienzellen verdankt. H. E. Hering glaubt ähnliche logische Schlußfolgerungen im voraus durch folgenden Satz entkräften zu können:

„Wer diesen Ausweg benutzen und für die neurogene Theorie gangbar machen will, der hätte den Nachweis zu führen, daß es im Säugetierherzen wirklich ein echtes intramuskuläres Nervennetz gibt, welches sich vom Vorhof entlang der muskulösen Scheidewandverbindung auf die Kammer erstreckt, und daß dieses intramuskuläre Nervennetz mit allen den zahlreichen Nerven, welche (abgesehen von der Scheidewand) vom Vorhof zur Kammer ziehen, in keiner Verbindung steht"!

Die Vertreter der neurogenen Theorie mögen nur die am Eingang dieses Paragraphen gestellten Betrachtungen berücksichtigen. Trotz der vielfachen Aufforderungen sind die Myogenisten noch immer den Nachweis schuldig geblieben, daß Muskelzellen einander eine Erregung übergeben können, ohne Vermittelung von Nervenelementen. Was aber speziell die Hissche Atrioventrikularbrücke anbetrifft, so lag es ihnen ob, den strikten, unwiderlegbaren Beweis zu liefern, daß dieselbe keinerlei Nervennetze oder Ganglien enthalte. Solange diese beiden Nachweise nicht geliefert wurden, waren die Folgen der Durchtrennung des Hisschen Bündels für die uns hier beschäftigende Streitfrage von gar keinem Belang. Im Gegenteil, wir haben schon mehrmals auseinandergesetzt, daß viele direkte Beweise vorhanden sind, welche dartun, daß die Erregung von Muskelzelle zu Muskelzelle nicht unmittelbar übertragen wird. Das Vorhandensein von zahlreichen Nervenelementen im Hisschen Bündel wurde auch von vielen Beobachtern, wie z. B. Hofmann, nachgewiesen (s. Mangold) (283).

Trotz der vielen methodischen Fehler der Heringschen Untersuchungen wollte Cyon vorläufig die tatsächlichen Ergebnisse Herings als vollgültig betrachten und für einen Augenblick sogar zugeben, daß gerade die Verletzung dieses Faserbündels, und nicht die anderer Stellen der Scheidewand, die harmonische Rhythmik der Vorhöfe und Ventrikel zu stören vermag. Hier kam ja zuerst nur die eine Frage in Betracht, inwiefern ein derartiges Ergebnis als Argument für die Streitfrage, ob Myogen oder Neurogen, verwendet werden konnte. Für Hering war die Entscheidung schon im voraus gegeben.

„Da das Übergangsbündel entsprechend seiner relativ geringen Größe kaum noch eine andere in Betracht kommende Funktion besitzen dürfte, als der Erregungsleitung zu dienen, liegt die Frage nahe:

Warum vermitteln überhaupt Muskelfasern die Überleitung der Erregung? Warum besorgen dies nicht lediglich Nerven, deren Funktion es bekanntlich ist, die Erregung zu leiten? Die Antwort liegt ebenso nahe: Die Erregungsleitung von A nach V besorgt deswegen ein Muskelbündel, weil die Erregungsleitung im Säugetierherzen eine muskuläre ist."

Aus diesem Beispiel der myogenen Logik, welche Langendorff so sehr bewundert (242), folgte also, daß trotz aller hier angeführten Beweise des Gegenteils sowohl für Hering als auch für die andern Myogenisten die Behauptung, daß die Erregung im Säugetierherzen eine muskuläre ist, noch immer die Sicherheit eines Dogma besaß, mithin gar keiner Beweise bedurfte. Es soll hier noch angeführt werden, daß, wenn die Verteidiger der Hisschen Brücke es nicht vermocht haben, ernstliche und eindeutige Beweise zugunsten ihrer physiologischen Rolle zu geben, Kronecker und seine Schüler Busch und Imschanitzki (211) zahlreiche Versuche mit Durchschneidungen dieser Brücke ausgeführt haben, welche meistens gar keine Störungen in dem regelmäßigen Herzrhythmus erzeugten. Die Allorhythmien, welche Hering u. a. als unmittelbare Folge der Zerstörung der Brücke beschrieben haben, könnten also ebensogut von der Mißhandlung der Scheidewand und ihrer Umgebung bei der Operation herrühren. Ein Unterschied zwischen der Schlagzahl des Ventrikels und des Vorhofs von 20 bis 30 wird leicht hervorgerufen durch viele andere Operationen an der Atrio-Ventrikulargrenze. Kronecker hat daher eine weniger eingreifende Methode bei seinen Versuchen verwendet, nämlich diese Brücke durch festes Abbinden mit einem kleinen Draht außer Tätigkeit zu setzen. In einem großen Teil dieser Versuche trat keinerlei Allorhythmie auf . . .

Wenn sämtliche Versuche der Myogenisten, die Leitungsfähigkeit der Muskelfasern des Herzens zu beweisen, fehlgeschlagen sind, so haben dennoch die Vertreter der neurogenen Lehre es nicht verschmäht zugunsten der doch selbstverständlichen nervösen Leitung noch neue experimentelle Belege zu liefern. So hat vor kurzem Nadine Lomakine in ihrer Dissertation die Ergebnisse ihrer, unter Kroneckers (260) Leitung gemachten, Versuche veröffentlicht, welche neue Beweise lieferten, daß die Übertragung der normalen Reize im Herzen auf nervösem Wege stattfindet; Ligaturen der an der Herzoberfläche dem bloßen Auge

sichtbar gelegenen Nerven genügten, um Störungen in dem Rhythmus
der Zusammenziehungen der Vorkammern und der Kammern hervorzurufen. Oft blieben sogar die Vorhöfe in Diastole stehen, während
die Kammern fortfuhren zu schlagen.

Nach der Widerlegung sämtlicher von Engelmann und andern
Verteidigern der myogenen Lehre angeführten Beweise zugunsten des
Leitungsvermögens der Herzmuskelfaser wäre es eigentlich überflüssig
noch über die Automatie des Herzens vom myogenen Standpunkte
aus zu sprechen. Dies umsomehr, als weder Engelmann noch
seine Nachfolger irgend welche positive Beweise zugunsten des myogenen
Ursprungs der Herzautomatie angeführt haben. Im Laufe der letzten
Dezennien schwankten die sukzessiven Ansichten Engelmanns über
die Automatie in sehr weiten Grenzen. Noch im Jahre 1882 schrieb
er: „Alle Teile des Herzens, welche motorische Nerven- und Ganglienzentren enthalten, also Sinus, Vorkammer, Kammer, Kammer-Basis
oder Fragmente von diesen, wenn sie Ganglien bergen, klopfen nach
Isolierung mit der Schere oft lange Zeit mit etwa der gleichen, ja
auch wohl mit größerer Frequenz, als das normale Herz." „Ganglien-
freie Stücke, Kammermuskeln dagegen bleiben auf die Dauer in Ruhe
oder zucken bei Ernährung mit Blut oder Blutserum doch nur mit
äußerst geringer Frequenz (127, S. 455)." Dies schien also jede Automatie der Herzmuskelfaser auszuschließen. Erst als Engelmann mit
den Versuchen von Tigerstedt und Strömberg über die Pulsationen
des Sinus venosus bekannt wurde, richtete er seine Aufmerksamkeit
auf die Pulsationen der Hohlvenen des Froschherzens, die schon von
früheren Autoren, und namentlich von Löwit mit Bezug auf den
Herzautomatismus, in eingehender Weise studiert worden sind. Und,
als er bei einer, freilich etwas oberflächlichen, histologischen Untersuchung der Hohlvenen, — mit Hilfe von Essigsäure und Glyzerin, —
an der oberen Hohlvene nur 3 bis 5 Ganglienzellen finden konnte,
während an der unteren Hohlvene und an der Lungenvene „häufig
Nervenstämme mit meist seitlich ansitzenden Ganglienzellen von der
bekannten Form vorkamen", glaubte Engelmann den Beweis erbracht
zu haben, daß die rhythmischen Pulsationen der Hohlvenen nicht von
diesen Ganglienzellen herrührten, sondern von den relativ spärlichen
Muskelfasern ihrer Wände! Nach einem solchen Beweise erschien
auch der Schluß, der Automatismus des ganzen Herzens rühre eben-

falls von diesen Muskelzellen her, für Engelmann nicht zu gewagt. Mit diesem Schlusse glaubte er sogar eine definitive und ausreichende Erklärung des Ursprungs der automatischen Tätigkeit des Herzens geliefert zu haben.

Trotzdem er sonst keinerlei positive Beweise zugunsten der myogenen Automatie aufweisen konnte, schloß er, daß die intrakardialen Ganglien nicht die normalen Erzeuger der automatischen Herzreize sind; „Muskelzellen des Herzens, nicht intrakardiale Ganglien erzeugen motorische Reize für die normalen Herzschläge. Ein automatisch-motorisches Nervenzentrum im Herzen besteht nicht; die Muskelzellen selbst sind das excitomotorische Zentralorgan. Die Fortpflanzung des motorischen Reizes erfolgt durch direkte Mitteilung von Muskelzelle zu Muskelzelle. . . . In den Muskelzellen liegt endlich auch schon die Periodizität der Herztätigkeit, der regelmäßige Wechsel von Systole und Diastole mit Notwendigkeit begründet." Diese Zeilen wurden im Jahre 1896 niedergeschrieben. Einige Monate später scheint Engelmann wieder schwankend über die Sicherheit der von ihm gezogenen Schlüsse geworden zu sein. In einer längeren Untersuchung, wo er die beiden Lehren einer ausführlichen Besprechung unterzog, gelangte er zu folgendem Schluß:

„Soweit ich sehe, würden alle, die Entstehung der spontanen Herzreize im erwachsenen Wirbeltiere betreffenden bekannten Tatsachen mit der Annahme eines in dem hier entwickelten Sinne neurogenen Ursprungs der Herzbewegungen wohl zu vereinigen sein . . . . Dennoch erscheint es mir unerlaubt, ihr den Vorzug von der Annahme eines in allen Fällen rein myogenen Ursprungs der Herzbewegungen zu geben. Schon deswegen nicht, weil sie in keinem Falle imstande ist, die Bewegungen junger embryonaler und überhaupt solcher Herzen zu erklären, die wohl Muskelzellen, aber sicher keine Nervenfasern enthalten" (131).

Die Entscheidung zugunsten der myogenen Lehre ist also nach Engelmann erst durch die Untersuchung von His jun. geliefert worden. Seine frühere Bekämpfung der neurogenen Lehre und Bevorzugung der Gaskellschen Hypothese war also mindestens voreilig. Um in so offener Weise einzugestehen, daß seine eigenen fünfzehnjährigen Bemühungen, um entscheidende Argumente zugunsten dieser Lehre zu finden, fruchtlos geblieben sind, — muß also Engelmann im

Jahre 1897, sicherlich, die feste Überzeugung gehabt haben, daß dank His jun. die myogene Lehre von nun an auf unerschüttlichen Grundlagen festgesetzt sei.

Zwei Jahre später, also im Jahre 1899, versuchte Engelmann plötzlich sich von der myogenen Lehre loszusagen, oder wenigstens dieselbe mit der neurogenen zu kombinieren!

§ 5. Engelmanns Versuch sich von der myogenen Lehre loszusagen und zu der neurogenen zurückzukehren.

Zur allgemeinen Überraschung ist gegen Ende des Jahres 1899 in den Berichten der Berliner Akademie der Wissenschaften die folgende Notiz von Engelmann erschienen unter der Überschrift: „Über die Innervation des Herzens."

„Die Wirkungen, welche die Nerven auf das Herz ausüben, sind nach den (hier nur angezeigten) Versuchen des Verfassers außerordentlich mannigfaltig und verwickelt. Am Froschherzen schon konnten, unter ausschließlicher Verwendung von reflektorischen Reizen, mittels des Suspensionsverfahrens durch graphische Versuche vier verschiedene Arten funktioneller Nervenwirkungen nachgewiesen werden. Änderungen 1. der Pulsfrequenz (chronotrope), 2. der Größe und Kraft der Herzkontraktionen (inotrope), 3. der motorischen Leitungsfähigkeit (dromotrope), 4. der künstlichen Reizbarkeit der Herzwand (bathmotrope, von $\beta\alpha\vartheta\mu\acute{o}\varsigma$ Schwelle). Alle diese Wirkungen können in positivem und negativem Sinne stattfinden, sind ungleich in den verschiedenen Abteilungen des Herzens und können sich in der denkbar mannigfachsten Weise kombinieren. Die Komplikation und damit die Schwierigkeit der Analyse wird noch erhöht durch den Umstand, daß die primären Nervenwirkungen sekundäre, nach Art, Ort und Sinn verschiedene funktionelle Änderungen in der Herzwand hervorrufen."

Mit einem Worte, die Veränderungen der Herztätigkeit, welche Engelmann noch in den Jahren 1896—1897 ausschließlich nur den Eigenschaften der Muskelfaser zugeschrieben hatte, sollen sämtlich unter Beibehaltung der ihnen von ihm früher gegebenen Bezeichnungen von den Herznerven veranlaßt werden! Welche Umstände haben in dieser Zwischenzeit diesen plötzlichen Umschwung veranlaßt? Im Jahre 1898 erschienen Cyons Beiträge zu der Physiologie der Schilddrüse und des Herzens, in denen zuerst die Gaskellsche Lehre heftig angegriffen worden ist und mit Hilfe neuer experimenteller Belege wurden ihre meisten Grundlagen erschüttert. Bald darauf folgten Cyons Untersuchungen über die „Physiologischen Herzgifte", über die „Verrichtungen der Hypophyse" usw., die es ihm gestatteten in einem längeren Aufsatze „Sur l'innervation du coeur" (77) systematisch die ganze myogene Lehre einer scharfen Kritik zu unterwerfen und die vollständige Haltlosigkeit aller zu ihren Gunsten hergebrachten Argumente, Schritt für Schritt, zu erweisen.

Bei der Kürze der Engelmannschen Notiz war es schwer zu entscheiden, ob es sich um ein totales Lossagen von der Gaskellschen Hypothese oder nur um eine mehr oder weniger vollständige Umgestaltung derselben handelte.

Die Entscheidung zwischen diesen beiden Deutungen hing von dem Sinne ab, in welchem Engelmann das Wort „Herznerven" gebrauchte. Handelte es sich bloß um die extrakardialen Nerven, denen die genannten Wirkungen auf die Herzbewegungen zugestanden wurden, während die intrakardialen Nerven noch immer in Ungnade und Untätigkeit verbleiben sollen, oder ist auch der auf den letzteren lastende Bann gehoben worden? In diesem letzteren Falle war das volle Aufgeben der myogenen Lehre eine nicht zu umgehende Notwendigkeit, trotz aller Bemühungen, dieses Aufgeben zu verhüllen. Im ersteren Falle könnte noch ein zeitweiliger Kompromiß zwischen den myogenen und neurogenen Lehren versucht werden, der aber kaum lebensfähig wäre. Im zweiten Falle, — wenn die extrakardialen Nerven auf die Muskelfasern ihre Wirkungen durch Vermittelung der intrakardialen Nerven ausüben, — mußte aber die myogene Lehre ganz fallen gelassen werden, wenn man nicht zu den absurdesten Annahmen gezwungen werden wollte. Weder der Automatismus der Muskelzellen der Hohlvenen oder des Venensinus, noch die der Unabhängigkeit der Eigenschaften der Herzmuskelfaser, Reizbarkeit, Kontraktilität und Leistungsvermögen voneinander und von den Nervenwirkungen, könnte noch länger aufrecht erhalten werden. Wenn die extrakardialen Nerven durch Vermittelung ihrer im Herzen selbst gelegenen Fortsetzungen imstande wären, die beschleunigenden, verlangsamenden, stärkenden und schwächenden und sonstigen Wirkungen auf die Muskelfasern auszuüben, während gleichzeitig die automatischen Muskelzellen den letzteren Erregungen zusenden, und wenn, außerdem, die letzteren noch selbständig dieselben Veränderungen ganz unabhängig voneinander und auch von den Herznerven ausüben könnten, — so würde dadurch im Herzen eine solche Kakophonie von Erregungen und von Leitungsprozessen entstehen, daß das Herz seine regelmäßige Tätigkeit auch keinen Augenblick ausüben könnte: es würde nach minutenlangem Wogen und Flimmern absterben müssen.

Erst im nächsten Jahre erschien die ausführliche Mitteilung von Engelmann, von der schon im vorigen Kapitel die Rede war. Die kurze Mitteilung bezog sich auf eine Reihe von Versuchen, welche mit Hilfe der Gaskellschen Suspensionsmethode an dem in situ gelegenen Froschherzen ausgeführt worden sind. Das halbe Dutzend von Nervenfasern, die Engelmann entdeckt haben wollte, sind selbstverständlich nicht wirklich gefunden worden; auf ihr Vorhandensein und ihre wunderbaren Wirkungen schloß er aus einer Reihe von Reizungen der Haut- uud Magenstellen des Frosches durch verdünnte Essigsäure! Es wurde schon oben (S. 191) die Fehlerhaftigkeit der Methoden und der aus denselben gezogenen Schlüsse erörtert. Wie aus den Auseinandersetzungen Engelmanns, welche voll heftiger Ausfälle gegen die von Ludwig und dessen Schülern bei der Entdeckung von Herznerven erprobten Methoden war, hervorgeht, war es Engelmann daran gelegen, bei seinem Eintritt in die neurogene Lehre, nicht nur die alt bekannten Nerven und deren Verrichtungen neu zu entdecken, sondern auch mehrere ganz imaginäre Nerven und Wirkungen in diese Lehre miteinzuführen.

Folgende Zeilen Engelmanns zeigen, für welche der soeben erörterten Kombinationen der Nerven- und Muskelwirkungen im Herzen er sich entschieden hat: „Doppelter Anlaß zu solcher erneuten Prüfung (der Innervationsvorgänge des Herzens) besteht für die Vertreter der myogenen Theorie der Herzbewegungen. Lehrt doch diese Theorie, daß sowohl die Erzeugung der automatischen Herzreize, wie deren rhythmisch-peristaltische Fortleitung durch die einzelnen Abteilungen des Herzens in der Norm und dauernd ausschließlich durch die Muskelsubstanz, ohne Mitwirkung der intrakardialen Ganglien und Nerven besorgt wird" (A. f. P. 1900, S. 317).

Engelmann hat, wie diese Zeilen aussagen, also dennoch zu der zweiten Alternative gegriffen: er will sogar den Automatismus der Herzreize und deren Fortleitung der Muskelsubstanz beibehalten, trotzdem er dabei die obengenannten Wirkungen der extrakardialen Nerven auch auf die intrakardialen Ganglien und Nerven ausdehnt! Um die oben angedeuteten absurden Konsequenzen eines solchen Gemisches der myogenen mit den neurogenen Lehren zu vermeiden, hat Engelmann zu einer ganz eigentümlichen Arbeitsteilung seine Zuflucht genommen: „In der Norm und dauernd" sollen die Muskeln allein und ohne jede Einmischung der Nerven und Ganglien ihr Werk vollbringen. Die letzteren dürfen also nur in gewissen Zeiträumen und in abnormen Zuständen ihre rein provisorische Tätigkeit ausüben. Die Funktionen des Herzens würden sich etwa so gestalten, daß z. B. in den Wochentagen die Fortleitung der Erregungen von den Muskelfasern besorgt werden, an Sonn- und Festtagen aber die intrakardialen Nerven in Dienst treten müssen.

Der Widersinn der Annahme einer solchen abwechselnden Ausübung derselben Funktionen ist so evident, daß man trotz der Bestimmtheit der Engelmannschen Worte nicht glauben kann, diese Annahme sei ernst gemeint gewesen. Man überlege nur, welches Chaos in den Verrichtungen des Herzens dadurch entstehen müßte! Ein Reiz wird von der Muskelfaser erzeugt; zwei Bahnen stehen diesem Reize zur Wahl frei, — die der Muskelsubstanz und die der Nerven. Wodurch soll die Wahl entschieden werden? Und wenn der Reiz sich verirrt oder gar sowohl die Muskelfaser und die Nervenfaser erregt? Oder nimmt Engelmann an, daß die Nervenfasern nur dann die Leitung übernehmen, wenn dem Herzen Reize von außen her, also auf dem Wege der extrakardialen Herznerven zugeführt werden? Nun befinden sich aber sowohl die Vagi als die Accelerantes in tonischer, d. h. in dauernder Erregung: man müßte also im Gegenteil den intrakardialen Nerven „in der Norm und dauernd" die Leitung der rhythmischen Reize zugestehen, — wie dies von der neurogenen Lehre auch geschieht. Den Muskelfasern dürfte nur ausnahmsweise, wenn überhaupt, eine solche Leitungsfunktion zukommen, etwa beim Absterben der Herznerven oder bei Störungen ihrer Koordination!

Ja noch mehr. Die Nervenwirkungen, welche nach Engelmann normal auf die Muskelfasern, ohne Dazwischenkunft von intrakardialen

Nerven, ausgeübt werden sollten, — wurden in seinen Versuchen durch Reizungen peripherer sensibler Nerven, also auf reflektorischem Wege, erzeugt. Solche Erregungen finden aber, wenn auch in schwächerer Form, „in der Norm und dauernd" statt, wie dies Cyon durch den reflektorischen Tonus der willkürlichen Muskeln bewiesen, der mit Hilfe von Erregungen geschieht, die durch die hinteren Wurzeln auf die vorderen übertragen werden (76, S. 197).

Mit einem Worte, die Existenz der tonischen Erregungen der Herznerven genügt schon vollauf, um das ganze Gebäude von Engelmann zu stürzen.

Sogar die Anhänger der myogenen Lehre waren von dieser außerordentlichen Kombination Engelmanns wenig erbaut; sie sahen sehr gut ein, daß die versuchte Versöhnung der myogenen Lehre mit der neurogenen notwendig zum Aufgeben der ganzen myogenen Lehre führen müsse; so hat E. H. Hering alle, den Nerven von Engelmann gemachten Zugeständnisse, sehr energisch bekämpft; höchstens wollte er den intrakardialen Nerven die Fortleitung der Erregungen zugestehen, ohne übrigens einzusehen, daß von einer Automatie der Herzmuskelfasern nicht die Rede sein kann, wenn ihnen das Leitungsvermögen abgesprochen wird (siehe oben). Auch wollte Hering die vielen neu entdeckten Nervenwirkungen nicht anerkennen. Sogar Muskens, ein Schüler Engelmanns, trat energisch gegen die elf Nervenwirkungen seines Lehrers auf. Daß es bei einer derartigen Versuchsweise für Engelmann unmöglich war, eine klare Deutung für seine sonderbaren Ergebnisse zu finden, ist selbstverständlich. Wie schon im vorigen Kapitel auseinandergesetzt, war er gezwungen, drei Alternativen für deren Deutung anzunehmen, die im Grunde alle drei gleich unmöglich waren. Merkwürdigerweise hat Engelmann keinen Augenblick daran gedacht, die mannigfaltigen, von ihm beobachteten Reflexwirkungen auch ohne jegliche Dazwischenkunft intrakardialer Herznerven zu erklären. Für einen der Schöpfer der myogenen Lehre sollte es doch auf der Hand liegen, alle diese Wirkungen durch die Eigenschaften der Muskelfasern zu deuten, die er ihnen dennoch bei seiner neuen Kombination erhalten wollte. Mit folgenden Worten beschließt Cyon seine scharfe Kritik dieser letzten Engelmannschen Arbeit:

„Das erste Auftreten Engelmanns in der Rolle eines neurogenen Forschers kann also nach der eingehendsten Prüfung nicht als glücklich bezeichnet werden. Die Art der Fragestellung, die verwendete graphische Methode, die Wahl der Versuchstiere, die Reizungsmethoden, sowohl die ganze Ausführungsweise der Versuche als die Diskussion der vermeintlichen Ergebnisse — mit einem Worte, alles hat sich in seiner Untersuchung als ganz verfehlt herausgestellt. Unsere Kenntnisse über die Innervation des Herzens hat sie nach keiner Richtung hin bereichert. Die versuchte Verwirrung der elementarsten Grundlagen dieses wichtigsten Kapitels der Herzphysiologie wird aber auch keinerlei Schaden anrichten. Die Mängel der neuesten Untersuchung sind so augenscheinlich, daß sogar die Anhänger der myogenen Lehre seine Schlußfolgerungen bekämpfen mußten. Die Sterilität seiner dreißigjährigen Bemühungen, um für die myogene Lehre feste Grundlagen zu finden, hat ihn zwar bewogen, seine wissenschaftliche Tätigkeit auf das neurogene Gebiet zu übertragen. Leider hat er aber die schlechten und unbrauchbaren Methoden der myogenen Periode mit übernommen, und da war an eine ersprießliche Forschung nicht zu denken. Die eine Bedeutung wird Engelmanns letzte Untersuchung für die Physiologie des Herzens behalten: sie hat sein Lossagen von der myogenen Irrlehre besiegelt" (90, S. 251).

In dieser Schrift hat Cyon auch seine eigenen Versuche ausführlich mitgeteilt, die in evidenter Weise zeigten, daß man das stillstehende Herz durch die bloße Erregung der Gehirnzentra der Herznerven zum Schlagen bringen kann (siehe unten § 9). Diese Tatsache, welche die Lehre von der Automatie des Herzens völlig umgestalten muß, ist gleichzeitig ein gewichtiger und unwiderlegbarer Einwand gegen den Ursprung der Herz-Automatie in den Herzmuskelfasern. Engelmann hat es daher wohlweislich unterlassen, seine Methoden und seine neue Kombination der neurogen-myogenen Lehre gegen die Einwände und Angriffe von Cyon zu verteidigen. In einer Arbeit (131), wo er den Skeptizismus seines Schülers Muskens inbezug auf die neuen von ihm entdeckten Nerven zu bekämpfen suchte, versuchte er beiläufig die Angriffe Cyons durch ein Mißverständnis zu erklären, das dadurch entstanden sein sollte, daß „für Cyon das Herz wesentlich als Motor des Blutes Interesse hat", während es Engelmann „zunächst auf ein Verständnis des Herzens als Nervenmuskel-Apparat ankam, ohne spezielle Rücksisht auf seine Bedeutung für den Blutstrom. Mit demselben Rechte wie das Nervenmuskel-Präparat seit Galvani zur Erforschung der Lebensvorgänge in den willkürlichen Muskeln und Nerven gedient, darf das Froschherz als physiologisches Objekt für das Studium der physiologischen Eigenschaften der Herzmuskeln und Nerven und ihrer gegenseitigen Beziehungen bezeichnet werden“ (S. 445). Cyon antwortete darauf unter anderem folgendes: „Derjenige Physiologe, der die Engelmannsche Methode, die ich als unbrauchbar nachgewiesen habe, mißverstanden hatte, ist kein anderer als Engelmann selbst . . .“ „In den betreffenden Versuchen, die ich einer Kritik unterzogen hattte, ließ nämlich Engelmann das vollständig intakte Froschherz in situ arbeiten, wobei es seine sämtlichen physiologischen und anatomischen Verbindungen, namentlich mit dem gesamten Gefäßsystem, mit dem zentralen und peripherischen Nervensystem usw. behielt; er beeinflußte das unter diesen Umständen intakt erhaltene Gesamtherz durch die mannigfachsten Reizungen der verschiedenen Körperteile und wähnte dabei ein Nerven-Muskelpräparat vor sich zu haben! In der Wirklichkeit arbeitete Engelmann am Gesamtfrosch“. Es soll nur hinzugefügt werden, daß in seiner hier mehrfach schon gewürdigten Rede über das Herz, gehalten am 2. Dezember 1903, Engelmann seine Überzeugung ausspricht, daß „die Theorie der neurogenen Reizleitung und neurogenen Koordination . . . heute überhaupt nicht mehr diskutierbar sei [1]).

§ 6. Die Rhythmizität der Herzschläge.

Von sämtlichen Eigentümlichkeiten und charakteristischen Merkmalen, welche dem Herzmuskel bis jetzt zugeschrieben wurden, bleibt uns nur noch die Rhythmizität der Herzschläge zu besprechen. Wie in den vorhergehenden Abschnitten zur Genüge festgestellt worden, waren diejenigen Wirkungen, die das Leitungsvermögen die Automatie, Verminderung oder Verstärkung der Leistungsfähigkeit usw. des Herzens betrifft, die Engelmann so freigebig dem Herzmuskel zugeschrieben hat, rein imaginärer Natur. Es bot keine Schwierigkeit, ihre rein nervöse Natur darzutun. Aber auch die Eigentümlichkeiten der Herztätigkeit, welche, wie die refraktäre Phase, das Alles- oder Nichts-Gesetz, sowie die vermeintliche Unfähigkeit des Herzens in Tetanus zu geraten, auch von einigen Vertretern der neurogenen Lehre

---

[1]) Siehe die Antwort Cyons in seinem Schlußwort „Myogene Irrungen“ (94).

als Merkmale des Herzmuskels betrachtet wurden, müssen nach allen in den letzten Jahren dargebrachten experimentellen Beweisen jetzt den intrakardialen Nervenvorrichtungen zuerkannt werden. Wie mehrmals gezeigt, hat Cyon schon vor mehreren Dezennien die Möglichkeit des Herztetanus nachgewiesen, eine Tatsache, die mit der Abhängigkeit der refraktären Phase von dem Herzmuskel unversöhnlich ist. Es bleibt hier noch übrig, die Frage über die Rhythmizität der Herzschläge ihrem Ursprunge nach näher zu prüfen.

Wie bei den eben aufgezählten Eigentümlichkeiten des Herzens, so sind auch bei der Rhythmizität zwei Fragen zu berücksichtigen: rührt die Rhythmizität von den Muskelwänden des Herzens her, und im Falle der Bejahung dieser Frage, ist dieselbe eine ausschließliche Eigenschaft des Herzmuskels? Diese letzte Behauptung wird jetzt selbst von den meisten Myogenisten nicht mehr aufrecht erhalten. Seitdem Remak zuerst am Diaphragma und einigen andern Organen rhythmische Kontraktionen auch nach deren Ausschaltung aus dem Körper beobachten konnte, sind auch in andern Teilen des Körpers unter verschiedenen Umständen willkürliche rhythmische Kontraktionen durch Reizungen erzeugt worden, so z. B. von Schiff nach Durchschneidung der motorischen Nerven oder Zerstörung des Rückenmarks usw. Reizung solcher in Degeneration begriffener Nerven erzielte rhythmische Kontraktionen. Es handelte sich aber in allen diesen Fällen um absterbende Organe, wo die Rhythmizität sich ohne besondere Schwierigkeit durch die Erschöpfung oder geringere Leistungsfähigkeit dieser Organe erklären lassen könnte. Erst beim Auftreten der myogenen Lehre gewann die Rhythmizität des Herzmuskels eine ganz besondere Bedeutung. Der so vielfach mißdeutete Versuch von Merunovicz (291) gab dazu die erste Veranlassung. Derselbe beobachtete bekanntlich, daß die, sonst nur auf Einzelschläge reagierende Herzspitze automatisch rhythmisch zu schlagen beginnt, wenn man sie mit blutiger Kochsalz-Lösung füllt. Die rhythmischen Bewegungen halten einige Minuten an und können nach erneuter Füllung sich wiederholen. Gaskell benutzte diesen Versuch um zu erklären, daß diese rhythmischen Schläge durch die Dehnung des Herzmuskels erzeugt werden, während Bernstein diese Rhythmizität durch chemische Reize erklärt. Letzterer bewies dies durch die Beobachtung, daß abgeklemmte Herzspitzen tagelang in Ruhe verbleiben, während das übrige

Herz zu schlagen fortfährt. Die Tatsache ist unzweifelhaft richtig, daß Dauerreize, welche auf das Herz einwirken, dasselbe zu rhythmischen Kontraktionen veranlassen können. Dies hatte schon vor vielen Jahren Eckhard gezeigt, mittels Durchleitung konstanter galvanischer Ströme durch das Herz. Marchand, H. Munk (375) und viele andere konnten dies bestätigen. Durch eine große Reihe sehr geistreicher Versuche unternahm es Kaiser, der erste unter den jüngeren Physiologen, welcher die Irrungen der myogenen Lehre bekämpft hatte, die rhythmische Fähigkeit des Herzmuskels zu bestreiten, indem er nachzuweisen suchte, daß weder die chemischen noch die mechanischen oder die galvanischen Reize wirklich konstant bleiben. Es sollte sich bei den Reizungen um unterbrochene Reize handeln, erzeugt im Muskel selbst durch die chemischen Prozesse oder die Schwankungen der galvanischen Stromstärken. Selbstverständlich waren die Myogenisten sofort mit Widerlegungen dabei, um, wie z. B. Trendelnburg und Hofmann, ganz mit Unrecht zu behaupten, daß auch bei Öffnungen des Stromes große Reihen von rhythmischen Herzpulsationen aufzutreten pflegen.

Aber wie gesagt handelt es sich jetzt gar nicht mehr darum zu eruieren, ob Dauerreize im Herzen rhythmische Kontraktionen erzeugen können, sondern darum, ob diese Rhythmizität eine Eigenschaft des Herzmuskels selbst, oder seiner Nerven ist. Solange noch die Ansicht vorherrschte, daß die refraktäre Phase ein charakteristisches Merkmal des Herzmuskels sei, konnte letztere Frage noch diskutiert werden, da die Rhythmizität, wie wir gleich sehen werden, sich am leichtesten durch die refraktäre Phase erklären läßt. Jetzt aber, wo auch die refraktäre Phase als rein nervösen Ursprungs anerkannt werden muß, kann dasselbe auch für die Rhythmizität gelten. Andererseits ist jetzt die Existenz der refraktären Phase auch bei reflektorischen Bewegungen von Skelett-Muskeln nachgewiesen worden (Sherrington). Es liegt mithin keinerlei Vorwand vor, die Fälle von rhythmischen Bewegungen, welche Biedermann, Bethe, v. Uexküll u. a. beobachtet haben, anders als durch die Intervention von Nerven zu erklären.

Von besonderem Interesse für diese Frage sind die bereits im vorigen Kapitel kurz besprochenen Versuche von Sherrington über den sogenannten Scratch-Reflex, weil sie durch ihre Mannigfaltigkeit und ihre sorgfältige Ausführung viele wertvolle Anhaltspunkte für das Verständnis des inneren Mechanismus der Rhythmizität liefern können.

Als derartigen Reflex bezeichnet Sherrington einen Flexions-Reflex der Hinterpfote, hervorgerufen beim Hund mit durchschnittenem Rückenmark (spinal-dog) durch mechanische oder chemische Reizung einer ganz bestimmten Hautzone des Rückenmarks. Welcher Natur der angewendete Reiz auch sei, der den Scratch-Reflex erzeugt, die erzielten Bewegungen der Flexoren treten klonisch auf, und der Rhythmus dieser Bewegungen ist ganz unabhängig von der Frequenz der Reize. Dieser Rhythmus bleibt konstant in der Nähe von 4,8 Schlägen in der Sekunde; nie übersteigt sie 5,2. Dieser Rhythmus ist auch unabhängig von der Höhe der Rückenmarksstelle, in welcher die Sektion ausgeführt wurde. Der Anblick der von Sherrington gelieferten Kurven, welche die rhythmischen Kontraktionen der Tierpfote wiedergeben, zeigt eine große Ähnlichkeit mit den rhythmischen Schlägen des Herzens, besonders wenn sie als Aktionspulse auftreten. Das Auftreten von regelmäßigen rhythmischen Reflexbewegungen der Pfote bei Dauerreizen oder bei unterbrochenen Reizen von verschiedener Frequenz führt Sherrington mit Recht auf eine periodisch sich wiederholende Erfolglosigkeit der Reize zurück, d. h. auf eine momentane Unerregbarkeit der gereizten Organe, wie sie Kronecker und Marey als refraktäre Phase am Herzen beschrieben haben. Er hebt auch hervor, daß die refraktäre Phase seines Reflexes große Ähnlichkeit mit der bei den rhythmischen Kontraktionen des Herzens und beim Schwimmtaktschlag der Meduse habe.

Bei der Prüfung der Frage, an welche Stelle des Reflexbogens (Reflex-Arc) der Ursprung der refraktären Phase zu verlegen ist, gelangte Sherrington durch eine Reihe sinnreicher Versuche und Auseinandersetzungen zum Schluß, daß dieser Ursprung ein nervöser und in den intraspinalen Neuronen zu suchen sei.

Mithin ist von Sherrington auch beim Säugetier der unwiderlegbare Beweis geliefert worden, daß die refraktäre Phase auch Skelettmuskeln zukommt und, daß die momentane Unerregbarkeit der Ganglienzellen rhythmische Bewegungen zu erzeugen vermag. Welches ist nun der Mechanismus einer derartig erzeugten Rhythmizität?

Nicht jede rhythmische Bewegung der Muskeln darf ohne weiteres auf momentane Unerregbarkeit der sie innervierenden nervösen Vorrichtungen zurückgeführt werden. Beim Scratch-Reflex ist dies der Fall, weil der Rhythmus derselbe bleibt, ganz unabhängig von der Frequenz der Reize und der Dauer eines konstant wirkenden Reizes. Sherrington hat auch konstatieren können, daß keine Summation der einzelnen Reize stattfindet und daß die Erschöpfung der klonischen Reflexe erst nach längerer Dauer einzutreten pflegt.

Es kommen aber auch reflektorisch erzeugte rhythmische Bewegungen vor, welche nachweisbar von dem zentralen Nervensystem abhängig sind, wo aber von einer refraktären Phase kaum die Rede sein kann. Ihr Vergleich mit der Rhythmizität des Herzens und der des Scratch-Reflexes wird das Verständnis des Mechanismus des Herzrhythmus erleichtern, Wir sprechen von den reflektorischen Bewegungen der Augenmuskeln, die durch Reizungen der Bogengänge erzeugt werden und welche Cyon zuerst im Jahre 1876 beschrieben hat (76, S. 308). Die Reize wirkten also auf die Endungen des Nervus acusticus und wurden auf die oculomotorischen Nerven des Augapfels übertragen. Von den direkten elektrischen Reizungen des Nervus acusticus wollen wir wegen der Komplexität ihrer Erfolge absehen und uns nur auf diejenigen reflektorischen Bewegungen beschränken, welche mechanische Erregungen der einzelnen Bogengänge hervorrufen. Nur diese letzteren eignen sich wegen ihrer Anschaulichkeit und Konstanz sehr gut zum Vergleich mit den rhythmischen Bewegungen des Herzens.

Die mechanische Reizung der Bogengänge bestand meistens in einem leise ausgeübten Druck, entweder direkt auf den häutigen Bogengang, oder durch Vermittlung der knöchernen Kanäle. Die Resultate sollen hier kurz angeführt werden: Reizung eines einzelnen Kanals erzeugt immer Bewegungen beider Augäpfel. Im Beginne der Reizung trägt die Kontraktion der die Augäpfel bewegenden Muskeln einen rein tetanischen Charakter. Die Augäpfel bleiben gewaltsam in der angegebenen Richtung abgelenkt. Man bemerkt nur ein leises Zittern. Bald darauf nehmen diese Bewegungen einen Pendel-, d. h. rhythmischen Charakter an. Die Frequenz dieses Nystagmus variiert zwischen 20 und 150 in der Minute; ihre Dauer hängt von der Stärke der Reizung ab, beträgt aber selten mehr als eine halbe Stunde. Die Pendelbewegungen verschwinden, wenn man den Nervus acusticus der entgegengesetzten Seite durchschneidet. Neue

Reizungen des Bogenganges erzeugen nur noch tonische Bewegungen der Augäpfel. Cyon beobachtete also drei Arten reflektorischer Bewegungen: tetanische im Beginne der Reizung, rhythmische — als Nachwirkung dieser Reizung; diese gingen in tonische über, sobald der Acusticus der entgegengesetzten Seite durchschnitten wurde. Der Mechanismus der Rhythmizität ist hier annähernd folgender: die Reizung eines Bogenganges erzeugt zuerst tetanische, dann rhythmische Bewegungen in den beiden Augäpfeln. Die Rhythmizität wird durch nervöse Erregungen und Hemmungen in den oculomotorischen Zentren der beiden Augäpfel erzeugt. Die rhythmischen Bewegungen entstehen in diesem Fall durch die antagonistischen Wirkungen der Augenmuskel. Dies wird dadurch bewiesen, daß diese Bewegungen sich sofort in eine tonische Kontraktion umwandeln, sobald der Akustikus der anderen Seite durchschnitten wird. Bekanntlich hat Cyon gezeigt, daß die normal von den Akustici auf den oculomotorischen Apparat ausgelösten Reize hemmender Natur sind. Die Durchschneidung des nicht künstlich gereizten Akustikus vermag also hier nur eine hemmende Wirkung aufzuheben.

Es geschieht hier also etwas Ähnliches wie bei den schon mehrmals erwähnten Versuchen von Schelske und Cyon an erwärmten Froschherzen, wo bei der Ausschaltung der hemmenden Apparate das rhythmische Schlagen des Herzens aufhört. Der Unterschied zwischen diesen beiden Versuchen besteht aber darin, daß, obgleich in beiden Fällen die Rhythmizität zentral-nervösen Ursprungs ist, der innere Mechanismus der Hemmung ein ganz verschiedener ist: die pendelnde Bewegung der Augäpfel wird erzeugt durch die Wirkung von Antagonisten, von denen jeder der Reihe nach dieselben nach entgegengesetztem Sinne zu richten sucht. Nichts derartiges kann beim Herzen vorkommen, dessen Muskel keinen Antagonisten besitzt. Die diastolische Erweiterung des Herzens unter dem Einflusse der Vaguserregung, wenn sie auch aktiv geschieht, besteht ja nur darin, daß sie die tonische Erregung des Herzmuskels verringert; etwa in der Weise, wie die gefäßerweiternden Nerven auf die Arterien wirken. In dieser Beziehung ist es von Interesse daran zu erinnern, daß auch bei den gewöhnlichen Muskelbewegungen Hemmungen der Antagonisten vorkommen, die aber einen ganz anderen Charakter tragen, als die des Augenmuskelapparates und als der einfachste Ausdruck derartiger

Wirkungen gelten können. Es soll hier ein einfaches Beispiel folgen, das Cyon schon im Jahre 1867 in der Schrift „Die Tabes dorsalis" angeführt hat, als Typus derartiger gehemmter Bewegungen der Skelettmuskeln. „Zum Zustandekommen einer zweckmäßigen Bewegung ist nämlich zweierlei notwendig: 1. daß gleichzeitig eine gewisse Gruppe von Muskeln innerviert wird und 2. daß diese Innervation in gewissen Grenzen bleibe, d. h. daß der eine Muskel stärker, der andere schwächer innerviert wird, je nachdem jener oder dieser die Hauptrolle bei der beabsichtigten Bewegung spielen soll, Der Unterschied zwischen dem ersten und zweiten Vorgang ist der, daß der eine darüber entscheidet, welcher Muskel bei einer gegebenen Bewegung in Kontraktion versetzt werden soll, der andere. wie stark jeder dieser Muskeln sich kontrahieren muß". Wenn z. B. eine Flexion des Vorderarms ausgeführt wird, dann müssen auch die Strecker des Vorderarmes bis zu einem gewissen Grade innerviert werden, weil sonst die Bewegung des Vorderarms schleudernd wird; natürlich muß diese Innervation viel schwächer sein als die des Beugers, weil sonst die Bewegung ihren Zweck nicht würde erreichen können. Auch die anderen Muskeln des Oberarms müssen an der Gesamtbewegung hemmend eingreifen, damit der Arm nicht nach rechts oder links abgelenkt wird.

Die Koordination der Bewegung besteht also in der gleichzeitigen Innervation aller dieser Muskeln, bei welcher der Beuger die Hauptrolle spielt, der Strecker als Antagonist des Beugers hemmend wirkt, während die beiden anderen Antagonisten den Oberarm an Seitenbewegungen verhindern. Die Verteilung der Innervationsstärken aber zwischen diesen Muskeln ist Sache besonderer Vorrichtungen des Zentralnervensystems. Keiner der genannten Muskeln erhält aber dabei hemmende Erregungen im eigentlichen Sinne dieses Wortes: ihre Erregungen wirken hemmend, nur weil infolge ihrer Angriffspunkte an den Gelenken die Muskeln im entgegengesetzten Sinne wirken. Es handelt sich eben um einen der Fälle von Hemmungen, die Sherrington in so anschaulicher Weise zum Gegenstand seiner lehrreichen Untersuchungen über den Mechanismus der Reflexbewegungen gemacht und am Kongreß von Cambridge demonstriert hat ([371]). Bei seinen Hemmungen handelt es sich nicht im entferntesten darum, die Antagonisten zu erschlaffen, damit sie ihren Agonisten nicht an der Kontraktion verhindern, sondern im Gegenteil sie zu genau abgestuften Zusammenziehungen anzuregen, um demselben zu gestatten, den Zweck seiner Bewegung mit dem geringsten Kraftaufwand zu erreichen. Um den Mißverständnissen vorzubeugen, die bei der Deutung der Sherringtonschen Versuche entstanden sind, wäre es richtiger, diese letztere Hemmungsweise einfach als Pseudohemmung zu bezeichnen[1]).

Eine Analyse der Versuche Sherringtons (370) über die Erfolge der intrakraniellen Durchtrennung bei Affen und Katzen des Oculomotorius Trochlearis und Abducens, sowie derjenigen Cyons bei Kaninchen, wo die Durchschneidung eines Akustikus die rhythmischen Bewegungen der Augäpfel in tonische Kontraktionen verwandelt, wird sicherlich gestatten, in den Mechanismus der Hemmungen näher einzudringen. Man sollte bei einer derartigen Analyse auch die rhythmischen Bewegungen der niederen Tiere mit berücksichtigen, wie sie letztens von J. Uexküll an den Schlangensternen und den Seeigeln beobachtet wurden. Der Nachweis einer refraktären Phase bei diesen Tieren gestattete Uexküll eine Hypothese über den Mechanismus der Rhythmizität zu entwickeln, die in mehreren Beziehungen Beachtung verdient (399). Schon in seinen früheren „Studien über den Tonus“ (Z. f. B. Bd. 44—46) hat v. Uexküll Bewegungsgesetze für das Nervensystem niederer Tiere aus seinen sehr sinnigen Versuchen abgeleitet, die auch für das Entstehen der Rhythmizität bei Wirbeltieren mit Nutzen verwendet werden können.

Die Hemmungsvorgänge im Herzen besitzen zwar mehrere Berührungspunkte mit den hier an quergestreiften Muskeln beschriebenen. Ihr Mechanismus ist aber völlig verschieden. Es ist daher nicht gestattet, sie mit irgendwelchem dieser Vorgänge zu identifizieren.

Aus sämtlichen Untersuchungen der letzten Jahre lassen sich nur folgende Ergebnisse als ganz sicher festgestellt nachweisen. Die refraktäre Phase im Herzen hängt unzweifelhaft von seinen Hemmungsvorrichtungen ab; das gleiche gilt auch für die refraktäre Phase der

---

[1]) Ähnliches darüber siehe in der ausführlichen Untersuchung von R. du Bois-Reymond, angestellt im Laboratorium von Hermann Munk (114). Schon in einer älteren, von Schlosser, unter H. Munks Leitung, ausgeführten Untersuchung über die Hemmung von Reflexen wurden die Hemmungen auf antagonistische Bewegungen der Muskeln zurückgeführt (siehe 376, S. 303), die ihren Ursprung in den Nervenzentren haben.

Skelettmuskeln der Wirbeltiere, sowie für die Bewegungsapparate der wirbellosen Tiere, bei denen sie „im nackten Zustande" beobachtet worden ist. Wie vermag nun die von den Nerven abhängige refraktäre Phase die Rhythmizität zu erzeugen?

Für diejenigen, welche die Rhythmizität als eine Eigentümlichkeit des Herzmuskels betrachten, bietet die Frage über die Abhängigkeit derselben von der refraktären Phase scheinbar keinerlei Schwierigkeit. So schreibt Hofmann:

„Nach dem Gesagten würde man sich also das Zustandekommen einer rhythmischen Schlagfolge bei konstanter Dauerreizung des Herzens so zu denken haben, daß während jeder Systole der Reiz unwirksam wird und erst gegen Ende der Diastole, sobald die Reizbarkeit wieder genügend angestiegen ist, über die Schwelle tritt und eine neue Erregung auslöst. Je stärker der Dauerreiz ist, desto früher wird er nach der Systole wieder wirksam werden, desto frequenter wird also das Schlagtempo sein" (201). Diese Deutung ist nur dem Anscheine nach zufriedenstellend, denn im Grunde genommen sagt sie nicht das geringste über den Ursprung der refraktären Phase aus. Die Frage bleibt immer offen, warum und in welcher Weise die Erregung des Herzens während der Systole unwirksam wird. Nach Hofmann könnte man dieselbe Deutung auch bei dem nervösen Ursprung der refraktären Phase anwenden. Er sieht dabei nur eine Schwierigkeit voraus, daß die Vertreter der neurogenen Lehre dann die direkte Reizbarkeit des Herzmuskels leugnen müßten. In der von ihm bei dieser Gelegenheit zitierten Schrift Cyons konnte sich Hofmann gleichzeitig überzeugen, daß diese Schwierigkeit ebensowenig für Cyon als für Kronecker vorhanden ist: „Ist es möglich, durch künstliche Reizung rein muskulöser, also von Nerven entblößter Gebilde des entwickelten Herzens eine Extrasystole oder überhaupt eine einfache Kontraktion auszulösen? Um die Berechtigung zu haben, von einer rein myogenen Herkunft der Herztätigkeit bei erwachsenen Wirbeltieren zu sprechen, hätte vorerst auf Grund unzweifelhafter experimenteller Beweise eine bejahende Antwort auf diese Frage gegeben werden müssen. Eine solche Antwort fehlt aber noch jetzt, wo die myogene Lehre von ihrem zähesten Vertreter schon tatsächlich aufgegeben worden ist (90, S. 284).

Auch diese Schwierigkeit beseitigt, bleibt für den Neurogenisten dieselbe Frage offen wie bei der Deutung der Myogenisten. Man könnte sie folgendermaßen genauer formulieren: in welcher Weise erzeugen die hemmenden Nerven des Herzens die refraktäre Phase? Engelmann wollte seinerseits diese Frage dadurch beantworten, daß er einige neue Bezeichnungen für negative Inotropen oder negative Dromotopen erfunden hat. Mit bloßen Worten kann aber der innere Mechanismus der Rhythmizität nicht aufgeklärt werden.

Eine definitive Entscheidung über den intimen Mechanismus der Hemmungsvorrichtungen der Vagi kann jetzt noch überhaupt nicht gegeben werden. Es sollen hier nur kurz diejenigen bis jetzt aufgestellten Hypothesen über diesen Mechanismus erörtert werden, welche auf der positiven Grundlage experimenteller Erfahrungen aufgestellt, sich als lebensfähig erwiesen haben. Es wird dann noch zu entscheiden bleiben, welche dieser Hypothesen sich am meisten für die Entstehung der refraktären Phase verwenden lassen.

§ 7. Der Hemmungsmechanismus der Nervi vagi.

Bei Gelegenheit der Erörterung des ersten Gesetzes der Ganglienerregung im vorigen Kapitel wurde schon die Cyonsche Hypothese über die Bedeutung der Interferenzen zwischen Nervenerregung verschiedenen Ursprungs bei der Erklärung der Hemmungsmechanismen ausführlich hervorgehoben. Schon früher wurde die Hemmung als eine Interferenzerscheinung von Claude Bernard und anderen betrachtet. Cyons Hypothese wurde hauptsächlich auf Grundlage seiner zahlreichen experimentellen Untersuchungen über die Einflüsse der Reizungen sensibler Nerven auf das Gefäßnervenzentrum aufgebaut. Von den Beobachtungen am Herzen benutzt er hauptsächlich die Umkehr der Funktionen der Vagi beim Stillstand des Herzens, erzeugt durch Erwärmung desselben bis auf 40° C. (Schelske, Cyon). Die Interferenzhypothese einmal für die Herz- und Gefäßnerven als vollgültig zugegeben, stellte Cyon damals folgende ergänzende Frage auf: „Welche Vorrichtungen an den Enden der hemmenden Fasern bedingen es, daß die durch ihre Vermittlung den Ganglien zugeführten Bewegungen mit den, von anderer Seite her den Ganglien mitgeteilten Interferenzen bilden?" Die Annahme besonderer Apparate an den Eintrittsstellen der hemmenden Nerven glaubte Cyon beseitigen zu müssen und neigte eher zu der Möglichkeit, daß die Vorrichtung, durch welche eine Nervenfaser zu einer hemmenden wird, durch die Lage ihrer Eintrittsstelle in die Ganglienzelle bedingt wird; er formulierte diese Auffassung in folgendem Satze: „Die hemmende Funktion einer Nervenfaser wird durch den Winkel bedingt, welchen diese Faser beim Eintritt in die Ganglienkugel sowohl mit der austretenden motorischen, als mit jeder anderen in diese Ganglienkugel eintretenden erregenden Faser bildet" (76, S. 107).

Seitdem sind mehrere andere Interferenzhypothesen von Kaiser, Meltzer, Wedensky (217, 294, 427) für die Erklärung der hemmenden Nervenwirkungen aufgestellt worden, auf die hier nicht näher eingegangen werden kann. Von einem ganz anderen Standpunkte ging Rosenthal aus bei Aufstellung seiner Widerstandshypothese zur Erklärung der hemmenden Nervenwirkungen. Bei seinen Untersuchungen über die nervösen Zentren der Atmungsorgane studierte er die Erscheinungen, die bei der Verwandlung einer anhaltenden Bewegung in eine rhythmische aufzutreten pflegen. Der Ausgangspunkt seiner Hypothese war die Notwendigkeit, für derartige Bewegungen Widerstände zu überwinden. Stellt man sich eine vertikale zylindrische Röhre vor, die unten durch eine Platte verschlossen ist, welche durch eine elastische Feder festgehalten wird; durch diese Röhre findet ein Wasserabfluß aus einem Reservoir statt. Das Wasser wird in der Röhre bis zu einer Höhe steigen, die gerade genügt, um den Widerstand der elastischen Feder zu überwinden; dann wird sich die Platte öffnen und das Wasser abfließen. Durch die Verminderung des Druckes der Wassersäule wird die Platte von neuem geschlossen, bis der frühere Druck wieder erreicht wird. Das Wasser wird in dieser Weise in Zeitintervallen abfließen, die von der Stärke der Feder und der Schnelligkeit abhängen, mit denen das Wasser in das obere Ende der Röhre gelangt (343)

Ähnliche Hypothesen wurden dann von Bezold, Hermann und neuestens von Hjalmar Oehrwal (306) entwickelt, die alle von dem Prinzip ausgehen, daß eine kontinuierliche Bewegung einen in seiner Stärke veränderlichen Widerstand überwindet und dabei in eine rhythmische verwandelt wird.

Von der Betrachtung der Lucianischen Perioden ausgehend, deren Entstehen er ebenso wie Cyon, Straub u. a. auf Anhäufung von Kohlensäure in der Ernährungsflüssigkeit zurückführt, sucht er die Abnahme der Reizbarkeit des Herzmuskels auf die Einwirkung von CO_2 auf den Herzmuskel abzuleiten. Er gelangt auf diese Weise zu einer Erklärung der Rhythmizität der Herzschläge durch eine refraktäre Phase, erzeugt durch Kohlensäure-Anhäufung. Oehrwal stellte sich also auf den Standpunkt der myogenen Hypothese; seine Erklärung kann daher weder das Verständnis des Hemmungsprozesses fördern, noch den Bedürfnissen einer definitiven Deutung Genugtuung leisten. Die unlängst von Sherrington gelieferte Hypothese über die Natur des Widerstandes, welcher die Hemmungen erzeugt, ist in letzterer Beziehung schon mehr befriedigend. Sie beruht auf der Annahme, daß zwischen dem leitenden Teil des einen Neurons und dem des nächsten eine Separationsfläche vorhanden ist, die eine Art Membran bildet. Diese Membran soll, dank bestimmten physikalischen Vorgängen, denen sie während der Leitung der Erregungen unterliegt, eben den Widerstand abgeben. Diese sinnreiche Hypothese muß, um annehmbar zu sein, mehrere Voraussetzungen zulassen, die mit gewissen Tatsachen nicht leicht zu versöhnen sind. Die eine dieser Voraussetzungen widerspricht der Kontinuität der nervösen Leitung, die, wie Pflüger mit Recht behauptet, von keinem älteren und erfahrenen Physiologen aufgegeben werden kann (321). Die zweite Voraussetzung ist die, daß in dem Reflexbogen keine rückläufige Leitung stattfinden kann, d. h. also, daß die Ganglienzelle, welche die Erregung empfängt, dieselbe nur zu den Zentral- oder motorischen Ganglien hin leiten darf, und daß andererseits von der motorischen Ganglienzelle aus die Erregungen nur zum Muskel, nicht aber rückwärts von der vorderen Wurzel zur Ganglienzelle geleitet werden können. Nun hat Cyon, wenigstens für die vordere Wurzel, den experimentellen Beweis geliefert, „daß die motorischen Ganglienzellen einer Erregung selbst dann fähig sind, wenn der Reiz ihnen in zentripetaler Richtung, auf dem Wege ihrer eigenen motorischen Faser zugeht" (76, S. 218). Der Beweis beruht darauf, daß bei einer einzelnen Reizung der mit dem Rückenmark noch im Zusammenhang stehenden vorderen Wurzel, die Zuckungskurve ganz denselben Charakter trägt, wie die auf reflektorischem Wege hervorgerufene" . . . (Wundt, Cyon) d. h. der absteigende Teil der Kurve, anstatt nach der Abszisse hin konkav zu sein, wie dies bei gewöhnlichen Zuckungen der Fall ist, im Gegenteil nach dieser Richtung hin konvex ist und nur sehr allmählich die Abszisse erreicht.

Jetzt, wo die künstlich aufgerichteten Schranken zwischen den Muskelfasern des Herzens und denen der Skelettmuskeln aufgehoben worden sind, ist es von Interesse, etwas näher auf die Untersuchungen von Cyon einzugehen, die schon im Jahre 1874 auf Grundlage einer reichhaltigen Versuchsreihe in eindeutiger Weise die Hemmungsvorgänge im Rückenmark bei reflektorischen Erregungen zu erklären vermochten. Ausgehend von den Erfahrungen, die er bei der Messung der Fortpflanzungsgeschwindigkeit der Erregungen im Rückenmarke gemacht hatte, nämlich daß die Reflexhemmungen, welche durch Reizung gewisser Hirnteile (Setschenow) oder irgend eines Abschnittes des Zentralnervensystems (Schiff), einfach auf der Abnahme dieser Geschwindigkeit beruhen, suchte Cyon mit Hilfe der graphischen Methode die Vorgänge bei dieser Abnahme näher zu prüfen. Der Gastrocnemius des Frosches wurde mit dem Mareyschen Myographen verbunden, die Hirnhemisphären bis zu dem Thalamus entfernt und dann mit Hilfe der bekannten Türkschen Methode durch Hautreizungen reflektorische Erregungen dieses Muskels hervorgerufen, und zwar sowohl bei unerregtem Thalamus, als während dessen Erregung durch Anlegung kleiner Kochsalzstückchen an letzterem. Das Ergebnis dieser Versuche war konstant und eindeutig: Sofort nach der Applikation des Reizes an den Thalamus beginnt der Gastrocnemius sich allmählich bis zum Eintritt der Zuckung zu verkürzen; die Feder des Myographen wird um 3—10 mm gehoben. Die nach Verlauf einer Minute oder noch später eintretende reflektorische Zuckung ist meistens bedeutend stärker, als die vor dieser Reizung erhaltene. Mit anderen Worten bedeutet dieses Ergebnis folgendes: „Wenn die Fortpflanzungsgeschwindigkeit der Erregungen im Rückenmark beträchtlich vermindert wird, so kann nur ein sehr allmählicher Übergang der in der Peripherie erzeugten Erregungen auf die zentralen Nervengebilde, also nur ein allmähliches Anschwellen der Erregung stattfinden. Dies vermag daher nur eine langsam vor sich gehende tonische Verkürzung hervorzurufen. Nur wenn die Schwelle der Reize eine beträchtliche Höhe erreicht, gelangen dieselben in die motorische Faser und erzeugen eine kräftige Kontraktion des Muskels. Der Schluß war, daß die Hemmung der Reflexe von einer Vergrößerung der Widerstände herrühre, welche sie der Fortpflanzung der

Erregung durch die Ganglienzellen entgegenstellen" (76). Zu einem ähnlichen Resultate gelangte auch Exner, der anstatt chemischer Reize zur Erzeugung von Reflexen mechanische verwandte (S. 236).

Schon damals diskutierte Cyon weitläufig die Möglichkeit, die Hemmungen im Herz- und Gefäßnervensystem ebenfalls durch eine, bei der Reizung der Vagi erzeugte Verlangsamung der Leitung der Erregungen in demselben zu erklären. Er zögerte aber aus mehreren Gründen, ohne weitere experimentelle Untersuchungen, eine derartige Anwendung zu machen. Fünf Jahre später erschien die wichtige Untersuchung von S. v. Basch „über die Summation von Reizen durch das Herz" (7). Aus diesen Untersuchungen folgte, daß Herzreize, welche zu schwach sind um eine Kontraktion auszulösen, noch eine Zeitlang eine Steigerung der Reizbarkeit hervorrufen können. Wenn also diese Reize einzeln scheinbar unwirksam sind, so erzeugen sie in der Wirklichkeit bei ihrer Wiederholung dennoch eine gewisse Wirkung. Es geschieht, mit einem Worte, eine Summation unterschwelliger Reize. Durch diese Entdeckung wurde eines der gewichtigsten Bedenken, welches, in der betreffenden Arbeit, Cyon davon abgehalten hat, die gewonnenen Ergebnisse auf das Herz anzuwenden, beseitigt. In der Tat hat bald darauf Gaskell versucht (156) die Wirkungen der Vagusreizungen auf das Herz durch die Abnahme der Leitungsfähigkeit derselben zu erklären. Mc. William (280) und etwas später Bayliss und Starling (14) hatten aus ihren Versuchen den Schluß gezogen, daß der Stillstand der Herzkammern allein oder auch der Vorhöfe, während der Sinus venosus zu schlagen fortfährt, durch eine Verminderung der Leitungsfähigkeit der Muskelfasern hervorgerufen werde. Direkte Beweise haben sie natürlich für diese Verminderung nicht zu liefern vermocht. Wenn die Vaguswirkung wirklich in einer solchen Verminderung der Leitungsgeschwindigkeit besteht, so kann es sich bei dem Vorhergesagten nur um eine Abnahme der Fortpflanzungsgeschwindigkeit in dem Herznervensystem selbst handeln. Mit anderen Worten, die Vagusreizung erhöht die Widerstände, welche, nach den Versuchen von Marchand, schon normalerweise den Übergang der Reize von den Vorhöfen auf die Herzkammer verzögern. Die Hemmungsvorgänge im Herzen wären also auf dieselben Vorgänge zurückgeführt, welche nachweislich die Hemmungen der reflektorischen Bewegungen gewöhnlicher Skelettmuskeln erzeugen[1]).

Die Verzögerung der Leitung als Hemmungsursache könnte also mit der Widerstandshypothese sehr gut vereinigt werden. Solange aber das Wesen der Widerstände nicht genau eruiert ist, wird man diese Hypothese auch in der neuen Form nicht als definitiv betrachten können. Ist auch die Interferenzhypothese mit der Abnahme der Leitungsfähigkeit bei der Vagusreizung irgendwie vereinbar? Prinzipiell steht einer derartigen Vereinbarung kein Hindernis im Wege. In seiner Interferenzhypothese hat Cyon hauptsächlich die räumlichen Verhältnisse, d. h. den anatomischen Verlauf der in die Ganglienzellen ein- und austretenden Erregungs- und Hemmungsfasern berücksichtigt. Es kann aber eine Interferenz auch durch die zeitlichen Verhältnisse der Erregungs- und Hemmungsprozesse zustande kommen. Bei den bisherigen Untersuchungen, diese Frage betreffend, sind bis jetzt die Differenzen in der Latenzdauer der beschleunigenden und hemmenden Nervenfasern außer acht gelassen worden. Auch ist nie ernstlich der Versuch gemacht worden, die etwaigen Beziehungen zwischen der refraktären Phase und der Latenzdauer der Vagi und Acceleratores zu studieren, obgleich bei den Messungen der ersteren oft genug Verwechslungen mit der Latenz vorgekommen sind. Das Studium der zeitlichen Intervalle für die Erzeugung von Interferenzen zwischen den Erregungen und Hemmungen erscheint jedenfalls am meisten angezeigt, um die hier in Betracht kommenden Vorgänge aufzuklären. Ehe aber darauf gerichtete Untersuchungen zu einer Aufklärung führen können, ist es noch erforderlich, die Beziehungen zwischen Nervenleitung und Nervenreizung auf viel sichereren Grundlagen festzustellen, als dies bis jetzt der Fall war. Es müßten dabei besonders die interessanten Ergebnisse der Versuche von Wedensky „Über die fundamentalen Eigenschaften der Nerven und der Einwirkung einiger

---

[1]) Es wurde oben erwähnt, daß Muskens, ein Schüler Engelmanns' es versucht hat, die Zahl der Tropenwirkungen zu vermindern, indem er dieselbe durch eine Abnahme der Leitungsfähigkeit der Muskelfasern des Herzens bei Vagusreizungen angenommen hatte. Durch eine große Reihe verschiedenartiger Versuche suchte Engelmann (131) die Möglichkeit einer solchen Annahme zu widerlegen. Insofern die Widerlegung sich auf die Leitungsfähigkeit der Herz-muskelfasern selbst bezog, war sie ebenso zutreffend, wie vollkommen überflüssig.

Gifte" (427) näher geprüft und entwickelt werden. Dieser Forscher hat übrigens schon selbst versucht, seine experimentellen Erfahrungen über die Hemmungen in den Nervenstämmen auch auf das Herz anzuwenden. Hofmann und S. Ayama scheinen aber bis jetzt die einzigen zu sein, welche die Versuche von Wedensky wiederholt und zum Teil auch bestätigt haben (6).

Die Tatsachen, welche J. von Kries in seiner Untersuchung „Über eine Art polyrhythmischer Herztätigkeit" mitteilt, haben mit Bezug auf die uns hier interessierende Frage vielleicht eine viel größere Bedeutung, als dieser Forscher selbst ihnen beizulegen scheint. Leider verhindert die nicht sehr glückliche Methode der Erwärmung des Herzens, sowie das gewählte Verfahren für die Aufzeichnung der Herzbewegungen, eine richtige Verwertung dieser Tatsachen. Nur das eine steht fest: die eigentümliche polyrhythmische Frequenz der Herzschläge, welche J. v. Kries beobachtet hat, kann nur von einer Disharmonie in der Tätigkeit der beschleunigenden und hemmenden Nervenvorrichtungen des Herzens herrühren (A. f. P. 1902).

Wie schon in den vorhergehenden Kapiteln auseinandergesetzt, hängt die Verteilung der Herzarbeit von einer harmonischen Übereinstimmung zwischen den Wirkungen der genannten Nerven ab. Eine derartige Übereinstimmung kommt sowohl in den Gehirnzentren, wie in den intrakardialen Ganglien dieser Nerven zustande. Nach den Untersuchungen von Cyon über die Verrichtungen der Gefäßdrüsen sowie über die Wirkungen der physiologischen Herzgifte ist man zu dem Schluß berechtigt, daß ein harmonisches Zusammenwirken dieser antagonistischen Herznerven auch in den sympathischen Ganglien sich vollziehen kann, welche sie in ihrem Verlaufe durchziehen.

Im I. Kapitel § 7 ist ein kurzes Schema der Verteilung der intrakardialen Nerven im Herzen gegeben worden. Man sah, daß die beschleunigenden Nerven zum größten Teil sich in den Remakschen Ganglien verteilen. Ein anderer Teil verläuft in den Nervennetzen der Vorhöfe, wo sie in den Bidderschen Ganglien mit den Vagusfasern zusammentreffen, und begibt sich von da zu den Kammerwänden. Ihren Wirkungen nach muß man in den intrakardialen Fasern der Vagi zwei Arten unterscheiden. Die einen, die rein hemmenden Fasern, verteilen sich in den Ludwigschen Ganglienzellen und treten dann in Verbindung mit den Nervennetzen und vielleicht

auch mit den Nervenendigungen in den Muskelfasern der Vorhöfe
und der Kammer. Die Verminderung der Kontraktionen der Vorhöfe
sowie die Verlangsamung und der Stillstand des Herzens sind direkte
Wirkungen der Erregung dieser Art Fasern. Die verstärkenden
Herzfasern verteilen sich hauptsächlich in den Bidderschen Ganglien,
zu welchen Cyon auch die Ganglienzellen des oberen Teiles der Ventrikel zählt. Durch die sogenannten rücklaufenden Fasern treten sie
auch mit den Remakschen Ganglien in Verbindung, was ihnen die
Möglichkeit verleiht, auch die Zahl der Herzschläge zu beeinflussen
und auf diese Weise die sogenannten Aktionspulse zu erzeugen.

Nach Analogie mit den auseinandergesetzten Ergebnissen der über
die Hemmungen im Rückenmarke gemachten Beobachtungen könnte
angenommen werden, daß auch im Herzen die Abnahme der Fortpflanzungsgeschwindigkeit zu einer Summation der Reize in den Ganglien führen muß, die schon allein genügte, um die Herzschläge zu
verstärken. Ein anderer Grund zu einer derartigen Verstärkung wird
durch die dabei zustande kommende Verlängerung der Diastole gegeben, dies dank der größeren Blutanfüllung der Kammer. Die
Frage über eine aktive Diastole ist schon oben ausführlich erörtert
worden.

Das hier dargelegte Schema der intrakardialen Herznerven, das
Cyon auf der Grundlage seiner zahlreichen Untersuchungen der letzten
Jahre aufgestellt hat, betrachtet er selbst nicht als definitiv. Wie die
älteren Schemata von Schmiedeberg, von Hermann Munk und
von Kaiser, hat auch das Cyonsche Schema nur die Aufgabe, den
augenblicklich bekannten Tatsachen gerecht zu werden und so einen
Ausgangspunkt für weitere experimentelle Versuche auf diesem Gebiet
zu gewinnen. Unsere Kenntnisse über die Tätigkeit der Herznerven
bieten noch mehrere Lücken. So z. B. sind wir noch ganz ungenügend
über die Verrichtungen der vasomotorischen Herznerven unterrichtet.
Nicht einmal der genaue Verlauf und Ursprung dieser Nerven konnte
bis jetzt mit Sicherheit festgestellt werden. Nach den vorläufigen
Angaben von Cyon durchziehen diese Nerven das erste Brustganglion;
die ausführlichen Versuche von Maas (289) deuten darauf hin, daß
auch das letzte Halsganglion Vasomotoren für das Herz abgibt.
Noch wichtiger als der anatomische Ursprung dieser Nerven sind aber
ihre eventuellen Beziehungen zu den hemmenden und beschleunigen-

den Herznerven. Unsere Kenntnisse über diesen Punkt beruhen aber
bis jetzt fast ausschließlich auf bloßen Vermutungen.

§ 8. Die innern Herzreize und die Automatie des Herzens.

Um eine vollständige Theorie der Rolle der hemmenden Wirkungen der Vagi bei der Automatie des Herzens aufstellen zu können,
ist es erforderlich, die Natur der inneren Herzreize zu kennen, welche
diese Automatie hervorrufen. Sind diese Reizmittel chemischen oder
physikalischen Ursprungs? Die Entscheidung dieser scheinbar so einfachen Frage konnte bis jetzt noch nicht mit Sicherheit gegeben
werden. Die Hauptschwierigkeit bei der Entscheidung über die Natur
der chemischen Reize, die bis jetzt am häufigsten Gegenstand experimenteller Untersuchungen waren, liegt in folgendem: wenn der Nachweis gelingt, daß die Anwesenheit einer gewissen Substanz im Blute
für das normale Funktionieren des Herzens unentbehrlich ist, so bleibt
noch immer die Frage offen, ob diese Substanz zur Erzeugung der
Reize in den Nervenzentren dient, oder ob die Leistungsfähigkeit des
Herzens selbst von ihr abhängt. Die Verwirrung, hervorgerufen durch
die myogene Lehre, hat die Entscheidung dieser Fragen nur noch
hinausschieben müssen. Bei dem Bestreben, in jeder neuen Untersuchung Belege für die außerordentlichen Fähigkeiten der Muskelfasern des Herzens zu finden, konnte unmöglich eine klare Scheidung
zwischen den chemischen Vorgängen in den Nerven und in den Muskeln getroffen werden. Es ist schon vollständig gerechtfertigt anzunehmen, daß das Herz, um seine Aufgabe während des ganzen Lebens-
laufes ununterbrochen ausführen zu können, nicht nur über eigentümliche extra- und intrakardiale Nervenvorrichtungen verfügen, sondern
auch, daß der Herzmuskel in seinen physikalischen und chemischen,
wie in seinen reinen vitalen Eigenschaften gewisse Vorzüge vor den Skelettmuskeln besitzen muß. Um die letzteren feststellen zu können,
war es aber vorerst erforderlich, diese Eigenschaften an den gewöhnlichen Muskeln genau zu eruieren, und nicht die Herzmuskelfasern
für solche Studien zu verwenden, wo sämtliche Verhältnisse in noch
viel verwickelterer Form erscheinen.

Es sollen hier nur die Ergebnisse derjenigen Untersuchungen
über die chemischen Stoffe, welche als innere Herzreize in Betracht
gezogen werden können, näher erörtert werden. Schon im ersten

Kapitel wurden die Versuche Cyons über die Wirkungen der Blutgase erörtert, die zu dem Resultate gelangten, daß der Sauerstoff für die Erzeugung der inneren Reize unentbehrlich sei. Oehrwall, Klug, Porter u. a., welche im allgemeinen die Ergebnisse Cyons bestätigt hatten, neigten dagegen zu der Ansicht, daß der Sauerstoff nur für die Unterhaltung der Leistungsfähigkeit des Herzens unentbehrlich sei. Die aus der Schule Kroneckers hervorgegangenen Untersuchungen über denselben Gegenstand betrachten die Anwesenheit des freien Sauerstoffes weder für die Reizbildung noch für die Leistungsfähigkeit des Herzens als unentbehrlich. In der Mitteilung, welche Kronecker im Jahre 1898 in der physiologischen Gesellschaft zu Berlin über die Atmung des Krötenherzens machte, suchte er nachzuweisen: „daß der Herzmuskel nahezu gleich stark sich kontrahiert, wenn er von CO-Blut, wie wenn er von O-Blut durchtränkt ist. Ebenso ist die Wirkung von H-gesättigtem Blute gleich derjenigen von CO-Blut“ (A. f. P. 1898).

Dem Anscheine nach stehen also die Angaben Kroneckers in vollem Widerspruche mit den Beobachtungen von Cyon, Klug und Oehrwall. In der Wirklichkeit aber bestätigen die bei Kronecker ausgeführten Versuche von Mac Guire und von Julia Divine das Ergebnis Cyons, „daß die Gegenwart des Sauerstoffs im Blute zur Erregung der motorischen Herzganglien notwendig ist“, nicht aber zur Hervorbringung der Muskelkontraktion. Cyon arbeitete nämlich an einem ganzen Froschherzen, welches durch die Herstellung einer künstlichen Blutzirkulation normal pulsierte. Sättigte er das speisende Blutserum statt mit O mit CO_2 oder mit N, so hörte das Herz zu schlagen auf, eben wegen des Ausfalls des Sauerstoffs als Reizes. In den Versuchen von Divine dagegen schlug das Herz unter dem Einfluß künstlicher elektrischer Reize mittels hinreichend starker Öffnungs-Induktionsschläge, da sie nicht am ganzen Herzen, sondern nur an der Herzspitze (nach der Methode von Kronecker) experimentierte. Es war also für ihr Herzpräparat die Anwesenheit von O als Reiz in der Tat nicht erforderlich. Sie konnte daher ihr Serum mit CO sättigen und die Herzspitze fuhr fort, „nahezu gleich stark zu schlagen“ auf künstliche Reize. Erst als Divine ein mit CO_2 gesättigtes Blutserum benutzte, beobachtete sie das allmähliche Stillstehen des Herzens, und zwar weil Kohlensäure, wie schon Cyon gezeigt hat, die Vagusenden reizt und die normale Leistungsfähigkeit des Herzens herabsetzt.

Weit davon entfernt, die Nutzlosigkeit des freien Sauerstoffs für das Herz zu beweisen, legten die Versuche von Divine ein neues Zeugnis dafür ab, daß die Anwesenheit des Sauerstoffs eben als Reizmittel für die normale Herztätigkeit erforderlich ist (Cyon) und nicht um seine Leistungsfähigkeit aufrecht zu erhalten (Klug, Oehrwall). Es soll dabei noch erinnert werden, daß bei seinen Studien über die Wirkung hoher barometrischer Drucke (75) Cyon unter anderen mehrmals die Beobachtung gemacht hat, daß bei einem vollständig verbluteten Tiere, wenn dasselbe vorher Sauerstoff bei $2^1/_2$—3 Atmosphären-Druck einatmete, das bloßgelegte Herz fortfährt länger als eine Stunde „mit beträchtlicher Frequenz zu pulsieren“; auch die Atemzüge dauerten fort und die Erstickungskonvulsionen traten erst 30—40 Minuten später ein, nachdem schon das Körperblut vollständig entleert war. „Das mit Sauerstoff gesättigte Nervensystem (eines Warmblüters)“, schließt Cyon, „vermag offenbar während eines gewissen Zeitabschnittes ohne Blut zu funktionieren; es stirbt viel langsamer ab“ (S. 180). Diese Beobachtung erinnert an den Versuch von Magnus, in welchem er durch das Coronarsystem des ausgeschnittenen Katzenherzens unter Druck O hindurchleitete; die rhythmischen Pulsationen dauerten dabei mehr als eine Stunde.

Es wurde oben gezeigt, daß in gewissen Grenzen die Frequenz und die Stärke der Herzschläge direkte Funktionen der Temperaturschwankungen des Blutserums sind, und dies sowohl bei Kaltblütern (Cyon) wie bei Warmblütern (Newell Martin, Langendorff). Existiert bei der Erzeugung von Herzreizen irgend eine Beziehung zwischen der Rolle des Sauerstoffs und den thermischen Schwankungen? Dies ist an sich schon sehr wahrscheinlich; bei Mangel genauerer Angaben über das Wesen dieser Beziehungen wäre es aber vorzeitig, irgend welche Hypothesen darüber aufzustellen. Vielleicht handelt es sich dabei um analoge Phänomene, wie die von Pflüger studierten, und die er als Explosionswärme bezeichnete.

Die Einführung der Ringerschen Flüssigkeit und anderer anorganischer Lösungen als Nährflüssigkeit für ausgeschnittene Herzen hat im hohen Grade das Studium der Reize für die Nerven und Ganglien des Herzens gefördert. Die unzähligen Versuche, welche

mit Hilfe ähnlicher Salzlösungen angestellt wurden, haben sämtlich
das sehr wichtige Ergebnis geliefert, daß die Anwesenheit freien Sauerstoffs in diesen Flüssigkeiten eine notwendige Bedingung ihrer Wirksamkeit ist. Die wichtigsten Untersuchungen, über die Wirkungen
anorganischer Salze, sind die im physiologischen Institut zu Bern
unter der Leitung Kroneckers, die im Laboratorium von John
Hopkins University, unter der Leitung von W. H. Howell und
endlich die in dem Institut in Berkley unter der Leitung von Jaques
Loeb ausgeführten. Die wahre Bedeutung aller dieser Versuche wird
erst jetzt zur vollen Geltung gelangen, wo die myogene Lehre definitiv
beseitigt worden ist. Wir wollen hier nur die Hauptergebnisse einiger
dieser Versuchsreihen angeben, soweit sie für die Lehre von den
inneren Reizen des Herzens von Belang sind. Pelagie Betschasnoff (25) studierte die Abhängigkeit der Frequenz der Herzschläge
bei der Anwendung einer Nährflüssigkeit, die aus mit Blut gemischter
Salzlösung bestand. Die Herzschläge wurden dabei bedeutend verlangsamt. Die Beimischung von Chlorkalk zu der Ringerschen
Lösung verstärkte ansehnlich ihre erregende Wirkung. Denselben Effekt
erzeugte die Beimischung von Natrium bicarbonicum.

Aus den zahlreichen Versuchen der wichtigen Arbeit von Howell,
ausgeführt hauptsächlich an Streifen der Hohlvenen von Schildkröten,
die mit verschiedenen zusammengesetzten Flüssigkeiten ernährt wurden,
wollen wir folgende Hauptschlüsse anführen: 1. Die Anwendung von
Calcium in der Nährflüssigkeit ist eine notwendige Bedingung, damit
dieselbe Herzschläge hervorzurufen vermag. Damit die Herzschläge sich
rhythmisch gestalten, ist es erforderlich, eine kleine Menge von Kali der
Flüssigkeit hinzuzufügen; 2. das Muskelgewebe der Herzkammer von
Fröschen und Schildkröten vermag keine automatischen Herzkontraktionen zu erzeugen, auch wenn es durch Blut, Serum oder die Ringersche
Flüssigkeit ernährt wird, die ein Gemisch von Ca, Na und K in denselben Proportionen enthält wie das Blut; 3. das Gegenteil tritt ein,
wenn die venösen Teile des Herzens in dieselbe Flüssigkeit eingetaucht
werden. Aus diesen Ergebnissen von Howell folgt mit Evidenz, daß
die erregenden Wirkungen dieser anorganischen Salze sich auf die
nerven- und ganglienreichen Partien des Sinus venosus, nicht aber
auf Muskelstreifen äußern können (203—206). Aus den interessanten
Versuchen über die Wirkung von Sauerstoff unter hohem Druck von

Porter (326) und von F. S. Locke (251) ergibt sich mit Sicherheit, daß der Sauerstoff sowohl für die Ganglienzellen der Herzkammer, wie für die Ganglien von Remak als der hauptsächlichste Reiz angesehen werden muß.

Jacques Loeb ist zu den Versuchen über die Wirkungen anorganischer Lösungen auf das Herz auf indirektem Wege gelangt. Er studierte nämlich vorher die erregenden und hemmenden Wirkungen der Ionen als eine Funktion ihrer elektrischen Ladung zuerst an den Muskeln (254). Loeb ging dabei von dem Gedanken aus, daß die „Wirkungen des galvanischen Stromes durch die Wanderung und Anhäufung von Ionen an den Elektrolyten oder undurchdringlichen oder schwer durchgängigen Membranen oder Elementen in Geweben bedingt sind. Diese Änderung in der Konzentration der Ionen und die dadurch bedingten sekundären chemischen Änderungen bedingen die polaren Wirkungen des Stromes“. Aus einer längeren Reihe von Versuchen gelangte endlich Loeb zu folgendem Ergebnis, daß wir mit seinen eigenen Worten hier wiedergeben: „Es läßt sich weder behaupten, daß die erregenden Wirkungen der Ionen auf Muskeln eine ausschließliche Funktion der Anionen sei und mit der Wertigkeit der letzteren zunehme, noch daß die kommende Wirkung der Ionen eine ausschließliche Funktion der Kationen sei und mit der Wertigkeit der letzteren abnehme. Es gibt vielmehr einwertige Kationen, welche hemmend auf die Zuckungen wirken, wie z. B. K, und es gibt zweiwertige Kationen, welche erregend wirken, wie Ba, Zn, Cd, Pb und andere. Unter den Anionen wirken gerade diejenigen besonders erregend, welche die Konzentration der Calciumionen in den Geweben verringern. Für die Zwecke des Pathologen und Arztes dürfte zu beachten sein, daß eine Zunahme der Natriumionen und eine Abnahme der Calciumionen im Muskel Anlaß zu Muskelzittern oder Zuckungen geben, und daß Zuführung sehr kleiner Dosen von Calcium das Übel beseitigt“.

Loeb selbst und darauf sein Schüler Lingle (250) haben darauf die an den Muskeln gewonnenen Resultate auf das Herz übertragen. Nach diesen Vorstellungen wird der innere Reiz, welcher zur rhythmischen Schlagfolge des Herzens führt, von dem Gehalt des Blutes und der Gewebsflüssigkeit an Na-Ionen abhängen, dagegen sollen die hemmenden Wirkungen, welche diesen Reizen entgegentreten, in Ca-

und K-Ionen liegen. Mit dieser letzteren Annahme ist Loeb also entgegengesetzter Ansicht als Howell, welcher hauptsächlich die Ca-Salze als Reiz erzeugende Ionen betrachtet. Es soll hier noch an die sehr interessanten Versuche erinnert werden, die oben auf S. 88 angeführt wurden, über den Einfluß, den Ca und K auf die hemmenden Wirkungen des Vagus ausüben. Dieser Widerspruch in den Einzelheiten vermindert übrigens nicht im geringsten das große Interesse, welches der Grundgedanke Loebs für die künftige Lösung dieser Frage bietet. Eine Einigung wird sich schon schnell herstellen, wenn die Forscher darüber übereinkommen werden, daß diese Ionenwirkungen wenigstens im Herzen, nicht auf die Muskelfasern selbst sondern auf die Nerven und Ganglien ausgeübt werden [1]).

Es ist nach dieser Richtung hin von großem Interesse, daß die Wirkungen der Sekretionsprodukte der Schutzdrüsen des Herzens (Schilddrüse, Hypophyse, Nebennieren, Zirbeldrüse usw.), die dazu bestimmt sind, das sympathische Nervensystem erregbar und leistungsfähig zu erhalten, meistens in größerer Menge die angeführten Salze enthalten. Auch ist Cyon in seinen Untersuchungen über die Wirkungen dieser Produkte mehrmals auf gewisse Gegensätze in deren physiologischen Bedeutung näher eingegangen. In der Arbeit „Zur Physiologie der Zirbeldrüse" (76) teilte Cyon vergleichende Versuche mit glyzero-phosphorsaurem Natron und glyzero-phosphorsaurem Kalk mit und stellte Parallelen zwischen deren Wirkungen auf die Herznerven und denen, welche Loeb an den Nerven und Muskeln beobachtet hatte.

---

[1]) Howell stand immer auf dem Standpunkte der neurogenen Lehre und, wie ich aus einer freundlichen schriftlichen Mitteilung von Jacques Loeb mit Genugtuung erfahren habe, ist auch dieser Forscher der Ansicht, daß ich „Recht habe in bezug auf den neurogenen Charakter der normalen Kontraktionen; der Umstand, daß überall beim Herzen wie bei den Medusen die normalen Kontraktionen in dem Teil entstehen, der die Ganglien enthält, spricht eine deutliche Sprache. Auch glaube ich mit Ihnen, daß das Herz eins der empfindlichsten Organe und daß unser Gemütsleben zum Teil aus dem Umstand zu verstehen und zu analysieren ist. Freilich bleibt dann noch das Problem, was denn eigentlich den Innervationen zugrunde liegt. Ich vermute, daß hier die Ionen eine Rolle spielen und daß der Ersatz bestimmter Ionen durch bestimmte andere in gewissen Eiweißverbindungen (?) der Innervation zugrunde liegt". (Berkeley, 30. Sept. 1906.)
Niemand ist mehr berechtigt, dieses Problem einer befriedigenden Lösung entgegenzuführen, als dieser hervorragende Forscher.

In der Tat beobachtete Cyon, daß die Natronsalze hauptsächlich die Zahl der Herzschläge vermehren durch Erregung der Acceleratoren, während die Einführung von Kalksalzen ganz bedeutend deren Stärke vermehrt, mit einer ganz geringen Abnahme der Frequenz. Also entstehen durch die Miterregung der Acceleratores und der Vagi die Aktionspulse. Der glyzero-phosphorsaure Kalk erinnert an die Wirkungen der Hypophysenextrakte, während glyzero-phosphorsaures Natron gewissen Extrakten der Zirbeldrüse ähnelt. Man könnte sagen: Na erregt die Remakschen, K die Ludwigschen und Ca die Bidderschen Ganglien.

Es soll noch hinzugefügt werden, daß ein Schüler Kroneckers, Schücking(361), angibt, günstige Resultate durch die Hinzufügung von Saccharose zu den anorganischen Lösungen erzielt zu haben. Auch in der Salzlösung von Locke, $CaCl_2$, KCl, $NaHCO_3$ (annähernd 0,02 %), NaCl — 0,9, findet man Dextrose (0,1 für 100) hinzugefügt. Mit Hilfe einer solchen Lösung gelang es unlängst Kouliabko die rhythmischen Bewegungen eines Herzens von einem seit 24 Stunden verstorbenen Kinde wieder herzustellen (236).

Ähnliche Erfolge hat H. E. Hering (192) am Herzen eines plötzlich gestorbenen Affen erzielt. Er stellte seine Versuche in drei Reihen auf, $4^1/_2$ Stunden, $28^1/_2$ Stunden und 53 Stunden nach dem Tode an. Während der Intervalle wurde die Leiche bis zur vollständigen Erstarrung eingefroren. Das Hauptinteresse dieser Versuche von Hering liegt in der Beobachtung, daß der Vagus noch bis 6 Stunden nach dem Tode wirksam ist. Dagegen können die Wirkungen der Acceleratoren sogar 53 Stunden nach dem Tode noch durch Reizung hervorgerufen werden. Dies scheint darauf hinzuweisen: 1. daß die Beziehungen zwischen den Acceleratoren und den automatischen Ganglien des Herzens viel intimere und unmittelbare sind, als die der hemmenden Fasern der Vagi; 2. daß die Acceleratores wenigstens ebenso widerstandsfähig sind, wie die automatischen Herzganglien. Dies stimmt ganz mit der Tatsache überein, daß es bis jetzt noch nicht gelungen ist, ein Herzgift zu finden, welches die Acceleratores vollständig lähmen könnte.

In Anbetracht der Divergenzen, welche zwischen den Forschern noch über die chemischen Bedingungen herrschen, unter denen die anorganischen Lösungen imstande sind die Verrichtungen des Herzens wiederherzustellen und zu unterhalten, ist es nützlich, hier folgende drei Punkte hervorzuheben, über welche eine fast vollkommene Übereinstimmung aller Forscher, als schon erreicht, betrachtet werden kann: 1. Das simultane Vorhandensein der drei Salze, welche gleichzeitig auch normale Bestandteile des Blutes sind, wie Ca, Na und K, wirkt am günstigsten für die Herstellung und Unterhaltung der Herzschläge. 2. Von diesen Salzen sind die von Na für die Frequenz und die von Ca die wichtigsten für die Verstärkung der Herzschläge; die Kalisalze dürfen nur in kleineren Dosen gebraucht werden, da sie sonst Herzstillstände erzeugen mit einer großen Verminderung der Herzreizbarkeit (E. Groß). 3. Die Sättigung mit Sauerstoff ist unentbehrlich für alle Lösungen, die bestimmt sind, die Verrichtungen des Herzens wieder herzustellen und zu unterhalten.

Als mechanische Reize wurden bis jetzt meistens die Verstärkungen und Verminderungen des Druckes in der Herzhöhle erprobt. In dem vorhergegangenen Kapitel wurde schon der Einfluß der Druckveränderungen auf das extra- und intrakardiale Herznervensystem auseinandergesetzt. Für die Automatie des Herzens scheinen die Spannungen der Herzwand von geringem Belang zu sein. Dies wird schon dadurch bewiesen, daß das Herz nach einer langen Unterbrechung seine Schläge, ohne jede Veränderung seiner inneren und äußeren Druckverhältnisse, wieder aufzunehmen vermag. Dagegen geht aus den schon mitgeteilten Tatsachen hervor, daß die Spannung der Herzwände in weiten Grenzen den Rhythmus und die Stärke der Herzschläge zu beeinflussen vermag, und zwar unter der Vermittlung ihrer Nervenapparate.

Sollten spätere Untersuchungen ergeben, daß das Hissche Muskelbündel, welches den Vorhof mit dem Ventrikel verbinden soll, wirklich irgend eine Rolle bei der Übertragung oder der Verzögerung der Erregungen zwischen diesen Herzteilen spielt, so wäre es nicht unmöglich, daß es dies durch rhythmische Kompressionen der Nervennetze und der Ganglienzellen, welche dessen Muskelfasern umgeben, erzielt. Sonst sind alle früheren Hypothesen über eine etwaige Rolle der Muskelkontraktionen, bei der Auslösung von Reizen in den dabei komprimierten Nervenvorrichtungen, so ziemlich von allen Physiologen aufgegeben worden.

Welcher Art auch die Reize sein mögen, welche die nervösen

Vorrichtungen des Herzens in Tätigkeit versetzen, jedenfalls müssen ihre Einwirkungen derart gestaltet sein, daß die Zusammenziehungen der verschiedenen Abteilungen des Herzens in der bekannten zweckmäßigen Reihenfolge geschehen. Die Koordinierung dieser Zusammenziehungen kann nur auf nervösem Wege zustande kommen. Noch ehe es festgestellt wurde, daß die Erregung sich nicht von Muskelzelle zu Muskelzelle fortpflanzen könne, war schon die Annahme verfehlt, eine derartige Fortpflanzung könnte zweckmäßige Herzkontraktionen auslösen. Nur die falsche Vorstellung, die Herzkontraktionen seien peristaltische Bewegungen, vermochte zur Annahme einer so sonderbaren Fortpflanzungsweise zu führen, eine Vorstellung, welche Engelmann sich zuerst bei seinem Bestreben, Analogien zwischen den Herzkontraktionen und den Bewegungen der Ureteren zu finden, gebildet hatte. In der Wirklichkeit ist eine solche Analogie vollständig unzulässig, schon aus dem einfachen Grunde, weil peristaltische Bewegungen seiner Muskelfasern es dem Herzen unmöglich gemacht hätten, seine mechanische Aufgabe zu erfüllen. Wenn der Herzmuskel des Frosches, z. B. bei Erwärmung bis zu 35—37°, sich peristaltisch zu kontrahieren beginnt, so vermag er ebensowenig seinen Inhalt zu entleeren, wie das Herz von Warmblütern, wenn es im Flimmern begriffen ist. Die Myogenisten haben dabei die zweckmäßige Reihenfolge der Schläge der einzelnen Herzabteilungen, Sinus venosus, Vorhof, Ventrikel mit einer sukzessiven Verkürzung der einzelnen Muskelfasern verwechselt. Jede dieser Abteilungen muß die Kontraktionen ihrer Muskelbündel fast momentan ablaufen lassen. Wie oben gezeigt, ist in der Tat das Zeitintervall zwischen der Kontraktion der Ventrikelspitze und der Basis von fast unmeßbarer Kürze.

Wird die Koordination der Herzmuskelfasern durch irgendwelche Eingriffe, welche zur Erregung oder Ausschaltung gewisser nervöser Teile führen, gestört, so beginnt das Herz zu flimmern, d. h. seine Muskelbündel zeigen ungeordnete, fibrilläre Zuckungen, welche eine gleichzeitige Verminderung des Lumens der Herzhöhlen nicht zu bewerkstelligen vermögen. Derartige Eingriffe sind: heftige mechanische oder thermische Reizungen, Durchleitung starker, konstanter Ströme durchs Herz oder Tetanisieren des Herzens durch intensive Induktionsströme, usw.

Kronecker und Schmey haben gezeigt, daß ein plötzlicher Stich in den unteren Teil der Kammerscheidewand, mit einer spitzen Nadel geführt, das Herz ebenfalls zum sofortigen Flimmern bringt (232). Sie erklärten das Entstehen dieses Flimmerns durch Verletzung eines Koordinationszentrums an der betreffenden Stelle. Diese Erklärung war und ist bis jetzt noch die wahrscheinlichste. In einer späteren von Barbèra (14) ausgeführten Arbeit suchte Kronecker seinem Stich eine andere Deutung zu geben: das Flimmern soll nicht durch die Lähmung eines Koordinationszentrums, sondern durch Erregung der Zentren der vasomotorischen Nerven, welche die Koronar-Gefäße beherrschen, entstanden sein. In der Tat pflegt die Unterbindung oder Abklemmung der Koronar-Arterien oder ihrer wichtigsten Äste häufig, aber nicht immer, Flimmern zu erzeugen. Denselben Effekt vermag auch Verstopfung der Koronar-Arterien durch Paraffin oder Lycopodium zu erzielen. Verschiedene Versuche zeigten aber, daß ein unter solchen Umständen erzeugtes Flimmern nicht durch den Blutmangel selbst entsteht, sondern, höchst wahrscheinlich, durch Einführung schädlicher Substanzen in die Blutzirkulation. In der Tat vermögen die Einführung größerer Dosen von Chloralhydrat (Gley), das Durchtreiben von Kohlensäure durch die Herzgefäße (Magnus) usw. ebenfalls Flimmern zu erzeugen. Nun vermindert Chloralhydrat bedeutend die Erregbarkeit der beschleunigenden nervösen Vorrichtungen im Herzen, während Kohlensäure die hemmenden Vorrichtungen sehr heftig erregt. In beiden Fällen wird also das Gleichgewicht zwischen den beiden Antagonisten gestört, das für die Koordination der Herzbewegungen erforderlich ist. Das peristaltische Wogen des Froschherzens, ein dem Flimmern analoges Phänomen, entsteht, wie schon Cyon gezeigt hat, bei Wärmegraden, bei welchen die Hemmungszentren zu funktionieren aufgehört haben.

Die Eingriffe, durch welche das Flimmern aufgehoben werden kann, scheinen in demselben Sinne zu sprechen, Unter solchen Eingriffen ist besonders der von Prevost und Battelli (328) von hohem Interesse. Nach vorhergehendem Massieren des Herzens werden durch dasselbe Wechselströme von 240 Volt durchleitet. Auch die Durchströmung des ganzen Körpers mit Strömen höherer Spannung (bis zu 2400 Volt) erzielt denselben Erfolg. Dieser Eingriff blieb gleich wirksam, wenn das Herz durch den Kroneckerschen Stich, oder durch

Tetanisierung des Herzmuskels mit heftigen Induktionsströmen zum
Flimmern gebracht worden ist. Sehr auffallend ist bei diesen Versuchen folgende Beobachtung: wenn man bei demselben Hunde, nach
Wiederherstellung des Flimmerns, von neuem das Flimmern durch
Tetanisieren des Herzmuskels erzeugen will, so zeigte es sich, daß das
Tetanisieren derselben Herzstelle, an welcher die Elektrode der Wechselströme von hoher Spannung appliziert wurde, statt einem Flimmern
nur eine Beschleunigung der Herzschläge erzeugt: ein deutlicher Hinweis, daß die Herznerven, welche die Zahl der Herzschläge bestimmen,
beim Erzeugen des Flimmerns eine entscheidende Rolle spielen. Nach
dieser Richtung hin müßten die Versuche von Prévost und Battelli
fortgeführt werden, um nähere Aufklärung über den Mechanismus
des Flimmerns und über den Herzstich von Kronecker geben zu
können.

§ 9. Die Grenzen der Herzautomatie.
Das Wiederaufleben der Hirnzentren und des Herzens durch die Herstellung der Blutzirkulation im Gehirn.

Der Ursprung der Herzautomatie liegt in den Herzganglien und
zwar vorzugsweise in der Gangliengruppe des Sinus venosus, die zuerst von Remak entdeckt wurde. Dies werden wohl sämtliche physiologischen Forscher, sogar diejenigen, welche durch die myogene
Lehre auf Irrwege geraten sind, anerkennen müssen, welche aufrichtig
und ohne Hintergedanken wissenschaftliche Probleme zu behandeln
vermögen. Eine ganz andere Frage ist es, inwieweit der von
den intrakardialen Herzganglien ausgehende Automatismus
des Herzens wirklich von dem Zentralnervensystem unabhängig ist. Diese Frage wird bei weitem nicht allein durch die
Tatsache entschieden, daß das ausgeschnittene Herz längere Zeit seine
rhythmischen Bewegungen fortzusetzen vermag. Wird das Herz durch
eine passende Flüssigkeit gespeist, und dabei auch für die Erneuerung
der Nährflüssigkeit gesorgt, so vermag das ausgeschnittene Froschherz
nicht nur seine rhythmischen Kontraktionen fortzusetzen, sondern,
wenn es mit einem Quecksilbermanometer verbunden wird, auch gleichzeitig mechanische Arbeit zu leisten. Die Frage ist nur, wie lange,
wenigstens bei höheren Tieren, das vom Zentralnervensystem getrennte
Herz auch unter den günstigsten Verhältnissen wird seine Verrich-

tungen fortsetzen können. Die Diskussion kann nur über die Länge
dieser Fortdauer bestehen. Es ist jetzt nicht mehr erlaubt, die Herz-
funktionen als völlig dem Einflusse des Gehirns entzogen zu betrachten,
nach alleiniger Zerstörung der extrakardialen Nervenbahnen, welche das
Gehirn mit dem Herzen verbinden. Die Schutzdrüsen des Zentral-
nervensystems fahren auch nach einer solchen Zerstörung fort, durch
Einführung ihrer wirksamen Substanz in die Blutzirkulation, ihre
erregenden und regulierenden Wirkungen auf die intrakardialen Nervenvorrichtungen auszuüben. Man darf nur an die verheerenden Wirkungen der Exstirpation der Schilddrüsen und besonders der Hypophyse auf die Zirkulationsorgane erinnert werden, um sich davon
Rechenschaft zu geben, welch großen Anteil die Fortdauer ihrer Funktionen für die Erhaltung der Automatie des Herzens besitzt. Schon
im Jahre 1898, als Cyon die wahren Verrichtungen dieser Drüsen
erkannt hatte, mußte er auch die Frage nach der Unabhängigkeit der
Herzautomatie wieder aufwerfen. Eine Aufklärung dieser Frage konnte
nur erhalten werden auf dem Wege der momentanen Ausschaltung
der Gehirnfunktionen durch eine Unterbrechung der Blutzirkulation
in der Schädelhöhle bei gleichzeitiger genauer Beobachtung der im-
mediaten Folgen dieser Operationen für die Verrichtungen des Herzens.
Als Kreuzexperiment dürfte darauf untersucht werden, in welcher
Weise die Wiederherstellung der Zirkulation und eine eventuelle
Wiederbelebung der Gehirnfunktionen in die Herztätigkeit einzugreifen vermag.

Um die so entstandene Frage nach der wirklichen Rolle der
Nervenzentren bei der Herzautomatie beantworten zu können, begann
Cyon, Anfang 1899, besondere Untersuchungen anzustellen. Er versuchte, mit Hilfe der von ihm angegebenen Methode der Trennung
des Gehirns von dem Herzkreislauf, zuerst die Veränderungen festzustellen, welche die Herzkontraktionen nach der physiologischen
Abtrennung dieser Nervenzentren erfahren, dann die Zeiträume, innerhalb deren dieselben, nach Unterbrechung des Kreislaufs in der Schädelhöhle, noch zum Leben zurückgerufen werden, zu messen, um die
Wirkungen eines Wiederauflebens auf die Herztätigkeit zu bestimmen.
Im Verlaufe seiner Untersuchungen konnte Cyon unmittelbar die
Widerstandsfähigkeit bestimmen, den einige Nervenzentren der Unterbrechung des Blutkreislaufes entgegenstellen, und ganz genau die Zeit-

dauer messen, nach welcher ein künstlicher Kreislauf noch imstande ist, die erloschenen Funktionen dieser Zentren wieder herzustellen (87).

Die für solche Beobachtungen gewählten Zentren waren: 1. die der Atmung, 2. diejenigen, welche den Augenlid-Reflex hervorrufen, 3. die Vasomotoren- und 4. die Herznerven-Zentren. Die Wirkungen der Unterbrechung und der Wiederherstellung des Kreislaufes auf diese Zentren kommen meistens in identischer Weise zum Ausdruck. Sie unterscheiden sich jedoch wesentlich, was die Dauer betrifft, je nach der Wahl der in Frage kommenden Tiere (Hund oder Kaninchen), nach deren Alter und Größe.

1. Die Atemzentren sind, der Unterbrechung des Kreislaufs gegenüber, die am wenigsten widerstandsfähigen. Die Atembewegungen erfahren, hinsichtlich der Tiefe und Häufigkeit, sofort nach Unterbindung der Karotiden und der Arteriae vertebrales, wesentliche Veränderungen. Sie hören 5, 10, selten erst 20 Minuten später auf. Die Atembewegungen des Thorax dauern oftmals länger als die des Kopfes. Die Atmung beginnt jedoch sofort wieder nach Wiederherstellung des intrakraniellen Kreislaufes.

2. Die Zentren des Augenlidreflexes erhalten sich sehr lange nach Aufhören des Gehirnkreislaufes; oft noch 20 bis 30 Minuten. Sie erholen sich gleichfalls nach Wiederherstellung des künstlichen Kreislaufes, jedoch langsamer, und dauern nach neuer Unterbrechung des letzteren noch längere Zeit fort.

3. Der Stillstand des Gehirnkreislaufes äußert sich sofort durch eine Erhöhung des Blutdruckes, infolge Reizung der gefäßverengernden Zentren. Diese Erhöhung hält, verbunden mit längeren periodischen Schwankungen (Wellen von Traube, Cyon) oftmals während mehr als 30 Minuten an. Der Erfolg der Wiederherstellung des arteriellen Kreislaufes tritt gleichfalls momentan auf und besteht fast immer in einem kurzdauernden Absinken des Blutdruckes.

4. Die Gehirnzentren der Herznerven endlich bewahren ihre Lebensfähigkeit bis ungefähr eine Viertelstunde nach Aufhören des Kreislaufes im Gehirne. Die Wiederherstellung dieses Blutlaufes erhöht augenblicklich die Stärke der Herzschläge, unter gleichzeitiger geringer Verlangsamung. Wir haben oben (S. 236) die Fig. 46 und 47 bereits wiedergegeben, welche diese Wirkung des Wiederaufwachens der Herznervenzentren demonstrierten. Die nach den Unregelmäßig-

keiten des Herzschlags bald auftretenden Aktionspulse hängen von dem Wiedereintreten des harmonischen Zusammenwirkens der beschleunigenden und hemmenden Nerven ab.

Von weit größerer Bedeutung war eine andere derartige Beobachtung, welche Cyon bei seinen Versuchen an Kaninchen machte. Ein Wiederaufleben der Gehirnzentren wurde auch beim Kaninchen durch den künstlichen Kreislauf nur dann erreicht, wenn die künstliche Atmung so schnell als möglich nach der Unterbindung der Karotiden und der Arteriae vertebrales wieder hergestellt wurde. Jedoch sind im allgemeinen, wie schon Salathé bei seinen im Laboratorium Mareys angestellten Versuchen gezeigt hat, Kaninchen gegen Stillstand des Gehirnkreislaufes weniger widerstandsfähig als Hunde. Oft genügt es, dem Brett, auf welchem das Kaninchen befestigt ist, nach der Unterbindung der Karotiden eine stark schiefe Stellung zu geben, um sofortigen Herzstillstand herbeizuführen. Die schnell eingeleitete künstliche Atmung allein vermag in solchen Fällen nicht, das Herz wieder zum Schlagen zu bringen. Dagegen gelang es Cyon, momentan das Herz wieder zu beleben und zu regelmäßigen Schlägen anzuregen, indem er den künstlichen Blutlauf im Gehirn wieder herstellte und dies sogar mehrmals bei demselben Tiere. In diesem Versuch ist also die Automatie des Herzens, die zu funktionieren aufgehört hatte, von neuem wieder hergestellt worden durch die bloße Wiederkehr der Verrichtungen der Gehirnzentren der Herznerven.

Es soll hier hervorgehoben werden, daß Friedenthal (147) in einer Untersuchung, unternommen zur Bekämpfung der Angriffe Cyons gegen die myogene Lehre, gerade diesen seinen Versuch zu wiederholen und zu widerlegen versuchte. Trotz der sehr mangelhaften methodischen Vorrichtungen und der vielen bei der Diskussion seiner Ergebnisse begangenen Fehlgriffe, ist es Friedenthal, geradezu gegen sein Wollen, gelungen, das Ergebnis von Cyon vollauf zu bestätigen. Sein Verfahren zur Unterbrechung und zur Wiederherstellung des Blutkreislaufes bestand in Anlegung und Auflösen von temporären Ligaturen um die Karotiden und die Vertebralarterien. In den Versuchen, wo er nicht vernachlässigt hatte, gleichzeitig mit der Lösung der Ligatur die künstliche Atmung wieder herzustellen, begann das stillstehende Herz sofort von neuem zu schlagen. Durch die Richtigstellung der Deutungen seiner Versuche durch Cyon (90) scheint Friedenthal auch zur Überzeugung gelangt zu sein, daß die Automatie des Herzens, wie dies Cyon behauptete, nur eine beschränkte ist. Wenigstens versuchte er durch Untersuchungen, mit Zerstörung der extrakardialen Bahnen zwischen Gehirn und Herz, neue Argumente zugunsten des Vorhandenseins solcher Grenzen zu gewinnen (148). Leider unterließ er dabei, die Tatsache zu berücksichtigen, daß es ganz unmöglich ist, durch ein derartiges Versuchsverfahren auch gleichzeitig die Wirkungen der Schutzdrüsen des sympathischen Nervensystems auf die intrakardialen Nerven und Ganglien zu eliminieren.

Die Bedeutung dieser neuen Cyonschen Beobachtungen für die Theorie der Innervation des Herzens kann nicht hoch genug angeschlagen werden: von dem Augenblick an, wo es feststeht, daß die Gehirnzentren imstande sind, selbsttätig Herzschläge hervorzurufen, ist es offenbar, daß die Gehirnzentren in die normale Tätigkeit des Herzens in weit höherem Maße eingreifen, als man bisher annahm. Bei der Entdeckung der beschleunigenden Nerven des Herzens haben die Gebr. Cyon die Theorie entwickelt, daß diese Herznerven nur eine Reguliervorrichtung der Stärke und Zahl der Herzschläge darstellen, indem sie die Verteilung der Herzarbeit auf die Zeit variieren. Diese Theorie wurde alsdann allgemein angenommen. Die neue Beobachtung Cyons weist darauf hin, daß diese Auffassung der Verrichtungen der Herznerven in ihrer damaligen Formulierung nicht mehr aufrecht erhalten werden kann. Die Frage der Herzautomatie erfordert gewisse Erweiterungen. Dem Anscheine nach stände man vor der Wahl zwischen folgenden Möglichkeiten: 1. Entweder die Herzautomatie wird in normalem Zustande einzig und allein durch die automatischen Nervenzentren des Herzens hervorgerufen und das Gehirn greift nur in Ausnahmefällen in die Tätigkeit dieser, im übrigen, selbsttätigen Vorrichtungen ein. Die automatische Kraft des Gehirns griffe in diesem Falle nur ein, um die intrakardialen Zentren zu ersetzen und zu neuer Tätigkeit anzuregen in allen den Fällen, wo sie, aus irgend welcher vorübergehenden Ursache, nicht imstande sein sollten, ihre funktionelle Aufgabe vollgültig zu erfüllen. 2. Oder umgekehrt: die Herzautomatie wäre bei den höheren Wirbeltieren in der Norm durch die automatischen Zentren des Gehirns hervorgerufen; diejenigen des Herzens aber träten nur in Tätigkeit, um die Gehirnzentren zu ersetzen, wenn aus irgend welchem Grunde die Verbindung zwischen dem Gehirn und Herzen vorübergehend oder dauernd unterbrochen sein sollte. In dem letzteren Falle wäre der Zeitraum, innerhalb dessen die intrakardialen Ganglien die automatischen Gehirnzentren zu ersetzen vermöchten, jedoch nur sehr beschränkt.

Tatsächlich darf man aber den Gegensatz zwischen den beiden Möglichkeiten nicht so schroff auffassen. Sie lassen sich, dank unseren jetzigen Kenntnissen von den hier in Betracht kommenden Vorgängen etwa folgendermaßen versöhnen. Die Gehirnzentren der Herznerven, die ja alle sich in tonischer Erregung von wechselnder Stärke befinden, unterhalten, bis in ihre letzten intrakardialen Enden, in den Herzganglien und Muskelfasern, teilweise unter dem Einflusse der Schutzdrüsen des Gehirns, ihre normale Erregbarkeit. Zwischen der Erhöhung der Erregbarkeit und der Erregung selbst besteht ja in der Wirklichkeit der Unterschied nur in dem zeitlichen Verlauf des Geschehens, d. h. in der Geschwindigkeit, mit welcher die Veränderungen der Erregbarkeit ablaufen. Es genügt also höchst wahrscheinlich eines $+$ oder $-$ dieser Geschwindigkeit bei dem tonischen Eingreifen der Hirnzentren in die Automatie der Herzganglien zur Regulierung und Verteilung der Herzreize, um beliebig die eine oder die andere Möglichkeit zu verwirklichen. Nur in den erwähnten Ausnahmefällen äußert sich dieses Eingreifen anhaltend und ausschließlich in der einen Richtung.

Eine erschöpfende Aufklärung der tatsächlichen Verhältnisse könnte man aber erst geben nach neuen, in dem gleichen Sinne angestellten Versuchen, wie die Cyonschen mit Wiederbelebung der Gehirnzentren durch einen künstlichen Blutkreislauf. Die Methode hierfür ist vollkommen angezeigt: sie muß derjenigen entsprechen, welche Cyon angewandt hat, um den Herz- und Gehirnkreislauf vollkommen unabhängig voneinander zu machen und gesondert zu studieren.

Die zu berücksichtigenden Fragen sind folgende: Wie lange vermögen die automatischen Zentren des Herzens bei den höheren Wirbeltieren die Funktionen desselben nach vollkommener Unterbrechung jeder Nervenverbindung zwischen Gehirn und Rückenmark zu erhalten? Ist das periodische oder dauernde Eingreifen der nervösen Gehirnzentren nicht unumgänglich notwendig, um die Funktion der im

Herzen befindlichen automatischen Vorrichtungen anzuregen oder zu erhalten? Genügt das rein regulierende Eingreifen der Gehirnzentren in die Funktion der automatischen Vorrichtungen, um diese peripheren Apparate in gutem Funktionszustande zu erhalten und um die zahlreichen Störungen, denen diese Einrichtungen während des Lebens ausgesetzt sind, zu verhindern oder, eventuell, wieder auszugleichen?

Wie auch die Antwort auf diese von uns hier aufgestellten Fragen schließlich lauten mag, man muß schon jetzt anerkennen, daß die neue, von Cyon gemachte Beobachtung mit einem myogenen Ursprung der Automatie des Herzens absolut unvereinbar ist. Man darf diese Beobachtungen als eine endgültige Widerlegung dieser Hypothese auffassen. In der Wirklichkeit konnte die Möglichkeit, das stillstehende Herz durch die Belebung der Hirnzentren seiner Nerven von neuem zum Schlagen zu bringen, schon a priori aus der Tatsache geschlossen werden, die von Schelske und Cyon festgestellt wurde, daß die Reizung der Vagi, im Stamme oder in ihrem Verlauf durch die Herzwand, ein durch Wärme zum Stillstand gebrachtes Herz in tetanische oder rhythmische Kontraktionen zu versetzen vermag. Wie Cyon im Jahre 1874 hervorgehoben hat (76), kann diese Wiederherstellung daher rühren, daß die in dem Stamme der Vagi beim Frosche verlaufenden Acceleransfasern mitgereizt werden (siehe S. 29). Die Versuche von E. H. Hering, mit der Herstellung der Herzschläge bei einem warmblütigen Tiere durch Acceleransreizung, machen die obige Annahme Cyons höchst wahrscheinlich.

Welche der Deutungen auch die zutreffende sein mag, als Widerlegung der myogenen Lehre war schon die Schelske-Cyonsche Beobachtung entscheidend.

Die Tatsache, daß die Gehirnzentren imstande sind, die Herzautomatie hervorzurufen, regt noch eine ergänzende Frage an: auf welchem Wege vollzieht sich die automatische Wirkung des Gehirns? Selbst in dem Falle, wo nur die erstere der soeben näher ausgeführten Möglichkeiten sich bestätigen sollte, wäre das Vorhandensein besonderer extrakardialer Nerven für diesen Weg nicht erforderlich. Wir haben ja soeben daran erinnert, daß es tatsächlich möglich war, durch Reizung des Vago-Sympathicus den zum Stillstand gebrachten rhythmischen Schlag des Herzens wieder anzuregen. Abgesehen davon

gibt das erste Gesetz der Ganglienerregung von Cyon (s. Kap. IV,
§ 7) vollkommen Rechenschaft über den Mechanismus einer Wiederherstellung der Herztätgkeit durch die Belebung der Hirnenden dieses
Nerven. Bei den dort beschriebenen Versuchen handelte es sich durchgehends um Aufhören der Funktion der automatischen Vorrichtungen
des Herzens. Man kann also sehr wohl annehmen, daß bei meinen
Versuchen über das Wiederaufleben der Gehirnzentren, die Anregung der Herztätigkeit sich auf der Bahn der gleichen Nervi vagi
und accelerantes vollzieht, welche unter normalen Verhältnissen nur
dazu dienen, die Herzschläge zu regulieren.

Aus den hier auseinandergesetzten Belebungsversuchen glaubten
Langendorff (242) u. a. schließen zu können, Cyon sei zu der Annahme zurückgekehrt, die Medulla oblongata erzeuge die Herzbewegungen durch die Erregung motorischer Nerven, als welche er jetzt
die Acceleratores betrachten soll! Dies beruht auf einem kaum glaub-
lichen Mißverständnis meiner Mitteilungen über die Grenzen des
Herzautomatismus (90 S. 252). Begrenzen kann man nur was eine
reelle Existenz hat: Cyon dachte daher auch keine nAugenblick das
Vorhandensein der Herzautomatie zu leugnen. Warum die Acceleratores nicht als motorische Nerven betrachtet werden können, hat er
schon im Jahre 1866, gleich nach deren Entdeckung, erklärt. Die
damals angeführten Argumente, mit dem Zusatze der tonischen Erregung der Acceleratores, betrachtet Cyon auch jetzt als vollgültig (siehe oben S. 78).

Literaturverzeichnis.

Abkürzungen:

A. A. P.   Archiv für Anatomie u. Physiologie (Joh. Müller).
A. B.   Archives italiennes de Biologie (Mosso).
A. f. A.   Archiv für Anatomie (Reichert, His).
A. f. P.   Archiv für Physiologie v. du Bois-Reymond (Engelmann).
A. g. P.   Archiv für die gesamte Physiologie (Pflüger).
A. M. A.   Archiv für mikroskopische Anatomie.
A. P.   Archives de Physiologie.
A. P. P.   Archiv für experimentelle Pathologie und Pharmakologie (Schmiedeberg).
Am. J. P.   American Journal of Physiology.
A. L. L.   Arbeiten aus der Physiologischen Anstalt von Ludwig in Leipzig.
A. J. P.   Archives internationales de Physiologie.
A. S.   Skandinavisches Archiv für Physiologie (Tigerstedt).
A. V.   Archiv für pathologische Anatomie und Physiologie (Virchow).
B. B.   Bulletins de la Société de Biologie.
C. P.   Centralblatt für Physiologie.
C. R.   Comptes-rendus de l'Académie des Sciences de Paris.
C. W.   Centralblatt für medizinische Wissenschaften.
J. P.   Journal of Physiology (Sir Michael Foster).
J. P. P.   Journal de Physiologie et de Pathologie générale.
P. T.   Philosophical Transactions.
W. A. W.   Sitzungsberichte der Wiener Akademie der Wissenschaften.
Z. f. B.   Zeitschrift für Biologie (v. Voit).

1 Abel, On epinephrin etc. (Americ. Journ. of Physiol. II 1899).
2 Adam, H., A. g. P. CXI. 1906.
3 Asp, Beobacht. über Gefäßnerven (A. L. L. 1867).
4 Aubert, Handb. Phys. v. Hermann. Bd. IV. 1880.
5 Athanasiu, La structure et l'origine du nerf dépresseur J. P. P. 1901. No. 3.
6 Ayama, S., A. g. P. B. XCI. 1902.
7 Basch, M. von, Üb. die Summation d. Reize W. A. W. 1879.
8 — A. g. P. 1904.

9 Baxt, Üb. die Stellung d. N. vagus
   zum N. accelerans cordis A. L. L.
   1875.
10 Barbéra, Über die Erregbarkeit
   von Herz- und Gefäßnerven usw.
   A. g. P. LXVIII.
11 — Z. f. B. (N. F.) XVIII. 1898.
12 Battelli et Prévost, Trav. Labor. Phys. Genève. 1900.
13 Bayliss, W.-M., On the physiology of the depressor. J. P. XIV
   303 - 382.
14 — u. Starling, J. P. 1892.
15 Beer, Th. u. Kreidl, A., Üb. den
   Ursprung der Vagusfasern usw.
   A. g. P. LXII. 156.
16 Bernard, Claude, Leçons sur la
   physiol. du système nerv. 1858.
17 — Recherches expérim. s. les nerfs
   vasculaires. C. R. 1862.
18 — Rapport sur Recherches de Cyon.
   C. R. 1868.
19 — Journal d'An. et Phys. 1868.
   338.
20 — Leçons sur les phénom. de la vie.
   1878. I. 151.
21 Bernhardt, E., Anat. und phys.
   Untersuch. üb. den Depressor bei
   der Katze. Dissert. Dorpat 1868.
22 Bernstein, A. f. P. 1864. S. 650
   bis 666.
23 — Unters. üb. den Mechanismus des
   regulatorisch. Herznervensystems.
   A. f. P. 1864. S 615 - 640.
24 — C. W. 1876.
25 Betschasnoff, Pélagie, Kronecker, Abhängigkeit der Pulsfrequenz usw. A. A. P. 1898.
26 Berkeley, H. J., On complex
   Nervterminations etc. Anat. Anz.
   IX. 1894.
27 Bethe, A., Studien üb. d. Zentralnervensystem v. Carcinus Maenas.
   A. M. A. XLIV. 1895.

28 Bethe, A., Üb. d. Neurofibrillen e. d.
   Ganglienzellen. A. M. A. LV. 1900.
29 — Allg. Anatomie und Physiologie
   des Nervensystems. Leipzig 1903.
30 — Die historische Entwicklung der
   Ganglienzellenhypothese Ergeb.
   der Physiol.   Wiesbaden 1904.
   3. Jahrg. 5. 195.
31 Bezold, Alb. v., Unters. üb. die
   Innervation des Herzens, Leipzig
   1863—68.
32 — C. W. 1866.
33 — u. Bever, Unters. a. d. phys.
   Lab. zu Würzburg. 1867.
34 — Unters. a. d. phys. Lab. zu Würzburg. II. 1867.
35 — u. Sustschinsky, Unters. a. d.
   phys. Lab. zu Würzburg. 1868.
36 Bidder, Über funktionnel verschiedene und räuml. getrennte
   Nervenzentra des Froschherzens.
   A. A. P. XVIII. 1863.
37 — A. A. P. 1865.
38 — A. f. P. 1866. 20.
39 Biedl, Die Innervation der Nebenniere. A. g. P. LXVIII. 463.
40 Biedermann, W. A. W. LXXXIX.
   1884.
41 — A. g. P. CXI. 1906.
42 Boehm, R., A. P. P. IV. 1875.
43 — Untersuchungen üb. d. N. accelerator cordis der Katze. A. P. P.
   1875. IV.
44 Boruttau, A. g. P. LXXXIV.
   1901. — XC. 1902. A. g. P.
   LXXVIII. 1898. C. P. XIX.
45 Brown-Séquard, Experimental
   Researches applied to Physiology
   etc. New-York. 1853.
46 Budge, Archiv für phys. Heilkunde. 1848.
47 Bowditch, Über die Interferenz
   der retardierenden und beschleunigenden Herznerven. A. L. L. 1872.

48 Bowditch, u. Eigentümlichkeiten d. Reizbarkeit. A. L. L. 1871.

49 — J. P. I. 1878.

50 Bottazzi, A. B. XXXI. 1899. Dictionnaire de Ch. Richet. Vol. 4. 1900.

51 Burdon-Sanderson, J. P. II. 1879—80. J. P. IV. 1883.

52 Carlson, The Nature of cardiac inhibition. American J. of Phys. XIII.

53 — Die Ganglienzellen des Bulbus arteriosus. A. g. P. CIX. 1905.

54 — The Rhythm produced in the resting heart. Amer. J. of Physiol. XII. 1905.

55 — Contributions to the Physiol. of the heart of the California Hagfish. Zeitschr. f. Allg. Phys. IV. 1904.

56 — The nervous origin of the heart beat in Limulus. Americ. J. of Physiol. XII.

57 — Am. J. P. XVI. 2. S. 21, 230. XVI. 3. S. 378.

58 Cleghorn, Am. J. P. II. S. 273.

59 Coats, Wie ändern sich durch die Erregung des N. vagus die Arbeit und die inneren Reize des Herzens. A. L. L. 1869.

60 Couty und Charpentier, A. P. 1877. 525.

61 Cushny, A. R., J. P. XXV. 1899.

62 Cybulski, Über die Funktion der Nebennieren. C. R. 1895. 5. März. Wien. med. Wochenschrift. 1896. No. 6 u. 7.

63 Cyon, E., Über den Einfluß der Temperaturveränderung. auf Zahl, Dauer u. Stärke der Herzschläge. A. L. L. 1866 (auch 76).

64 — L'influence de l'acide carbonique et de l'oxygène sur le coeur. C. R. 1867 (auch 76).

65 Cyon, E., Über die Wurzeln, durch welche das Rückenmark die Gefäßnerven f. die Vorderpfote aussendet. A. L. L. 1868 (auch 76).

66 — Hemmungen u. Erregungen im Zentralsystem der Gefäßnerven. Bull. de l'Ac. Imp. des Sciences de St. Pétersbourg. 22. Déc. 1870 (auch 76).

67 — Der N. depressor beim Pferde. Bull. de l'Ac. Imp. des Sciences de St. Pétersbourg. 24. März 1870 (auch 76).

68 — Le coeur et le cerveau. Acad. Rede (Rev. scient. 1873).

69 — Zur Physiol. des Gefäßnervenzentrums. A. g. P. IX. 1874 (auch 76. S. 143—153).

70 — A. g. P. 1874 (auch 76. S. 129).

71 — Üb. d. Einfluß der Temperaturveränderungen auf die zentralen Enden der Herznerven. A. g. P. 1874 (auch 76. S. 138).

72 — Methodik der physiol. Experimente und Vivisectionen. St. Pétersbourg u. Gießen. 1876. T. XVI.

73 — Üb. d. Fortpflanzungsgeschwindigkeit der Erregung im Rückenmark. Bull. de l'Ac. Imp. des Sciences de St. Pétersbourg. 1878 (auch 76. S. 228).

74 — Zur Hemmungstheorie d. reflekt. Erregungen (Ludwigs Jubelband. Leipzig. 1874 . . . (s. a. 76. S. 232).

75 — L'influence des hautes pressions barom. A. f. P. 1884. Jubelband (76. S. 180).

76 — Gesammelte phys. Arb. Berlin. 1888. T. 2, 3, 5.

77 — Innervation du coeur. Dictionnaire de Physiol. de Ch. Richet. IV. 1898.

78   Cyon, E., Beiträge zur Phys. der Schilddrüse u. des Herzens. Bonn. 1898 A. g. P.

79   — Les glandes thyroides, l'hypophyse et le coeur. A. P. 1898.

80   — Die Verrichtungen der Hyphophyse. A. g. P. LXXI. C. R. 1898.

81   — Über die Verrichtungen der Hypophyse. 2. Mitt. A. g. P. LXXXII. 1897.

82   — Die Verrichtungen der Hypophyse. 3. Mitteilung. A. g. P. LXXIII. 1898.

83   — Über die phys. Bestimmung der wirksamen Substanz der Nebennieren. A. g. P. LXXII. 1898.

84   — Die physiol. Herzgifte. 1. Teil. A. g. P. LXIII. 1898.

85   — Die physiol. Herzgifte. 2. Teil. A. g. P. LXIII. 1898.

86   — Die physiol. Herzgifte. 3. Teil. A. g. P. LXXIV. 1899.

87   — Die physiol. Herzgifte. 4. Teil. A. g. P. LXXVII. 1899.

88   — Die physiol. Verrichtungen der Hypophyse. A. g. P. LXXXI. 1900.

89   — Le tetanos du coeur. J. P. P. Mai 1900.

90   — Myogen oder Neurogen? A. g. P. LXXXVIII. 1901.

91   — Die Beziehungen des Depressors zum vasomotorischen Zentrum. A. g. P. LXXXIV. 1901.

92   — Zur Physiologie der Hypophyse. A. g. P. LXXXVII. 1901. 1904.

93   — Zur Physiologie der Zirbeldrüse. A. g. P. XCVIII. 1903.

94   — Myogene Irrungen (Schlußwort) A. g. P. CXIII. 1906.

95   — Les Nerfs du coeur (avec Préface: Sur les rapports de la médicine avec la Physiologie et la Bactériologie. Paris. 1903.

96   Cyon, E. u. M., Innervation des Herzens vom Rückenmarke aus. C. W. 1866. A. f. P. 1867. C. R. 1867 (auch 76).

97   Cyon u. Ludwig, Die Reflexe eines sensiblen Herznerven auf die motorischen N. der Blutgefäße. A. L. L. 1866 (auch 76).

98   — — Journ. d'anatomie de Robin. 1877.

99   Cyon u. Aladoff, Bull. de l'Ac. d. Sc. de St. Pétersbourg. 1871 (auch 76. S. 110).

100   Cyon u. Steinmann, Die Geschwindigkeit des Blutstromes in den Venen. Bull. de l'Ac. d. Sc. de St. Pétersbourg. 23. Feb. 1871 (auch 76. S. 110—127).

101   Cyon u. Oswald, Die Wirkungen der aus der Schilddrüse gew. Produkte. A. g. P. LXXXIII. 1901.

102   Czermak, Prager Vierteljahresschrift. 100. 1868.

103   Danilewsky, Über tetanische Kontraktion des Herzens. A. g. P. CIX. 1905.

104   Dastre, Recherches sur les lois de l'activité du coeur. J. d'Anat. et de Physiol. 1882.

105   Dastre u. Morat, L'action du depresseur sur l. vas. buccoling. B. B. 1879.

106   — — Les nerfs vasomoteurs. Paris. 1884.

107   Dogiel, A., A. M. A. XIV. S. 470. 1877.

108   Dogiel, J., A. P. 1877.

109   — C. W. 1890.

110   Dogiel und Tumanzow, Zur Lehre über das Nervensystem des Herzens. A. M. A. 1890. Bd. 36, 438.

111   Dogiel u. Archangelsky, A. g. P. CXII. 1906.

112 Donders, A. g. P. 1868–1872.

113 Dreschfeld, Über die refl. Wirkung d. Vagus a. d. Blutdruck (Unt. a. d. phys. Lab. z. Würzburg. II).

114 Du Bois-Reymond, R., A. g. P. 1902.

115 Eckhard, Allg. Phys. d. Ganglien. (Handb. d. Phys. v. Hermann. 1879. Bd. II).

116 — Beiträge zur Anat. u. Phys. 1876. 7.

117 — Beiträge z. Anat. u. Phys. 1878.

118 — Beiträge zur Anat. und Phys. 1. und 2. 1858.

119 Einbrodt, A. A. P. 1859.

120 Ellenberger u. Baum, Die Anatomie des Hundes. Leipzig. 1893.

121 Edinger, L., Bericht über die Leistungen usw. Schmidt, Jahrbücher 1899.

122 Engelmann, Th. W., Über die Leitung der Erregung im Herzmuskel. A. g. P. 1875. XI. 465. LVI. 1894.

123 — Onderzoekingen gedaan in het phys. Lab. IV. 2. I. Utrecht.

124 — Über d. Wirkungen der Nerven auf das Herz. A. f. P. 1900.

125 — Ber. d. Berl. Akad. d. Wissenschaften. 1901.

126 — Beobachtungen am suspendiert. Herzen. 2. T. A. g. P. LII. 1894. 3. T. A. g. P. LIX. 1894.

127 — Der Bulbus Aortae des Froschherzens. A. g. P. XXIX. 1882.

128 — Üb. myogene Selbstregulierung der Herztätigkeit. Akad. van Wettenschappen. Amsterdam. 1896.

129 — Über den Ursprung der Herzbewegung und die physiologischen Eigenschaften der Herzwellen des Frosches. A. g. P. LXV. 1896.

130 Engelmann, Th. W., Über den myogenen Ursprung der Herztätigkeit usw. A. g. P. LXV. 1897.

131 — Die Unabhängigkeit der inotropen Nervenwirkungen. A. f. P. 1902.

132 — Weitere Beiträge usw. A. f. P. 1902. S. 443.

133 — Über die bathmotropen Wirkungen der Herznerven. A. f. P. Suppl. Bd. 1902.

134 — Das Herz und seine Tätigkeit. Leipzig. 1904.

135 Erlanger u. Hirschfeld, C. P. XIX. 1905.

136 Fano, G., Archivio p. le Scienze mediche. Bd. 14. 1440. Dictionnaire de Ch. Richet. 4. 1900.

137 Fick, A., Sitzungsberichte der med. phys. Gesellschaft. Würzburg. 13. Juni 1874.

138 Finkelstein, Der N. depressor b. Menschen, Kaninchen, Hunde, Katze und Pferde. A. f. A. 1881. S. 245.

139 Foster, Sir Michael, A. g. P. 1872.

140 François Franck, Gaz. hebdomadaire 1879. 232.

141 — A. P. 1891.

142 — u. Hallion, Innervation vasomotrice intestinale. A. P. 1896. 908.

143 Frank, O., Z. f. B. XXXVIII. 1900. XLI. 1902.

144 Frédéricq, Léon, Physiol. du poulpe commun. Archiv. de Zoologie expérimentale. 1878. VII.

145 — Archiv. de biologie de van Beneden. III. 1882.

146 — Arch. internationales de Physiol. 1906.

147 Friedenthal, H., Der reflektorische Herztod. A. f. P. 1901.

148 — A. f. P. 1902.

149 Friedländer, Unters. aus dem phys. Lab. zu Würzburg. 1867.

150 Fröhlich, C. P. XVIII. 1904. II. 1867. S. 159.

151 Fuchs, S., Beiträge zur Phys. usw. d. Cephalopoden. A. g. P. IX.

152 Galen, De usu partium. VI. § 18 I. 447. Edition Daremberg.

153 Gaskell, W. H., P. T. 1882.

154 — J. P. 1882.

155 — Proc. Roy. Soc. 1881. P. T. 1882.

156 — J. P. 1884, 1885.

157 — J. P. 1886.

158 — On the action of Muscarin upon the heart etc. J. P. 1887. VIII.

159 — u. Gadow, On the anatomy of the cardiac nerves in certain cold-blooded vertebr. J. P. V. 362. 1885.

160 Gehuchten, van. Anat. du Systeme nerveux etc.

161 Gerlach, L., A. V. 1876. v. LXVI. 187.

162 Giannuzzi, Ricerche eseguite nel gab. d. fis. d. Sienna. 1871.

163 Gley, E., Recherches sur la loi d'inexcitabilité. A. P. 1889.

164 — Etudes de psychologie physiologique et pathologique Paris. F. Alcan. 1903.

165 Gley et Charrin, Recherches expérim. sur l'action des produits secrétés par le bacille pyocyanique sur le système vasomoteur. A. P. (5.) II. 724, 1890.

166 Goltz, A. A. P. 1861.

167 — A. f. P. XXI—XXIII.

168 — Herz und Vagus. A. A. P. 1863—1864.

169 Gottlieb, Zur Theorie d. Digitaliswirkung. Mediz. Klinik. 1906. Berlin.

170 — Über die Wirkung des Nebennieren-Extrakts auf das Herz. A. A. P. 1896.

171 Gottlieb, Über Herzmittel und Vasomotorenmittel. Verh. d. 19. Kongr. f. inn. Med. Berlin. 1901.

172 — u. Magnus, A. P. P. 1903. Bd. LI.

173 Gross, E., Die Bedeutung der Salze der Ringerschen Lösung. A. g. P. Bd. 99. 1903.

174 Grossmann, W. A. W. XCIII. 1889. 467. A. g. P. LIX. 1.

175 Greene, Ch. W., On the relation etc. Am. J. P. II. 1898.

176 Harnack, A. f. P. 1904.

177 Hatschek, R., A. g. P. CIX. 1905. S. 199.

178 Haller, Causae motus cordis, Lausanne, 1756.

179 Hedbom, Karl, Über die Einwirkung verschiedener Stoffe auf das isolierte Säugetierherz. A. S. 1898.

180 Herlitzka, A. g. P. CVII. 1905.

181 Heymans u. Demoor, Etude de l'innervation du coeur des vertébrés (Arch. de Biol. 1895. XIII. 619).

182 Heidenhain, Studien des phys. Inst. zu Breslau. 1865.

183 — Erörterungen üb. d. Bewegungen des Froschherzens. A. f. P. 1856.

184 — A. g. P. 1882.

185 Henle, Zeitschrift f. rat. Med. 1852.

186 Herring, J. P. XXXI. S. 429.

187 Hering, E., Über Atembewegungen des Gefäßsystems. W. A. W. 1869.

188 Hering, H. E., Über die Beziehungen der extrakardialen Herznerven zur Steigerung der Herzschlagzahl bei Muskeltätigkeit. A. g. P. LX. 1895.

189 — Die myoerethischen Unregelmäßigkeiten des Herzens (Prager med. Wochenschrift, XXV. 1901).

190 Hering, H. E., Methode zur Isolierung des Herz-, Lungen- und
Koronarkreislaufes bei unblutiger
Ausschaltung des ganzen Nervensystems. A. g. P. 72.

191 — A. g. P. LXXXVI. 1901.

192 — Über die Wirksamkeit usw.
A. g. P. Bd. 99. 1903.

193 — A. g. P. CVII. 1904.

194 — A. g. P. CVIII. 1904.

195 — A. g. P. CXI. 1905.

196 — A. g. P. CXIV. 1906.

197 His jr. u. Romberg, Beiträge
zur Herzinnervation (Curschmann Arb. a. d. Med. Klinik zu
Leipzig. 1893).

198 Hofmann, F. B., Das Intrakardiale Nervensystem des Frosches.
A. f. A. 1902.

199 — Beiträge zur Lehre von d. Herzinnervation. A. g. P. LXXII. 1898.

200 — Über die Funktion der Scheidewandnerven. A. g. P. LX. 1895.

201 — Handbuch der Physiologie des
Menschen. Nagel. I. 1903.

202 Holmgren, Upsala Läkareföre-
nings förhandlinger 1867, II.

203 Howell, W. H., The physiol.
effects of extracts of the hypophys.
cereb. (Journ. of experim. Méd.
III, fasc. 2. 1898).

204 — On the relation of the blood to
the automaticity etc. (Am. J. P.
II. 1898).

205 — An analysis on the influence
of the sodium, potassium and calcium salts, etc. (Ibid. VI. 1901).

206 — u. Cooke, Action of the in-
organic salts, etc. J. P. Bd. XIV.
1893.

207 — Vagus inhibition of the heart.
Am. J. P. XV. 1905.

208 Humboldt, A., Gereizte Muskel-
u. Nervenfaser. 1799.

209 Humblet, A. J. P. I.

210 Hürthle, A. g. P. XLIV. 563,
574.

211 Imschanitzky, (Kronecker)
These inaugurale. A. J. P. Liège.
1906.

212 Jacques, Journal d'Anatomie
1894.

213 James, Principles of Psychologie.
Bd. II. London. 1896. S. 456.

214 Johansson, Bihang tils, k. sv.
vet.-acad. handl. 16, Afd. 1890,
37—40.

215 — A. f. P. 1891.

216 Kaiser, K., Z. f. B. 1894.
XXX. 4.

217 — Z. f. B. 1895. XXXII. S. 1
und 464.

218 Kasem-Beck, Beiträge zur Innervation des Herzens. A. f. A. 1888.

219 Katzenstein, A. f. P.

220 Klug, F., C. W. 1881.

221 — A. f. P. 1879.

222 Knoll, Ph., W. A. W. 1885.

223 — Über die Veränderungen des
Herzschlags bei reflektorischer Erregung des vasomotorischen Nervensystems. W. A. W. LXVI.
3. T.

224 — Über die Wirkungen d. Herzvagi bei Warmblütern, A. g. P.
LXVII. 1897 u. LXVIII.

225 Köster, G., u. Tschermak, A.,
Der N. depressor als Reflexnerv.
d. Aorta. A. g. P. XCIII.

226 Kowalewski und Adamück,
Einige Bemerkungen über d. N.
depressor. C. W. 1868. No. 45.

227 Kratschmer, W. A. W. 1870·
LXII.

228 Krehl u. Romberg, Über die
Bedeutung d. Herzmuskels etc.
Arb. a. d. Klinik zu Leipzig
(Curschmann). 1893.

229 Kreidmann, A. f. A. 1878.

230 Kronecker, H., Das charakteristische Merkmal d. Herzmuskelbewegung. Jubelband f. Ludwig. Leipzig 1874.

231 — Über Störung. d. Coordination d. Herzmuskelschlags. Zeitschrift f. Biol. 1897. Jubelb. f. Kühne.

232 — u. Schmey, Sitz. d. k. pr. Ak. d. Wiss. z. Berlin, phys. math. Classe. 1884. 8.

233 — u. J. Divine, Üb. d. Atmung d. Krötenherzens. Verh. Phys. Ges. Berlin. A. f. P. 1898.

234 — u. Spalitta, Sitzungsber. K. P. Ak. d. Wiss. Berlin. XXVIII. 1905.

235 Kronecker, Hist. Daten üb. die Theorie der Muskelkontraktion. Festschrift f. Rosenthal. 1906.

236 Kuliabko, A. g. P. XCIX. 1903.

237 Laborde, A. P. 1888.

238 Laffont, C. R. XC, 705. 1880.

239 Langenbacher, Matériaux p. l'anatomie comparée du chien. 1877. (russ.)

240 Langendorff, Studien üb. Rhythmik des Herzens. A. f. A. 1884. suppl.

241 — Untersuchungen a. überlebend. Säugetierherzen. A. g. P. LXV, LXVI, LXX. 1895—98.

242 — Ergebnisse d. Physiol. 2. Abt. Wiesbaden, Bergmann.

243 — u. Lehmann, A. g. P. CXII. 1906.

244 Langerhans, A. P. LVIII. 1873. 65.

245 Langley, Journ. of Physiol. 27.

246 Langlois, P., Les capsules surrénales. Trav. du Lab. de Physiol. de Ch. de Ch. Richet, Paris. 1898.

247 Latschenberger u. Deahna, Beitr. z. Lehre v. d. physiol. Erreg. d. Gefäßmuskeln. A. g. P. XII. 1876. 157.

248 Legallois, Expériences sur le principe de la vie etc. Paris 1812. Oeuvres complètes. 1830. I.

249 Livon, Travaux du Laborat. de Marseille. 1900.

250 Lingle, Am. J. P. IV. 1900.

251 Locke, F. S., Comptes rendus du Congrès internat. de Phys. de Turin. A. B. 1901.

252 — Zur Speisung des überlebenden Herzens. C. P. XII u. XVII. 1898—1901.

253 Loeb, J., Über d. physiol. Wirkung v. Alkalien usw. A. g. P. LXXIII. 1898. S. 422.

254 — Üb. d. Bedeut. d. Ca- und K-Ionen. A. g. P. LXXX. 1900.

255 — A. g. P. LXXXVIII. 1901.

256 — A. g. P. XCVI. 1902. S. 539.

257 — The stimulating and inhibitory effects of Magnesium. Journ. of Biol. Chemistry. I. June. 1906.

258 — Vorlesungen ü. d. Dynamik d. Lebenserscheinungen. S. 112.

259 Lohmann, A. g. P. 1905. Supplementband.

260 Lomakina, Nadine (Kronecker) Über die Bedeutung des Herznerven. Zeitschr. f. Biol. Bd. XXXIX. 1900.

261 Loven, Chr., Üb. d. Erweiterung von Art. infolge einer Nervenerregung. A. L. L. 1866. I, 1—29.

262 — Mitteil. v. phys. Lab. z. Stockholm. 1866.

263 Lower, Rich., Tractatus de corde.

264 Luciani, Eine period. Funktion des isol. Froschherzens. A. L. L. 1872.

265 — Del fenomeni Cheyne-Stokes. Firenze 1879.

266 Löwit, M., Beiträge z. Kenntnis der Innervation d. Froschherzens.

267 — A. g. P. XXIII. 1880.

268 — Üb. d. Gegenwart v. Ganglienzellen im Bulbus Aortae. A. g. P. XXXI. 1883.

269 — Beiträge z. Kenntnis d. Innervation des Herzens.

270 — A. g. P. XXV. 1881.

271 — A. g. P. XXVIII.

272 — A. g. E. XXIX.

273 Ludwig, Karl, A. A. P. 1847.

274 — Üb. d. Herznerven d. Frosches. A. A. P. 1848. 139.

275 — Lehrbuch der Physiologie d. Menschen. 1858. 1861.

276 — u. Hoffa, Zeitschr. f. rat. Med. IX. 1849. 127.

277 — u. Thiry, W. A. W. 1864.

278 — u. Cyon, Die Reflexe eines der sensibl. Herznerven. Berichte d. Sächs. Ges. d. Wiss. 1866. A. L. L. 1866.

279 Ludwig, J. M., u. Luchsinger, A. g. P. XXV. 1881.

280 Mc. William, J. P. IX. 1888.

281 Magnus, A. g. P. CXI. 1906.

282 Magendie, Précis élémentaire de physiol. Paris. 1825.

283 Mangold, Myogen u. Neurogen. Münch. med. Woch. 1905. 10—11.

284 Marey, La circulation du sang. Paris. 1881. 194.

285 — C. R. 1879.

286 — B. B. Paris. 1859.

287 Marchand, A. G. P. XV. 1877. XVII. 1878.

288 Martius (Kronecker) Die Erschöpfung und Ernährung des Froschherzens. A. f. P. 1882.

289 Maas, P., A. g. P. LXXIV. 1892. S. 281.

290 Mayer, A.-B., Das Hemmungsnervensystem d. Herzens. Berlin. 1869.

291 Merunowicz, A. L. L. 1875.

292 Meyer, S., W. A. W. 1876.

293 Meltzer, S. J., A. f. P. 1892.

294a — On the self regulation etc. N. Y. med. Journ. may 13. 1896.

294b — The role of inhibition etc. Medical Record. 1902. New-York.

295 Moleschott, Arch. f. phys. Heilkunde. 1860—62.

296 Morat u. Doyon, Lyon medical. 1891.

297 Muskens, Üb. die Reflexe von d. Herzkammer usw. A. g. P. LXVI.

298 Munk, Hermann, Zur Mechanik der Herztätigkeit. A. f. P. 1878.

299a — id. Verhandlungen d. Berliner Physiol. Gesellsch. 1876. Ibidem.

299b — Über Erregung u. Hemmung. Ibid. 14. Okt. 1881. A. f. P. 1889.

300 Müller, Joh., Handb. d. Physiologie. 4. Aufl. 1844.

301 Müller, L. R., Münchener Med. Wochenschrift. I. 1906.

302 Minnich, D. Kropfherz. Leipzig. 1902.

303 Navalichine, C. W. 1870. 483.

304 Navrocki, Beiträge zur Anat. u. Physiol. Jubelband von Karl Ludwig. Leipzig. 1874.

305 Newell-Martin, Physiological Papers. Baltimore. 1895.

306 Oehrwall, Hjalmar, Period. Funktion d. Herzens. A. S. VIII. 1898.

307 — Erstickung u. Wiedererweckung des isol. Froschherzens. A. S. VII. 1897.

308 Oliver u. Schäfer, On the physiol. effects of extracts of the suprarenal capsules. A. g. P. CLXIV. 1896.

309 Ostrooumoff, Versuche üb. die Hemmungsnerven d. Hautgefäße. A. g. P. XII. 228. 1876.

310 Oswald u. Cyon, A. g. P. LXXXIII. 1901.

311 Oswald, A., Die Eiweißkörper der Schilddrüse. Zeitschr. f. phys. Chemie. XXVII. 1899.

312 — Zur Kenntnis d. Thyreoglobulins. id. XXXIII. 1900.

313 Pal, Wiener med. Wochenschrift. 1891. 4.

314 Pagano, A. B. XXXIII. 1900.

315 Panum, A. f. P. 1864. XXVII.

316 Pawlow, J. P., Einfluß d. Vagus auf die linke Herzkammer. A. f. P. 1887.

317 — Über die zentrifugalen Nerven des Herzens. A. f. P. 1887.

318 — Communication faite au congrès de Naturalistes et de Médicins russes à St. Pétersbourg de 1901.

319 Pflüger, E., A. A. P. 1859.

320 — Untersuch. a. d. phys. Labor. zu Bonn. Berlin. 1865.

321 — Üb. den elementaren Bau des Nervensystems. A. g. P. CXII. 1906.

322 Piccolomini, Praelect. anatom. Rome. 1586.

323 Pickering, Observations on the Phys. of the embryonic heart. J. P. XIV, XVIII u. XX.

324 Plateau, Archives belges de Biologie. 1880.

325 Plumier, L., Etudes sur les courbes de Traube-Hering. Trav. du Lab. de L. Frédéricq. Liége. 1901.

326 Porter, W. T., Journal of Exp. Med. II. 1904.

327 — u. Beyer, H. G., Americ. Journ. of Physiol. Oct. 1900.

328 Prevost, J. L., u. Batelli, Trav. Labor. Phys. Genève. 1900.

329 Protopopow, A. g. P. LVI. 1897.

330 Polimanti, J. P. P. 1906.

331 Ransom, W. B., On the cardiac rhythm of the invertebrata. J. P. V. 1884.

332 Ranvier, L., Leçons d'anatomie générale. Paris. 1880.

333 Remak, Üb. d. Zusammenziehung der Muskelprimitivbündel. Arch. J. Müller. 1843. 182.

334 — A. A. P. 1844. 463.

335 Retzius, Gustaf, Biol. Unters. Stockholm. N. Folge. 1892.

336 Retzer, A. g. P. 1904.

337 Reid Hunt, Experiments on the relation of the inhibitory to the accelerator nerves of the heart. The Journ. of exper. Med. II.

338 — Direct Reflex acceleration of the Mammalian heart. Am. J. P. II. 1898. III. 1899.

339 Reynier, Des nerfs du cœur. Paris. 1880.

340 Ringer, S., J. P. III, VI, XIV. XVIII. 1880—95.

341 Roever, Kritische u. experim. Untersuchungen des Nerveneinflusses auf die Erweiterung u. Verengerung der Blutgefäße. Rostock. 1869.

342 Rose-Bradford, J., Innervation of the Renal Bloodvessels. J. P. X. 1889. 358—408.

343 Rosenthal, J., Die Atembewegungen. Berlin. 1865.

344 Roßbach, M. S., Üb. d. Umwandlung der periodisch aussetzenden Schlagfolge usw. A. L. L. 1874.

345 Rouget, Ch., A. P. 1893. 153.

346 Romanes, G., P. T. Bd. CLXVI. CLXVII. 1866—67.

347 Roy, C. S., u. Adami, J. G., P. T. 1881.

348 — P. T. 1892. Bd. 182. 1893. Bd. 183.

349 Rohde, C. P. XIX. 1905.

350 Schäfer and Swale Vincent, J. P. XXV. 1899.

351 Schelske, Üb. d. Veränderungen der Erregbarkeit des Nerven durch die Wärme. 1860.

352 Schiff, M., Der Modus der Herzbewegung. Archiv f. phys. Heilkunde. X. Jahrg. 1850.

353 — Lehrb. der Phys. Lahn. 1858.

354 — Arch. d. sc. phys. et nat. Genève. 1878.

355 — Untersuchungen zur Naturlehre. 1859—1860.

356 — Gesammelte Beitr. z. Physiol. 1894. Bd. II.

357 Schmiedeberg, O., Untersuchungen über die Giftwirkungen am Froschherzen. A. L. L. Leipzig. 1870.

358 — Über die Innervationsverhältnisse des Hundeherzens. A. L. L. 1871.

359 — Grundriß d. Arzneimittellehre. 2. Ausg. Leipzig. 1888.

360 Schumacher, W. A. W. CXI.

361 Schücking (Kronecker) Über die erholende Wirkung v. Alkalisaccharat und Alkalifruktoselösungen auf isol. Herzen. A. f. P. Suppl.-Bd. 1901.

362 Schweigger-Seidel, Das Herz. Strickers Handbuch der Lehre v. d. Geweben. 1871. 185.

363 Sewall, H., u. Steiner, A study on the action of the depressor nerve etc. J. P. VI. 162—172.

364 Steiner, J., A. f. P. 1874.

365 Sherrington, Proceedings of the Royal Society. Bd. 66. 1900. Experiments on the value etc.

366 — Observations on the Scratch Reflex. etc. J. P. XXX, XXXI, XXXIV.

367 Sherrington, On the Innervation of antagonistic Muscles. Proceed. R. S. Bd. 66. 1900. S. 66.

368 — Proceed. R. S. Bd. 76. B. S. 269—78. 1905.

369 — Decerebrate Rigidity. J. P. XXII.

370 — Proceedings. R. S. 53. 1895. S. 235.

371 — British Ass. for the Adv. of Sc. Cambridge. 1904. Correlation of Reflexes etc.

372 Sokolow, C., u. Luchsinger, A. g. P. 1880.

373 Smirnof, Al., Über die sensiblen Nervenendigungen im Herzen bei Amphibien u. Säugetieren. Anat. Anzeiger. X. No. 25. Jul. 1895.

374 Spalitta, E., u. Consiglio, M., Sulle fibre d'origine del nervo depressore. Sicilia medica. III. fasc. 9. 1891.

375 Scherhey, (H. Munk) Zur Lehre von der Herzinnervation. A. f. P. 1880.

376 Schlössel, (H. Munk) Untersuchungen über die Hemmung v. Reflexen. A. f. P. 1881.

377 Stewart, G. N., The influence of temperature of endocardiac pressure on the heart etc. J. P. XIII. S. 65.

378 Stannius, Zwei Reihen phys. Versuche. A. A. P. 1852.

379 — Rostock. 1851.

380 Stefani, Interno al modo con cui il vago etc. Accad. di Ferrara. 1882.

381 — Cardiovolume, pressione cardiaco. Ac. 1891.

382 Stelling, Experimentelle Untersuchungen üb. d. Depressor. Diss. Dorpat. 1867.

383 Straub, W., Z. Physiol. d. Aplysienherzens. A. g. P. LXXXVI. 1901.

384 Stricker u. Wagner, Wiener med. Jahrbücher. 1878.

385 Strömberg und Tigerstedt, Mitteil. v. Phys. Lab. in Stockholm. 1888.

386 Szymonowicz, Die Funktion der Nebenniere. A. g. P. CLXIV. 1896.

387 Tavara, S. A. g. P. CXI. 1906.

388 — Das Reizleitungssystem des Säugetierherzens. Jena. 1906.

389 Thanhoffer, C. W. 1875.

390 Tigerstedt, A. f. P. Suppl. 1884.

391 — Physiologie d. Blutzirkulation. Leipzig. 1893.

392 — Lehrbuch der Physiologie. Leipzig. 1893.

393 — u. Johansson, Mitteil. v. phys. Lab. in Stockholm. 1889.

394 Traube, L., Ges. Beitr. z. Path. u. Physiol. I. 387. Berlin. 1871.

395 Tschirjiew, S., Üb. den Einfluß der Blutdruckschwankungen auf den Herzrhythmus. A. f. P. 1877.

396 Tschirwinski, La fonction du dépresseur sous l'influence des produits pharmacologiques. Moscou. 1899. russ. Dissert. C. P. IX.

397 Trendelenburg, A. g. P. CXXXII. 1900. A. f. P. 1903.

398 Uexküll, J. von, Die Schwimmbewegungen v. Rhizostoma pulmo. Mitt. der zool. Stat. Neapel. Bd. XIV. 1901.

399 — D. ersten Ursachen d. Rhythmus in der Tierreihe. Ergebnisse der Physiol. 3. Jahrg. II. 1904.

400 Valsalva, Opera recens. Morgagni. 1740.

401 Velich, Über die Wirkung des Nebennierensaftes auf den Blut-

kreislauf (Wien. med. Blätter 1896. No. 16 u. 21).

402 Velden, van der, Nervus Depressor. A. P. P. LV. 1906.

403 Vignal, Recherches sur l'appareil gangl. du coeur des vertébrés. A. P. 1881. 926.

404 Volkmann, A. A. P. 1838.

405 — A. A. P. 1844. 419.

406 Vulpian, B. B. 1858.

407 — Lécons sur l'appareil vasomoteur. Paris. 1875.

408 Verworn, Zur Physiol. der nervösen Hemmungserscheinung. A. f. P. Suppl. 1900.

409 Vintschgau, M. von, A. g. P. CX. 1905.

410 Wagner, R., Neurolog. Untersuchungen. Göttingen. 1854.

411 Waller, Gaz. Méd. de Paris. 1856.

412 Waller, A. F. u. Reid, E. W., P. T. London. Bd. 178. 1887.

413 — — P. T. Bd. 180. 1889.

414 Walther, A., A. f. P. 1899. LXXVIII. 597—636.

415 Weber, Ed., Handwörterbuch der Physiol. 1846.

416 Wenkenbach, H.-F., Zur Analyse des unregelmäßigen Pulses (Zeitschr. f. klin. Med. Bd. 36/37. 1899).

417 Wesley-Mills, T., Some observations on the influence of the vagus and accelerators on the heart of Turtle. J. P. XXI. 1885.

418 Whytt, R., An essay on the vital and other involontary motions of animals. Edinbourgh. 1751.

419 Winterberg, C. P. 1904.

420 Wybauw, R. (Kronecker) Nichtwirkung des Vagus. A. f. D. 1898.

421 Willis, Thomas, Cereb. Anatome, cui accessit nervorum de

scriptio et usus (Opera omnia, Amstelod. 1682).

422 Wilson-Philip, An experimental inquiry into the laws of the vital functions, etc. London. 1818.

423 Winkler, F., Über das Verhalten des Druckes usw. C. P. 1903.

424 — Beiträge zur exp. Pathol. des Prof. v. Basch. Berlin. 1902.

425 Wooldridge, A. f. P. Suppl. 1883. A. f. P. 1883.

426 Wooldridge, Die Funktion der Kammernerven des Säugetierherzens. A. f. P. 1883. 22—542.

427 Wedensky, N. E. Die fundamentalen Eigenschaften der Nerven unter Einwirkung ein. Gifte. A. g. P. Bd. 82. 1900.

428 Wundt, W., Verhandl. d. naturhist.-med. Vereins zu Heidelberg. 1860.

429 Ziemssen, von, Studien über die normal. Bewegungsvorgänge usw. (Deutsches Arch. f. Klin. Med. XXX. 1881).